全国高职高专道桥与市政工程专业规划教材

结构设计原理

主　编　周广宇　高燕红　张玉源
副主编　胡海彦　陈凤振　杨　杨
　　　　刘　萌　吴　哲
主　审　谭建领　时　婷

黄 河 水 利 出 版 社
·郑 州·

内 容 提 要

本书是全国高职高专道桥与市政工程专业规划教材，是根据教育部对高职高专教育的教学基本要求及全国水利水电高职教研会制定的结构设计原理课程标准编写完成的。本书依据最新标准、规程及规范，结合公路工程施工相关执业资格考试内容，以典型工作岗位任务为载体，与创新型人才培养模式、任务驱动教学模式、六步教学法及多元化考核评价体系相匹配的教材体例编写，对钢筋混凝土梁（板）结构、预应力钢筋混凝土简支梁（板）结构、钢筋混凝土柱结构、圬工柱（墙）结构、钢桁架结构等5个学习情境（共计12个典型工作任务）的内容进行了系统阐述。

本书可作为道路桥梁工程技术、市政工程技术、公路监理、道路养护与管理等专业的教材，也可作为公路工程施工人员执业资格考试的培训教材和参考书。

图书在版编目（CIP）数据

结构设计原理/周广宇，高燕红，张玉源主编. —郑州：黄河水利出版社，2017.7

全国高职高专道桥与市政工程专业规划教材

ISBN 978-7-5509-1811-5

Ⅰ.①结… Ⅱ.①周… ②高… ③张… Ⅲ.①结构设计—高等职业教育—教材 Ⅳ.①TU318

中国版本图书馆 CIP 数据核字(2017)第190203号

组稿编辑：王路平 电话：0371-66022212 E-mail：hhslwlp@163.com
路夷坦 66022111 hhsllyt@126.com

出 版 社：黄河水利出版社 网址：www.yrcp.com
地址：河南省郑州市顺河路黄委会综合楼14层 邮政编码：450003

发行单位：黄河水利出版社
发行部电话：0371-66026940、66020550、66028024、66022620（传真）
E-mail：hhslcbs@126.com

承印单位：河南日报报业集团有限公司彩印厂

开本：787 mm×1 092 mm 1/16

印张：17.5

字数：400千字 印数：1—3 100

版次：2017年7月第1版 印次：2017年7月第1次印刷

定价：38.00元

前 言

本书是根据《教育部关于全面提高高等职业教育教学质量的若干意见》(教高〔2006〕16号)、《教育部关于推进高等职业教育改革创新引领职业教育科学发展的若干意见》(教职成〔2011〕12号)等文件精神,由全国水利水电高职教研会拟定的教材编写规划,在中国水利教育协会指导下,由全国水利水电高职教研会组织编写的道桥与市政工程专业规划教材。该套规划教材是在近年来我国高职高专院校专业建设和课程建设不断深化改革和探索的基础上组织编写的,内容上力求体现高职教育理念,注重对学生应用能力和实践能力的培养;形式上力求做到基于工作任务和工作过程编写,便于"教、学、练、做"一体化。该套规划教材是一套理论联系实际、教学面向生产的高职高专教育精品规划教材。

该课程教材始终坚持工学结合、知行合一,以"产教融合,校企合作"为切入点,在充分调研桥梁工程施工领域和职业岗位(群)对知识、技能、能力和素质等要求的基础上,以桥梁工程工作过程构建课程体系和教学内容,积极推行项目导向、任务驱动、教学做一体化等教学模式,对课程体系、教学内容和教学方法进行了改革和探索,实现课程体系、教学内容与人才培养目标的高度匹配。

本书遵循科学的认知规律,坚持理论"必需、够用"的准则,紧紧围绕人才培养目标,基于工作过程系统化的课程开发理念,完全打破传统学科体系教材模式,以道桥与市政工程技术人员真实的岗位工作任务为载体,嵌入学历证书和职业资格证书的要求,突出学以致用、用以促学、学用相长,采用全新的理念重塑教材架构体系,将道桥与市政工程结构设计的相关知识与学习工作任务有机地整合在一起。通过完成工作任务,培养学生的独立学习能力、创业创新精神、团队协作意识以及专业技能。吸纳行业企业专家参与教材编写,将企业建设理念、企业文化、职业道德和职业素质直接融入教材之中,将理论教学内容与生产实践"无缝对接",形成了"校企合作,工学结合"开发模式的特色教材。

本书共包含5个学习情境12个工作任务。每个工作任务全部采用六步教学法(即资讯、计划、决策、实施、检查、评价等六个环节)的教学模式进行实施,并设计了对应的工作单:在任务开始,列出工作任务单、工作资讯单,在书后附录中,列有工作计划单、工作决策单、工作检查单、工作评价单,为了提高教学质量,设计了教学信息反馈单,以便对教学质量进行及时反馈。

本书编写人员及编写分工如下:甘肃职业技术学院高燕红编写学习情境1任务1.1,济南金衢公路勘察设计研究有限公司吴哲编写学习情境1任务1.2;山东水利职业学院周广宇编写学习情境2;山东省水利勘测设计院张玉源编写学习情境3任务3.1;甘肃职业技术学院刘萌编写学习情境3任务3.2;黄河水利职业技术学院胡海彦编写学习情境4;山东省水利勘测设计院陈凤振编写学习情境5任务5.1、任务5.2;山东水利职业学院杨杨编写学习情境5任务5.3、任务5.4。全书由周广宇、高燕红、张玉源担任主编,周广宇负责全书统稿；由胡海彦、陈凤振、杨杨、刘萌、吴哲担任副主编；由黄河水利职业技术学院谭建领、日照交通发展集团时婷担任主审，两位审稿人认真审阅了本书，从理论教学与岗位职业能力两个方面对本书提出了重大修改意见，将理论与实践相衔接，使得本书更加适合培养桥梁工程一线技术人员所需的知识和技能。

由于编者水平有限及时间仓促，书中难免出现疏漏和错误，在此我们恳请读者不吝赐教，多提宝贵建议，以便我们今后不断改进和完善。

编　者

2017 年 5 月

目 录

前 言

学习情境1 钢筋混凝土梁(板)结构 …… (1)

任务1.1 钢筋混凝土矩形截面梁(板)构件 …… (2)

任务1.2 钢筋混凝土T形截面梁构件 …… (92)

学习情境2 预应力钢筋混凝土简支梁(板)结构 …… (119)

任务2.1 预应力钢筋混凝土结构基础 …… (122)

任务2.2 预应力钢筋混凝土受弯构件承载力计算 …… (137)

学习情境3 钢筋混凝土柱结构 …… (166)

任务3.1 钢筋混凝土轴心受压柱构件设计 …… (167)

任务3.2 钢筋混凝土偏心受压柱构件设计 …… (182)

学习情境4 圬工柱(墙)结构 …… (202)

任务4.1 圬工结构基础知识 …… (205)

任务4.2 圬工结构承载力计算 …… (219)

学习情境5 钢桁架结构 …… (228)

任务5.1 基础知识 …… (231)

任务5.2 钢结构用钢材 …… (232)

任务5.3 钢结构的连接 …… (237)

任务5.4 钢桁架 …… (262)

附 录 …… (268)

参考文献 …… (273)

学习情境1　钢筋混凝土梁(板)结构

能力要求

通过本情境内容的学习,使学生熟悉钢筋混凝土梁(板)构件设计的关键要素。通过完成本学习情境典型工作任务,使学生掌握钢筋混凝土梁(板)的基本知识和构造要求,掌握钢筋混凝土梁(板)构件设计内容与设计步骤,了解钢筋混凝土梁(板)构件正截面及斜截面破坏形态;使学生能够依据设计资料合理拟定钢筋混凝土梁(板)构件的(矩形、T形)截面尺寸,能够完成正截面抗弯承载力计算和斜截面抗剪承载力计算,确定所需要的钢筋种类及数量,能够对钢筋进行合理布置,并绘出配筋图;能够依据正常使用极限状态要求,完成钢筋混凝土梁(板)构件的裂缝宽度、变形验算。

知识要求

知识目标	知识要点
了解公路桥涵结构分类及特点;熟悉结构设计的基本要求、设计依据及设计原则	公路桥涵结构材料组成、特点及应用;结构设计对承载力、刚度和稳定性的要求;常用公路桥涵设计规范;熟悉结构设计的目的;理解结构设计基准期、结构作用及其代表值和概率极限状态设计法
掌握钢筋混凝土组成材料的特点及工作机制	混凝土强度、变形特点及其应用意义;钢筋强度、变形特点及其应用意义;混凝土与钢筋工作机制;混凝土与钢筋黏结性组成
掌握钢筋混凝土矩形截面梁(板)正截面、斜截面设计;掌握矩形截面梁变形、裂缝、应力验算过程;熟悉其耐久性设计	矩形截面梁构造要求、截面尺寸拟定;配筋率不同三种梁破坏过程及其应用;矩形截面梁正截面受力分析及配筋计算;矩形斜截面受力分析及腹筋计算;矩形截面梁截面换算、变形、裂缝、应力验算;钢筋混凝土耐久性设计规定
掌握钢筋混凝土T形截面梁正截面、斜截面设计;掌握T形截面梁变形、裂缝、应力验算过程	T形截面梁构造要求、截面尺寸拟定;两类T形截面梁破坏过程及其应用;T形截面梁正截面受力分析及配筋计算;T形截面梁斜截面受力分析及腹筋计算;T形截面梁截面换算、变形、裂缝、应力验算

素质要求

培养学生以科学的观点分析问题,用严谨的工作态度解决问题;坚持以安全、耐久、适用、环保、经济和美观的基本原则设计工程结构和构件;形成科学、严谨、规范的工作作风。

任务1.1 钢筋混凝土矩形截面梁(板)构件

工作任务单

学习领域	结构设计原理		
学习情境	钢筋混凝土梁(板)结构	学时	
学习任务	钢筋混凝土矩形截面梁(板)构件	学时	
任务布置			
任务目标	1. 掌握钢筋混凝土梁(板)构件设计原则及方法; 2. 掌握钢筋混凝土梁(板)材料力学性能及其强度等级应用; 3. 掌握钢筋混凝土梁(板)构件荷载效应计算方法; 4. 熟悉钢筋混凝土梁(板)构件构造要求; 5. 掌握钢筋混凝土梁(板)中纵向受力钢筋、箍筋及弯起钢筋配置; 6. 掌握钢筋混凝土矩形截面梁(板)裂缝、变形验算; 7. 熟悉钢筋混凝土矩形截面梁(板)设计步骤		
任务描述	设计某桥中的钢筋混凝土矩形截面简支梁(板),工作内容: 1. 依据设计资料,确定设计信息,查阅相关文献; 2. 根据设计信息和规范规定,科学合理地选定构件矩形截面尺寸、设计材料; 3. 绘制构件计算简图,布置结构荷载,计算控制截面设计内力(弯矩、剪力); 4. 按照承载能力极限状态法,进行正截面抗弯承载力计算,配置纵向受力钢筋; 5. 按照承载能力极限状态法,进行斜截面抗弯承载力计算,配置箍筋及弯起钢筋; 6. 按照正常使用极限状态法,进行裂缝宽度及变形验算; 7. 运用CAD绘制设计图		
基础及课程衔接	1. 基础:常见材料的物理力学性质、制图与识图相关知识; 2. 之前课程:工程力学、道路建筑材料、工程制图与CAD; 3. 之后课程:桥梁工程、桥涵施工技术、公路工程检测技术		
基本要求	1. 分组讨论设计资料,查阅文献,熟悉构造要求,形成设计方案; 2. 科学合理选择钢筋混凝土梁(板)矩形截面尺寸、材料强度等级; 3. 各小组独立完成梁(板)荷载效应计算,正确配置钢筋,绘制设计图; 4. 各小组参与组内自评、组间互评、教师点评,最终确立设计成果		
课程与岗位技能证书对接	是获得施工员岗位技能证书的课程之一		
学习资源	[1]叶见曙. 结构设计原理(第3版). 北京:人民交通出版社,2014; [2]叶见曙. 结构设计原理计算示例. 北京:人民交通出版社,2007; [3]桥梁结构设计图纸; [4]公路桥涵设计通用规范(JTG D60—2015). 北京:人民交通出版社; [5]公路钢筋混凝土及预应力混凝土桥涵设计规范(JTG D62—2012). 北京:人民交通出版社		

工作资讯单

学习情境	钢筋混凝土梁(板)结构	学时	
学习任务	钢筋混凝土矩形截面梁(板)构件	学时	
资讯信息	1. 钢筋混凝土矩形截面梁(板)构件设计原则及方法; 2. 钢筋混凝土矩形截面梁(板)构件材料力学特性及工作机制; 3. 素混凝土与钢筋混凝土梁(板)破坏异同点,配筋率对其破坏有何影响? 4. 钢筋混凝土梁(板)正截面破坏形态有哪些? 相互之间如何区分? 5. 钢筋混凝土梁适筋梁破坏过程及其应用范围; 6. 等效应力图形的确定原则是什么? 7. 钢筋混凝土梁(板)中应配置哪几种钢筋? 各起什么作用? 8. 单筋矩形截面梁设计步骤; 9. 在什么情况下采用双筋截面? 若仍出现$\xi > \xi_b$,说明是什么情况,将如何处理? 10. 在双筋梁中受压钢筋的作用是什么? 受压钢筋与受拉钢筋设计强度是如何确定的? 11. 双筋梁设计时,若出现$x < 2a'_s$,说明是什么情况,将如何处理? 12. 双筋矩形截面梁设计步骤; 13. 钢筋混凝土梁斜截面破坏形态有哪几种及其特点? 14. 在进行钢筋混凝土梁斜截面设计时,梁中箍筋应符合哪些要求? 说明箍筋对提高斜截面受剪承载力的作用; 15. 梁中的纵向钢筋弯起、截断和锚固应满足哪些要求? 16. 在计算斜截面承载力时,计算截面的位置应如何确定? 17. 计算弯起筋数量时其设计剪力应如何取值? 18. 在进行结构设计时,为什么要对裂缝和变形进行控制? 进行裂缝和变形验算时,荷载和材料强度取设计值还是标准值? 为什么? 19. 确定最大裂缝宽度时主要考虑哪些因素? 若超过规定限值,应采取哪些措施? 20. 对钢筋混凝土受弯构件预拱度的设置有哪些要求和规定? 预拱度如何设置?			
资讯资源	[1]资讯信息单; [2]叶见曙. 结构设计原理(第3版). 北京:人民交通出版社,2014; [3]叶见曙. 结构设计原理计算示例. 北京:人民交通出版社,2007; [4]桥梁结构设计图纸; [5]公路桥涵设计通用规范(JTG D60—2015). 北京:人民交通出版社; [6]公路钢筋混凝土及预应力混凝土桥涵设计规范(JTG D62—2012). 北京:人民交通出版社; [7]授课教材; [8]课程网站			

1.1.1 基础知识

《结构设计原理》主要讨论各种工程结构基本构件的受力性能、计算方法和构造设计原理，它是学习和掌握桥梁工程及其他道路人工构造物设计的基础。

桥梁、涵洞、隧道、挡土墙等公路工程中的构造物，都是由若干构件按照一定原则连接而组成的，以承受并传递各种外荷载的作用。一般将承受并传递作用的各个部件组成的受力体系称为结构，而组成结构的各个部件称为基本构件，如：组成桥梁结构的基本构件有梁、板、拱、墩台、索等。

根据构件受力和变形的特点，基本构件可分为受拉构件、受压构件、受弯构件和受扭构件等几种典型的基本受力构件。但是在工程实际中，有些构件的受力和变形比较简单，属于基本受力构件的一种，而有些构件的受力和变形则比较复杂，可能是基本受力构件的两种或多种受力状态的组合。

公路工程中的桥涵结构按照所用材料的不同，可分为钢筋混凝土结构、预应力钢筋混凝土结构、圬工结构（也称为砖石及混凝土砌体结构）、钢结构和木结构。

1.1.1.1 各种桥涵结构的特点及应用

1. 钢筋混凝土结构

钢筋混凝土结构由钢筋和混凝土两种力学性质不同的材料组成，具有可就地取材、耐久性好、刚度大、可模性好、整体性好等优点，相对于预应力钢筋混凝土结构而言，还具有较好地延展性和抗震性能。其缺点表现为混凝土抗拉强度低，构件容易开裂，跨越能力低，构件尺寸大，自重大，修补困难等。

在公路桥涵工程结构中，钢筋混凝土结构主要用于中小跨径桥、涵洞、挡土墙以及形状复杂的中小型构件等。

2. 预应力钢筋混凝土结构

预应力钢筋混凝土结构是为解决钢筋混凝土结构在使用阶段容易开裂的问题而发展起来的结构，是在构件承受作用之前预先对混凝土受拉区施加适当的预压力，人为地控制截面上的应力，达到延缓裂缝的产生和发展的效果。一般采用高强度钢筋（或钢绞线）和高强度混凝土材料并采用相应张拉钢筋的施工工艺而建成的预加应力结构。

预应力钢筋混凝土结构由于采用了高强度材料和预应力工艺，节省了材料，减小了构件截面尺寸，进而减轻了自重，增大了跨越能力，主要用于建造大跨径桥梁。但高强度材料单价高，预应力钢筋混凝土结构施工难度大、工序多，对技术要求也较高。

3. 圬工结构

圬工结构是以石材或混凝土包括以其块件和砂浆或小石子混凝土结合而成的砌体作为建筑材料所建成的整体结构。其特点是材料易于就地取材，价格低廉，具有良好的耐久性、耐腐蚀性和耐污染性，材料性能稳定，维修养护费用低，且施工工艺简单。但砌体也存在结构自重一般较大，施工周期长，机械化程度低，抗震能力差等一些缺点。

在公路桥涵工程结构中，由于圬工材料具有抗压强度大，抗拉、抗剪性能较差的力学特点，圬工结构主要以承压为主，多用于中小跨径的拱桥、重力式桥墩（台）、重力式挡土墙、涵洞、扩大基础及道路护坡等工程中。

4. 钢结构

钢结构一般是由型钢或钢板通过焊、铆或螺栓等方式连接而组成的结构。钢结构的可靠性高,其基本构件可在工厂加工制作,施工效率高,周期短。但相对于混凝土结构而言,造价高,而且养护费用也高。

钢结构主要应用于大跨径的钢桥、城市人行天桥、高层建筑、钢闸门及钢屋架等,除此之外,钢结构还用于钢支架、钢模板、钢围堰、钢挂篮等临时结构中。

5. 木结构

木结构是单纯由木材或主要由木材承受荷载的结构,通过各种金属连接件或卯榫手段进行连接和固定。其特点是木材取材容易,加工简便,结构自重较轻,构件便于运输、装拆,能多次使用,但木结构受拉和受剪时皆是脆性破坏,其强度受木节、斜纹及裂缝等天然缺陷的影响很大,潮湿状态下容易受木腐菌侵蚀而腐朽,受虫危害颇大,宜着火燃烧。

木结构由于建筑材料特性的局限性,加之我国木材资源严重不足,在实际桥涵工程结构中除抢险急修的临时性便道外,是禁止修建木桥的。

1.1.1.2　结构设计的基本要求

公路桥梁应根据所在公路的使用任务、性质和将来的发展需要,遵循安全、耐久、环保、经济和美观的原则进行设计。设计的目的就是要使所设计的结构,在规定的时间内具有足够的可靠性,即要求它们在承受各种作用后仍具有足够的承载能力、刚度、稳定性和耐久性。

承载能力要求是指在设计使用年限内,结构及各个构件(包括连接件)具有足够的安全储备;刚度要求是指在计算荷载作用下,结构及各个构件的变形必须控制在容许范围以内;稳定性要求是指结构整体及其各个组成构件在计算荷载作用下都处于稳定的平衡状态;耐久性是指结构和构件在设计使用年限内,不发生破坏或产生过大的裂缝而影响正常使用。结构构件除应满足使用期间的承载力、刚度、稳定性要求外,还应该满足制造、运输和安装过程中的承载力、刚度和稳定性要求。

结构及各个构件在满足可靠性的同时,还应具有经济性。构件的可靠性与材料性质、几何形状、截面尺寸、受力特点、工作条件、构造特点以及施工质量等因素有关。一般情况下,可靠性和经济性是相互矛盾的。当其他条件已确定时,如果构件的尺寸过小,则结构有可能会因为产生过大的变形而不能正常使用,或者因为承载能力不够而导致结构物的崩塌。反之,如果截面尺寸过大,则构件的承载能力又将过分富裕,从而造成人力、物力的过大耗费。结构设计所要解决的根本问题,就是要在结构的可靠与经济之间选择一种合理的平衡,使所建造的结构既经济合理,又安全可靠。

1.1.1.3　结构设计依据国家统一的规范

设计规范是国家颁布的关于设计计算和构造要求的技术规定和标准。它是贯彻国家技术经济政策、保证设计质量、达到设计方法上必要的统一和标准的依据,也是校核工程结构设计的依据。

我国交通运输部颁布的公路桥涵设计规范有:

《公路桥涵设计通用规范》(JTG D60—2015);

《公路钢筋混凝土及预应力混凝土桥涵设计规范》(JTG D62—2012);

《公路圬工桥涵设计规范》(JTG D61—2005);

《公路钢结构桥梁设计规范》(JTG D64—2015);

《公路工程技术标准》(JTG B01—2014);

《公路工程结构可靠度设计统一标准》(GB/T 50283—1999);

《公路工程抗震规范》(JTG B02—2013)。

本课程中关于基本构件的设计原则、计算公式、计算方法及构造要求均以上述规范为依据。为了表述方便,在本书中将上述设计规范统称为公路桥规。

1.1.1.4　结构设计的基本原则

1.结构的可靠性与设计基准期

1)结构的可靠性

结构设计的目的,就是要使所设计的结构,在规定的时间内能符合安全可靠、经济合理、适用耐久的要求。

(1)安全性。结构的安全性是指在规定的期限内,在正常施工和正常使用情况下,结构能承受可能出现的各种作用;在偶然事件(地震、撞击等)发生时及发生后,结构发生局部损坏,但不致出现整体损坏和连续倒塌,仍然保持必要的整体稳定性。

(2)适用性。结构的适用性是指在正常使用条件下,结构具有良好的工作性能,不发生影响正常使用的过大变形或振动。

(3)耐久性。结构的耐久性是指在正常维护情况下,材料性能虽然随时间变化,但结构仍然满足设计的预定功能要求。结构具有足够的耐久性,不发生由于保护层碳化或裂缝宽度开展过大,导致钢筋的锈蚀。

结构的可靠性是结构安全性、适用性和耐久性的统称,即结构在规定的时间内、规定的条件下,完成预定功能的能力。

结构的可靠度是度量结构可靠性的数量指标,即结构在规定的时间内,在规定的条件下,完成预定功能的概率称为可靠度。

2)设计基准期

设计基准期是指为确定可变作用等的取值而选用的时间参数。只是结构可靠度(计算结构的失效概率)的参考时间坐标,表示在这个时间域内结构的失效概率是有效的,但它不能简单地等同于结构的实际使用寿命。一般来说,设计基准期长的,其相应的可靠度高;设计基准期短的,其相应的可靠度相对低。

《公路工程结构可靠度设计统一标准》(GB/T 50283—1999)规定:公路桥涵结构的设计基准期为100年。

2.作用及其代表值

施加在结构上的集中力或分布力,如汽车、结构自重等,或引起结构外加变形或约束变形的原因,如地震、基础不均匀沉降、温度变化等,统称为作用。前者为直接作用,也可称为荷载;后者为间接作用(不宜称为荷载)。

1)作用的分类

公路桥涵设计采用的作用分为永久作用、可变作用、偶然作用和地震作用四类。

(1)永久作用。指在设计基准期内始终存在且其量值变化与平均值相比可以忽略不计的作用,或其变化是单调的并趋于某个限值的作用。

(2)可变作用。指在结构使用期间,其量值随时间变化,且其变化值与平均值比较不可忽略的作用。

(3)偶然作用。指在结构使用期间出现的概率很小,一旦出现,其值很大且持续时间很短的作用。

(4)地震作用。指由地运动引起的结构动态作用。

作用分类如表1-1所示。

表1-1　作用分类

序号	分类	名称
1	永久作用	结构重力(包括结构附加重力)
2		预加力
3		土的重力
4		土侧压力
5		混凝土收缩、徐变作用
6		水浮力
7		基础变位作用
8	可变作用	汽车荷载
9		汽车冲击力
10		汽车离心力
11		汽车引起的土侧压力
12		汽车制动力
13		人群荷载
14		疲劳荷载
15		风荷载
16		流水压力
17		冰压力
18		波浪力
19		温度(均匀温度和梯度温度)作用
20		支座摩阻力
21	偶然作用	船舶的撞击作用
22		漂流物的撞击作用
23		汽车撞击作用
24	地震作用	地震作用

2)作用的代表值

作用的代表值是极限状态设计所采用的作用值,可以是作用的标准值或可变作用的伴随值。可变作用的伴随值是指在作用组合中,伴随主导作用的可变作用值,可以是组合值、频遇值或准永久值。

(1)作用的标准值。作用的主要代表值,可根据对观测数据的统计、作用的自然界限或工程经验确定。

永久作用的标准值,对于结构自重(包括结构附加自重),可按结构构件设计尺寸与材料的重力密度计算确定。常用材料的重力密度详见表1-2。

表1-2　常用材料的重力密度

材料种类	重力密度(kN/m^3)	材料种类	重力密度(kN/m^3)
钢、铸钢	78.5	浆砌片石	23.0
铸铁	72.5	干砌块石或片石	21.0
锌	70.5	沥青混凝土	23.0~24.0
铅	114.0	沥青碎石	22.0
黄铜	81.1	碎(砾)石	21.0
青铜	87.4	填土	17.0~18.0
钢筋混凝土或预应力钢筋混凝土	25.0~26.0	填石	19.0~20.0
混凝土或片石混凝土	24.0	石灰三合土、石灰土	17.5
浆砌块石或料石	24.0~25.0		

可变作用的标准值按照《公路桥涵设计通用规范》(JTG D60—2015)中有关规定取值。

汽车荷载标准值应按下列规定取值:

①汽车荷载分为公路-Ⅰ级和公路-Ⅱ级两个等级。

②汽车荷载由车道荷载和车辆荷载组成,车辆荷载与车道荷载的作用不得叠加。

③公路-Ⅰ级车道荷载的均布荷载标准值为$q_k=10.5$ kN/m。集中荷载标准值按以下规定选取:桥梁计算跨径小于或等于5 m时,$P_k=270$ kN;桥梁计算跨径等于或大于50 m时,$P_k=360$ kN;桥梁计算跨径在5~50 m时,$P_k=2(l+130)$ kN,其中l为计算跨径,单位为m。计算剪力效应时,上述集中荷载标准值P_k应乘以系数1.2。

④公路-Ⅱ级车道荷载的均布荷载标准值q_k和集中荷载标准值P_k按公路-Ⅰ级车道荷载的0.75采用。

⑤车道荷载的均布荷载标准值应满布于使结构产生最不利效应的同号影响线上;集中荷载标准值只作用于相应影响线中一个最大影响线峰值处。

⑥公路-Ⅰ级和公路-Ⅱ级汽车荷载采用相同的车辆荷载标准值。

人群荷载标准值应按下列规定取值:

①当桥梁计算跨径小于或等于50 m时,人群荷载标准值为3.0 kN/m^2;当桥梁计算跨径等于或大于150 m时,人群荷载标准值为2.5 kN/m^2;当桥梁计算跨径在50~150 m时,取$(3.25-0.05l)$ kN/m^2,其中l为计算跨径,单位为m。对跨径不等的连续结构,以最大计算跨径为准。

②城镇郊区行人密集地区的公路桥梁,人群荷载标准值取上述规定值的1.15倍。

专用人行桥梁,人群荷载标准值为 3.5 kN/m^2。

③人群荷载在横向应布置在人行道的净宽度内,在纵向应施加于使结构产生最不利荷载效应的区段内。

④人行道板（局部构件)可以一块板为单元,按标准值 4.0 kN/m^2的均布荷载计算。

⑤计算人行道栏杆时,作用在栏杆立柱顶上的水平推力标准值取 0.75 kN/m;作用在栏杆扶手上的竖向力标准值取 1.0 kN/m。

知识拓展

1. 车道荷载由均布荷载和集中荷载组成,其计算图见图 1-1。
2. 车辆荷载的立面布置、平面尺寸及横向布置见图 1-2,主要技术指标见表 1-3。
3. 各级公路桥涵设计的汽车荷载等级应符合表 1-4 的规定。

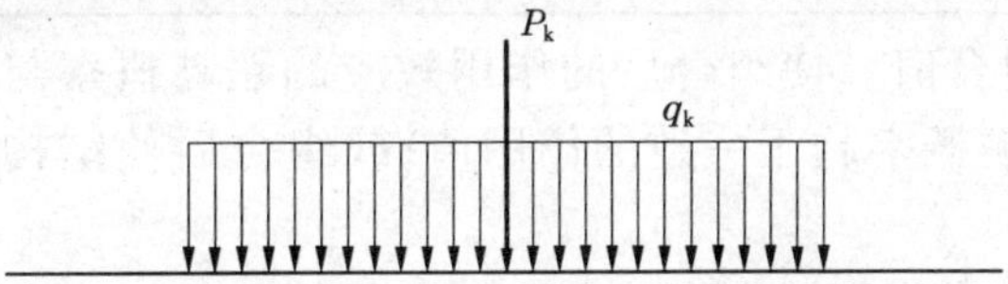

图 1-1　车道荷载

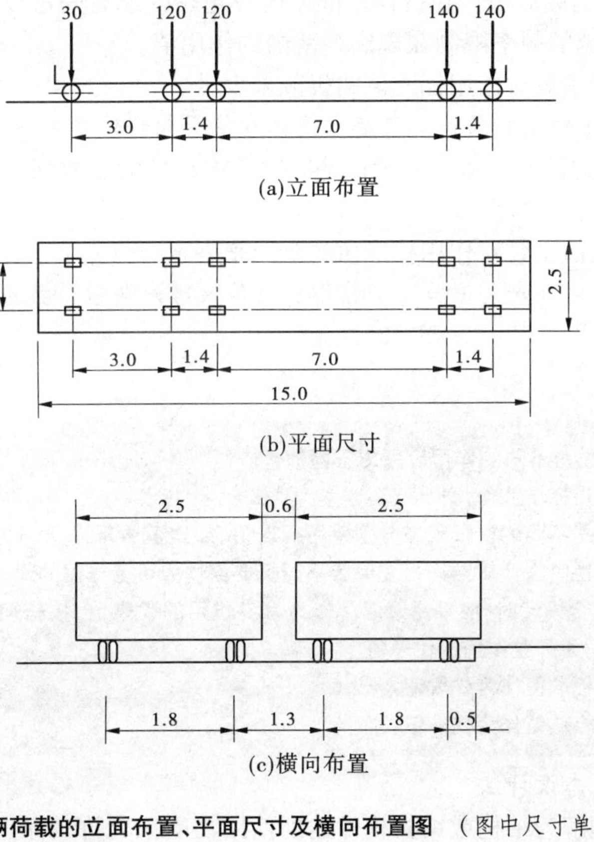

图 1-2　车辆荷载的立面布置、平面尺寸及横向布置图　(图中尺寸单位为 m)

表 1-3　车辆荷载的主要技术指标

项　目	单位	技术指标	项　目	单位	技术指标
车辆重力标准值	kN	550	轮　距	m	1.8
前轴重力标准值	kN	30	前轮着地宽度及长度	m	0.3×0.2
中轴重力标准值	kN	2×120	中、后轮着地宽度及长度	m	0.6×0.2
后轴重力标准值	kN	2×140	车辆外形尺寸（长×宽）	m	15×2.5
轴　距	m	3+1.4+7+1.4			

表 1-4　各级公路桥涵设计的汽车荷载等级

公路等级	高速公路	一级公路	二级公路	三级公路	四级公路
汽车荷载等级	公路－Ⅰ级	公路－Ⅰ级	公路－Ⅱ级	公路－Ⅱ级	公路－Ⅱ级

（2）可变作用的组合值。使组合后的作用效应的超越概率与该作用单独出现时其标准值作用效应的超越概率趋于一致的作用值；或组合后使结构具有规定可靠指标的作用值。

可通过组合值系数对作用标准值效应的折减来表示。

$$可变作用组合值=可变作用标准值\times 组合值系数\ \psi_c\ (<\psi_f)$$

（3）可变作用的频遇值。在设计基准期内被超越的总时间占设计基准期的比率较小的作用值；或被超越的频率限制在规定频率内的作用值。

可通过频遇值系数对作用标准值的折减来表示。

$$可变作用频遇值=可变作用标准值\times 频遇值系数\ \psi_f\ (<1)$$

（4）可变作用的准永久值。在设计基准期内被超越的总时间占设计基准期的比率较大的作用值。

可通过准永久值系数对作用标准值的折减来表示。

$$可变作用准永久值=可变作用标准值\times 准永久值系数\ \psi_q\ (<\psi_f)$$

友情提示

公路桥涵设计时，对不同的作用应采用不同的代表值。

1. 永久作用应采用标准值作为代表值。

2. 可变作用应根据不同的极限状态分别采用标准值、频遇值或准永久值作为其代表值。承载能力极限状态设计及按弹性阶段计算结构强度时应采用标准值作为可变作用的代表值。正常使用极限状态按短期效应（频遇）组合设计时，应采用频遇值作为可变作用的代表值；按长期效应（准永久）组合设计时，应采用准永久值作为可变作用的代表值。

3. 偶然作用取其标准值作为代表值。

4. 地震作用取其标准值作为代表值。

3. 概率极限状态设计法

极限状态可理解为结构或结构构件达到使用功能上允许的某个限值的状态，是指整个结构或结构的一部分构件超过某一特定状态就不能满足设计规定的某一功能要求,此特定状态称为该功能的极限状态。

公路桥涵结构应按承载能力极限状态和正常使用极限状态进行设计。

1)承载能力极限状态

这种极限状态对应于结构或结构构件达到最大承载能力或不适于继续承载的变形。

当结构或结构构件出现下列状态之一时,应认为超过了承载能力极限状态:

(1)整个结构或结构的一部分作为刚体失去平衡(如倾覆,滑移等);

(2)结构构件或连接因超过材料强度而破坏(包括疲劳破坏),或因过度的塑性变形而不适于继续承载;

(3)结构转变为机动体系;

(4)结构或结构构件丧失稳定(如压屈等);

(5)地基丧失承载能力而破坏(如失稳等)。

知识拓展

承载能力极限状态可理解为结构或结构构件发挥允许的最大承载功能的状态。结构构件由于塑性变形而使其几何形状发生显著改变,虽未达到最大承载能力,但已彻底不能使用,也属于达到这种极限状态。疲劳破坏是在使用中由于荷载多次重复作用而达到的承载能力极限状态。

2)正常使用极限状态

这种极限状态对应于结构或结构构件达到正常使用或耐久性能的某项规定限值。

当结构或结构构件出现下列状态之一时,应认为超过了正常使用极限状态:

(1)影响正常使用或外观的变形;

(2)影响正常使用或耐久性能的局部损坏(包括裂缝);

(3)影响正常使用的振动;

(4)影响正常使用的其他特定状态。

在进行上述两类极限状态设计时,应同时满足构造和工艺方面的要求。

3)结构的设计状况

所谓设计状况是指结构从施工到使用的全过程中,代表一定时段内实际情况的一组设计条件,设计应做到在该组条件下结构不超越有关的极限状态。

公路桥涵应根据不同种类的作用(或荷载)及其对桥涵的影响、桥涵所处的环境条件,考虑以下四种设计状况,并对其进行相应的极限状态设计。

(1)持久状况。桥涵建成后承受自重、汽车荷载等持续时间很长的结构使用时的正常情况。该状况下的桥涵应进行承载能力极限状态和正常使用极限状态设计。

(2)短暂状况。桥涵施工过程中承受临时性作用及维修时的情况等。该状况下的桥涵应进行承载能力极限状态设计,必要时才进行正常使用极限状态设计。

(3)偶然状况。在桥涵使用过程中可能偶然出现的如撞击等情况。该状况下的桥涵仅进行承载能力极限状态设计。

(4)地震状况。在桥涵使用过程中遭受地震时的情况,在抗震设防地区必须考虑地震状况。

知识拓展

注:地震状况下结构及结构构件设计应符合《公路工程抗震规范》(JTG B02—2013)的规定。

4)结构设计安全等级

公路桥涵按持久状况承载能力极限状态设计时,公路桥涵结构的设计安全等级,应根据结构破坏可能产生的后果的严重程度划分为三个设计等级,以体现不同情况的桥涵的可靠度差异,并不低于表1-5中的规定。在计算上,不同的安全等级是用结构重要性系数γ_0来表示的。

对于有特殊要求的公路桥涵结构,其设计安全等级可根据具体情况另行确定。

表1-5　公路桥涵结构的设计安全等级

设计安全等级	破坏后果	适用对象
一级	很严重	(1)各等级公路上的特大桥、大桥、中桥; (2)高速公路、一级公路、二级公路、国防公路及城市附近交通繁忙公路上的小桥
二级	严重	(1)三、四级公路上的小桥; (2)高速公路、一级公路、二级公路、国防公路及城市附近交通繁忙公路上的涵洞
三级	不严重	三、四级公路上的涵洞

注:本表所列特大、大、中桥是按表1-6中的单孔跨径确定,对多跨不等跨桥梁,以其中最大跨径为准。

表1-6　桥梁涵洞分类

桥涵分类	多孔跨径总长L(m)	单孔跨径L_k(m)
特大桥	$L>1\,000$	$L_k>150$
大　桥	$100\leqslant L\leqslant 1\,000$	$40\leqslant L_k\leqslant 150$
中　桥	$30<L<100$	$20\leqslant L_k<40$
小　桥	$8\leqslant L\leqslant 30$	$5\leqslant L_k\leqslant 20$
涵　洞	—	$L_k<5$

注:1. 单孔跨径是指标准跨径;

2. 梁式桥、板式桥的多孔跨径总长为多孔标准跨径的总长;拱式桥为两岸桥台内起拱线间的距离;其他形式桥梁为桥面是行车道长度;

3. 管涵及箱涵不论管径大小、孔数多少,均称为涵洞;

4. 标准跨径:梁式桥、板式桥以两桥墩中线之间桥中心线长度或桥墩中线与桥台台前缘线之间桥中心线长度为准;拱式桥和涵洞以净跨径为准。

友情提示

对于有特殊要求的公路桥涵结构,其设计安全等级可根据具体情况研究确定。同一桥涵结构构件的安全等级宜与整体结构相同,有特殊要求时可作部分调整,但调整后的级差不得超过一级。

5)公路桥涵结构的设计使用年限

设计使用年限是指设计规定的结构或结构构件不需进行大修即可按预定目的使用的年限。公路桥涵结构的设计使用年限应按表1-7采用。

表1-7 公路桥涵结构的设计使用年限

<table>
<tr><th rowspan="2">公路等级</th><th colspan="3">主体结构</th><th colspan="2">可更换部件</th></tr>
<tr><th>特大桥
大桥</th><th>中桥</th><th>小桥
涵洞</th><th>斜拉索
吊索
系杆等</th><th>栏杆
伸缩装置
支座等</th></tr>
<tr><td>高速公路
一级公路</td><td>100</td><td>100</td><td>50</td><td rowspan="3">20</td><td rowspan="3">15</td></tr>
<tr><td>二级公路
三级公路</td><td>100</td><td>50</td><td>30</td></tr>
<tr><td>四级公路</td><td>100</td><td>50</td><td>30</td></tr>
</table>

注:本表所列特大、大、中、小桥和涵洞是按表1-6中的单孔跨径确定,对于多跨不等跨桥梁,以其中最大跨径为准。对有特殊要求结构的设计使用年限,可在上述规定基础上经技术经济论证后予以调整。

4. 作用组合(荷载组合)

在不同作用的同时影响下,为验证某一极限状态的结构可靠度而采用的一组作用设计值。

1)作用组合原则

公路桥涵结构设计应考虑结构上可能同时出现的作用,按承载能力极限状态和正常使用极限状态进行作用效应组合,取其最不利组合效应进行设计。

(1)只有在结构上可能同时出现的作用,才进行组合。当结构或结构构件需做不同受力方向的验算时,应以不同方向的最不利的作用组合效应进行计算。

(2)当可变作用的出现对结构或结构构件产生有利影响时,该作用不应参与组合。实际不可能同时出现的作用或同时参与组合概率很小的作用,按表1-8规定不考虑其作用效应的组合。

表1-8 可变作用不同时的组合

作用名称	不与该作用同时参与组合的作用
汽车制动力	流水压力、冰压力、波浪力、支座摩阻力
流水压力	汽车制动力、冰压力、波浪力
波浪力	汽车制动力、流水压力、冰压力
冰压力	汽车制动力、流水压力、波浪力
支座摩阻力	汽车制动力

(3)施工阶段作用效应的组合,应按计算需要及结构所处条件而定,结构上的施工人

员和施工机具设备均应作为临时荷载加以考虑。组合式桥梁,当把底梁作为施工支撑时,作用效应宜分两个阶段组合,底梁受荷为第一个阶段,组合梁受荷为第二个阶段。

(4)多个偶然作用不同时参与组合。

(5)地震作用不与偶然作用同时参与组合。

2)按承载能力极限状态设计的作用组合

公路桥涵结构按承载能力极限状态设计时,对持久设计状况和短暂设计状况应采用作用的基本组合,对偶然设计状况应采用作用的偶然组合,对地震设计状况应采用作用的地震组合,并应符合下列规定:

(1)基本组合。永久作用的设计值效应与可变作用设计值效应相组合,其效应设计值可按下式计算:

$$\gamma_0 S_d = \gamma_0 \left(\sum_{i=1}^{m} \gamma_{Gi} S_{Gik} + \gamma_{Q1} \gamma_{L1} S_{Q1k} + \psi_c \sum_{j=2}^{n} \gamma_{Qj} \gamma_{Lj} S_{Qjk} \right) \tag{1-1}$$

$$\gamma_0 S_d = \gamma_0 \left(\sum_{i=1}^{m} S_{Gid} + S_{Q1d} + \psi_c \sum_{j=2}^{n} S_{Qjd} \right) \tag{1-2}$$

式中 S_d——承载能力极限状态下作用基本组合的效应设计值;

γ_0——结构重要性系数,按表1-5规定的结构设计安全等级采用,对应于设计安全等级一级、二级和三级分别取1.1、1.0和0.9;

γ_{Gi}——第i个永久作用效应的分项系数,应按表1-9的规定采用;

S_{Gik}、S_{Gid}——第i个永久作用效应的标准值和设计值;

γ_{Q1}——汽车荷载(含汽车冲击力、离心力)的分项系数。采用车道荷载计算时取$\gamma_{Q1}=1.4$,采用车辆荷载计算时,其分项系数$\gamma_{Q1}=1.8$。当某个可变作用在组合中其效应值超过汽车荷载效应时,该作用取代汽车荷载,其分项系数取$\gamma_{Q1}=1.4$;对专为承受某作用而设置的结构或装置,设计时该作用的分项系数取$\gamma_{Q1}=1.4$;计算人行道板和人行道栏杆的局部荷载,分项系数取$\gamma_{Q1}=1.4$;

S_{Q1k}、S_{Q1d}——汽车荷载(含汽车冲击力、离心力)的标准值和设计值;

γ_{Qj}——在作用组合中除汽车荷载(含汽车冲击力、离心力)、风荷载外的其他第j个可变作用的分项系数,取$\gamma_{Qj}=1.4$,但风荷载的分项系数取$\gamma_{Qj}=1.1$;

S_{Qjk}、S_{Qjd}——在作用效应组合中除汽车荷载效应(含汽车冲击力、离心力)外的其他第j个可变作用的标准值和设计值;

ψ_c——在作用组合中除汽车荷载(含汽车冲击力、离心力)外的其他可变作用的组合值系数,取$\psi_c=0.75$;

γ_{Lj}——第j个可变作用的结构设计使用年限荷载调整系数。公路桥涵结构的设计使用年限按现行《公路工程技术标准》(JTG B01—2014)取值时,可变作用的设计使用年限荷载调整系数取$\gamma_{Lj}=1.0$;否则,γ_{Lj}取值按专题研究确定。

友情提示

式中，$\gamma_{Gi}S_{Gik}$ 称为永久作用效应的设计值，$\gamma_{Qj}S_{Qjk}$ 称为可变作用效应的设计值；作用的设计值是指作用的标准值乘以相应的作用分项系数；分项系数是指为保证所设计的结构或构件具有规定的可靠度，在结构极限状态设计表达式中采用的系数，分为作用分项系数和材料分项系数等。

表 1-9　永久作用效应的分项系数

编号	作用类别		永久作用效应分项系数	
			对结构的承载能力不利时	对结构的承载能力有利时
1	混凝土和圬工结构重力（包括结构附加重力）		1.2	1.0
	钢结构重力(包括结构附加重力)		1.1 或 1.2	
2	预加力		1.2	1.0
3	土的重力		1.2	1.0
4	混凝土的收缩及徐变作用		1.0	1.0
5	土侧压力		1.4	1.0
6	水的浮力		1.0	1.0
7	基础变位作用	混凝土和圬工结构	0.5	0.5
		钢结构	1.0	1.0

注：编号 1 中，当钢桥采用钢桥面板时，永久作用效应分项系数取 1.1；当采用混凝土桥面板时，取 1.2。

(2)偶然组合。永久作用标准值与可变作用某种代表值、一种偶然作用设计值相组合。与偶然作用同时出现的可变作用，可根据观测资料和工程经验取用频遇值或准永久值。其效应设计值可按下式计算：

$$\gamma_0 S_{ad} = \sum_{i=1}^{m} S_{Gik} + S_{Ad} + \psi_{f1}(\psi_{q1})S_{Q1k} + \sum_{j=2}^{n} \psi_{qj}S_{Qjk} \tag{1-3}$$

式中　S_{ad} ——承载能力极限状态下作用偶然组合的效应设计值；

S_{Ad} ——偶然作用的设计值；

ψ_{f1} ——汽车荷载(含汽车冲击力、离心力)的频遇值系数，取 $\psi_{f1} = 0.7$；当某个可变作用在组合中其效应值超过汽车荷载效应时，该作用取代汽车荷载，人群荷载 $\psi_f = 1.0$，风荷载 $\psi_f = 0.75$，温度梯度作用 $\psi_f = 0.8$，其他作用 $\psi_f = 1.0$；

$\psi_{f1}S_{Q1k}$ ——汽车荷载的频遇值；

ψ_{q1}、ψ_{qj} ——第 1 个和第 j 个可变作用的准永久值系数，汽车荷载(含汽车冲击力、离心力) $\psi_q = 0.4$，人群荷载 $\psi_q = 0.4$，风荷载 $\psi_q = 0.75$，温度梯度作用 $\psi_q = 0.8$，其他作用 $\psi_q = 1.0$；

$\psi_{q1}S_{Q1k}$、$\psi_{qj}S_{Qjk}$ ——第 1 个和第 j 个可变作用的准永久值。

(3)作用地震组合。作用地震组合的效应设计值应按现行《公路工程抗震规范》(JTG B02—2013)的规定计算。

3)按正常使用极限状态设计的作用组合

按正常使用极限状态设计时,根据不同的设计要求,采用作用的频遇组合或准永久组合,并应符合下列规定:

(1)频遇组合。永久作用标准值与汽车荷载频遇值、其他可变作用准永久值的组合,其效应设计值按下式计算:

$$S_{fd} = \sum_{i=1}^{m} S_{Gik} + \psi_{f1} S_{Q1k} + \sum_{j=2}^{2} \psi_{qj} S_{Qjk} \tag{1-4}$$

式中 S_{fd}——作用频遇组合的效应设计值;

ψ_{f1}——汽车荷载(不计冲击力)的频遇值系数,取0.7。

(2)准永久组合。永久作用标准值与可变作用准永久值的组合,其效应设计值按下式计算:

$$S_{qd} = \sum_{i=1}^{m} S_{Gik} + \sum_{j=1}^{n} \psi_{qj} S_{Qjk} \tag{1-5}$$

式中 S_{qd}——作用准永久组合的效应设计值;

ψ_{qj}——汽车荷载(不计冲击力)的准永久值系数,取0.4。

5.概率极限状态法设计原则

依据我国现行公路桥规,采用以概率理论为基础的极限状态设计方法,按分项系数的设计表达式进行设计,具体设计计算应满足承载能力极限状态和正常使用极限状态的要求。

1)承载能力极限状态计算原则

桥梁结构的承载能力极限状态的计算以塑性理论为基础,设计原则是作用效应最不利组合的设计值必须小于或等于结构抗力的设计值,承载能力极限状态设计值表达式为:

$$\gamma_0 S \leqslant R \tag{1-6}$$

$$R = R(f_d, a_d) \tag{1-7}$$

式中 γ_0——桥梁结构的重要性系数,按公路桥涵的设计安全等级不同,一级、二级、三级分别取用1.1、1.0、0.9;

R——构件承载力设计值;

$R(f_d,a_d)$——构件承载力函数;

S——作用(或荷载)效应(其中汽车荷载应计入冲击系数)的组合设计值,当进行预应力钢筋混凝土连续梁等超静定结构的承载能力极限状态计算时,式(1-6)中的作用(或荷载)效应项应改为$\gamma_0 S + \gamma_P S_P$,其中$S_P$为预应力(扣除全部预应力损失)引起的次效应;$\gamma_P$为预应力分项系数,当预应力效应对结构有利时,取$\gamma_P = 1.0$;对结构不利时,取$\gamma_P = 1.2$;

f_d——材料强度设计值;

a_d——几何参数设计值,当无可靠数据时,可采用几何参数标准值a_k,即设计文件规定值。

知识拓展

"破坏—安全"极限状态

结构的功能函数：$Z=R-S$，当$Z>0$时，结构可靠(安全)；当$Z<0$时，结构失效(破坏)；当$Z=0$时，结构处于极限状态。

2)正常使用极限状态计算原则

对于正常使用极限状态，应根据不同的设计要求，应按下列设计表达式进行设计：

$$S_d \leqslant C \tag{1-8}$$

式中　C——结构或结构构件达到正常使用要求的规定限值，例如变形、裂缝、振幅、加速度、应力等的限值，应按各有关《建筑结构设计规范》(GB 50009—2012)的规定采用。

应用案例

【基本资料】　某钢筋混凝土简支矩形截面梁，标准跨径20 m。计算跨径19.5 m，混凝土C40，钢筋采用HRB335，荷载为公路－I级，冲击系数$\mu=0.3$。在结构重力、汽车荷载和人群荷载作用下，分别得到在主梁的1/2跨径处截面的弯矩标准值为：结构重力产生的弯矩$M_{Gk}=686$ kN·m；汽车荷载弯矩$M_{Q1k}=864$ kN·m(已计冲击系数)、人群荷载弯矩$M_{Q2k}=64$ kN·m。结构安全等级为二级($\gamma_0=1.0$)。试进行承载能力极限状态和正常使用极限状态的作用组合计算。

【案例解析】

(1)按照承载能力极限状态设计时，其组合有基本组合、偶然组合和地震组合三种，案例中没有给出偶然荷载和地震荷载，故在计算时只考虑其基本组合的形式。依据公路桥规规定，基于最不利计算原则，查表1-9，永久作用效应的分项系数为$\gamma_{G1}=1.2$；汽车荷载效应的分项系数为$\gamma_{Q1}=1.4$；人群荷载属于其他可变荷载，且其分项系数为$\gamma_{Qj}=1.4$，组合系数为$\psi_c=0.75$；结构安全等级为二级，故结构重要性系数取$\gamma_0=1.0$。

按照承载能力极限状态设计计算，由式(1-1)得：

$$\gamma_0 S_d=\gamma_0\left(\sum_{i=1}^{m}\gamma_{Gi}S_{Gik}+\gamma_{Q1}S_{Q1k}+\psi_c\sum_{j=2}^{n}\gamma_{Qj}S_{Qjk}\right)$$

$$\begin{aligned}\gamma_0 M_d&=\gamma_0\left(\sum_{i=1}^{m}\gamma_{Gi}M_{Gik}+\gamma_{Q1}M_{Q1k}+\psi_c\sum_{j=2}^{n}\gamma_{Qj}M_{Qjk}\right)\\&=1.0\times(1.2\times686+1.4\times864+0.75\times1.4\times64)\\&=2\,100(\text{kN}\cdot\text{m})\end{aligned}$$

(2)按照正常使用极限状态设计时，应采用频遇组合或准永久组合。

①作用效应频遇组合计算。依据公路桥规规定，汽车荷载效应仍然不计冲击系数，即$M_{Q1k}=\dfrac{864}{1.3}=664.62$ kN·m，汽车荷载效应的频遇值系数$\psi_{f1}=0.7$，人群荷载效应的频

遇值系数 $\psi_{q2}=1.0$。

由式(1-4)得:

$$S_{fd}=\sum_{i=1}^{m}S_{Gik}+\psi_{f1}S_{Q1k}+\sum_{j=2}^{2}\psi_{qj}S_{Qjk}$$

$$\begin{aligned}M_{fd}&=\sum_{i=1}^{m}M_{Gik}+\psi_{f1}M_{Q1k}+\sum_{j=2}^{2}\psi_{qj}M_{Qjk}\\&=686+0.7\times664.62+1.0\times64\\&=1\ 215.23(\text{kN}\cdot\text{m})\end{aligned}$$

②作用效应准永久组合计算。依据公路桥规规定,汽车荷载效应仍然不计冲击系数,即 $M_{Q1k}=664.62\ \text{kN}\cdot\text{m}$,汽车荷载效应的准永久值系数 $\psi_{q1}=0.4$,人群荷载效应的准永久值系数 $\psi_{q2}=0.4$。

由式(1-5)得:

$$S_{qd}=\sum_{i=1}^{m}S_{Gik}+\sum_{j=1}^{n}\psi_{qj}S_{Qjk}$$

$$\begin{aligned}M_{qd}&=\sum_{i=1}^{m}M_{Gik}+\sum_{j=1}^{n}\psi_{qj}M_{Qjk}\\&=686+0.4\times664.62+0.4\times64\\&=977.45(\text{kN}\cdot\text{m})\end{aligned}$$

1.1.2 钢筋混凝土结构材料

1.1.2.1 钢筋的品种与规格及力学性能

我国钢材的种类繁多,性能差别很大,建筑钢材主要包括用于钢筋混凝土结构的钢筋和用于钢结构的结构钢。

1. 钢筋的品种与规格

1)按照化学成分分类

钢筋混凝土结构所采用的钢筋按其化学成分,可分为碳素钢及普通低合金钢两大类。

(1)碳素钢。其含碳量小于1.35%,除铁、碳和锰、硅、磷、硫限量以内的杂质外,不含其他合金元素的钢。根据含碳量的多少,碳素钢又可分为低碳钢(含碳量小于0.25%)、中碳钢(含碳量为0.25%~0.6%)和高碳钢(含碳量大于0.6%~1.4%)。

随着含碳量的增加,钢材的强度提高,塑性降低,可焊性变差。与其他钢类相比,碳素钢使用最早,成本低,性能范围宽,用量最大。

(2)普通低合金钢。普通低合金钢是在碳素钢的基础上,加入了少量的合金元素,如锰、硅、钒、钛、硼等,使钢筋的强度得到提高,综合性能比较好,并具有耐腐蚀、耐磨、耐低温以及较好的切削性能、焊接性能。

2)外形特征分类

钢筋按其外形特征的不同,可分为光面钢筋和带肋钢筋两类。带肋钢筋包括螺纹钢筋、人字纹钢筋和月牙纹钢筋等,如图1-3所示。带肋钢筋增强了混凝土与钢筋的黏结力,提高了钢筋混凝土结构的整体性,所以被广泛应用。

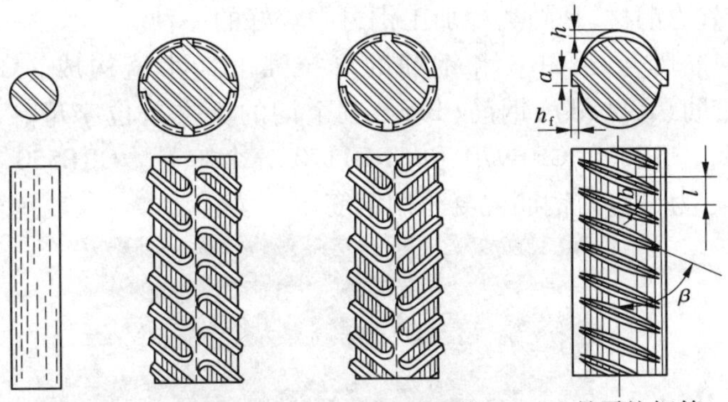

h—横肋高度;β—横肋与轴线夹角;h_f—纵肋高度;

a—纵肋顶宽;l—横肋间距;b—横肋顶宽

图1-3　各种钢筋的外形

3)按直径大小分类

按直径大小可分为钢丝(直径3~5 mm)、细钢筋(直径6~10 mm)、粗钢筋(直径大于22 mm)。

4)按生产加工工艺不同分类

钢筋按其生产加工工艺条件,可分为热轧钢筋、冷轧带肋钢筋和精轧螺纹钢筋。

(1)热轧钢筋。热轧钢筋是经热轧成型并自然冷却的成品钢筋,由低碳钢和普通合金钢在高温状态下压制而成,主要用于钢筋混凝土和预应力钢筋混凝土结构的配筋,是桥涵工程中使用量最大的钢材品种之一。

热轧钢筋根据热轧工艺的不同,可分为以下三种:热轧光圆钢筋(Hot-rolled Plain Bar,HPB)、热轧带肋钢筋(Hot-rolled Ribbed Bar,HRB)和余热处理带肋钢筋(Remained heat treatment Ribbed Bars,RRB)三种,热轧钢筋为软钢,断裂时会产生径缩现象,伸长率较大。

知识拓展

钢筋混凝土及预应力钢筋混凝土构件中的普通钢筋宜选用HPB235、HPB300、HRB335、HRB400、HRB500、HRBF335、HRBF400、HRBF500和RRB400钢筋,预应力钢筋混凝土构件中的箍筋应选用其中的带肋钢筋;其中,HPB235、HPB300钢筋为热轧光圆钢筋;HRB335、HRB400、HRB500钢筋为热轧带肋钢筋;HRBF335、HRBF400、HRBF500钢筋为细晶粒热轧带肋钢筋;RRB400钢筋为余热处理带肋钢筋。

余热处理钢筋是在热轧后立即穿水,进行表面控制冷却,然后利用芯部余热自身完成回火处理所得的成品钢筋。这种钢筋也属于热轧钢筋,其焊接性能与HRB钢筋相比,有一定的差异,延性和强屈比稍低。

“HRB335”代表为热轧带肋钢筋,其屈服强度标准值为335 MPa。

(2)冷轧带肋钢筋。冷轧带肋钢筋(见图1-4)是用热轧盘条经多道冷轧减径,一道压肋并经消除内应力后形成的一种带有二面或三面月牙形的钢筋。冷轧带肋钢筋在预应力钢筋混凝土构件中,是冷拔低碳钢丝的更新换代产品,在现浇混凝土结构中,则可代换热轧光圆钢筋,以节约钢材,是同类冷加工钢材中较好的一种。

冷轧带肋钢筋牌号由 CRB 和钢筋的抗拉强度最小值构成。C、R、B 分别为冷轧(Cold-rolled)、带肋(Ribbed)、钢筋(Bars)三个词的英文首位字母。冷轧带肋钢筋分为 CRB550、CRB650、CRB800、CRB970 和 CRB1170 五个牌号。CRB550 为普通钢筋混凝土用钢筋,其他牌号为预应力钢筋混凝土用钢筋。

图 1-4　冷轧带肋钢筋

知识拓展

钢筋混凝土及预应力钢筋混凝土构件中的普通钢筋,按构造要求配置的钢筋网可采用冷轧带肋钢筋。

(3)精轧螺纹钢筋。精轧螺纹钢筋(见图 1-5)是在整根钢筋上轧有外螺纹的大直径、高强度、高尺寸精度的直条钢筋。该钢筋在任意截面处都拧上带有内螺纹的连接器进行连接或拧上带螺纹的螺帽进行锚固。

图 1-5　精轧螺纹钢筋及其连接

预应力钢筋混凝土用螺纹钢筋以屈服强度划分级别,其代号为“PSB”加上规定屈服强度最小值表示。P、S、B 分别为 Prestressing、Screw、Bars 的英文首位字母。例如:PSB830 表示屈服强度最小值为 830 MPa 的钢筋(通常用 PSB830 表示)。

2. 钢筋的力学性能

1)钢筋的强度指标

钢材标准试件在标准试验条件下的轴向拉伸试验是确定钢筋力学性能的主要手段。

通过满足加载加速度一次拉伸获得钢筋的应力—应变关系曲线，确定钢筋的屈服强度σ_s、抗拉极限强度σ_b和伸长率δ等基本的力学性能指标。

(1)有明显屈服点的钢筋应力—应变曲线。现以低碳钢为例介绍有明显屈服点的钢筋，其一次拉伸试验的典型应力—应变曲线如图1-6所示。

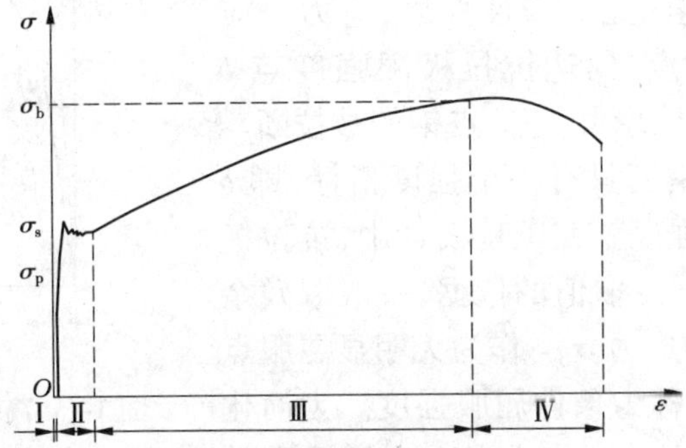

图1-6　低碳钢的应力—应变曲线

低碳钢在整个拉伸试验过程中，大致分为4个阶段。

第Ⅰ阶段：应力—应变呈线性关系，卸载后，试件能够恢复原长，故此阶段称为弹性阶段。弹性阶段最高点所对应的应力称为弹性极限σ_p。

第Ⅱ阶段：当应力超过弹性极限后，应变较应力增加得快，应力—应变曲线形成屈服台阶。此时，应变急剧增长，而应力却在很小的范围内波动，这个阶段称为屈服阶段，如将外力卸去，试件的变形不可能完全恢复，不能恢复的那部分变形称为残余变形(或称为塑性变形)。工程上取屈服阶段的最低点作为规定计算强度的依据，称为屈服强度，以σ_s表示。

第Ⅲ阶段：屈服阶段以后，钢筋抵抗外力的能力又得到恢复，应力与应变关系为上升的曲线，这个阶段称为强化阶段。对应于强化阶段最高点的应力就是钢筋的抗拉极限强度，以σ_b表示。

第Ⅳ阶段：钢筋在达到抗拉极限强度σ_b以后，在试件薄弱处的截面将开始显著缩小，产生径缩现象，塑性变形迅速增大，拉应力随之下降，最后在径缩处断裂，这个阶段称为破坏阶段(或称为径缩阶段)。

有明显屈服点的钢筋有两个强度指标：屈服强度σ_s和抗拉极限强度σ_b，钢筋计算时取屈服强度σ_s作为钢筋的强度限值，抗拉极限强度σ_b作为钢筋的强度储备。

知识拓展

结构设计时，工程实际上取屈服强度作为钢筋强度取值的依据，是因为钢筋屈服后产生了较大的塑性变形，将使构件变形和裂缝宽度大大增加，以致结构的正常使用得不到保证，钢筋的极限强度是钢筋的实际破坏强度，不能作为设计中钢筋强度取值的依据。

(2)无明显屈服点的钢筋应力—应变曲线。当含碳量很少(0.1%以下)或含碳量很高(0.3%以上)时钢筋的应力—应变曲线没有明显的屈服点和屈服台阶。高碳钢一次拉伸试验时的应力—应变曲线如图1-7所示。

从图1-7可以看出,在应力达到比例极限点 a(约为 $0.65\sigma_b$)之前,应力—应变关系按直线变化,钢筋具有明显的弹性性质。超过比例极限点 a 之后,钢筋表现出越来越明显的塑性性质,应力—应变曲线无明显的屈服点,到达抗拉极限强度点 b 后,同样出现钢筋的径缩现象,至 c 点钢筋被拉断。

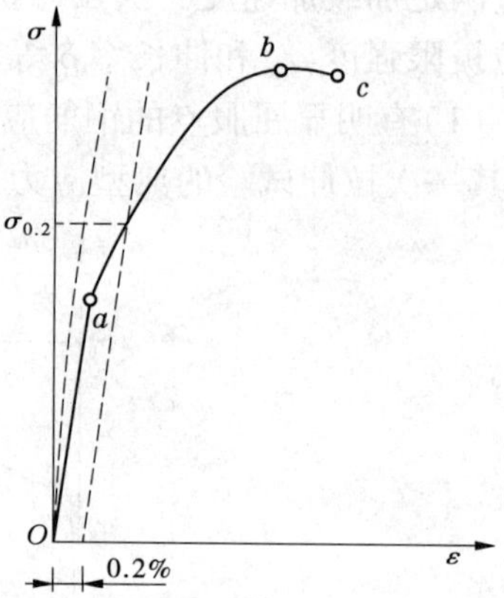

图1-7 高碳钢的应力—应变曲线

无明显屈服点的钢筋只有一个强度指标,即 b 点所对应的抗拉极限强度。在工程设计中,抗拉极限强度不能作为钢筋强度取值的依据,一般取残余应变为0.2%所对应的应力 $\sigma_{0.2}$ 作为无明显屈服点钢筋的强度限值,通常称为条件屈服强度。为简化计算,《公路钢筋混凝土及预应力混凝土桥涵设计规范》(JTG D62—2012)取 $\sigma_{0.2}=0.8\sigma_b$,其中 σ_b 为无明显屈服点钢筋的抗拉极限强度。

2)钢筋的塑性指标

除强度指标外,还应具有一定的塑性变形能力。钢筋的塑性性能通常用伸长率和冷弯性能两个指标来衡量。

(1)钢筋伸长率是指钢筋试件拉断后的伸长值与原长的比率。

$$\delta = \frac{l_1 - l}{l} \times 100\% \tag{1-9}$$

式中 δ——伸长率(%);

l——试件受力前的标距长度($5d$、$10d$),d 为钢筋试件的直径;

l_1——试件拉断后的标距长度。

钢筋的伸长率越大,说明钢筋的塑性越好,越容易加工,对冲击和急变荷载的抵抗能力越强,即拉伸断裂前有足够的伸长,使构件的破坏有预兆,反之构件的破坏具有突发性而呈现脆性。

(2)冷弯性能。为了使钢筋在加工成型时不发生断裂,要求钢筋具有一定的冷弯性能。冷弯是将直径为 d 的钢筋绕某一规定直径为 D 的钢辊进行弯曲,在达到规定的冷弯角度(180°)时钢筋不发生裂纹、鳞落或断裂,就表示合格,如图1-8所示。弯芯(辊轴)的直径越小,弯转角越大,说明钢筋的塑性越好。

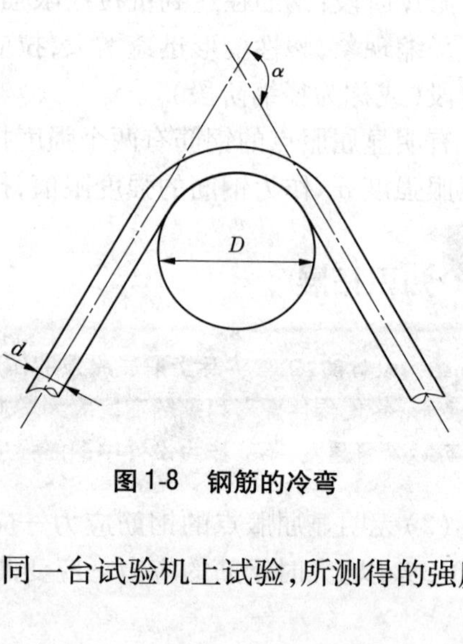

图1-8 钢筋的冷弯

3)钢筋的设计指标

在实际工作中,按同一标准生产的钢筋或混凝土各批之间的强度是有差异的,不可能完全相同,即使同一炉钢轧成的钢筋或同一配合比搅拌而成的混凝土试块,按照同一方法在同一台试验机上试验,所测得的强度也不完全相同,这就是材料的变异性。在确定材料的设计强度时必须充分考虑这种变异性。

为了保证钢筋质量,根据可靠度要求,《公路钢筋混凝土及预应力混凝土桥涵设计规范》(JTG D62—2012)规定,钢筋的强度标准值,取现行国家标准的屈服点,具有不小于95%的保证率。普通钢筋的强度设计值由普通钢筋强度标准值除以钢筋的材料分项系数 $\gamma_{fs}=1.2$ 得到。

普通钢筋的抗拉强度标准值 f_{sk}、普通钢筋的抗拉强度设计值 f_{sd} 和抗压强度设计值 f'_{sd} 应分别按表 1-10、表 1-11 采用。

表 1-10　普通钢筋的抗拉强度标准值 f_{sk}

钢筋种类	符号	公称直径 d(mm)	f_{sk}(MPa)
HPB235	Φ^{1}	6 ~ 22	235
HPB300	Φ^{2}	6 ~ 22	300
HRB335 HRBF335	Φ Φ^{F}	6 ~ 50	335
HRB400 HRBF400 RRB400	Φ Φ^{F} Φ^{R}	6 ~ 50	400
HRB500 HRBF500	Φ Φ^{F}	6 ~ 50	500

注:表中 d 是指国家标准中的钢筋公称直径。

表 1-11　普通钢筋的抗拉强度设计值 f_{sd} 和抗压强度设计值 f'_{sd}　(单位:MPa)

钢筋种类	f_{sd}	f'_{sd}	钢筋种类	f_{sd}	f'_{sd}
HPB235	195	195	HRB400 HRBF400 RRB400	330	330
HPB300	250	250	HRB500 HRBF500	415	415
HRB335 HRBF335	280	280			

注:1. 钢筋混凝土轴心受拉和小偏心受拉构件的钢筋抗拉强度设计值大于 330 MPa 时,仍应按 330 MPa 取用;在斜截面抗剪承载力、受扭承载力和冲切承载力计算中垂直于纵向受力钢筋的箍筋或间接钢筋等横向钢筋的抗拉强度设计值大于 330 MPa 时,仍应取 330 MPa。

2. 构件中配有不同种类的钢筋时,每种钢筋应采用各自的强度设计值。

普通钢筋的弹性模量 E_s 应按表 1-12 采用。

表1-12　普通钢筋的弹性模量　（单位:MPa）

钢筋种类	E_s	钢筋种类	E_s
HPB235、HPB300	2.1×10^5	消除应力钢丝	2.05×10^5
HRB335、HRB400、HRB500 钢筋 HRBF335、HRBF400、HRBF500 钢筋 RRB400 钢筋 精轧螺纹钢筋	2.0×10^5	钢绞线	1.95×10^5

1.1.2.2　混凝土的力学性能

1. 混凝土的强度

混凝土是由水泥、水和集料（细集料砂子、粗集料石子）以及掺加剂按一定配合比经搅拌后入模振捣，养护硬化形成的人造石材。水泥和水在凝结硬化过程中形成水泥胶块把集料黏结在一起。水泥结晶体和砂石集料组成混凝土的弹性骨架，起着承受外力的主要作用，并使混凝土具有弹性变形的特点。水泥凝胶体则起着调整和扩散混凝土应力的作用，并使混凝土具有塑性变形的性质。

混凝土的强度是指混凝土抵抗外力产生的某种应力的能力，即混凝土材料达到破坏或开裂极限状态时所能承受的应力。混凝土强度是混凝土的重要力学性能，是设计钢筋混凝土结构的重要依据，它直接影响结构的安全和耐久性。

混凝土的强度指标主要有立方体抗压强度、轴心抗压强度和轴心抗拉强度。

1）混凝土的立方体抗压强度标准值（$f_{cu,k}$）与强度等级

抗压强度是混凝土的重要力学指标，是进行桥梁混凝土强度的验收依据。用边长为150 mm的混凝土立方体作为标准试件，由标准立方体试件测得的抗压强度，称为标准立方体抗压强度，用f_{cu}（其含义为：边长为150 mm的混凝土立方体抗压强度）表示。

《公路钢筋混凝土及预应力混凝土桥涵设计规范》（JTG D62—2012）规定：用边长为150 mm的立方体试件，在标准条件（温度为20 ±3 ℃，相对湿度不小于90%）下养护28 d，用标准试验方法（加荷速度为每秒0.2 ~0.3 N/mm^2，试件表面不涂润滑剂、全截面受力）加压至试件破坏，测得的具有95%保证率的抗压强度称为混凝土立方体抗压强度标准值，用符号$f_{cu,k}$（其含义为：边长为150 mm的混凝土立方体抗压强度标准值）表示。

混凝土立方体抗压强度标准值$f_{cu,k}$作为衡量混凝土强度等级的指标，混凝土强度等级用150 mm×150 mm×150 mm立方体抗压强度标准值并冠以C表示，如C30表示30级混凝土，其立方体抗压强度标准值为30 MPa（即$f_{cu,k}=30$ MPa）。桥涵工程中混凝土强度等级分为14级，即C15、C20、C25、C30、C35、C40、C45、C50、C55、C60、C65、C70 、C75、C80。

《公路钢筋混凝土及预应力混凝土桥涵设计规范》（JTG D62—2012）规定：公路桥涵受力构件的混凝土强度等级应按下列规定采用：

（1）钢筋混凝土构件不宜高于C25，不应低于C20。

（2）当采用强度等级400 MPa及以上钢筋配筋时，不宜高于C30，不应低于C25。

（3）预应力钢筋混凝土构件不应低于C40。

（4）当建筑物对混凝土还有抗渗、抗冻、抗侵蚀、抗冲刷等技术要求时，混凝土的强度

等级尚需根据具体技术要求确定。

知识拓展

1. 混凝土立方体抗压强度与试验方法有着密切的关系

如果在试件的表面和压力机的压盘之间涂一层润滑剂(如凡士林、油脂等),其抗压强度将比不涂润滑剂的试件低很多,破坏形式也不相同(见图1-9)。

未加润滑剂的试件上下表面与压力机压盘之间有向内的摩阻力存在,摩阻力像箍圈一样,使混凝土处于三维受力状态,对混凝土试件的横向变形产生约束,延缓了裂缝的开展,提高了试件的抗压极限强度,这种现象称为“套箍效应”。

当压力达到极限值时,试件在竖向压力和水平摩阻力的共同作用下沿斜向破坏,形成两个对称的角锥形破坏面。如果在试件表面涂抹一层润滑剂,试件表面与压力机压盘之间的摩阻力大大减小,对混凝土试件的横向变形几乎没有约束作用。最后,试件由于形成了与压力方向平行的裂缝而破坏。所测得的抗压极限强度较不加润滑剂时低很多。

2. 混凝土的立方体抗压强度还与试件的尺寸有关

试件的尺寸越大,实测强度越低。这种现象称为“尺寸效应”。一般认为这是由混凝土内部缺陷和试件承压面摩阻力影响等因素造成的。试件尺寸大,内部缺陷(微裂缝、气泡等)相对较多,端部摩阻力影响相对较小,故实测强度较低。根据试验结果,若以150 mm×150 mm×150 mm立方体试件的强度为准,对200 mm×200 mm×200 mm立方体试件的实测强度应乘以尺寸修正系数1.05;对100 mm×100 mm×100 mm立方体试件的实测强度应乘以尺寸修正系数0.95。

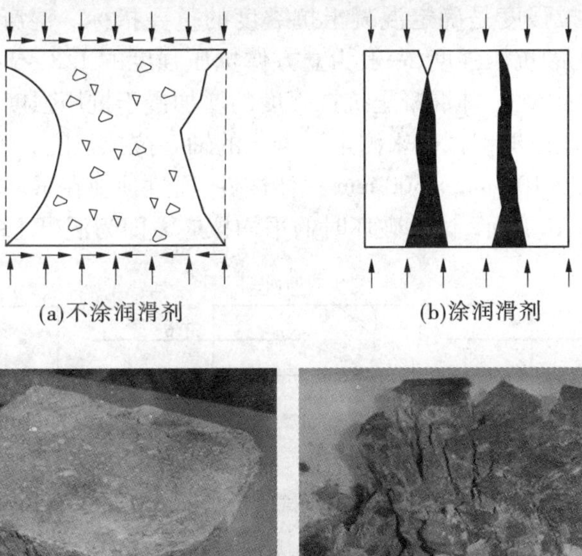

(a)不涂润滑剂　　(b)涂润滑剂

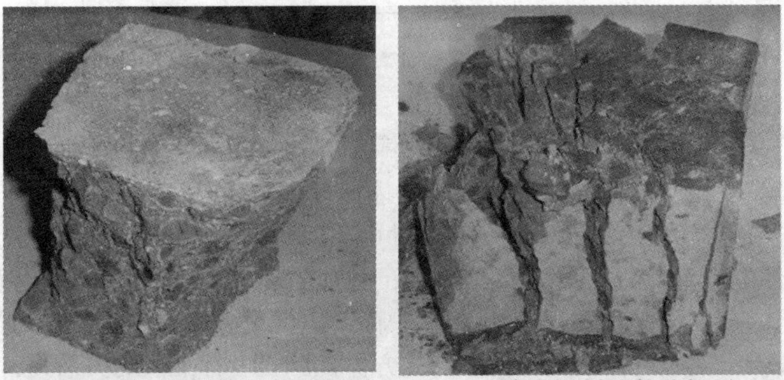

(c)不涂润滑剂试件破坏图　　(d)涂润滑剂试件破坏图

图1-9　混凝土立方体试件的破坏形态

2）混凝土的轴心抗压强度标准值(f_{ck})

在实际工程中，大多数钢筋混凝土构件的长度比它的截面边长要大得多，工作条件与立方体试块的工作条件有很大差别，因此采用棱柱体试件比立方体试件更能反映混凝土的实际抗压能力。试验表明：随着试件高宽比 h/b 增大，端部摩擦力对中间截面的约束减弱，混凝土抗压强度降低。我国采用150 mm×150 mm×300 mm 棱柱体试件为标准试件，用标准试验方法测得的混凝土棱柱体抗压强度即为混凝土的轴心抗压强度。

结构中混凝土轴心抗压强度与立方体抗压强度的关系为：

$$f_{ck}=0.88\alpha_{c1}\alpha_{c2}f_{cu,k} \tag{1-10}$$

式中 0.88——结构中混凝土强度与试件混凝土强度之间的差异修正系数；

α_{c1}——棱柱强度与立方体强度的比值；

α_{c2}——C40 以上混凝土脆性折减系数。

α_{c1} 和 α_{c2} 取值详见表 1-13。

表 1-13　α_{c1} 和 α_{c2} 值

混凝土强度等级	≤C40	C45	C50	C55	C60	C65	C70	C75	C80
α_{c1}	0.76	0.76	0.76	0.77	0.78	0.79	0.80	0.81	0.82
α_{c2}	1.00	0.984	0.968	0.951	0.935	0.919	0.903	0.887	0.87

3）混凝土的轴心抗拉强度标准值(f_{tk})

混凝土的轴心抗拉强度是确定混凝土抗裂度的重要指标。混凝土轴心抗拉强度很低，其值远小于混凝土的抗压强度，一般为立方体抗压强度的 1/8～1/18。这项比值随混凝土强度等级的增大而减少，即混凝土抗拉强度的增加慢于抗压强度的增加。

常用轴心抗拉试验或劈裂试验来测定混凝土的轴心抗拉强度。轴心抗拉试验是用钢模浇筑成型的 100 mm×100 mm×500 mm 柱体试件，通过预埋在试件轴线两端的钢筋，对试件施加拉力，如图 1-10 所示，试件破坏时的平均拉应力即为混凝土的轴心抗拉强度。

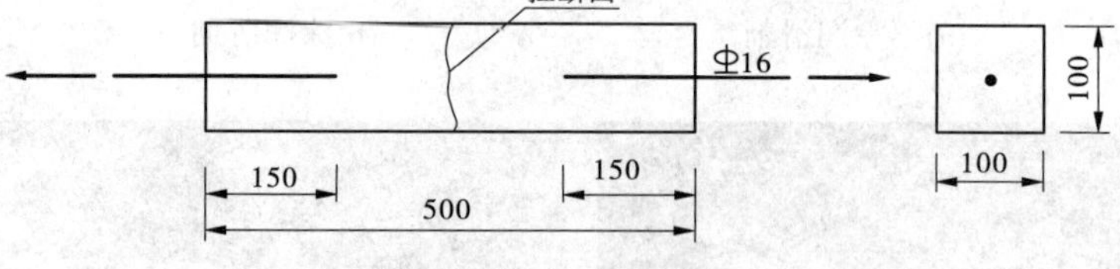

图 1-10　混凝土轴心抗拉试验示意图　（单位：mm）

劈裂试验（国外常用）可用立方体或圆柱体试件进行，在试件上下支承面与压力机压板之间加一条垫条，用压力机通过垫条对试件中心面施加均匀的条形荷载。这样，除垫条附近外，在试件的竖直中面上，就产生了均匀的拉应力，它的方向与加载方向垂直，当拉应力达到混凝土的抗拉强度时，试件将沿竖直中面产生劈裂破坏，如图 1-11 所示。

结构中混凝土轴心抗拉强度标准值与立方体抗压强度标准值的关系为：

$$f_{tk}=0.88\times0.395f_{cu,k}^{0.55}(1-1.645\delta)^{0.45}\alpha_{c2} \tag{1-11}$$

式中 δ——混凝土立方体抗压强度变异系数，数值可查表 1-14。系数 0.395 和指数

0.55为轴心抗拉强度与立方体抗压强度的折算系数，是依据试验数据统计分析确定的。

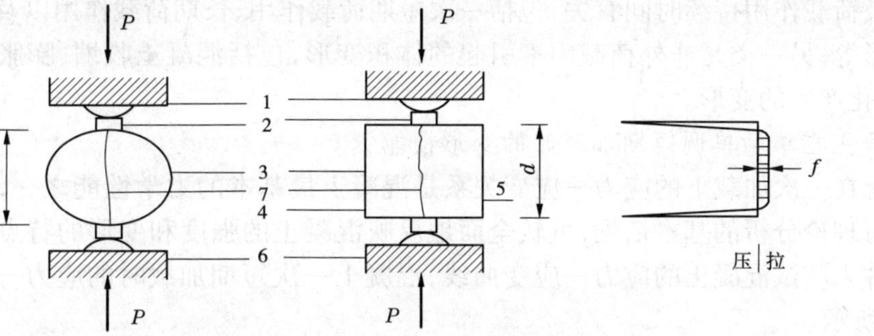

(a)用圆柱体进行劈裂试验　(b)用立方体进行劈裂试验　(c)劈裂面中水平应力分布

1—压力机上压板；2—垫条；3—试件；4—试件浇筑顶面；
5—试件浇筑底面；6—压力机下压板；7—试件破裂线

图 1-11　混凝土劈裂试验及其应力分布

表 1-14　混凝土立方体抗压强度变异系数

混凝土强度等级	C20	C25	C30	C35	C40	C45	C50	C55	C60
δ	0.18	0.16	0.14	0.13	0.12	0.12	0.11	0.11	0.10

4）混凝土的强度设计值

混凝土的轴心抗压强度设计值(f_{cd})、混凝土的轴心抗拉强度设计值(f_{td})是在混凝土的轴心抗压强度标准值(f_{ck})、混凝土的轴心抗拉强度标准值(f_{tk})的基础上除以混凝土材料分项系数 γ_c 确定的，混凝土的材料分项系数取值为 1.40。

混凝土轴心抗压强度标准值 f_{ck} 和轴心抗拉强度标准值 f_{tk} 应按表 1-15 采用。

表 1-15　混凝土强度标准值　（单位：MPa）

强度种类	强度等级												
	C20	C25	C30	C35	C40	C45	C50	C55	C60	C65	C70	C75	C80
f_{ck}	13.4	16.7	20.1	23.4	26.8	29.6	32.4	35.5	38.5	41.5	44.5	47.4	50.2
f_{tk}	1.54	1.78	2.01	2.20	2.40	2.51	2.65	2.74	2.85	2.93	3.00	3.05	3.10

混凝土轴心抗压强度设计值 f_{cd} 和轴心抗拉强度设计值 f_{td} 应按表 1-16 采用。

表 1-16　混凝土强度设计值　（单位：MPa）

强度种类	强度等级												
	C20	C25	C30	C35	C40	C45	C50	C55	C60	C65	C70	C75	C80
f_{cd}	9.2	11.5	13.8	16.1	18.4	20.5	22.4	24.4	26.5	28.5	30.5	32.4	34.6
f_{td}	1.06	1.23	1.39	1.52	1.65	1.74	1.83	1.89	1.96	2.02	2.07	2.10	2.14

注：计算现浇钢筋混凝土轴心受压和偏心受压构件时，如截面的长边或直径小于 300 mm，表中数值应乘以系数0.8；当构件质量（混凝土成型、截面和轴线尺寸等）确有保证时，可不受此限。

2. 混凝土的变形

混凝土的变形可分为两类:一类是荷载作用下产生的受力变形,其数值和变化规律与加载方式及荷载作用持续时间有关,包括一次短期荷载作用、长期荷载作用以及多次重复加载的变形等;另一类是非外荷载因素引起的体积变形,包括混凝土收缩、膨胀和由于温度、湿度变化产生的变形。

1)混凝土在单轴单调短期加载时的变形性能

混凝土在一次加载下的应力—应变关系是混凝土最基本的力学性能之一,是对混凝土结构进行理论分析的基本依据,可较全面地反映混凝土的强度和变形的特点。一般取棱柱体试件来测试混凝土的应力—应变曲线,混凝土一次短期加载时的应力—应变曲线如图 1-12 所示。

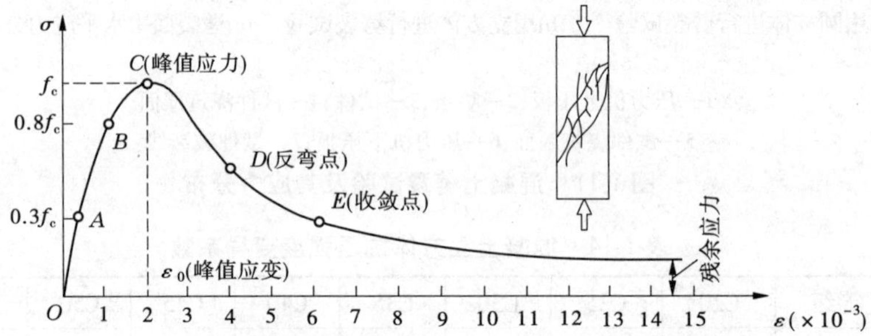

图 1-12　混凝土一次短期加载时的应力—应变曲线

完整的混凝土轴心受压应力—应变曲线由上升段 *OC* 段、下降段 *CD* 段和收敛段 *DE* 段三个阶段组成。

(1)上升段 *OC* 段。在 *OA* 段($\sigma_c \leqslant 0.3f_c$),应力较小,混凝土处于弹性工作阶段,应力—应变曲线接近于直线。在 *AB* 段($0.3f_c \leqslant \sigma_c \leqslant 0.8f_c$),随应力继续增大,应力—应变曲线越来越偏离直线,应变比应力增长快,任一点的应变可分为弹性应变和塑性应变两部分;原有的混凝土内部微裂缝发展,并在空隙等薄弱处产生新的微裂缝。

在 *BC* 段($0.8f_c \leqslant \sigma_c < f_c$),随着应力的进一步增大,混凝土塑性变形显著增大,内部微裂缝不断延伸扩展,并有几条贯通;当达到 *C* 点的峰值应力 f_c 时,混凝土塑性变形急剧增大,试件表面出现不连续的可见裂缝,试件开始破坏。*C* 点应力值 f_c 即为混凝土的轴心抗压强度,与其相应的压应变为 ε_0 (ε_0 约为 0.002)。

(2)下降段 *CD* 段。当应力超过 f_c 后,试件承载能力下降,但混凝土的强度并不完全消失,随着应力 σ 的减少(卸载),应变仍然增加,曲线坡度下降较陡,混凝土表面裂缝逐渐贯通。

(3)收敛段 *DE* 段。应力—应变曲线在 *D* 点出现反弯,试件在宏观上已破坏,此时混凝土已达到其极限压应变 ε_{cu}。*D* 点以后,表面纵向裂缝把混凝土棱柱体分成若干个小柱,通过集料间的咬合力及摩擦力,块体还能承受一定的荷载。

混凝土的极限压应变越大,表示混凝土的塑性变形能力越大,即延性越好,混凝土极

限压应变 ε_{cu} 为 0.003 ~ 0.005。

混凝土受拉时的应力—应变曲线与受压时相似,但达到峰值时的应力、应变都比受压时小得多。计算时,一般混凝土的最大拉应变可取 1.5×10^{-4}。

2)混凝土的弹性模量

在混凝土结构的内力分析、变形计算以及预应力构件截面的预压应力计算时,混凝土的弹性模量是不可缺少的基础参数之一。其单调短期加载下的应力—应变曲线中应力增量与应变增量的比值,称为混凝土的弹性模量,其数值随混凝土的应力变化而变化。

在实际工程中,近似地取用应力—应变曲线在原点 O 的切线斜率作为混凝土的弹性模量,如图1-13所示,并用 E_c 表示,试验结果表明:混凝土的受拉弹性模量与受压弹性模量基本相等,混凝土受压或受拉时的弹性模量 E_c 应按表1-17采用。

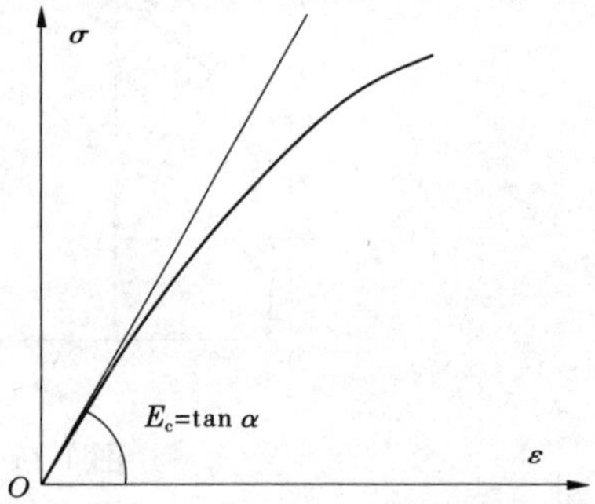

图1-13 混凝土的弹性模量

表1-17 混凝土的弹性模量 (单位:MPa)

混凝土强度等级	C20	C25	C30	C35	C40	C45	C50	C55	C60	C65	C70	C75	C80
E_c	2.55×10^4	2.80×10^4	3.00×10^4	3.15×10^4	3.25×10^4	3.35×10^4	3.45×10^4	3.55×10^4	3.60×10^4	3.65×10^4	3.70×10^4	3.75×10^4	3.80×10^4

注:当采用引气剂及较高砂率的泵送混凝土且无实测数据时,表中C50 ~ C80 的 E_c 值应乘以折减系数0.95。

知识拓展

混凝土的剪变模量 G_c 可按表1-17中数值的0.4采用(即 $G_c=0.4E_c$),混凝土的泊松比 ν_c 可采用0.2(即 $\nu_c=0.2$)。

3)混凝土在长期荷载作用下的变形性能

在荷载的长期作用下,混凝土的变形将随时间而增加,亦即在应力不变的情况下,混凝土的应变随时间继续增长,这种现象称为混凝土的徐变。徐变对结构的不利影响是使构件变形增大,影响结构的正常使用;对于长细比较大的偏心受压构件,徐变会使偏心距增大,降低构件承载力。在预应力钢筋混凝土构件中,徐变会导致预应力损失。徐变将有利于结构的内力重分布,减少应力集中现象并减小温度应力。

混凝土在持续荷载作用下,徐变与时间的关系曲线如图1-14所示。从图中可知,24个月的徐变 ε_{cr},约为加荷时立即产生的瞬时弹性变形 ε_{el} 的2 ~4倍;前期徐变增长很快,6个月可达最终徐变的70% ~80%,以后徐变增长逐渐缓慢。在 B 点卸荷后,应变会恢复一部分,其中立即恢复的一部分应变称为混凝土瞬时弹性回缩应变 ε_{el}';再经过一段时间(约20 d)后才逐渐恢复的那部分应变被称为弹性后效 ε_{el}'';最后剩下的不可恢复的应变称

为残余应变 ε'_{cr}。徐变一般在两年左右趋于稳定，三年左右徐变基本终止。

徐变与塑性变形的不同之处在于：徐变在较小应力下就可产生，当卸掉荷载后可部分恢复；塑性变形只有在应力超过其弹性极限后才会产生，当卸掉荷载后不可恢复。

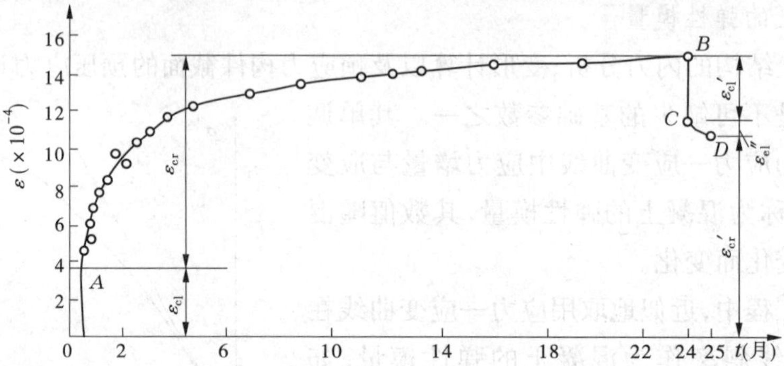

图 1-14　混凝土的徐变与时间的关系

知识拓展

1. 徐变与塑性变形的不同

徐变在较小应力下就可产生，当卸掉荷载后可部分恢复；塑性变形只有在应力超过其弹性极限后才会产生，当卸掉荷载后不可恢复。混凝土徐变的主要原因是在荷载长期作用下，混凝土凝胶体中的水分被逐渐压出，水泥石逐渐发生黏性流动，微细空隙逐渐闭合，细晶体内部逐渐滑动，微细裂缝逐渐发生等各种因素的综合结果。

2. 影响徐变的因素

(1) 应力条件。试验表明，徐变与应力大小有直接关系。应力越大，徐变也越大。实际工程中，如果混凝土构件长期处于不变的高应力状态是比较危险的，对结构安全是不利的。

(2) 加荷龄期。初始加荷时，混凝土的龄期越早，徐变越大。若加强养护，使混凝土尽早结硬或采用蒸汽养护，可减小徐变。

(3) 周围环境。养护温度越高，湿度越大，水泥水化作用越充分，徐变就越小；试件受荷后，环境温度越低，湿度越大，徐变就越小。

(4) 混凝土中水泥用量越多，徐变越大；水灰比越大，徐变越大。

(5) 材料质量和级配好，弹性模量高，徐变小。

(6) 构件的体表比越大，徐变越小。

4) 混凝土在多次重复荷载作用下的变形性能

混凝土在多次重复荷载作用下，其应力、应变性质和短期一次加载情况有显著不同。由于混凝土是弹塑性材料，初次卸载至应力为零时，应变不可能全部恢复。可恢复的那部分称为弹性应变 ε_e，弹性应变包括卸载时瞬时恢复的应变和卸载后弹性后效两部分，不可恢复的部分称为残余应变，如图 1-15(a) 所示，因此在一次加载卸载过程中，混凝土的应力—应变曲线形成一个环状。

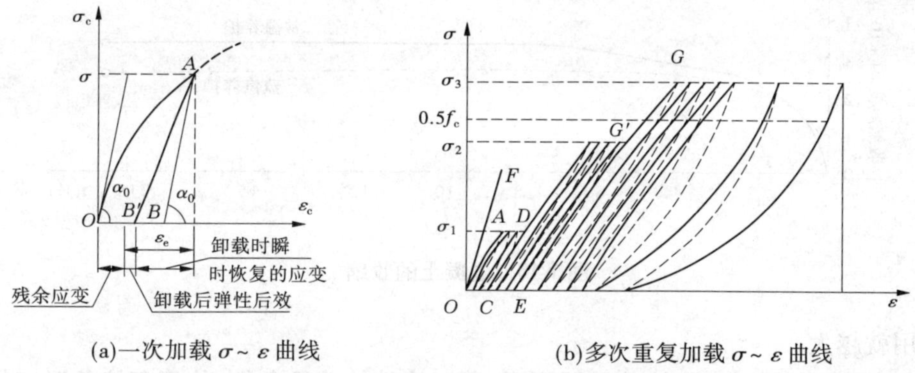

图 1-15　混凝土在重复荷载作用下的应力—应变曲线

混凝土在多次重复荷载作用下的应力—应变曲线如图 1-15(b)所示。当加载应力相对较小(一般认为 σ_1 或 $\sigma_2<0.5f_c$)时,随着加载卸载重复次数的增加,残余应变会逐渐减小;一般重复 5～10 次后,塑性变形基本完成,而只有弹性变形,加载和卸载应力—应变曲线环就越来越闭合,接近一直线,并大致平行于通过原点的切线,混凝土呈现弹性工作性质。

当加载应力超过某一个限值(如图 1-15(b)中 $\sigma_3\geqslant0.5f_c$,但仍小于 f_c)时,经过几次重复加载卸载,应力—应变曲线就变成直线,再经过多次重复加载卸载后,应力—应变曲线出现反向弯曲,逐渐凸向应变轴,斜率变小,变形加大,重复加载卸载到一定次数时,混凝土试件将因严重开裂或变形过大而破坏,这种因荷载多次重复作用而引起的破坏称为疲劳破坏。

桥涵结构中,通常要求能承受 200 万次以上反复荷载作用。经受 200 万次反复变形而破坏的应力即为混凝土的疲劳强度,混凝土的疲劳强度约为其棱柱体强度的 50%,即 $f_p\approx0.5f_c$。

5)混凝土的收缩和膨胀

混凝土在空气中结硬时体积减小的现象称为混凝土的收缩;混凝土在水中结硬时体积会膨胀,称为混凝土的膨胀。混凝土的收缩和膨胀均属于混凝土的体积变形,一般来说,混凝土的膨胀值比收缩值小得多,且常起有利作用,因此在计算中不予考虑。

混凝土产生收缩的原因,在硬化初期主要是水泥石在水化凝固结硬过程中产生的体积变化,后期主要是混凝土内自由水分蒸发而引起的干缩。

混凝土的收缩是一种随时间而增长的变形,如图 1-16 所示。结硬初期收缩变形发展很快,2 周可完成全部收缩的 25%,1 个月约可完成 50%,3 个月后增长缓慢,一般 2 年后趋于稳定,最终收缩值为 $(2\sim5)\times10^{-4}$。

影响混凝土收缩的因素:

(1)混凝土的组成和配比是影响混凝土收缩的重要因素。水泥的用量越多,水灰比越大,收缩就越大。集料的级配好、密度大、弹性模量高、粒径大,可减小混凝土的收缩。这是因为集料对水泥石的收缩有制约作用,粗集料所占体积比越大、强度越高,对收缩的

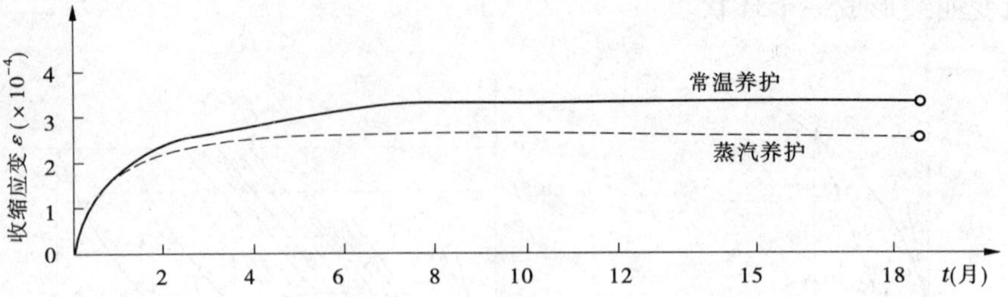

图 1-16　混凝土的收缩

制约作用就越大。

(2)干燥失水是引起收缩的重要原因,所以构件的养护条件、使用环境的温度与湿度以及凡是影响混凝土中水分保持的因素,都对混凝土的收缩有影响。高温湿养(蒸汽养护)可加快水化作用,减少混凝土中的自由水分,因而可使收缩减小。使用环境的温度越高,相对湿度越低,收缩就越大。

(3)混凝土的最终收缩量还与构件的体表比有关,因为这个比值决定着混凝土中水分蒸发的速度。体表比小的构件,收缩量较大,发展也较快。

1.1.2.3　钢筋与混凝土共同工作机制

1. 钢筋和混凝土共同工作的原因

钢筋混凝土是桥涵工程中常用的建筑材料,它由钢筋和混凝土两种材料结合成整体,共同发挥作用。钢筋和混凝土这两种力学性能不同的材料之所以能有效结合在一起共同工作,主要原因为:

(1)钢筋和混凝土之间有着可靠的黏结力,能牢固地结合成整体,在荷载作用下能够协调地共同变形,完成其结构功能。

(2)钢筋和混凝土的温度线因膨胀系数非常接近(钢筋为 1.2×10^{-5},混凝土为 $1.0\times10^{-5}\sim1.5\times10^{-5}$),当温度变化时两种材料的相对变形较小,不会导致产生较大的温度应变差而破坏两者之间的黏结。

(3)混凝土包围在钢筋的外围,起着保护钢筋免遭锈蚀的作用,保证了钢筋和混凝土的共同工作。

在钢筋混凝土结构中,钢筋和混凝土这两种材料能共同工作的基本前提是具有足够的黏结强度,能承受由于变形差(相对滑移)沿钢筋与混凝土接触面上产生的剪应力,通常把这种剪应力称为黏结应力。

钢筋与混凝土间的黏结力由三部分组成:

(1)混凝土凝结时,水泥胶的化学作用,使钢筋和混凝土在接触面上产生的化学胶结力。

(2)由于混凝土凝结时收缩,握裹住钢筋,在发生相互滑动时产生的摩阻力。

(3)钢筋表面粗糙不平或带肋钢筋的表面凸出肋条产生的机械咬合力。

2. 钢筋和混凝土间黏结力破坏机制

光面钢筋的黏结力作用,在钢筋与混凝土间尚未出现相对滑移前主要取决于化学胶结力,发生滑移后则由摩擦力和钢筋表面粗糙不平产生的机械咬合力提供。光面钢筋黏结强度低、滑移量大，其破坏形态可认为是钢筋从混凝土中被拔出的剪切破坏，其破坏面就是钢筋与混凝土的接触面。光面钢筋黏结强度为1.5~3.5 MPa。

带肋钢筋的黏结作用主要由钢筋表面凸起产生的机械咬合力提供，化学胶结力和摩擦力占的比重很小。带肋钢筋的肋条对混凝土的斜向挤压力形成了滑移阻力，斜向挤压力的轴向分力使肋间混凝土像悬臂梁那样承受弯、剪，而径向分力使钢筋周围的混凝土犹如受内压的管壁，产生环向拉力，如图1-17所示。因此，带肋钢筋的外围混凝土处于复杂的三向受力状态，剪应力及纵向拉应力使横肋间混凝土产生内部斜裂缝，环向拉应力使钢筋附近的混凝土产生径向裂缝。裂缝出现后，随着荷载的增大，肋条前方混凝土逐渐被压碎，钢筋连同被压碎的混凝土被从试件中拔出，这种破坏称为剪切黏结破坏。如果钢筋外围混凝土很薄，且没有设置环向箍筋，径向裂缝将达到构件表面，形成沿钢筋的纵向劈裂裂缝，造成混凝土层的劈裂破坏，这种破坏称为劈裂黏结破坏。劈裂黏结破坏强度要低于剪切黏结破坏强度。带肋钢筋的黏结强度为2.5~6.0 MPa。

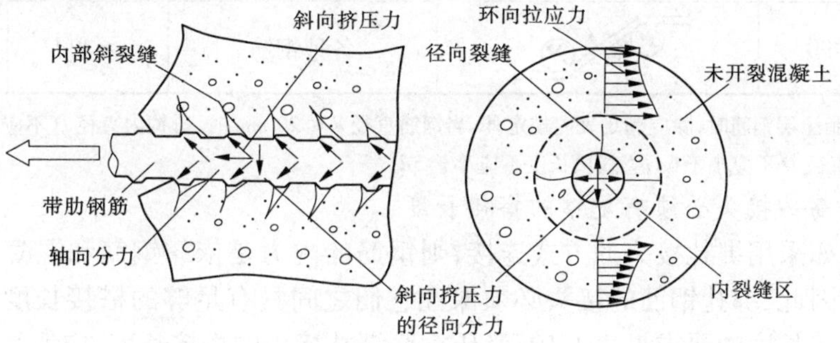

图1-17　带肋钢筋横肋处的挤压力和内部裂缝

3.保证钢筋和混凝土间黏结作用的措施

为了保证钢筋和混凝土间的黏结作用，通常采用以下措施。

1)选用适宜的混凝土强度等级

试验表明，钢筋的黏结强度随混凝土强度等级的提高而增大，但并不与立方体强度成正比，大体上与混凝土的抗拉强度成正比关系。所以，水泥性能好、集料强度高、配比适当、振捣密实、养护良好的混凝土对黏结力和锚固非常有利。

2)选用带肋钢筋

带肋钢筋的黏结强度比光面钢筋高出1~2倍。带肋钢筋的肋条形式不同，其黏结强度也略有差异，月牙纹钢筋的黏结强度比螺纹钢筋低5%~15%。带肋钢筋的肋高随钢筋直径的增大相对变矮，所以黏结强度下降。试验表明，新轧制或经除锈处理的钢筋，其黏结强度比具有轻度锈蚀钢筋的黏结强度要低。

3)钢筋的端部做成弯钩

为了增加钢筋在混凝土内的抗滑移能力及钢筋端部的锚固作用，在绑扎钢筋骨架中的受拉钢筋的端部一定要做成弯钩。弯钩形式见表1-18。

表 1-18　受拉钢筋端部弯钩

弯曲部位	弯曲角度	形状	钢筋	弯曲直径(D)	平直段长度
末端弯钩	180°	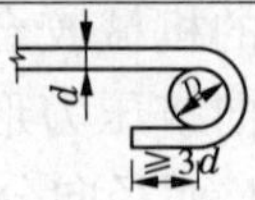	HPB235、HPB300	≥2.5d	≥3d
	135°	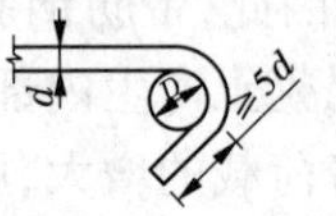	HRB335、HRBF335	≥4d	≥5d
			HRB400、HRB500 HRBF400、HRBF500 RRB400	≥5d	
	90°	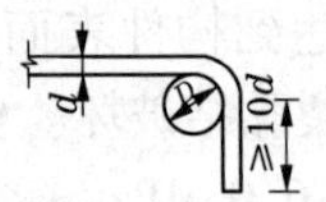	HRB335、HRBF335	≥4d	≥10d
			HRB400、HRB500 HRBF400、HRBF500 RRB400	≥5d	
中间弯折	≤90°	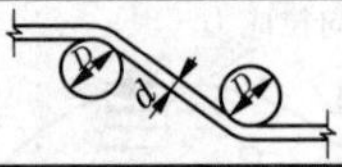	各种钢筋	≥20d	—

注：采用环氧树脂涂层钢筋时，除应满足表内规定外，当钢筋直径 $d \leqslant 20$ mm 时，弯钩内直径 D 不应小于 $4d$；当 $d > 20$ mm 时，弯钩内直径 D 不应小于 $6d$；直线段长度不应小于 $5d$。

4）绑扎钢筋的接头必须有足够的搭接长度

两根钢筋如采用绑扎接头的方式连接，则钢筋的内力是依靠钢筋和混凝土间的黏结力来传递的。因此，绑扎钢筋的接头必须保证它们之间具有足够的搭接长度。受拉钢筋绑扎接头的搭接长度的要求见表 1-19；受压钢筋绑扎接头的搭接长度，应取受拉钢筋绑扎接头搭接长度的 70%。

表 1-19　受拉钢筋绑扎接头的搭接长度　　（单位：mm）

钢筋	混凝土强度等级		
	C20	C25	>C25
HPB235	35d	30d	25d
HPB300	45d	40d	35d
HRB335、HRBF335	45d	40d	35d
HRB400、HRBF400、RRB400	—	50d	45d
HRB500、HRBF500	—	55d	50d

注：1. 当带肋钢筋直径 d 大于 25 mm 时，其受拉钢筋的搭接长度应按表中值增加 $5d$ 采用；当带肋钢筋直径小于 25 mm时，搭接长度可按表中值减少 $5d$ 采用；

2. 当混凝土在凝固过程中受力钢筋易受扰动时，其搭接长度应增加 $5d$；

3. 在任何情况下，受拉钢筋的搭接长度不应小于 300 mm；受压钢筋的搭接长度不应小于200 mm；

4. 环氧树脂涂层钢筋的绑扎接头的搭接长度，受拉钢筋按表值的 1.5 倍采用；

5. 受拉区段内，HPB235、HPB300 钢筋绑扎接头的末端应做成弯钩，HRB335、HRB400、HRB500、HRBF335、HRBF400、HRBF500 和 RRB400 钢筋的末端可不做成弯钩。

在任一绑扎接头中心至搭接长度 l_s 的1.3倍长度区段 l(见图1-18)内,同一根钢筋不得有两个接头;在该区段内有绑扎接头的受力钢筋截面面积占受力钢筋总截面面积的百分数,受拉区不宜超过25%,受压区不宜超过50%。当绑扎接头的受力钢筋截面面积占受力钢筋总截面面积超过上述规定时,应按表1-19的规定值乘以下列系数:当受拉钢筋绑扎接头截面面积大于25%,但不大于50%时,乘以1.4;当大于50%时,乘以1.6;当受压钢筋绑扎接头截面面积大于50%时,乘以1.4(受压钢筋绑扎接头长度仍为表1-19中受拉钢筋绑扎接头长度的70%)。

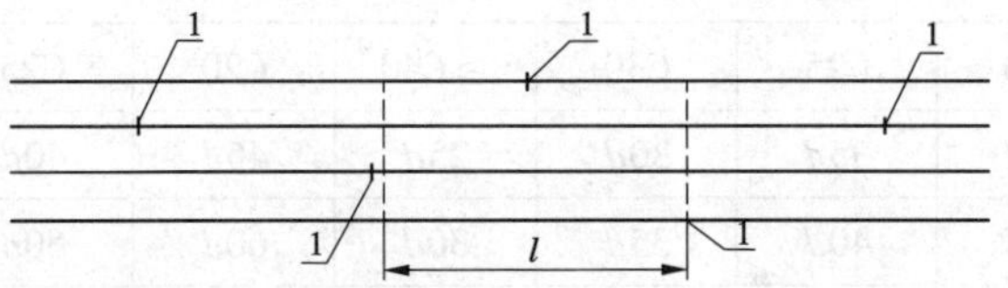

1—绑扎接头搭接长度中心(图中所示 l 区段内有接头的钢筋截面面积按两根计)

图1-18 受力钢筋绑扎接头

绑扎接头部分钢筋的横向净距不应小于钢筋直径且不应小于25 mm,同时非接头部分钢筋间横向净距和层与层之间的竖向净距,当钢筋为三层及以下时,不应小于30 mm,并不小于钢筋直径;当钢筋为三层以上时,不应小于40 mm,并不小于钢筋直径的1.25倍。对于束筋,此处直径采用等代直径。束筋成束后的等代直径为 $d_e = nd$,其中 n 为组成束筋的钢筋根数,d 为单根钢筋直径。

知识拓展

束筋的搭接

束筋的搭接接头应先由单根钢筋错开搭接,接头中距为1.3倍表1-19规定的单根钢筋搭接长度;再用一根长度为 $1.3(n+1)l_s$ 的通长钢筋进行搭接绑扎,其中 n 为组成束筋的单根钢筋根数,l_s 为单根钢筋搭接长度,如图1-19所示。

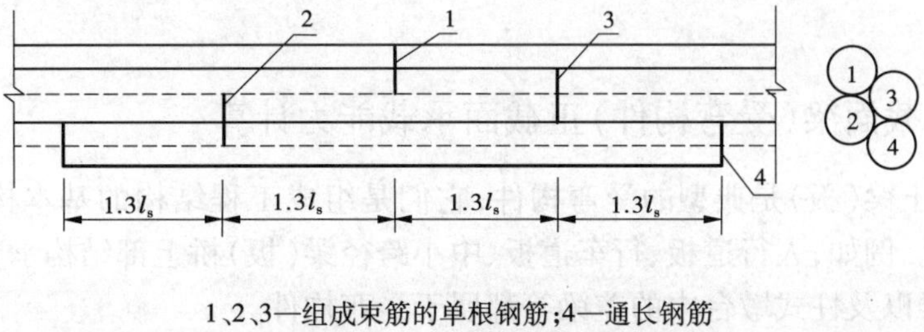

1、2、3—组成束筋的单根钢筋;4—通长钢筋

图1-19 束筋的搭接

5)保证受力钢筋有足够的锚固长度

为避免钢筋在混凝土中滑移,埋入混凝土中的受力钢筋必须具有足够的锚固长度,使钢筋牢固地锚固在混凝土中。各类钢筋的最小锚固长度 l_a 应符合表1-20的要求。

表 1-20　钢筋最小锚固长度 l_a　　（单位：mm）

钢筋种类		HPB235				HPB300				HRB335、HRBF335			
混凝土强度等级		C20	C25	C30	≥C40	C20	C25	C30	≥C40	C20	C25	C30	≥C40
受压钢筋（直端）		$40d$	$35d$	$30d$	$25d$	$50d$	$45d$	$40d$	$35d$	$35d$	$30d$	$25d$	$20d$
受拉钢筋	直端	—	—	—	—	—	—	—	—	$40d$	$35d$	$30d$	$25d$
	弯钩端	$35d$	$30d$	$25d$	$20d$	$45d$	$40d$	$35d$	$30d$	$30d$	$25d$	$25d$	$20d$

钢筋种类		HRB400、HRBF400、RRB400				HRB500、HRBF500			
混凝土强度等级		C20	C25	C30	≥C40	C20	C25	C30	≥C40
受压钢筋（直端）		$40d$	$35d$	$30d$	$25d$	$45d$	$40d$	$35d$	$30d$
受拉钢筋	直端	$45d$	$40d$	$35d$	$30d$	$60d$	$50d$	$45d$	$40d$
	弯钩端	$35d$	$30d$	$30d$	$25d$	$40d$	$35d$	$35d$	$30d$

注：1. d 为钢筋直径（mm）。

2. 对于受压束筋和等代直径 $d_e \leqslant 28$ mm 的受拉束筋的锚固长度，应以等代直径按表中值确定，束筋的各单根钢筋在同一锚固终点截断；对于等代直径 $d_e > 28$ mm 的受拉束筋，束筋内各单根钢筋，应自锚固起点开始，以表内规定的单根钢筋的锚固长度的 1.3 倍，呈阶梯形逐根延伸后截断，即自锚固起点开始，第一根延伸 1.3 倍单根钢筋的锚固长度，第二根延伸 2.6 倍单根钢筋的锚固长度，第三根延伸 3.9 倍单根钢筋的锚固长度。

3. 采用环氧树脂涂层钢筋时，受拉钢筋最小锚固长度应增加 25%。

4. 当混凝土在凝固过程中易受扰动时，锚固长度应增加 25%。

6）确定合理的混凝土保护层厚度和钢筋间净距

混凝土保护层过薄或钢筋间净距过小，随钢筋应力的增大，将会使混凝土沿钢筋纵向产生劈裂裂缝，从而降低黏结强度，因此混凝土保护层和钢筋间净距对确保其黏结作用甚大。

试验表明：混凝土保护层厚度对光面钢筋的黏结强度没有明显影响，但对带肋钢筋的影响却十分明显。当混凝土保护层厚度与钢筋直径的比值 $c/d > 5 \sim 6$（c 为混凝土保护层厚度、d 为钢筋直径）时，带肋钢筋将不会发生强度较低的劈裂黏结破坏。同样，保持一定的钢筋间净距，可以提高钢筋周围混凝土的抗劈裂能力，从而提高了钢筋与混凝土之间的黏结强度。

1.1.3　矩形截面梁（受弯构件）正截面承载能力计算

钢筋混凝土梁（板）是典型的受弯构件，它们是组成工程结构的基本构件，在桥梁工程中广泛应用。例如，人行道板、行车道板、中小跨径梁（板）桥上部结构承重体系，T 形桥梁的主梁、横梁以及柱式墩台中的盖梁等都属于受弯构件。

钢筋混凝土受弯构件在弯矩 M 和剪力 V 的作用下，构件会产生两种破坏类型。

一种是正截面破坏（见图 1-20（a））。通常发生在弯矩最大的截面，或者发生在抗弯能力较小的截面。如均布荷载作用下的等截面简支梁跨中截面的破坏就属于正截面破坏。破坏的主要原因是由于截面弯矩使钢筋应力和混凝土应力达到材料强度极限。为了保证受弯构件不发生正截面破坏，构件必须要有足够的截面尺寸，并通过正截面承载力计算,在构件中配置一定数量的纵向受力钢筋。

另一种是斜截面破坏(见图 1-20(b))。一般发生在主拉应力较大的截面,或者发生在截面抗剪能力较弱的截面。如均布荷载作用下的等截面简支梁靠近支座附近斜截面的破坏就属于斜截面破坏。破坏的主要原因是由于截面弯矩和剪力共同作用使钢筋应力和混凝土应力达到材料强度极限。为了保证受弯构件不发生斜截面破坏,构件必须要有足够的截面尺寸,并通过斜截面承载力计算,在构件中配置一定数量的箍筋和弯起钢筋。

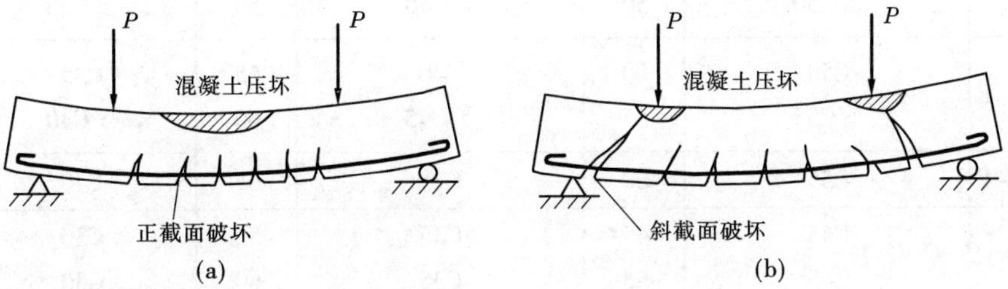

图 1-20　钢筋混凝土受弯构件破坏类型

工程结构中广泛使用的钢筋混凝土受弯构件主要有梁和板,它们的区别主要在于截面高宽比 h/b 的不同,其受力形态是相同的,故计算方法也基本相同。

1.1.3.1　钢筋混凝土受弯构件构造要求

1. 混凝土保护层厚度 c

普通钢筋和预应力直线形钢筋的最小混凝土保护层厚度(钢筋外缘或管道外缘至混凝土表面的距离)不应小于钢筋公称直径,后张法构件预应力直线形钢筋不应小于其管道直径的 1/2,且应符合表 1-21 的规定。

表 1-21　普通钢筋和预应力直线形钢筋最小混凝土保护层厚度 c_{min}　　(单位:mm)

暴露环境构件类别		桥梁上部结构		桥梁下部结构			
		梁、板、拱圈、涵洞(上部)		墩身、挡土结构、涵洞(下部)		承台、基础(桥、涵)	
		混凝土强度等级	c_{min}	混凝土强度等级	c_{min}	混凝土强度等级	c_{min}
一般环境	Ⅰ-A	C30	30	C30	30	C30	55
		≥C35		≥C35	25	≥C35	50
	Ⅰ-B	C35	35	C35	35	C30	60
		≥C40	30	≥C40	30	≥C35	55
	Ⅰ-C	C40	45	C40	45	C30	65
		C45	40	C45	40	≥C35	60
		≥50	35	≥C50	35		
冻融破坏环境	Ⅱ-C	C45	40	C35	45	C30	75
		≥C50	35	≥C40	40	≥C35	70
		Ca35	35	Ca35	40	Ca30	70
	Ⅱ-D	Ca40	40	Ca40	45	Ca30	75
	Ⅱ-E	Ca45	50	Ca45	55	Ca35	80

续表 1-21

暴露环境 构件类别		桥梁上部结构 梁、板、拱圈、涵洞（上部）		桥梁下部结构 墩身、挡土结构、涵洞（下部）		承台、基础（桥、涵）	
		混凝土强度等级	c_{min}	混凝土强度等级	c_{min}	混凝土强度等级	c_{min}
海洋氯化物环境	Ⅲ－C	C45	45	C35	50	C30	75
	Ⅲ－D	C45	55	C35	60	C30	80
		≥C50	50	≥C40	55	≥C35	75
	Ⅲ－E	C50	60	C40	65	C35	85
		>C55	55	>C45	60	>C40	80
	Ⅲ－F	C55	60	C45	65	C40	85
除冰盐等其他氯化物环境	Ⅳ－C	C45	45	C35	50	C30	75
	Ⅳ－D	C45	55	C35	60	C30	80
		>C50	50	>C40	55	>C35	75
	Ⅳ－E	C50	60	C40	65	C35	85
		≥C55	55	≥C45	60	≥C40	80
盐结晶环境	Ⅴ－E	C50	55	C40	60	C35	80
	Ⅴ－F	C50	60	C45	65	C40	85
化学腐蚀环境	Ⅵ－C	C45	45	C35	50	C30	75
		≥C50	40	≥C40	45	≥C35	70
	Ⅵ－D	C50	50	C40	55	C35	80
		≥C55	45	≥C45	50	≥C40	75
	Ⅵ－E	C55	50	C45	60	C40	85
		≥C60	45	≥C50	55	≥C45	80
磨蚀环境	Ⅶ－C	≥C45	45	≥C40	50	≥C30	70
	Ⅶ－D	>C50	50	>C45	55	>C35	75

注： 1. 表中保护层厚度数值为净保护层厚度，最小保护层厚度最低不应小于 20 mm；在任何条件下，梁的混凝土保护层不小于 30 mm，对于板可有条件地放宽到 25 mm。

2. 表中数值对应设计使用寿命为100 年的桥涵结构，若设计使用寿命为50 年，则最小保护层厚度可将表中相应数值减小 5 mm。

3. 对于工厂预制的混凝土构件，其最小保护层厚度可将表中相应数值减小 5 mm。

4. 先张部分预应力钢筋混凝土构件的最小保护层厚度应在表中数值基础上增加 10 mm。

5. 采用机械连接的钢筋，连接套筒外表面的混凝土厚度与钢筋的混凝土保护层厚度规定相同。

6. 承台和基础的最小保护层厚度针对基坑底面无垫层或侧面无模板的情况，对于有垫层或有模板的情况，最小保护层厚度可将表中相应数值减小 20 mm，最低不应小于 40 mm。

7. 人行道、栏杆等附属构件的保护层厚度值遵循以下规律：碳化环境、磨蚀环境下，取 20 mm；冻融和除冰盐环境等其他氯化物环境下，取 25 mm；海洋氯化物、化学腐蚀和盐结晶环境下，取 30 mm。

8. 环氧涂层钢筋最小保护层厚度参考同类环境下的最小值。

9. 对处于作用等级为 E、F 级的海洋氯化物环境或除冰盐等其他氯化物环境下的配筋混凝土构件，当采取可靠的防腐蚀附加措施并经过专门论证后，其混凝土保护层最小厚度可适当低于本表规定，但不得低于 55 mm。

友情提示

当混凝土梁顶面设置防水层或铺装层时，顶面的混凝土保护层厚度可适当减小，但减小后的混凝土保护层厚度不应小于 25 mm。

当受拉区主筋的混凝土保护层厚度大于 50 mm 时，应在保护层内设置直径不小于 6 mm、间距不大于 100 mm 的钢筋网。

2. 钢筋混凝土板的构造

钢筋混凝土板在桥梁工程中应用很广，主要有板桥的承重板、梁桥的行车道板、人行道板等。板的截面形式，常见的有实心矩形板和空心矩形板，如图 1-21 所示。

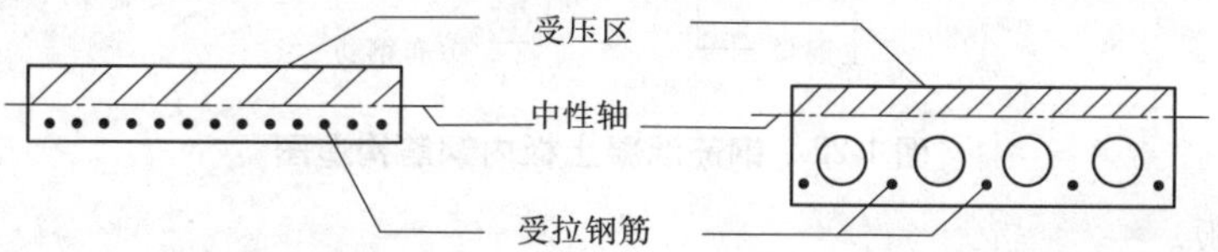

(a)实心矩形板　(b)空心矩形板

图 1-21　板的常用截面形式

钢筋混凝土板按施工方法可分为整体现浇板和装配式板。整体现浇板是在工地现场搭支架、立模板、配置钢筋，然后就地浇筑混凝土而成的。装配式板是在预制场地或工地预先制作好的板。预制板为了减轻自重增大桥梁跨径，一般采用空心矩形板形式，而实心矩形板采用较少。

知识拓展

当标准设计或新建桥涵的跨径在 50 m 及以下时，宜采用标准化跨径。

钢筋混凝土简支板桥的标准跨径不宜大于 10 m，钢筋混凝土连续板桥的标准跨径不宜大于13 m。

预应力钢筋混凝土简支板桥的标准跨径不宜大于 20 m，预应力钢筋混凝土连续板桥的标准跨径不宜大于 25 m。

1）板的厚度

板的厚度 h 由其控制截面上最大的弯矩、板的刚度和构造要求决定的。但为了施工质量及耐久性要求，《公路钢筋混凝土及预应力混凝土桥涵设计规范》(JTG D62—2012)规定了各种板的最小厚度：空心板桥的顶板和底板厚度，均不应小于 80 mm，空心板的空洞端部应予填封；人行道板的厚度，就地浇筑的混凝土板不应小于 80 mm；预制混凝土板不应小于 60 mm。

2）板的钢筋

板的钢筋由主钢筋（即受力钢筋）和分布钢筋组成，如图 1-22 所示。主钢筋布置在板的受拉区。为了使板的受力尽可能均匀，主钢筋常采用小直径、小间距的布置方式（即多根密排）。

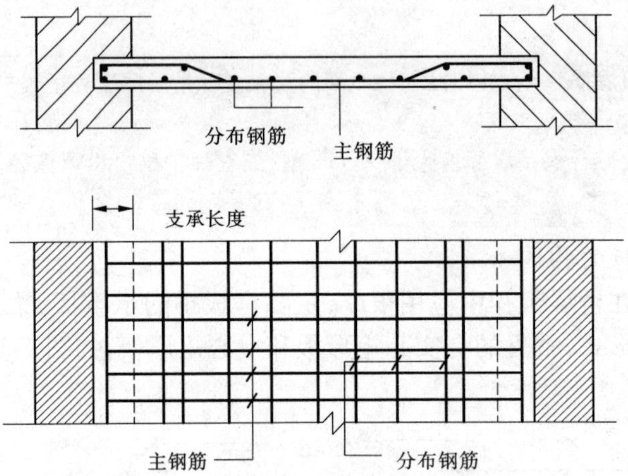

图 1-22　钢筋混凝土板内钢筋构造图

(1)单向板。

单向板内的主钢筋沿板的短边方向布置在板的受拉区,主要承担板中弯矩作用产生的拉力,其钢筋数量由计算决定。

行车道板内主钢筋直径不应小于 10 mm。人行道板内的主钢筋直径不应小于 8 mm。在简支板跨中和连续板支点处,板内主钢筋间距不应大于 200 mm。各主钢筋间横向净距和层与层之间的竖向净距应满足:当钢筋为三层及以下时,不应小于 30 mm,并不小于钢筋直径;当钢筋为三层以上时,不应小于 40 mm,并不小于钢筋直径的 1.25 倍。对于束筋,此处直径采用等代直径 d_e。

行车道板内主钢筋可在沿板高中心纵轴线的 1/4 ~ 1/6 计算跨径处按 30° ~ 45°弯起。通过支点的不弯起的主钢筋,每米板内不应少于三根,并不应少于主钢筋截面面积的 1/4。

在板内垂直于主钢筋布置的构造钢筋称为分布钢筋,如图 1-22 所示。其作用是将板面上荷载更均匀地传递给主钢筋,同时也起着固定主钢筋位置、分担混凝土收缩和温度应力的作用。分布钢筋垂直于主钢筋,并设在其内侧。行车道板内分布钢筋的直径不应小于 8 mm,间距不应大于 200 mm,截面面积不宜小于板的截面面积的 0.1%。在主钢筋的弯折处,应布置分布钢筋。人行道板内分布钢筋直径不应小于 6 mm,其间距不应大于 200 mm。

(2)双向板。

双向板的两个方向同时承受弯矩,所以两个方向都应布置受力主钢筋。双向板布置钢筋时,可将板沿纵向及横向各划分为三部分。靠边部分的宽度均为板的短边宽度的 1/4。中间部分的钢筋应按计算数量设置,靠边部分的钢筋按中间部分的半数设置,钢筋间距不应大于 250 mm,且不应大于板厚的 2 倍。

知识拓展

对于整体现浇的 T 梁桥,(主梁)梁肋和横隔梁之间的矩形桥面板属于周边支承板,如图 1-23 所示。

当其边长比或长宽比 $l_2/l_1 \geqslant 2$ 时,称为单向板,荷载绝大部分沿短边 l_1 方向传递,而沿长边 l_2 方向传递荷载很小,可忽略不计,因此可近似地按仅由短边 l_1 承受荷载的单向板来计算受力钢筋,而长边 l_2 方向只配置适当的构造钢筋即可。

当其边长比或长宽比 $l_2/l_1 < 2$ 时,称为双向板,荷载分别沿短边 l_1、长边 l_2 两个方向传递,因此应按双向受弯计算受力钢筋。

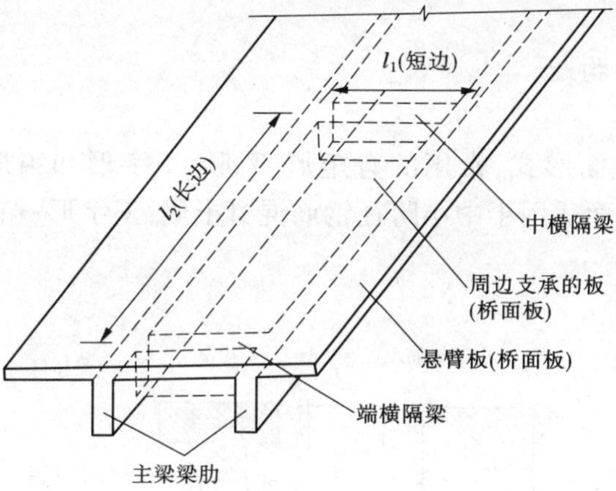

图 1-23　周边支承板

(3)斜板。

《公路钢筋混凝土及预应力混凝土桥涵设计规范》(JTG D62—2012)规定了斜板的钢筋可按下列规定布置,如图 1-24 所示。

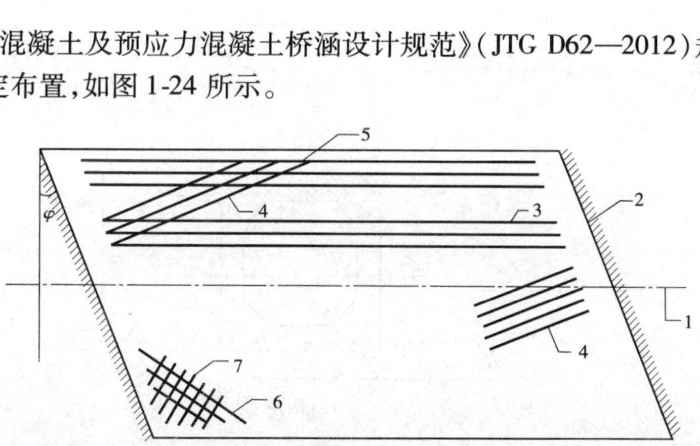

1—桥纵轴线;2—支承轴线;3—顺桥纵轴线钢筋;4—与支承轴线正交钢筋;
5—自由边钢筋带;6—垂直于钝角平分线的钝角钢筋;7—平行于钝角平分线的钝角钢筋

图 1-24　斜板桥钢筋布置

①当整体式斜板的斜交角(所谓斜交角是指板的支座轴线的垂直线与桥纵轴线的夹

角)不大于15°时,主钢筋可平行于桥纵轴线方向布置。当整体式斜板的斜交角大于15°时,主钢筋宜垂直于板的支座轴线方向布置,此时在板的自由边上下应各设一条不少于三根主钢筋的平行于自由边的钢筋带,并用箍筋箍牢。在钝角部位靠近板顶的上层,应布置垂直于钝角平分线的加强钢筋,在钝角部位靠近板底的下层,应布置平行于钝角平分线的加强钢筋,加强钢筋直径不宜小于12 mm,间距100~150 mm,布置于以钝角两侧1.0~1.5 m边长的扇形面积内。

②斜板的分布钢筋宜垂直于主钢筋方向设置,其直径、间距和数量同正板。在斜板的支座附近宜增设平行于支座轴线的分布钢筋;或将分布钢筋向支座方向呈扇形分布,过渡到平行于支承轴线。

③预制斜板的主钢筋可与桥纵轴线平行,其钝角部位加强钢筋及分布钢筋宜与整体式斜板桥相同。

3. 钢筋混凝土梁的构造

1)截面形式及尺寸

钢筋混凝土梁的截面形式,常用的有矩形、T形、工字形和箱形等,如图1-25所示。一般来说,矩形、T形截面适用于中小跨径钢筋混凝土梁,工字形、箱形截面适用于较大跨径的钢筋混凝土梁。

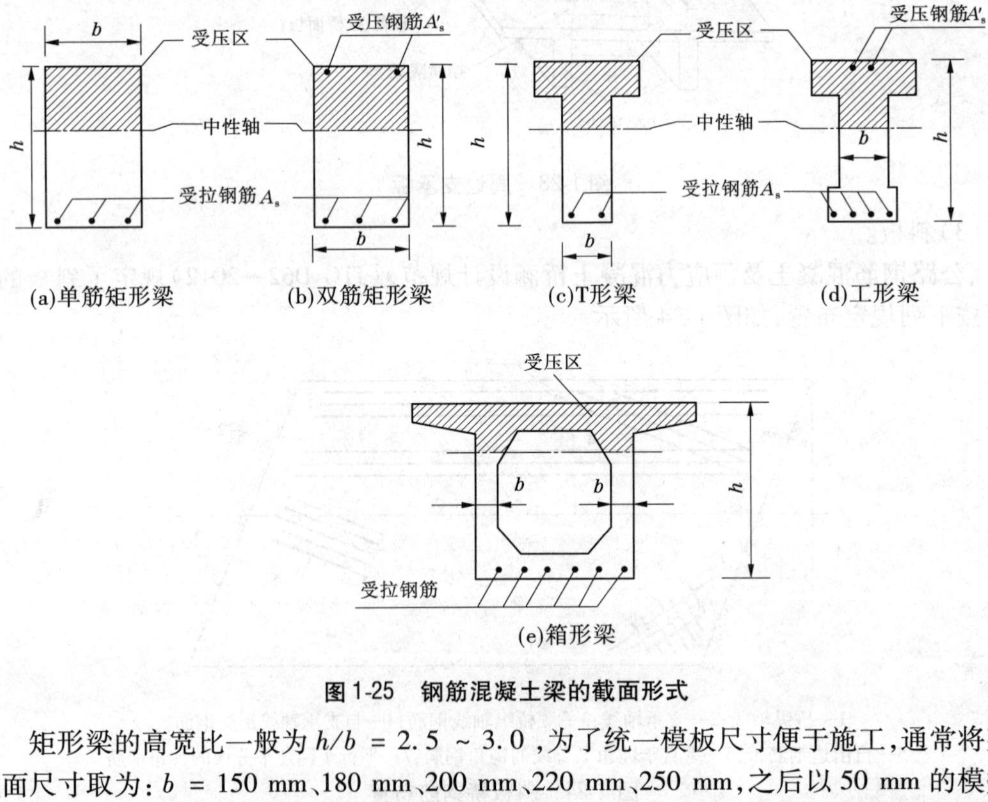

图1-25　钢筋混凝土梁的截面形式

矩形梁的高宽比一般为$h/b = 2.5 \sim 3.0$,为了统一模板尺寸便于施工,通常将梁的截面尺寸取为:$b = 150$ mm、180 mm、200 mm、220 mm、250 mm,之后以50 mm的模数递增;梁高$h \leqslant 800$ mm时以50 mm的模数递增,$h > 800$ mm时则以100 mm的模数递增。

T形截面梁的高度主要与梁的跨度、间距及荷载大小有关,公路桥梁中大量采用的T

形简支梁桥，其梁高与跨径之比为 1/11 ~ 1/16 。预制 T 形截面梁或箱形截面梁翼缘悬臂端的厚度不应小于 100 mm；当预制 T 形截面梁之间采用横向整体现浇连接时或箱形截面梁设有桥面横向预应力钢筋时，其悬臂端厚度不应小于 140 mm。T 形和工字形截面梁，在与腹板相连处的翼缘厚度，不应小于梁高的 1/10，当该处设有承托时，翼缘厚度可计入承托加厚部分，厚度 $h_h = b_h \tan\alpha$，其中 b_h 为承托宽度，如图 1-26 所示，$\tan\alpha$ 为承托底坡（竖横比）；当承托底坡 $\tan\alpha$ 大于 1/3 时，取 $h_h = b_h/3$ 。

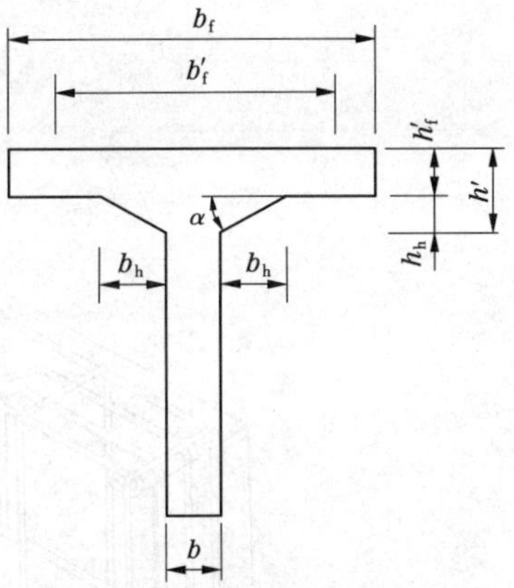

图 1-26 承托示意图

箱形截面梁顶板与腹板相连处应设置承托；底板与腹板相连处应设倒角，必要时也可设置承托。箱形截面梁顶、底板的中部厚度，不应小于板净跨径的 1/30，且不应小于 200 mm。

T 形、工字形截面梁或箱形截面梁的腹板宽度不应小于 160 mm。其上下承托之间的腹板高度，当腹板内设有竖向预应力钢筋时，不应大于腹板宽度的 20 倍；当腹板内不设竖向预应力钢筋时，不应大于腹板宽度的 15 倍。当腹板宽度有变化时，其过渡段长度不宜小于腹板宽度差的 10 倍。

知识拓展

当标准设计或新建桥涵的跨径在 50 m 及以下时，宜采用标准化跨径。

钢筋混凝土 T 形、工字形截面简支梁标准跨径不宜大于 16 m，钢筋混凝土箱形截面简支梁标准跨径不宜大于 20 m，钢筋混凝土箱形截面连续梁标准跨径不宜大于 25 m。

预应力钢筋混凝土 T 形、工字形截面简支梁标准跨径不宜大于 50 m。

2）钢筋构造

梁内的钢筋有纵向受力钢筋、弯起钢筋（包括斜钢筋）、箍筋、架立钢筋、纵向防裂钢筋等。

梁内的钢筋常采用骨架形式，一般有绑扎钢筋骨架和焊接钢筋骨架两种。绑扎钢筋骨架是将纵向钢筋和横向钢筋通过绑扎而成的空间钢筋骨架，如图 1-27 所示。焊接钢筋骨架是先将纵向受力钢筋，弯起钢筋或斜钢筋和架立钢筋焊接成平面骨架，然后用箍筋将数片焊接平面骨架组成空间骨架，如图 1-28 所示为焊接平面骨架的示意图。

（1）纵向受力钢筋。

布置在梁受拉区用以承担拉力的纵向受力钢筋称为纵向受拉钢筋。布置在受压区用以协助混凝土承担压力的纵向受力钢筋，称为纵向受压钢筋。纵向受力钢筋的数量由计算决定。选择的钢筋直径一般为 14 ~ 32 mm，通常不得超过 40 mm，同一根（批）梁内宜采用相同种类和相同直径的纵向受力钢筋，但有时为了节约钢材，也可以采用不同直径钢筋，直径相差不应小于 2 mm，以便于施工识别。

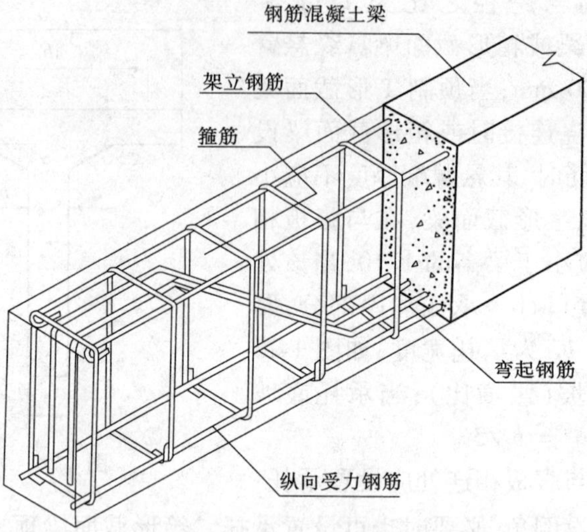

图 1-27　绑扎钢筋骨架示意图

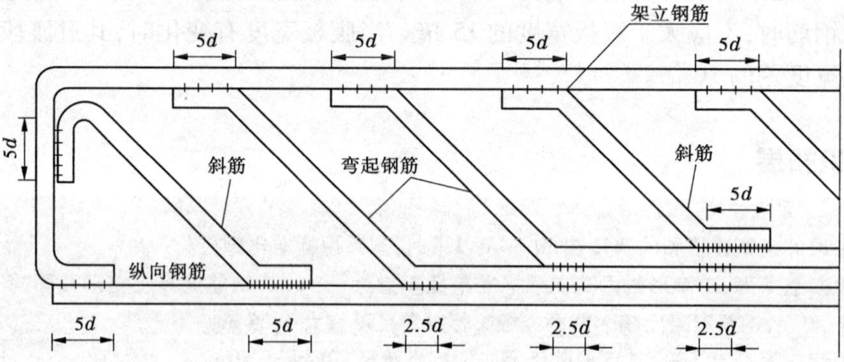

图 1-28　焊接平面骨架示意图

梁内的主钢筋可以采用单根钢筋，也可以采用束筋，还可竖向不留空隙地焊接成多层钢筋骨架。纵向受力钢筋应尽量减少层数，减小纵向受力钢筋重心到靠近其一侧混凝土边缘的距离，以获得较大的内力偶臂而节约钢材。

采用单根配筋时，应将粗钢筋布置在底层。采用绑扎钢筋骨架时，钢筋层数不宜多于 3 层，并注意上、下层钢筋的排列对齐，以便于混凝土的浇筑。

采用束筋时，组成束筋的单根钢筋直径不应大于 36 mm，组成束筋的单根钢筋根数，当其直径不大于 28 mm 时不应多于 3 根；当其直径大于 28 mm 时应为 2 根。

采用焊接钢筋骨架时，焊接骨架的钢筋层数不应多于 6 层，多层钢筋骨架的叠高一般不宜超过$(0.15\sim0.2)h$（其中 h 为梁高），且单根钢筋直径不应大于 32 mm。

友情提示

主钢筋的排列应满足下列原则:由下至上、先粗后细(对不同直径钢筋而言)、左右对称、上下对称。

为了便于浇筑混凝土,使振捣器能顺利插入,保证混凝土质量和增加混凝土与钢筋之间的黏结力,梁内主钢筋间或层与层之间应有一定的距离。各主钢筋间横向净距和层与层之间的竖向净距同单向板,梁内钢筋位置与保护层厚度如图1-29所示。

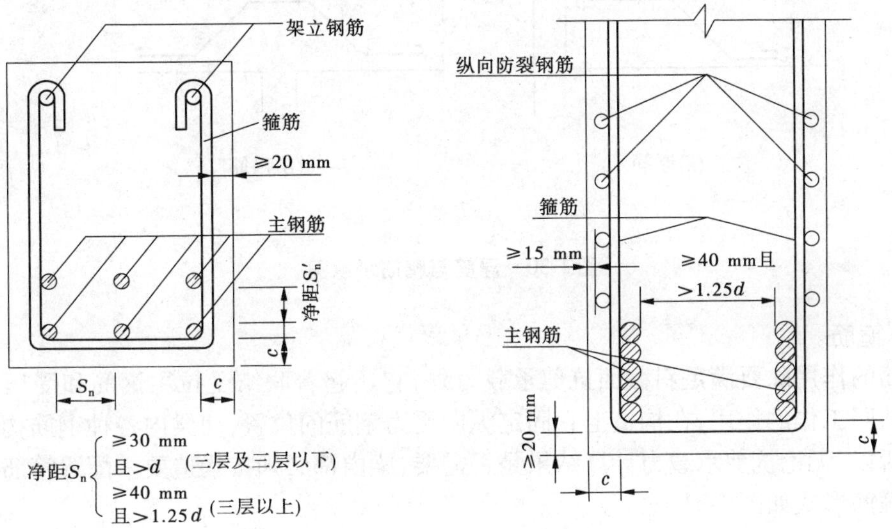

图1-29 梁内钢筋位置与保护层厚度

钢筋混凝土梁的支点处,应至少有两根且不少于总数1/5的下层受拉主钢筋通过。两外侧钢筋应延伸出端支点以外,并弯成直角,顺梁高延伸至顶部,与顶层纵向架立钢筋相连。两侧之间的其他未弯起钢筋,伸出支点截面以外的长度不应小于10倍的钢筋直径(环氧树脂涂层钢筋为12.5倍的钢筋直径);HPB235、HPB300钢筋应带半圆弯钩。

(2)弯起钢筋(包括斜钢筋)。

弯起钢筋的主要作用是满足斜截面抗剪承载力。弯起钢筋一般是由受拉主钢筋弯起,当可弯起的受拉主钢筋数量不足时,可加设专门的斜钢筋。弯起钢筋的直径、数量及位置均由抗剪计算确定。

钢筋混凝土梁当设置弯起钢筋时,其弯起角宜取45°。弯起钢筋的末端应留有锚固长度:受拉区不应小于20倍钢筋直径,受压区不应小于10倍钢筋直径,环氧树脂涂层钢筋增加25%;HPB235、HPB300钢筋尚应设置半圆弯钩。

钢筋混凝土梁采用多层焊接钢筋时,可用侧面焊缝使之形成骨架。侧面焊缝设在弯起钢筋的弯折点处,并在中间直线部分适当设置短焊缝。斜钢筋与纵向钢筋之间的焊接,宜用双面焊缝,其长度应为$5d$,纵向钢筋之间的短焊缝应为$2.5d$;当必须采用单面焊缝时,其长度应加倍,其中d为纵向钢筋的直径,如图1-28所示。

弯起钢筋不得采用浮筋。

知识拓展

浮筋与鸭筋：

在钢筋混凝土构件中，单独设置的弯起钢筋，一端有锚固，另一端设有的叫浮筋（见图1-30(a)），两端有一定的长度的叫鸭筋（见图1-30(b)）。设计过程中应尽量避免浮筋，因为抗剪钢筋在受力过程中是受拉的。

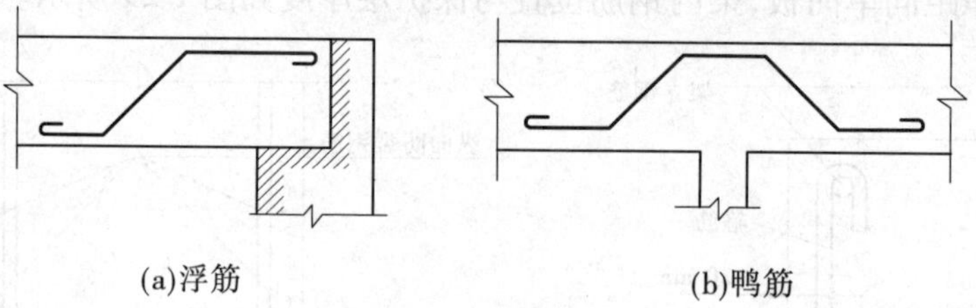

图1-30 浮筋与鸭筋示意图

(3)箍筋。

箍筋的作用除要满足斜截面抗剪承载力外，它还起着联结受拉主钢筋和受压区混凝土使其共同工作的作用；在构造上它固定纵向受力钢筋的位置，使梁内各种钢筋构成钢筋骨架。所以，无论抗剪承载力计算结果是否需要，梁内都必须按构造要求配置箍筋。梁内采用的箍筋形式如图1-31所示。

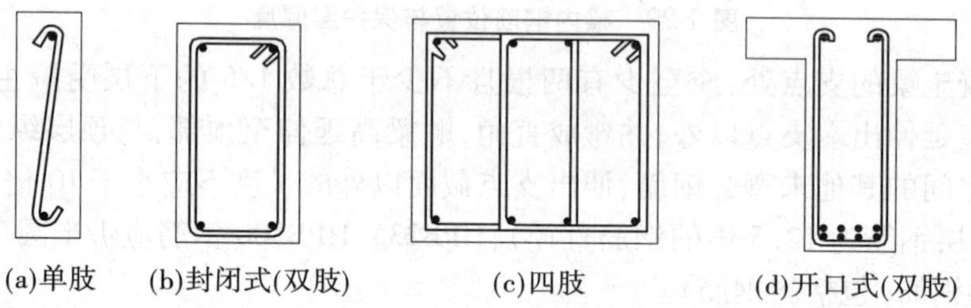

图1-31 箍筋的形式

梁内只配有纵向受拉钢筋时，可采用开口箍筋；当梁中配有按受力计算需要的纵向受压钢筋或在连续梁、悬臂梁近中间支点位于负弯矩区的梁段，应采用闭合式箍筋，同时同排内任一纵向受压钢筋，离箍筋折角处的纵向钢筋的间距不应大于150 mm或15倍箍筋直径两者中较大者，否则应设复合箍筋。

知识拓展

复合箍筋:构件内纵向受力钢筋应设置于离角筋中心距离 s(见图 1-32)不大于 180 mm 或 18 倍的箍筋直径(取较大者)范围内,如超出此范围设置纵向受力钢筋,应设复合箍筋。相邻箍筋的弯钩接头,在纵向应错开布置。

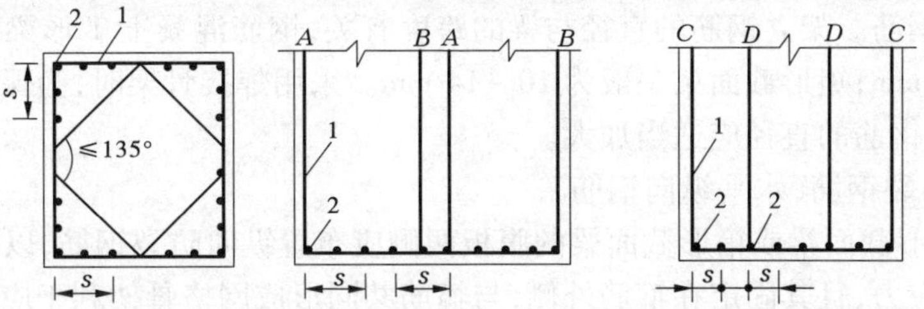

(a)s内设三根纵向受力钢筋　　(b)s内设二根纵向受力钢筋

1—箍筋;2—角筋;A、B、C、D—箍筋编号

(图(a)、(b)内,箍筋 A、B 与 C、D 两组设置方式可根据实际情况选用)

图 1-32　柱内复合箍筋布置

钢筋混凝土梁中应设置直径不小于 8 mm 且不小于 1/4 主钢筋直径的箍筋,其配箍率 ρ_{sv},HPB235、HPB300 钢筋不应小于 0.18%,HRB335 钢筋不应小于 0.12%。每根箍筋所箍的受拉钢筋,每排不多于 5 根;所箍受压钢筋应不多于 3 根。所以,当受拉钢筋一排多于 5 根或受压钢筋一排多于 3 根时,需采用 4 肢或更多肢数的箍筋。

箍筋的末端应做成弯钩,相邻箍筋的弯钩接头,沿纵向其位置应交替布置。弯钩的弯曲直径应大于被箍的受力主钢筋的直径,且 HPB235、HPB300 钢筋不应小于箍筋直径的 2.5 倍(环氧树脂涂层钢筋不应小于箍筋直径的 4 倍),HRB335 钢筋不应小于箍筋直径的 4 倍。弯钩平直段的长度,一般结构不应小于箍筋直径的 5 倍,抗震结构不应小于箍筋直径的 10 倍。弯钩的形式,可按图 1-33(a)、(b)、(c)加工,抗震结构应按图 1-33(c)加工。

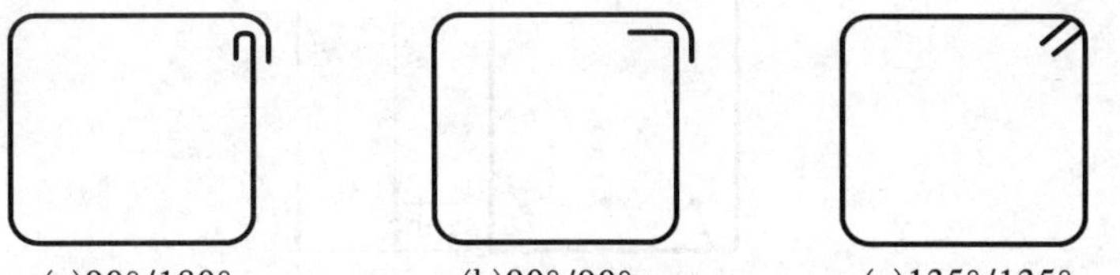

(a)90°/180°　　(b)90°/90°　　(c)135°/135°

图 1-33　箍筋的弯钩形式

箍筋间距不应大于梁高的 1/2 且不大于 400 mm;当所箍钢筋为按受力需要的纵向受压钢筋时,不应大于所箍钢筋直径的 15 倍,且不应大于 400 mm。在钢筋绑扎搭接接头范围内的箍筋间距,当绑扎搭接钢筋受拉时不应大于主钢筋直径的 5 倍,且不大于 100 mm;当搭接钢筋受压时不应大于主钢筋直径的 10 倍,且不大于 200 mm。在支座中心向跨径

方向长度相当于不小于一倍梁高范围内，箍筋间距不宜大于 100 mm。

近梁段第一根箍筋应设置在距端面一个混凝土保护层距离处。梁与梁或梁与柱的交接范围内可不设箍筋；靠近交接面的一根箍筋，其与交接面的距离不宜大于 50 mm。

(4)架立钢筋。

架立钢筋是指为满足构造上或施工上的要求而设置的定位钢筋，架立钢筋设置在梁的受压区外边缘两侧，用来固定箍筋和形成钢筋骨架。如受压区配有纵向受压钢筋，则可不再配置架立钢筋。架立钢筋的直径与梁的跨度有关，钢筋混凝土 T 形梁的架立钢筋的直径多采用 22 mm；矩形截面梁一般为 10 ~ 14 mm。采用焊接骨架时，为保证骨架具有一定的刚度，架立钢筋的直径应适当加大。

(5)纵向防裂钢筋(水平纵向钢筋)。

T 形、工字形截面梁或箱形截面梁的腹板两侧应布置纵向防裂钢筋，以抵抗温度应力及混凝土收缩应力，且其固定在箍筋外侧，与箍筋共同形成网格骨架利于应力的扩散。

纵向防裂钢筋的直径为 6 ~ 8 mm，每腹板内钢筋截面面积宜为(0.001 ~ 0.002)bh，其中 b 为腹板宽度，h 为梁的高度，其间距在受拉区不应大于腹板宽度，且不应大于 200 mm，在受压区不应大于 300 mm。在支点附近剪力较大区段和预应力钢筋混凝土梁锚固区段，腹板两侧纵向钢筋截面面积应予增加，纵向钢筋间距宜为 100 ~ 150 mm。

1.1.3.2 钢筋混凝土受弯构件正截面受力分析

钢筋混凝土梁(板)正截面承受正弯矩作用时，中性(和)轴以上受压，中性轴以下受拉(见图 1-34)，仅在梁(板)的受拉区配置纵向受拉钢筋的构件，称为单筋受弯构件；同时在截面受拉和受压区配置受力钢筋，此种构件称为双筋受弯构件。

1. 配筋率

钢筋混凝土受弯构件内纵向受拉钢筋数量用配筋率 ρ 表示。配筋率 ρ 是指纵向受拉钢筋截面面积与正截面有效面积(见图 1-34)的比值，计算公式为：

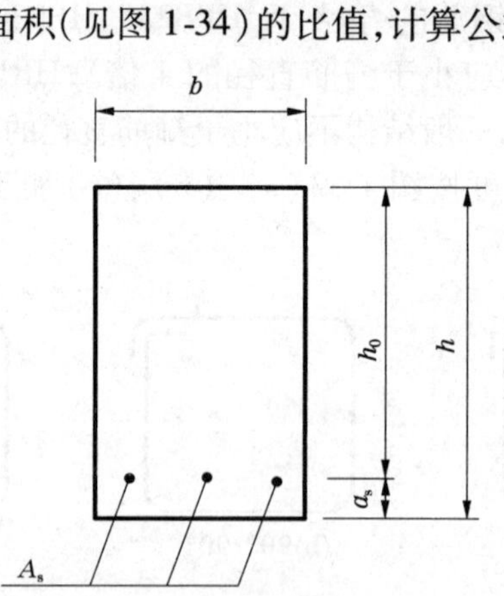

图 1-34 单筋受弯构件截面示意图

$$\rho = \frac{A_s}{bh_0} \tag{1-12}$$

式中 A_s ——纵向受拉钢筋截面面积;

b ——受弯构件受拉区的截面宽度(矩形截面宽度或T形截面梁肋宽度);

h_0 ——截面有效高度, $h_0 = h - a_s$;

h ——截面高度;

a_s ——受拉区纵向受拉钢筋的合力点至受拉边缘的距离(a_{si} 为第 i 种纵向受拉钢筋合力点至受拉区混凝土边缘的距离),按式(1-13)计算:

$$a_s = \frac{\sum f_{sdi} A_{si} a_{si}}{\sum f_{sdi} A_{si}} \tag{1-13}$$

式中 f_{sdi} ——第 i 种纵向受拉钢筋抗拉强度设计值;

A_{si} ——第 i 种纵向受拉钢筋截面面积。

2. 钢筋混凝土受弯构件正截面破坏形态

当受弯构件的材料确定后,梁的正截面破坏形式主要受配筋率影响。根据梁内纵向受拉钢筋配筋率的不同,受弯构件正截面破坏的形式可分为三种:少筋梁、适筋梁、超筋梁(见图1-35)。下面以简支梁为例,来说明三种破坏形态各自的破坏特点。

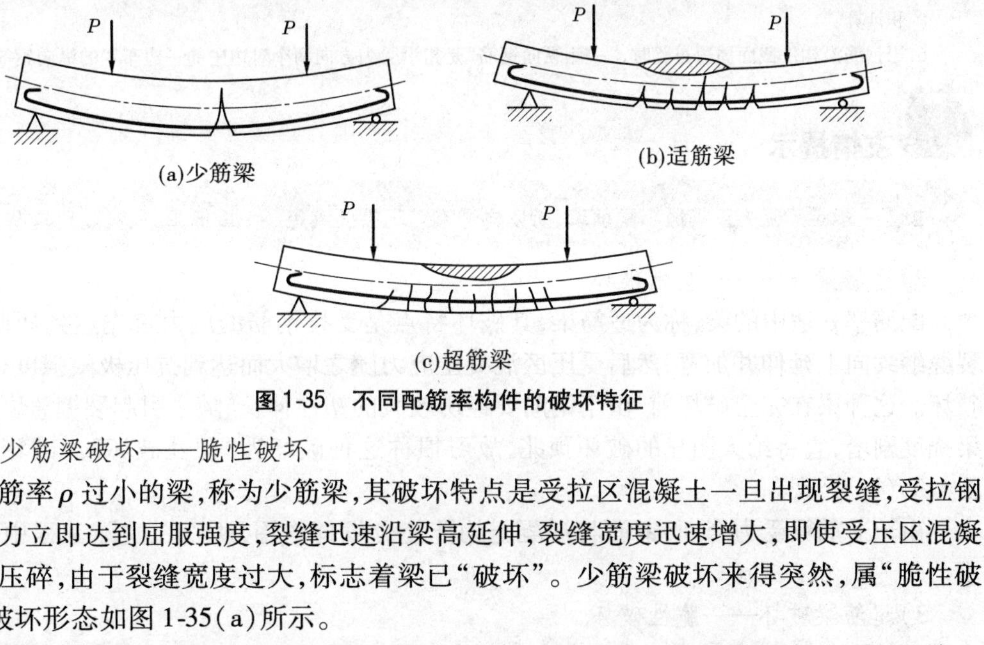

图1-35　不同配筋率构件的破坏特征

1)少筋梁破坏——脆性破坏

配筋率 ρ 过小的梁,称为少筋梁,其破坏特点是受拉区混凝土一旦出现裂缝,受拉钢筋的应力立即达到屈服强度,裂缝迅速沿梁高延伸,裂缝宽度迅速增大,即使受压区混凝土尚未压碎,由于裂缝宽度过大,标志着梁已"破坏"。少筋梁破坏来得突然,属"脆性破坏"。破坏形态如图1-35(a)所示。

少筋梁破坏时承载能力相对较低,而且受压区混凝土没有得到充分利用,既不经济也不安全。因此,在实际工程中不允许采用,并以最小配筋率 ρ_{min} 加以限制。

最小配筋率 ρ_{min} 是少筋梁与适筋梁的界限。当梁的配筋率由 ρ_{min} 逐渐减小,梁的工作特性也从钢筋混凝土结构逐渐向素混凝土结构过渡,所以 ρ_{min} 可按采用最小配筋率 ρ_{min} 的钢筋混凝土梁在破坏时,正截面承载力等于同样截面尺寸、同样材料的素混凝上梁正截面开裂弯矩标准值的原则确定。

同时,考虑到温度变化、混凝土收缩应力的影响,《混凝土结构设计规范》(GB

50010—2010)规定了受弯构件纵向受力钢筋的最小配筋率 ρ_{min} 不应小于表 1-22 规定的数值。

表 1-22　受弯构件纵向受力钢筋的最小配筋率 ρ_{min}

受力类型			最小配筋率(%)
受压构件	全部纵向钢筋	强度等级 500 MPa	0.50
		强度等级 400 MPa	0.55
		强度等级 300 MPa、335 MPa	0.60
	一侧纵向钢筋		0.20
受弯构件、偏心受拉、轴心受拉构件一侧的受拉钢筋			0.20 和 $45f_{td}/f_{sd}$ 中的较大值

注:1. 对于受压构件全部纵向钢筋最小配筋率,当采用 C60 以上强度等级的混凝土时,应按表中规定增大 0.1。

2. 对于板类受弯构件(不包括悬臂板)的受拉钢筋,当采用强度等级 400 MPa、500 MPa 的钢筋时,其最小配筋率应采用 0.15 和 $45f_{td}/f_{sd}$ 中的较大值。

3. 偏心受拉构件中的受压钢筋,应按受压构件一侧纵向钢筋考虑。

4. 受压构件的全部纵向钢筋和一侧纵向钢筋的配筋率以及轴心受拉构件和小偏心受拉构件一侧受拉钢筋的配筋率应按构件的全截面面积计算。

5. 受弯构件、大偏心受拉构件一侧受拉钢筋的配筋率应按全截面面积扣除受压翼缘面积 $(b'_f-b)h'_f$ 后的截面面积计算。

6. 当钢筋沿构件截面周边布置时,"一侧纵向钢筋"是指沿受力方向两个对边中的一边布置的纵向钢筋。

友情提示

规范只规定了受力钢筋最小配筋率,所以构造钢筋不需要满足最小配筋率,只需满足构造要求。

2)适筋梁破坏——塑性破坏

配筋率 ρ 适中的梁,称为适筋梁,其破坏特点是受拉钢筋的应力首先达到屈服强度,裂缝继续向上延伸并加宽,然后受压区混凝土应力随之增大而达到抗压极限强度,梁即被破坏。这种梁在完全破坏前,由于钢筋要经历较大的塑性伸长,随之引起裂缝急剧变宽和梁挠度剧增,它将给人明显的破坏预兆,故习惯称这种破坏为"塑性破坏"。破坏形态如图 1-35(b)所示。

由于适筋梁受力合理,钢筋与混凝土均能充分发挥作用,所以在实际工程中广泛应用。

3)超筋梁破坏——脆性破坏

配筋率 ρ 过大的梁,称为超筋梁。其破坏特点是在受拉区钢筋还处于弹性工作阶段,钢筋应力低于屈服强度时,受压区混凝土边缘纤维的应力已达到抗压极限强度,压应变达到抗压极限应变值,而被压碎导致梁破坏。这种梁是在没有明显破坏预兆的情况下,由于受压区混凝土突然被压碎而破坏,故为"脆性破坏"。破坏形态如图 1-35(c)所示。

超筋梁钢筋配置量过多,破坏时钢筋强度没有得到充分利用,构件破坏为脆性破坏,既不经济也不安全,在实际工程中不允许采用,并以最大配筋率 ρ_{max} 加以限制。

综上所述,少筋梁和超筋梁破坏无预兆,且超筋梁用钢量大,少筋梁的承载力几乎同素混凝土,故实际工程不宜采用。而适筋梁既能充分发挥材料的强度,且在破坏前有预兆,符合安全、经济的要求,因此工程中被广泛使用。通常,规范中用规定的最小配筋率 ρ_{min} 和最大配筋率 ρ_{max} 来保证梁的配筋处于适筋梁的范围(即 $\rho_{min} < \rho < \rho_{max}$),以防止出现少筋破坏和超筋破坏。

3. 钢筋混凝土适筋梁受力分析

1)适筋梁的受力阶段

如图1-36所示为适筋梁试件,两端简支,跨中截面的高度方向上布置测点,量测钢筋和混凝土应变;在跨中安装仪表量测挠度。

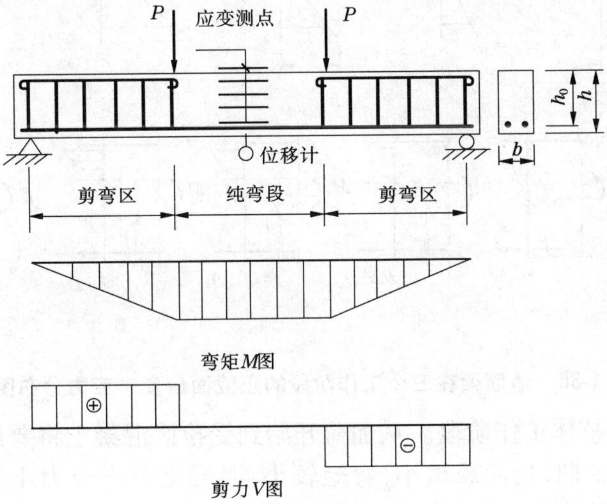

图1-36　试验梁布置示意图

为消除剪力对正截面受弯的影响,通常采用两点集中加载形式,这样就在两个对称集中荷载之间形成了纯弯段(当忽略自重时),在此区段内只配纵向钢筋不配箍筋,而在梁两端支座与集中荷载之间的剪弯段,则加强箍筋配置,以保证不致发生沿斜截面的剪切破坏。

试验梁受力全过程中分级加载引起的弯矩 M 和极限弯矩 M_u 的比值与跨中挠度 f 的关系曲线如图1-37所示。试验时采取分级加荷,当弯矩较小时,挠度和弯矩关系接近直线变化,当弯矩超过开裂弯矩 M_{cr} 时,受拉区混凝土开裂,随着裂缝的出现与不断开展,挠度的增长速度较开裂前快,$M/M_u \sim f$ 关系曲线出现了第一个明显转折点 a。弯矩继续增加,当达到 M_s 时,钢筋应力增加到屈服强度,在 $M/M_u \sim f$ 关系曲线上出现了第二个明显转折点 b,此后

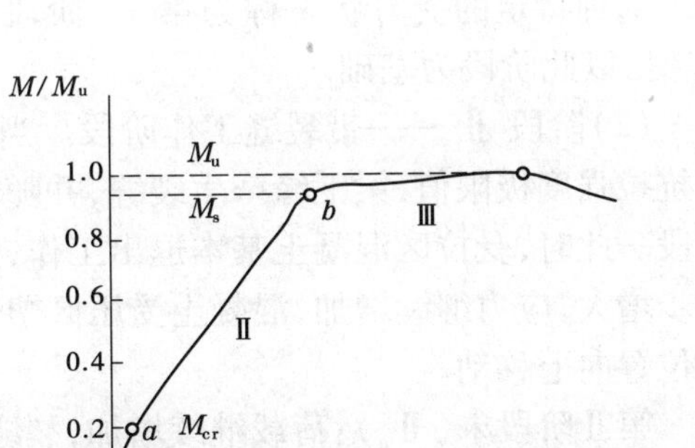

图1-37　试验梁的 $M/M_u \sim f$ 关系曲线

梁内受拉钢筋进入屈服，裂缝急剧开展，同时挠度也急剧增加。最后，当弯矩增加到极限弯矩 M_u 时，梁即告破坏。根据 $M/M_u \sim f$ 曲线上两个转折点 a 和 b，将从开始加荷到破坏过程划分为三个工作阶段，即阶段Ⅰ、阶段Ⅱ和阶段Ⅲ。

2）适筋梁正截面三个工作阶段的应力分布

适筋梁在三个工作阶段的正截面应变—应力分布如图 1-38 所示。

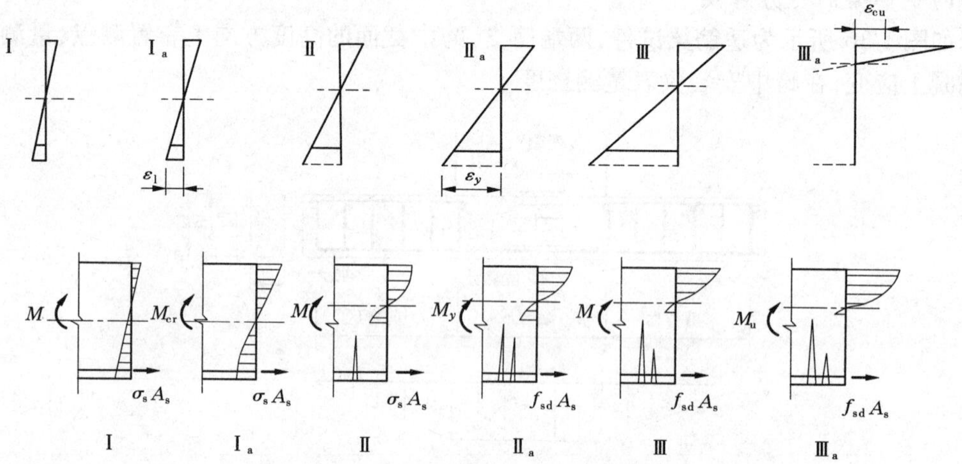

图 1-38 适筋梁在三个工作阶段的正截面应变—应力分布图

（1）阶段Ⅰ——整体工作阶段。从加荷开始到受拉区混凝土将要出现裂缝。

第Ⅰ阶段：加荷初期，当荷载很小，弯矩较小，混凝土下缘应力小于其抗拉强度极限值，上缘应力远小于其抗压强度极限值，此时混凝土的压应力和拉应力基本上都是呈三角形分布。

第Ⅰ阶段末（I_a）：混凝土受压区压应力基本上仍是三角形分布。而受拉区混凝土随着荷载的增加发生塑性变形，拉应变增加较快，其应力图为曲线形。此时，受拉边缘混凝土的拉应变临近抗拉极限应变，拉应力达到混凝土抗拉强度，表示混凝土即将出现裂缝。这种特定的受力状态称为第 I_a 阶段。计算钢筋混凝土构件裂缝出现即开裂弯矩 M_{cr}时，以此阶段为基础。

（2）阶段Ⅱ——带裂缝工作阶段。当荷载继续增加时，受拉区混凝土的拉应力超过其抗拉强度极限值，梁下缘产生裂缝，并随着荷载的增加而向上发展，梁进入带裂缝工作阶段。此时，受拉区混凝土基本退出工作，全部拉力由纵向受拉钢筋承受。之后，荷载进一步增大，应力继续增加，混凝土受压区塑性变形亦逐渐增大，应力图形呈微曲线形，中性轴位置向上移动。

第Ⅱ阶段末（II_a）：荷载继续增加，裂缝进一步开展，钢筋和混凝土的应力不断增大。当荷载增加到某一数值时，受拉区纵向受力钢筋开始屈服，钢筋应力达到其屈服强度，这种特定的受力状态称为第 II_a 阶段。验算钢筋混凝土构件使用阶段裂缝宽度和变形即屈服弯矩 M_y 时，以此阶段为基础。

（3）阶段Ⅲ——破坏阶段。荷载继续增加到一定限度后，钢筋应力达到屈服强度，即应力基本不变，而应变迅速增加，促使受拉区混凝土的裂缝急剧开展并向上衍生，中性轴继续上移,构件挠度增大,受压区面积减小,混凝土压应力迅速增大,这是截面受力的第Ⅲ阶段。

第Ⅲ阶段末($Ⅲ_a$):在荷载几乎保持不变的情况下,裂缝进一步急剧开展,受压区混凝土出现纵向裂缝,混凝土被完全压碎,截面发生破坏,这种特定的受力状态称为第$Ⅲ_a$阶段。计算钢筋混凝土受弯构件正截面承载能力即极限弯矩 M_u,以此阶段为基础。

1.1.3.3　单筋矩形截面受弯构件正截面承载力计算

1. 正截面承载力计算的基本原则

受弯构件正截面承载力是以适筋梁第$Ⅲ_a$阶段的截面应力图形为计算依据的,并按下列基本假定进行计算。

(1)构件弯曲后,其截面仍保持为平面。

(2)截面受压混凝土的应力图形简化为矩形,其应力取混凝土的轴心抗压强度设计值 f_{cd};截面受拉混凝土的抗拉强度不予考虑。

(3)极限状态计算时,受拉区钢筋应力取其抗拉强度设计值 f_{sd};受压区或受压较大边钢筋应力取其抗压强度设计值 f'_{sd}。

(4)钢筋应力等于钢筋应变与其弹性模量的乘积,但不大于其强度设计值。

知识拓展

在结构设计中,为了较简便地求出受压区应力图形的合力大小及其作用点,而以等效矩形应力图代替实际抛物线应力图(见图1-39)。其基本原则是:矩形应力图的合力应与抛物线应力图的合力大小相等,作用点位置相同,它们应是等效的。

等效矩形应力图的受压区高度 x 与抛物线应力图的受压区高度 x_c 的关系为 $x=\beta x_c$,其中 β 称为混凝土受压区高度换算系数,不同强度等级的混凝土的 β 按表1-23取值。等效矩形应力图的应力为 f_{cd}(混凝土抗压强度设计值)。

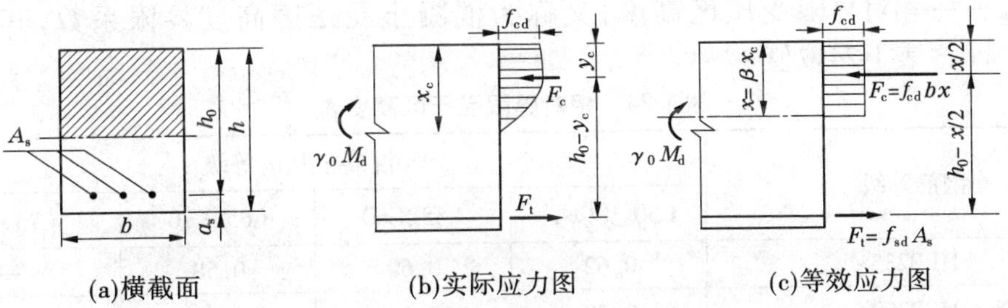

图1-39　受弯构件正截面应力等效示意图

表1-23　混凝土受压区高度换算系数

混凝土强度等级	C50及以下	C55	C60	C65	C70	C75	C80
β	0.80	0.79	0.78	0.77	0.76	0.75	0.74

2. 最大配筋率 ρ_{max} 与相对界限受压区高度 ξ_b

由受弯构件正截面破坏形态分析可知：通过限制最大配筋率 ρ_{max}，规定了适筋梁与超筋梁的界限。当钢筋混凝土的受拉区钢筋达到屈服应变 ε_y（应力达到屈服强度）而开始屈服时，受压区混凝土边缘同时达到其极限压应变 ε_{cu} 而破坏，此时被称为“界限破坏”（见图1-40）。相对于这种破坏的配筋率就是适筋梁的最大配筋率，一般通过混凝土受压区高度来加以控制。

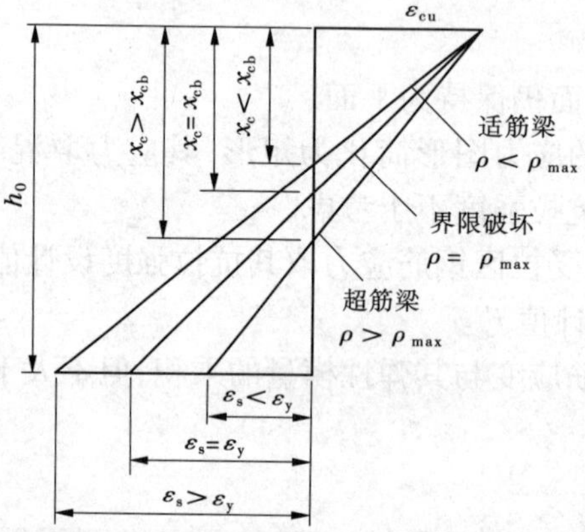

图1-40　钢筋混凝土适筋梁与超筋梁“界限破坏”的截面应变示意图

对于适筋梁而言，限制配筋率 $\rho \leqslant \rho_{max}$，可以转换为限制应变图变形零点至截面上边缘的距离（即混凝土受压区曲线形应力图的高度）$x_c \leqslant x_{cb}$，进一步转化为限制混凝土受压区等效矩形应力图的高度，即

$$x \leqslant x_b = \xi_b h_0 \tag{1-14}$$

式中　x_b ——相对于“界限破坏”时的混凝土受压区高度；

ξ_b ——相对界限受压区高度，又称为混凝土受压区高度界限系数，其数值按表1-24取值。

表1-24　相对界限受压区高度 ξ_b

钢筋等级	混凝土强度等级			
	C50及以下	C55、C60	C65、C70	C75、C80
HPB235	0.62	0.60	0.58	—
HPB300	0.58	0.56	0.54	—
HRB335、HRBF335	0.56	0.54	0.52	—
HRB400、HRBF400、RRB400	0.53	0.51	0.49	—
HRB500、HRBF500	0.49	0.47	0.46	—
钢绞线、钢丝	0.40	0.38	0.36	0.35
精轧螺纹钢筋	0.40	0.38	0.36	—

注：1. 截面受拉区内配置不同种类钢筋的受弯构件，其 ξ_b 值应选用相应于各种钢筋的较小者。

2. $\xi_b = x_b/h_0$，x_b 为纵向受拉钢筋和受压区混凝土同时达到其强度设计值时的受压区高度。

3. 正截面承载力计算基本公式及适用条件

1)基本公式

由静力平衡条件知,可得单筋矩形截面受弯构件正截面承载力计算公式(见图1-41)为:

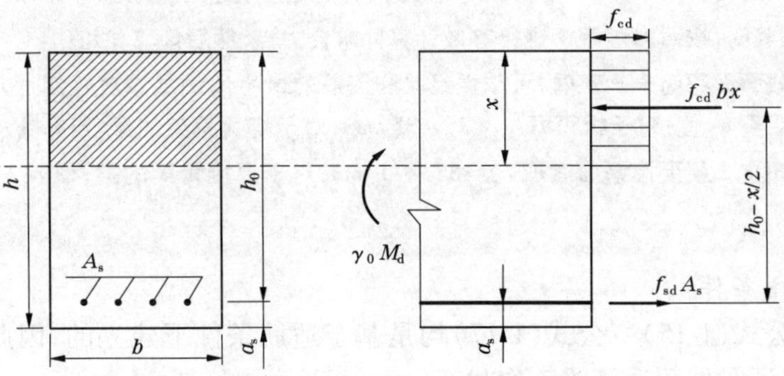

图1-41　单筋矩形截面受弯构件正截面承载力计算示意图

所有各力的水平轴方向上的合力为零,即$\sum N=0$则:

$$f_{sd}A_s=f_{cd}bx \tag{1-15}$$

所有各力对截面上任何一点的合力矩为零,当对受拉区纵向受力钢筋的合力作用点取矩时,即$\sum M_s=0$则:

$$\gamma_0 M_d \leqslant M_u=f_{cd}bx\left(h_0-\frac{x}{2}\right) \tag{1-16}$$

或当对受压区混凝土压应力合力的作用点取矩时,即$\sum M_c=0$则:

$$\gamma_0 M_d \leqslant M_u=f_{sd}A_s\left(h_0-\frac{x}{2}\right) \tag{1-17}$$

式中　M_d——弯矩组合设计值;

M_u——计算截面的抗弯承载力;

γ_0——桥梁结构的重要性系数,按表1-5规定的结构设计安全等级采用,对应于设计安全等级一级、二级和三级分别取1.1、1.0和0.9;

f_{sd}——纵向普通钢筋的抗拉强度设计值,按表1-11规定采用;

f_{cd}——混凝土轴心抗压强度设计值,按表1-16规定采用;

A_s——纵向受拉钢筋的截面面积;

x——混凝土受压区高度;

b——矩形截面宽度;

h_0——截面有效高度,$h_0=h-a_s$,其中h为截面高度,a_s为受拉钢筋合理作用点到受拉区边缘的距离。

知识拓展

钢筋合力作用点至截面下边缘的距离 a_s 取值:

当采用单层钢筋时,$a_s = c_{min} + d/2$,其中 c_{min} 为钢筋的最小保护层厚度(详见表 1-21),d 为钢筋直径;当采用多层钢筋时,按照力矩平衡进行等效计算即求合力点,然后计算 a_s 值。

当受拉钢筋截面面积尚未确定时,可依据经验和钢筋的最小保护层厚度规定假定钢筋合力作用点至截面下边缘的距离 a_s 值:对于板可取 $a_s \approx 25 \sim 35$ mm;对于绑扎骨架的梁,当布置一层受拉钢筋时取 $a_s \approx 40 \sim 50$ mm,布置 2 层受拉钢筋时取 $a_s \approx 65 \sim 75$ mm;对于焊接骨架的梁,取 $a_s \approx 30$ mm + (0.07 ~ 0.1)h。

2)公式适用条件

鉴于基本公式(1-15)~公式(1-17)均是基于适筋条件下建立的,因此必须满足以下两个条件,即保证梁处于适筋梁工作状态。

(1)为了避免出现超筋梁的情况,应满足:

$$x \leqslant \xi_b h_0 \text{ 或 } \xi \leqslant \xi_b \tag{1-18}$$

式中 ξ_b ——相对界限受压区高度,其值按表 1-24 规定采用;

ξ ——相对受压区高度,计算公式为 $\xi = \dfrac{x}{h_0}$。

(2)为了避免出现少筋梁的情况,应满足:

$$\rho = \frac{A_s}{bh_0} \geqslant \rho_{min} = \max\left(0.45\frac{f_{td}}{f_{sd}}, 0.2\%\right) \tag{1-19}$$

4. 工程应用

钢筋混凝土受弯构件正截面计算,一般仅需对构件的控制截面进行计算。所谓控制截面,等截面构件中,指最大弯矩组合设计值的截面;变截面构件中,除最大弯矩组合设计值的截面外,还有截面尺寸相对较小,而弯矩组合设计值相对较大的截面。

受弯构件正截面承载力计算可分为两类:截面设计和承载力复核。

1)截面设计

工况 1:弯矩组合设计值 M_d,结构重要性系数 γ_0,截面尺寸 $b \times h$,钢筋与混凝土强度等级 f_{sd}、f_{cd}、f_{td},求钢筋截面面积 A_s,选择钢筋规格并配置钢筋。

【应用解析】 对于截面尺寸已定的工况,采用式(1-15)、式(1-16)或式(1-17)进行配筋计算,公式中实际有 h_0、x 和 A_s 三个未知量,而只能联立两个方程式,其处理措施为假定 a_s 计算 h_0,然后通过方程组计算 x 和 A_s,具体计算步骤如下:

(1)初步拟定 $h_0 = h - a_s$。对于梁,假定 $a_s = 45$ mm(布置一层钢筋时)或 75 mm(布置两层钢筋时);对于板,假定 $a_s = 35$ mm。

(2)由式(1-16)计算 $x = h_0 - \sqrt{h_0^2 - \dfrac{2\gamma_0 M_d}{f_{cd} b}}$,并判断是否超筋。如果 $x > \xi_b h_0$,则属于超筋梁,应加大截面尺寸重新设计,或提高混凝土强度等级,或改用双筋截面;如果 $x \leqslant \xi_b h_0$,则不超筋,即可进行下一步计算。

(3)由式(1-15)计算 $A_s=\dfrac{f_{cd}bx}{f_{sd}}$ 或由式(1-17)计算 $A_s=\dfrac{\gamma_0 M_d}{f_{sd}\left(h_0-\dfrac{x}{2}\right)}$,并判别是否少筋。若 $A_s<\rho_{\min}bh_0$,应取 $A_s=\rho_{\min}bh_0$(即按构造配筋);若 $A_s\geqslant\rho_{\min}bh_0$ 与上一步 $x\leqslant\xi_b h_0$,则既不超筋也不少筋,属于适筋梁。

(4)选配钢筋。根据计算的 A_s,由表1-25或表1-26选择合适的钢筋直径及根数,并参照构造要求布置钢筋。

友情提示

实际采用的钢筋截面面积宜为计算所需的钢筋截面面积的0.95~1.05倍。

根据钢筋的实际布置情况重新计算钢筋合力作用点至截面的距离 a_s 值,若与原来假设相差较大应重新假定、重新计算,直至相符为止。

表1-25　普通钢筋截面面积、重量表

公称直径(mm)	在下列钢筋根数时的截面面积(mm²)									重量(kg/m)	带肋钢筋	
	1	2	3	4	5	6	7	8	9		计算直径(mm)	外径(mm)
6	28.3	57	85	113	141	170	198	226	254	0.222	6	7.0
8	50.3	101	151	201	251	302	352	402	452	0.395	8	9.3
10	78.5	157	236	314	393	471	550	628	707	0.617	10	11.6
12	113.1	226	339	452	566	679	792	905	1 018	0.888	12	13.9
14	153.9	308	462	616	770	924	1 078	1 232	1 385	1.21	14	16.2
16	201.1	402	603	804	1 005	1 206	1 407	1 608	1 810	1.58	16	18.4
18	254.5	509	763	1 018	1 272	1 527	1 781	2 036	2 290	2.00	18	20.5
20	314.2	628	942	1 256	1 570	1 884	2 200	2 513	2 827	2.47	20	22.7
22	380.1	760	1 140	1 520	1 900	2 281	2 661	3 041	3 421	2.98	22	25.1
25	490.9	982	1 473	1 964	2 454	2 945	3 436	3 927	4 418	3.85	25	28.4
28	615.8	1 232	1 847	2 463	3 079	3 695	4 310	4 926	5 542	4.83	28	31.6
32	804.2	1 608	2 413	3 217	4 021	4 826	5 630	6 434	7 238	6.31	32	35.8

表 1-26　在钢筋间距一定时板每米宽度内钢筋截面面积　（单位：mm^2）

钢筋间距（mm）	钢筋直径（mm）								
	6	8	10	12	14	16	18	20	22
70	404	718	1 122	1 616	2 199	2 873	3 636	4 487	5 430
75	377	670	1 047	1 508	2 052	2 681	3 393	4 188	5 081
80	353	628	982	1 414	1 924	2 514	3 181	3 926	4 751
85	333	591	924	1 331	1 811	2 366	2 994	3 695	4 472
90	314	559	873	1 257	1 711	2 234	2 828	3 490	4 223
95	298	529	827	1 190	1 620	2 117	2 679	3 306	4 001
100	283	503	785	1 131	1 539	2 011	2 545	3 141	3 801
105	269	479	748	1 077	1 466	1 915	2 424	2 991	3 620
110	257	457	714	1 028	1 399	1 828	2 314	2 855	3 455
115	246	437	683	984	1 339	1 749	2 213	2 731	3 305
120	236	419	654	942	1 283	1 676	2 121	2 617	3 167
125	226	402	628	905	1 232	1 609	2 036	2 513	3 041
130	217	387	604	870	1 184	1 547	1 958	2 416	2 924
135	209	372	582	838	1 140	1 490	1 885	2 327	2 816
140	202	359	561	808	1 100	1 436	1 818	2 244	2 715
145	195	347	542	780	1 062	1 387	1 755	2 166	2 621
150	189	335	524	754	1 026	1 341	1 697	2 084	2 534
155	182	324	507	730	993	1 297	1 642	2 027	2 452
160	177	314	491	707	962	1 257	1 590	1 964	2 376
165	171	305	476	685	933	1 219	1 542	1 904	2 304
170	166	296	462	665	905	1 183	1 497	1 848	2 236
175	162	287	449	646	876	1 149	1 454	1 795	2 172
180	157	279	436	628	855	1 117	1 414	1 746	2 112
185	153	272	425	611	832	1 087	1 376	1 694	2 035
190	149	265	413	595	810	1 058	1 339	1 654	2 001
195	145	258	403	580	789	1 031	1 305	1 611	1 949
200	141	251	393	565	769	1 005	1272	1 572	1 901

工况 2：弯矩组合设计值 M_d，结构重要性系数 γ_0，钢筋与混凝土强度等级 f_{sd}、f_{cd}、f_{td}，求截面尺寸 $b \times h$ 和钢筋截面面积 A_s，选择钢筋规格并配置钢筋。

【应用解析】　对于截面尺寸未知的工况，采用式(1-15)、式(1-16)或式(1-17)进行配筋计算，公式中实际有 b、h、x 和 A_s 四个未知量，而只能联立两个方程式，其处理措施为假定经济配筋率 ρ 和梁宽 b 计算 h_0，结合构造要求拟定截面高度 h，然后通过方程组计算 x 和 A_s，具体计算步骤如下：

(1)假定经济配筋率 ρ 和 b。

经济配筋率 ρ，对矩形截面梁可取 $\rho = 0.6\% \sim 1.5\%$，对 T 形截面梁可取 $\rho = 2\% \sim 3.5\%$，对板可取 $\rho = 0.3\% \sim 0.8\%$。

梁宽可根据钢筋布置和构造要求拟定。

(2)求 h_0。

由式(1-15)得 $x = \dfrac{f_{sd}A_s}{f_{cd}b} = \dfrac{A_s}{bh_0}\dfrac{f_{sd}}{f_{cd}}h_0 = \rho\dfrac{f_{sd}}{f_{cd}}h_0$，则 $\xi = \dfrac{x}{h_0} = \rho\dfrac{f_{sd}}{f_{cd}}$，选取一个经济配筋率 ρ

且 $\rho \geqslant \rho_{\min}$，则 ξ 确定，然后又将 $x = \xi h_0$ 代入式(1-16)，即可求得梁的有效高度：

$$h_0 = \sqrt{\frac{\gamma_0 M_d}{\xi(1 - 0.5\xi) f_{cd} b}} \tag{1-20}$$

(3)计算 h。

由 $h = h_0 + a_s$ 即可得 h。但为了使构件截面尺寸规格化和考虑施工方便，h 值应取整数且符合模数和截面高宽比的要求。

(4)截面尺寸确定后，可按工况1继续计算，求得受拉钢筋截面面积。

知识拓展

由 $\xi = \rho \dfrac{f_{sd}}{f_{cd}}$ 知，假设配筋率 ρ 相当于假设梁的相对受压区高度 ξ。经济配筋率是个模糊的概念，具有一定的盲目性，而 ξ 值的大小可直接反映梁的受力状态。因此，可直接假设梁的相对受压区高度 ξ 值，ξ 的最大值为 ξ_b，一般取 $\xi = (0.3 \sim 0.7)\xi_b$，如梁的高度不受限制，$\xi$ 值应尽量取小值；反之，如果梁的高度受限制，ξ 值应尽量取大值。

2)承载力复核

工况：截面尺寸 $b \times h$，钢筋截面面积 A_s，钢筋与混凝土强度等级 f_{sd}、f_{cd}、f_{td}，求截面所能承受的最大弯矩 M_u(或者确定弯矩组合设计值 M_d，结构重要性系数 γ_0，判断是否安全)。

【应用解析】　对于梁截面所能承受的最大弯矩 M_u，只要采用式(1-16)或式(1-17)进行计算，公式只适用于适筋梁，因此必须判定梁的受力状态，且符合构造要求。

计算步骤如下：

(1)复核钢筋布置是否满足规范要求：如钢筋间距、保护层厚度等。

(2)验算配筋率 ρ。

$$\rho = \frac{A_s}{bh_0} \geqslant \rho_{\min} = 0.45\frac{f_{td}}{f_{sd}}\text{，且不小于}0.2\%$$

说明不属于少筋梁。

(3)计算混凝土受压区高度 x，并判断是否超筋。

由式(1-15)得：

$$x = \frac{f_{sd} A_s}{f_{cd} b} \tag{1-21}$$

若 $x \leqslant \xi_b h_0$，不超筋，结合步骤(2)，属于适筋梁；

若 $x > \xi_b h_0$，属于超筋梁。

(4)计算截面所能承受的最大弯矩 M_u。

属于适筋梁(即满足 $\rho \geqslant \rho_{\min}$ 和 $x \leqslant \xi_b h_0$)，由式(1-16)或式(1-17)得：

$$M_u = f_{cd} bx\left(h_0 - \frac{x}{2}\right) \tag{1-22}$$

$$M_u = f_{sd} A_s\left(h_0 - \frac{x}{2}\right) \tag{1-23}$$

(5)判别截面是否安全：

由式(1-22)或式(1-23)计算 M_u。若 $\gamma_0 M_d \leqslant M_u$,表明截面的承载力足够,结构安全;反之,$\gamma_0 M_d > M_u$,表明截面的承载力不足,结构不安全,应该按照“截面设计”要求重新设计。

应用案例 1-1

某钢筋混凝土单筋矩形截面简支梁,截面尺寸 $b \times h = 250\ \text{mm} \times 500\ \text{mm}$,计算跨径为 $l = 5.7\ \text{m}$;梁承受均布永久作用效应标准值为 $g_{1k} = 7.0\ \text{kN/m}$(未包括自重),均布可变作用效应标准值 $p_k = 20\ \text{kN/m}$,采用混凝土强度等级为 C25,钢筋为 HRB335 级。钢筋混凝土容重为 $25\ \text{kN/m}^3$,一类环境,安全等级为二级。

求:梁跨中截面所需钢筋截面面积 A_s。

【案例解析】

(1)确定材料强度设计值。依据 HRB335 级钢筋和 C25 混凝土分别查表 1-11 和表 1-16得 $f_{sd} = 280\ \text{MPa}$、$f_{cd} = 11.5\ \text{MPa}$、$f_{td} = 1.23\ \text{MPa}$,查表 1-24 得 $\xi_b = 0.56$ 。

(2)计算该梁跨中截面弯矩组合设计值 $\gamma_0 M_d$。

梁自重作用效应标准值:

$$g_{2k} = 0.25 \times 0.5 \times 25 = 3.125(\text{kN/m})$$

永久作用效应标准值:

$$g_k = \sum_{i=1}^{2} g_{ik} = g_{1k} + g_{2k} = 7.0 + 3.125 = 10.125\ (\text{kN/m})$$

永久作用弯矩标准值:

$$M_{Gk} = \frac{1}{8} g_k l^2 = \frac{1}{8} \times 10.125 \times 5.7^2 = 41.12(\text{kN} \cdot \text{m})$$

可变作用弯矩标准值:

$$M_{Q1k} = \frac{1}{8} p_k l^2 = \frac{1}{8} \times 20 \times 5.7^2 = 81.225(\text{kN} \cdot \text{m})$$

经基本组合,得到该梁跨中截面弯矩组合设计值 $\gamma_0 M_d$ 为:

$$\begin{aligned} \gamma_0 M_d &= \gamma_0 (\gamma_G M_{Gk} + \gamma_{Q1} M_{Q1k}) \\ &= 1.0 \times (1.2 \times 41.12 + 1.4 \times 81.225) \\ &= 163.06(\text{kN} \cdot \text{m}) \end{aligned}$$

(3)计算混凝土受压区高度 x 。

假定采用一层钢筋布置,取 $a_s = 45\ \text{mm}$,则

$$h_0 = h - a_s = 500 - 45 = 455(\text{mm})$$

由式(1-17)得:令 $\gamma_0 M_d = M_u$,则

$$\begin{aligned} x &= h_0 - \sqrt{h_0^2 - \frac{2\gamma_0 M_d}{f_{cd} b}} \\ &= 455 - \sqrt{455^2 - \frac{2 \times 1.0 \times 163.06 \times 10^6}{11.5 \times 250}} \\ &= 149.1(\text{mm}) \end{aligned}$$

因为 $x = 149.1\ \text{mm} < \xi_b h_0 = 0.56 \times 455 = 254.8(\text{mm})$，所以不属于超筋梁。

(4)计算所需受拉钢筋的截面面积 A_s。

由式(1-15)得：

$$A_s = \frac{f_{cd}bx}{f_{sd}} = \frac{11.5 \times 250 \times 149.1}{280} = 1\,531(\text{mm}^2)$$

(5)选配钢筋。

查表1-25，选用钢筋3 Φ 28，$A_s = 1\,847\ \text{mm}^2$，钢筋布置图如图1-42所示。混凝土保护层厚度 $c = 30\ \text{mm}$，$a_s = 30 + \frac{31.6}{2} = 45.8 \approx 46(\text{mm})$，则 $h_0 = 500 - 46 = 454(\text{mm})$，因为：

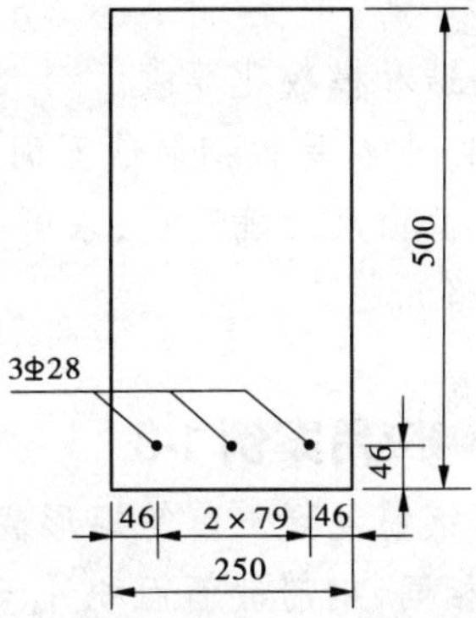

图1-42 应用案例1-1钢筋布置图

$$\rho = \frac{A_s}{bh_0} = \frac{1\,847}{250 \times 454} = 1.6\% > \rho_{min} = \max\left(0.45 \times \frac{f_{td}}{f_{sd}} = 0.45 \times \frac{1.23}{280} = 0.198\%, 0.2\%\right) = 0.2\%$$

所以，不属于少筋梁，故属于适筋梁。

钢筋净距 S_n：

$S_n = \frac{250 - 2 \times 30 - 3 \times 31.6}{2} = 47.6 \approx 48(\text{mm}) > 30\ \text{mm}$，且大于 $d = 31.6\ \text{mm}$，因此满足构造要求。

应用案例1-2

某钢筋混凝土单筋矩形截面简支梁，荷载效应和材料规格与应用案例1-1相同，但截面尺寸未知，求截面尺寸 $b \times h$ 和跨中截面所需钢筋截面面积 A_s。

【案例解析】

(1)假定经济配筋率 ρ 和梁宽度 b。

假设梁中受拉钢筋的配筋率 $\rho = 1.35\%$，梁宽 $b = 250\ \text{mm}$。

(2)求梁的相对受压区高度 ξ。

由式(1-12)和式(1-15)得梁的相对受压区高度：

$$\xi = \rho \frac{f_{sd}}{f_{cd}} = 0.013\,5 \times \frac{280}{11.5} = 0.329 < \xi_b = 0.56$$

(3)求梁的高度 h。

由式(1-20)得梁的有效高度：

$$h_0 = \sqrt{\frac{\gamma_0 M_d}{\xi(1 - 0.5\xi)f_{cd}b}} = \sqrt{\frac{1.0 \times 163.06 \times 10^6}{0.329 \times (1 - 0.5 \times 0.329) \times 11.5 \times 250}} = 454(\text{mm})$$

假设受拉钢筋按一层布置取 $a_s = 46$ mm,梁的高度:

$$h = h_0 + a_s = 454 + 46 = 500(\text{mm})$$

符合构造和模数化要求。

(4)求解受拉钢筋截面面积。

梁截面尺寸确定后,求解受拉钢筋截面面积的计算过程与应用案例 1-1 的计算过程相同(略)。

应用案例 1-3

某钢筋混凝土单筋矩形截面简支梁,荷载效应、材料规格、截面尺寸 $b \times h$ 与应用案例 1-1相同,钢筋截面面积 $A_s = 1\ 847\ \text{mm}^2$,其构造布置如图 1-42 所示。试复核梁正截面抗弯承载能力。

【案例解析】

(1)钢筋布置满足规范构造要求。

(2)求混凝土受压区高度 x。

由式(1-15)得,$h_0 = h - a_s = 500 - 46 = 454(\text{mm})$

$$\begin{aligned} x &= \frac{f_{sd}A_s}{f_{cd}b} \\ &= \frac{280 \times 1\ 847}{11.5 \times 250} \\ &= 180(\text{mm}) < \xi_b h_0 = 0.56 \times 454 = 254(\text{mm}) \end{aligned}$$

$$\rho = \frac{A_s}{bh_0} = \frac{1\ 847}{250 \times 454} = 1.6\% > \rho_{\min} = \max\left(0.45\frac{f_{td}}{f_{sd}} = 0.45 \times \frac{1.23}{280} = 0.198\%, 0.2\%\right) = 0.2\%$$

此梁既不属于超筋梁,也不属于少筋梁,故属于适筋梁。

(3)求截面所能承受的弯矩设计值 M_u。

由式(1-16)得:

$$\begin{aligned} M_u &= f_{cd}bx\left(h_0 - \frac{x}{2}\right) \\ &= 11.5 \times 250 \times 180 \times \left(454 - \frac{180}{2}\right) \\ &= 188.37(\text{kN} \cdot \text{m}) > \gamma_0 M_d = 163.06(\text{kN} \cdot \text{m}) \end{aligned}$$

因此,满足规范要求且具有足够的抗弯承载力。

1.1.3.4 双筋矩形截面受弯构件正截面承载力计算

除在受拉区布置纵向受力钢筋外,在受压区也配置纵向受力钢筋的矩形截面受弯构件,称为双筋矩形截面受弯构件。在以下情况下可以考虑采用双筋矩形截面:

(1)当矩形截面承受的弯矩较大,单筋截面的承载力无法满足适筋梁的条件($x \leqslant \xi_b h_0$),而截面高度因受建筑净空的限制不能增加,混凝土强度等级又不宜提高时,可考虑设计成双筋截面。

(2)截面在不同作用组合下产生“变号”弯矩,为了承受正、负弯矩分别作用时截面所出现的拉应力,需要在截面上、下部均配置纵向受力钢筋,从而形成双筋截面。

(3)截面由于构造的原因,在受压区已配有钢筋(如连续梁的中间支座处),为了节省受拉钢筋,这时可按双筋截面计算。

应该明确,用配置受压钢筋来帮助混凝土受压以提高构件承载力是不经济的,但是从使用性来看,双筋截面构件由于设置了受压钢筋,可提高截面的延性和防震性能,有利于防止结构的脆性破坏。此外,由于受压钢筋的存在和混凝土徐变的影响,可以减少短期和长期作用下构件产生的变形。从这两方面讲,采用双筋截面是适宜的。

1. 基本公式

试验表明,只要满足 $\xi \leqslant \xi_b$ 的条件,双筋梁和单筋梁一样,具有相同的受力性能和破坏特征。因此,在计算双筋矩形截面受弯承载力时,所采用的截面应力分布图形与单筋矩形截面的应力分布图形基本相同,区别只是在受压区多了纵向受压钢筋,只要明确了梁破坏时受压钢筋承受的应力,双筋梁的基本计算公式就可参照单筋梁的分析方法建立。

双筋矩形截面受弯构件正截面承载力计算图如图1-43所示。

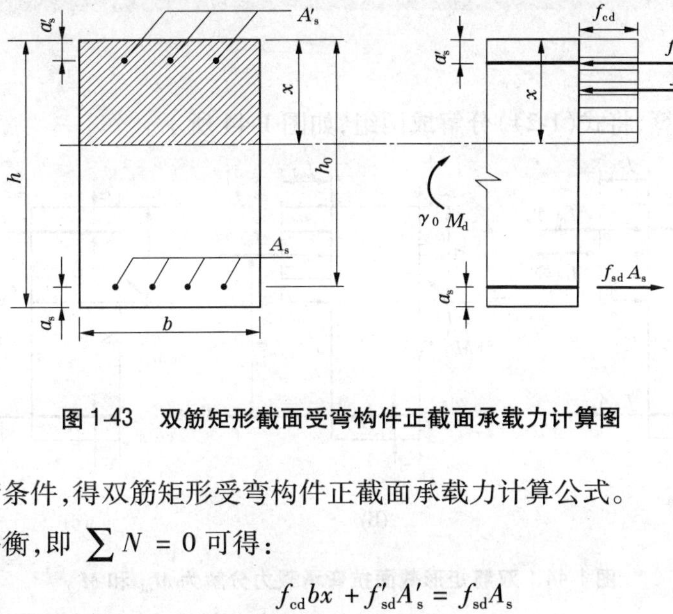

图1-43 双筋矩形截面受弯构件正截面承载力计算图

按静力平衡条件,得双筋矩形受弯构件正截面承载力计算公式。

由水平力平衡,即 $\sum N = 0$ 可得:

$$f_{cd}bx + f'_{sd}A'_s = f_{sd}A_s \tag{1-24}$$

对受拉钢筋合力作用点取矩,即 $\sum M_s = 0$ 可得:

$$\gamma_0 M_d \leqslant M_u = f_{cd}bx\left(h_0 - \frac{x}{2}\right) + f'_{sd}A'_s(h_0 - a'_s) \tag{1-25}$$

或对受压钢筋合力作用点取矩,即 $\sum M'_s = 0$ 可得:

$$\gamma_0 M_d \leqslant M_u = -f_{cd}bx\left(\frac{x}{2} - a'_s\right) + f_{sd}A_s(h_0 - a'_s) \tag{1-26}$$

式中 f'_{sd}——受压区钢筋的抗压强度设计值;

A'_s——受压区钢筋的截面面积;

a'_s——受压区钢筋合力点至截面受压边缘的距离；

其他符号含义同前。

2. 适用条件

(1)为了避免出现超筋梁的情况，保证梁的破坏始至受拉钢筋的屈服止，应满足：

$$x \leqslant \xi_b h_0 \tag{1-27}$$

(2)为了保证受压钢筋 A'_s 在截面破坏时达到抗压强度设计值 f'_{sd}，应满足：

$$x \geqslant 2a'_s \tag{1-28}$$

在实际设计当中，若求得 $x < 2a'_s$，则表明受压钢筋 A'_s 达不到其抗压强度设计值。可取 $x = 2a'_s$，即假设混凝土压应力合力作用点与受压区钢筋以合力作用点重合，对受压钢筋合力作用点取矩，可得到正截面抗弯承载力的近似表达式为：

$$\gamma_0 M_d \leqslant M_u = f_{sd} A_s (h_0 - a'_s) \tag{1-29}$$

友情提示

在双筋截面的情况下，双筋截面的配筋率 ρ 一般均大于 ρ_{min}，所以不必进行验算。

3. 工程应用

1)截面设计

为了方便计算，将式(1-24)分解成两组，如图 1-44 所示。

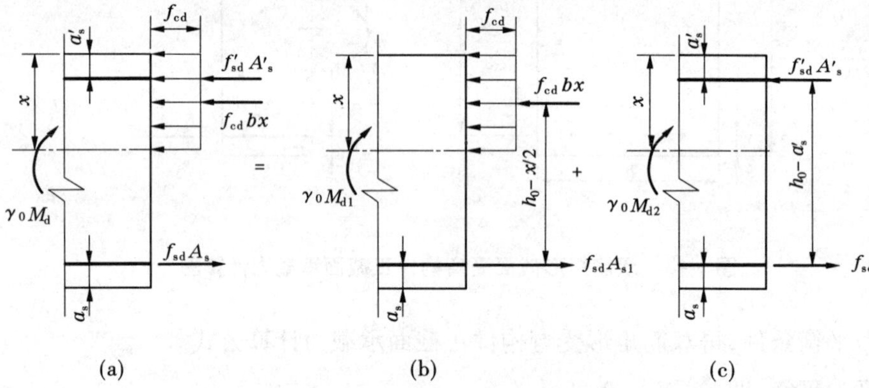

图 1-44　双筋矩形截面抗弯承载力分解为 M_{u1} 和 M_{u2}

$$f_{cd}bx = f_{sd}A_{s1} \tag{1-30}$$

$$\gamma_0 M_{d1} \leqslant M_{u1} = f_{cd}bx\left(h_0 - \frac{x}{2}\right) \tag{1-31}$$

$$f'_{sd}A'_s = f_{sd}A_{s2} \tag{1-32}$$

$$\gamma_0 M_{d2} \leqslant M_{u2} = f'_{sd}A'_s(h_0 - a'_s) \tag{1-33}$$

其中，M_{u1} 是由受压区混凝土的内力 $f_{cd}bx$ 与相当数量的部分受拉钢筋 A_{s1} 的内力 $f_{sd}A_{s1}$ 所形成的抗弯力矩；M_{u2} 由受压区钢筋 A'_s 的内力 $f'_{sd}A'_s$ 与另一部分受拉钢筋 A_{s2} 的内力 $f_{sd}A_{s2}$ 所形成的抗弯力矩。

在截面设计时可令：

$$\gamma_0 M_d \leqslant M_{u1} + M_{u2} = f_{cd}bx\left(h_0 - \frac{x}{2}\right) + f_{sd}'A_s'(h_0 - a_s') \tag{1-34}$$

双筋矩形截面受弯构件正截面设计的基本思路是：首先应充分发挥受压区混凝土和其对应的受拉钢筋 A_{s1} 的承载力(取 $x = \xi_b h_0$，按单筋设计)，无法承担的部分作用效应考虑由受压钢筋 A_s'和部分受拉钢筋 A_{s2} 来承担。

工况1(A_s 和 A_s' 均未知)：

已知弯矩组合设计值 M_d，结构重要性系数 γ_0，截面尺寸 $b \times h$，钢筋与混凝土强度等级 f_{sd}、f_{sd}'、f_{cd}，求受拉和受压钢筋截面面积 A_s、A_s'，选择钢筋规格并配置钢筋。

【应用解析】　在双筋矩形截面梁的基本式(1-24)和式(1-25)或式(1-26)中，含有 x、A_s、A_s' 三个未知量，无法确定唯一解，应增加一个补充条件。通常是按照充分利用混凝土抗压能力的设计原则，取 $x = \xi_b h_0$，则联立式(1-24)和式(1-25)即可求出 A_s 和 A_s'。具体计算步骤如下：

(1)假定 a_s、a_s'，初步选定 h_0。

(2)令 $x = \xi_b h_0$，由式(1-31)计算 $M_{u1} = f_{cd}b\xi_b h_0^2(1 - 0.5\xi_b)$。若 $\gamma_0 M_d > M_{u1}$，则应配置受压钢筋，否则采用单筋设计。

(3)令 $x = \xi_b h_0$，由式(1-30)计算 $A_{s1} = \dfrac{f_{cd}b\xi_b h_0}{f_{sd}}$。

(4)由式(1-34)计算 $M_{u2} = \gamma_0 M_d - M_{u1}$。

(5)由式(1-33)计算 $A_s' = \dfrac{M_{u2}}{f_{sd}'(h_0 - a_s')}$。

(6)由式(1-32)计算 $A_{s2} = \dfrac{f_{sd}'A_s'}{f_{sd}}$(假如 $f_{sd} = f_{sd}'$，则 $A_{s2} = A_s'$)

(7)计算 A_s，则 $A_s = A_{s1} + A_{s2}$。

(8)选配钢筋。

按上述方法设计的双筋截面，均能满足其适用条件。

工况2(已定 A_s' 求 A_s)：

已知弯矩组合设计值 M_d，结构重要性系数 γ_0，截面尺寸 $b \times h$，受压钢筋截面面积 A_s'，钢筋与混凝土强度等级 f_{sd}、f_{sd}'、f_{cd}，求受拉钢筋截面面积 A_s，选择钢筋规格并配置钢筋。

【应用解析】　在双筋矩形截面梁的基本式(1-24)和式(1-25)或式(1-26)中，含有 x、A_s 两个未知量，联立方程式即可求解。具体计算步骤如下：

(1)假定 a_s、a_s'，初步选定 h_0。

(2)由式(1-33)计算 $M_{u2} = f_{sd}'A_s'(h_0 - a_s')$。

(3)由式(1-34)计算 $M_{u1} = \gamma_0 M_d - M_{u2}$。

(4)由式(1-31)计算 $x = h_0 - \sqrt{h_0^2 - \dfrac{2M_{u1}}{f_{cd}b}}$。

(5)计算 A_s。

当 $2a'_s \leqslant x \leqslant \xi_b h_0$ 时,将 x 代入式(1-24),求得所需受拉钢筋面积:$A_s = \dfrac{f_{cd}bx + f'_{sd}A'_s}{f_{sd}}$;

当 $x < 2a'_s$ 时,说明给定的 A'_s 过多,受压钢筋未屈服,应取 $x = 2a'_s$,由式(1-29)求得所需受拉钢筋面积:$A_s = \dfrac{\gamma_0 M_d}{f_{sd}(h_0 - a'_s)}$;

当 $x > \xi_b h_0$ 时,说明给定的 A'_s 过小,属于超筋梁,应适当增加 A'_s 后再重新计算,或按 A'_s 未知的工况 1 重新求 A_s 和 A'_s。

(6)选配钢筋。

2)承载力复核

工况:已知截面尺寸 $b \times h$,钢筋截面面积 A_s 和 A'_s,钢筋与混凝土强度等级 f_{sd}、f'_{sd}、f_{cd},求截面所能承受的弯矩值 M_u(或给定的弯矩组合设计值 $\gamma_0 M_d$,判别构件控制截面是否安全承载)。

【应用解析】 其计算步骤如下:

(1)复核钢筋布置是否满足规范要求:如钢筋间距、保护层厚度等。

(2)由式(1-24)计算混凝土受压区高度 $x = \dfrac{f_{sd}A_s - f'_{sd}A'_s}{f_{cd}b}$。

(3)计算截面所能承受的弯矩值 M_u。

当 $2a'_s \leqslant x \leqslant \xi_b h_0$ 时,则由式(1-25)计算 $M_u = f_{cd}bx(h_0 - \dfrac{x}{2}) + f'_{sd}A'_s(h_0 - a'_s)$。

当 $x < 2a'_s$ 时,说明受压钢筋未屈服,则令 $x = 2a'_s$,则由式(1-29)计算 $M_u = f_{sd}A_s(h_0 - a'_s)$。

当 $x > \xi_b h_0$ 时,说明属于超筋梁,梁实际承载力应取 $x = \xi_b h_0$,由式(1-25)计算 $M_u = f_{cd}bh_0^2\xi_b(1 - 0.5\xi_b) + f'_{sd}A'_s(h_0 - a'_s)$。

(4)判别截面是否安全:若 $\gamma_0 M_d \leqslant M_u$,表明截面的承载力足够,结构安全;反之,$\gamma_0 M_d > M_u$,表明截面的承载力不足,结构不安全。应该按照"截面设计"要求重新设计。

友情提示

就矩形截面设计而言,基本资料中未明确采用单筋还是双筋设计时,应首先进行单双筋截面的判定,其判定方法如下:假定 $x = \xi_b h_0$,即充分发挥受压区混凝土的最大能力,由式(1-16)求得单筋矩形截面所能承受的最大弯矩 $M_{u,max} = f_{cd}bh_0^2\xi_b(1 - 0.5\xi_b)$,若 $\gamma_0 M_d \leqslant M_{u,max}$,则采用单筋设计;反之,若 $\gamma_0 M_d > M_{u,max}$,则采用双筋设计。

应用案例1-4

【基本资料】 矩形梁截面尺寸为250 mm×600 mm,所承受的弯矩组合设计值 M_d = 375 kN·m,桥梁结构重要性系数 $\gamma_0 = 1.0$,拟采用C25混凝土,HRB335级钢筋。试选择截面配筋。

【案例解析】

(1)确定材料强度设计值。依据HRB335级钢筋和C25混凝土分别查表1-11和表1-16得 $f_{sd} = f'_{sd} = 280$ MPa、$f_{cd} = 11.5$ MPa,查表1-24得 $\xi_b = 0.56$。

(2)确定截面有效高度。因为 M_d 较大,可假定受拉钢筋按两层布置 $a_s = 70$ mm,受压钢筋按一层布置 $a'_s = 40$ mm,则 $h_0 = h - a_s = 600 - 70 = 530$(mm)。

(3)验算是否采用双筋矩形截面。

令 $x = \xi_b h_0$,则单筋矩形截面所能承受的最大弯矩为:

$$
\begin{aligned}
M_{u,max} &= f_{cd} b h_0^2 \xi_b (1 - 0.5\xi_b) \\
&= 11.5 \times 250 \times 530^2 \times 0.56 \times (1 - 0.5 \times 0.56) \times 10^{-6} \\
&= 325.62(\text{kN} \cdot \text{m}) < \gamma_0 M_d = 1.0 \times 375 = 375(\text{kN} \cdot \text{m})
\end{aligned}
$$

所以,应按双筋截面设计。

(4)令 $x = \xi_b h_0$,计算 A_{s1}:

$$A_{s1} = \frac{f_{cd} b \xi_b h_0}{f_{sd}} = \frac{11.5 \times 250 \times 0.56 \times 530}{280} = 3\,047.5(\text{mm}^2)$$

(5)计算 M_{u2}:

$$M_{u2} = \gamma_0 M_d - M_{u1} = 375 - 325.62 = 49.38(\text{kN} \cdot \text{m})$$

(6)计算 A'_s:

$$A'_s = \frac{M_{u2}}{f'_{sd}(h_0 - a'_s)} = \frac{49.38 \times 10^6}{280 \times (530 - 40)} = 360(\text{mm}^2)$$

(7)计算 A_{s2}:

由于 $f_{sd} = f'_{sd}$,则 $A_{s2} = A'_s = 360(\text{mm}^2)$。

(8)求受拉钢筋所需钢筋截面面积 A_s:

$A_s = A_{s1} + A_{s2} = 3\,047.5 + 360 = 3\,407.5$ (mm²)

(9)选配钢筋。

由表1-25选用受压钢筋为4Φ12,A'_s = 452 mm²,$a'_s = 30 + 13.9/2 = 36.95 \approx 37$(mm)与假定一层布置 a'_s = 40 mm相近;受拉钢筋为6Φ28,A_s = 3 695 mm²,布置两层如图1-45所示,钢筋之间净距 S_n 为:$S_n = \dfrac{250 - 2 \times 30 - 3 \times 31.6}{2}$ = 47.6(mm) ≥ 30 mm且不小于 d = 31.6 mm,满足构造要求。

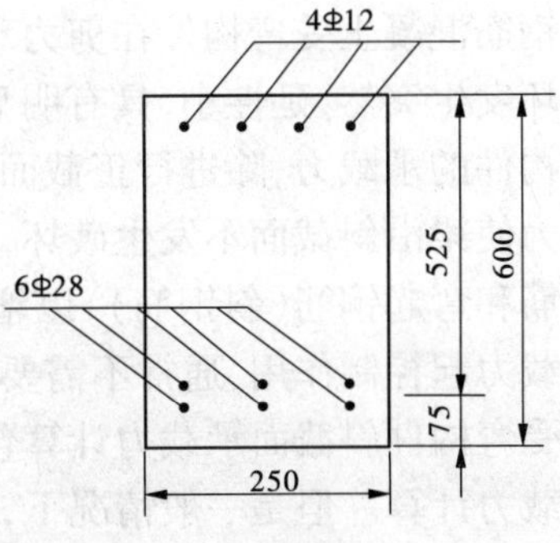

图1-45　应用案例1-4配筋图

(尺寸单位:mm)

应用案例 1-5

【基本资料】 某钢筋混凝土双筋矩形梁，截面尺寸为 250 mm×500 mm 的矩形梁，受拉钢筋选用 4Φ22，$A_s = 1\,520\ \text{mm}^2$，受压钢筋选用 3Φ12，$A'_s = 339\ \text{mm}^2$，采用 C25 混凝土，HRB335 级钢筋。求该梁所能承受的弯矩设计值 M_u。

【案例解析】

(1)确定材料强度设计值。

依据 HRB335 级钢筋和 C25 混凝土分别查表 1-11 和表 1-16 得 $f_{sd} = f'_{sd} = 280$ MPa、$f_{cd} = 11.5$ MPa，查表 1-24 得 $\xi_b = 0.56$。

(2)求混凝土受压区高度 x：

$$x = \frac{f_{sd}A_s - f'_{sd}A'_s}{f_{cd}b} = \frac{280 \times 1\,520 - 280 \times 339}{11.5 \times 250} = 115(\text{mm})$$

(3)验算适用条件。

截面的有效高度：

$$h_0 = 500 - 30 - \frac{25.1}{2} = 457(\text{mm})\ ,\ a'_s = 30 + \frac{13.9}{2} = 37(\text{mm})$$

因为：

$$2a'_s = 2 \times 37 = 74(\text{mm}) < x = 115\ \text{mm} < \xi_b h_0 = 0.56 \times 457 = 256(\text{mm})$$

所以，满足适用条件。

(4)求截面所能承受的弯矩值 M_u。

$$M_u = f_{cd}bx\left(h_0 - \frac{x}{2}\right) + f'_{sd}A'_s(h_0 - a'_s)$$

$$= 11.5 \times 250 \times 115 \times \left(457 - \frac{115}{2}\right) + 280 \times 339 \times (457 - 37)$$

$$= 172(\text{kN} \cdot \text{m})$$

1.1.4 矩形截面梁(受弯构件)斜截面承载力计算

钢筋混凝土受弯构件在剪力和弯矩共同作用的区段内，可能沿斜裂缝发生破坏。这种破坏发生突然，延性小，具有明显的脆性破坏的特性，设计时应当避免。因此，为了保证受弯构件的承载力，除进行正截面承载力计算外，还须进行斜截面承载力计算。

为使梁沿斜截面不发生破坏，除在构造上使梁具有合理的截面尺寸外，通常在梁内设置箍筋和弯起钢筋(斜钢筋)，以增强斜截面的抗剪能力。对于钢筋混凝土板，一般正截面承载力起控制作用，通常不需要设置箍筋和弯起钢筋。

受弯构件斜截面承载力计算包括两方面内容，即斜截面抗剪承载力计算与斜截面抗弯承载力计算。但是一般情况下，只需通过构造要求来保证斜截面的抗弯承载力，而不必进行验算。

1.1.4.1 受弯构件斜截面受力分析

一般把箍筋和弯起钢筋(斜钢筋)统称为梁的腹筋或剪力钢筋。把配有纵向受力钢筋和腹筋的梁称为有腹筋梁,而把仅有纵向受力钢筋而不设腹筋的梁称为无腹筋梁。

1. 影响受弯构件斜截面抗剪承载力的主要因素

试验研究表明,影响有腹筋梁斜截面抗剪承载力的主要因素有剪跨比、混凝土强度等级、纵向钢筋配筋率和箍筋强度及数量等。

1)剪跨比

剪跨比是指梁承受集中荷载作用时集中力的作用点到支点的距离 a 与梁的有效高度 h_0 之比,即 $m = \frac{a}{h_0}$。对于其他荷载情况,也可用 $m = \frac{M_d}{V_d h_0}$ 表示,并定义为广义剪跨比。剪跨比的数值,实际上反映了该截面的弯矩和剪力的数值比例关系。试验表明,当混凝土强度等级、截面尺寸及纵向钢筋配筋率均相同的情况下,剪跨比越大,抗剪能力越小,当剪跨比 $m > 3$ 时,抗剪能力基本上不再变化。

2)混凝土强度等级

混凝土强度等级越高,梁的抗剪承载力越高,且呈抛物线变化。混凝土强度等级较低时,其抗剪承载力增长较快。

3)纵向钢筋配筋率

纵向钢筋可以制约斜裂缝的开展,阻止中性轴上升,增大剪压区混凝土的抗剪承载力。与斜裂缝相交的纵向钢筋本身也能起到"销栓作用",直接承受一部分剪力,因此纵向钢筋的配筋率越大,梁的抗剪承载力越大。

4)箍筋强度及数量

有腹筋梁出现斜裂缝后,适当数量和强度的箍筋不仅直接承受相当部分的剪力,而且能有效抑制斜裂缝的开展和延伸,对提高剪压区混凝土的抗剪承载力有着重要的作用。

构件中箍筋数量一般用配箍率 ρ_{sv} 表示,它反映了梁沿纵向单位水平截面含有的箍筋截面面积,如图 1-46 所示。

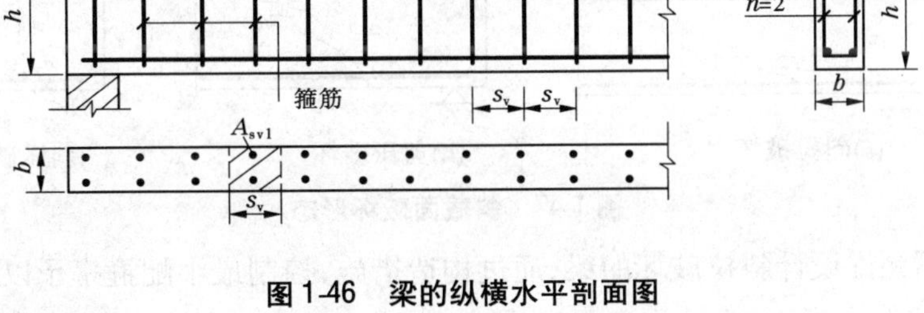

图 1-46 梁的纵横水平剖面图

配箍率计算公式为:

$$\rho_{sv} = \frac{A_{sv}}{s_v b} \tag{1-35}$$

式中 ρ_{sv} ——配箍率;

A_{sv} ——斜截面内配置在同一截面的箍筋各肢的总截面面积;

b ——梁的腹板宽度;

s_v ——箍筋的间距。

知识拓展

当腹筋用量$\rho_{sv}f_{sv}$在一定的范围内时，梁的抗剪能力与腹筋用量$\rho_{sv}f_{sv}$之间的关系接近于直线变化。弯起钢筋与主拉应力方向平行，弯起钢筋的强度高、数量多，抵抗主拉应力的效果就较好。不过，箍筋抗剪作用比弯起钢筋好，主要原因为：

(1)弯起钢筋的承载范围较大，对约束斜裂缝的作用较差。

(2)弯起钢筋在混凝土的剪压区不如箍筋能套牢混凝土而提高抗剪强度。

(3)弯起钢筋会使弯起点处的混凝土压碎，或产生水平撕裂裂缝，而箍筋能箍紧纵筋，防止撕裂。

(4)弯起钢筋连接受压区与梁腹共同作用效果不如箍筋好。

2.斜截面破坏形态

梁沿斜截面剪切破坏的形态与其所承受的荷载形式（集中荷载或均布荷载）、加荷方式（直接加荷或间接加荷）、剪跨比（集中荷载）或跨高比（均布荷载）以及腹筋的用量和强度等因素有关，主要的破坏形态有斜拉破坏、剪压破坏和斜压破坏等三种。

1)斜拉破坏

一般发生在剪跨比较大（集中荷载$m>3$）或跨高比较大（均布荷载$\frac{l}{h_0}>10$）的无腹筋梁或腹筋用量过少的有腹筋梁中。

破坏特征是斜裂缝一经出现，很快就形成一条临界斜裂缝，并迅速向受压边缘发展，直至将整个截面裂通，使构件斜向拉裂为两部分，如图1-47(a)所示。破坏面整齐而无压碎痕迹，同时沿纵向钢筋往往伴随产生水平撕裂裂缝。破坏过程快速而突然，变形很小，无明显预兆，具有很大脆性和危险性。有腹筋梁配置了少量箍筋，与少筋梁的正截面破坏相似。

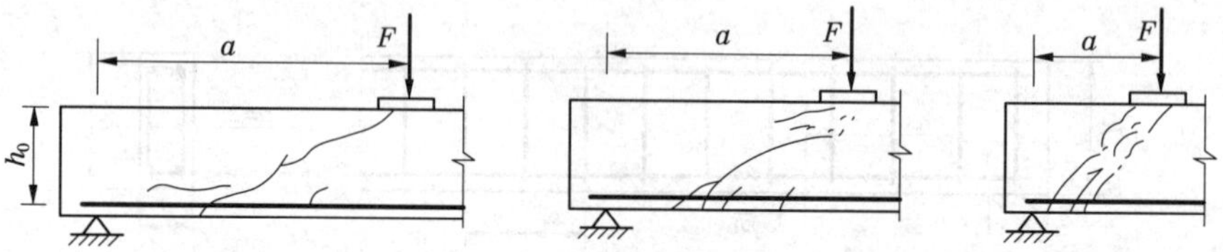

(a)斜拉破坏　(b)剪压破坏　(c)斜压破坏

图1-47　斜截面破坏形态

工程中不允许设计斜拉破坏的梁，通过构造措施，控制最小配箍率予以防止。

2)剪压破坏

一般发生在剪跨比或跨高比适中（集中荷载$1<m\leqslant 3$，均布荷载$3<\frac{l}{h_0}\leqslant 10$）腹筋配置数量亦适中的梁中。

破坏特征是加荷后在梁的弯剪段内先出现若干条弯剪斜裂缝，随荷载增大，其中将出现一条延伸较长、开展较宽的主要斜裂缝，称为临界斜裂缝。随着荷载继续增大，临界斜裂缝将不断向集中荷载作用点处延伸，使斜裂缝上端混凝土的剪压面不断减小，最后剪压面在正应力和剪应力共同作用下，混凝土达到复合受力极限强度而破坏，故称为剪压破坏,如图1-47(b)。

剪压破坏时,斜截面抗剪承载力比斜拉破坏要高。虽然剪压破坏和斜拉破坏均属脆性破坏,但剪压破坏过程缓慢,脆性程度有所缓和。

剪压破坏是斜截面剪切破坏中最常见的一种破坏形态。斜截面抗剪承载力计算也主要是针对剪压破坏,并通过计算确定腹筋的用量。

3)斜压破坏

一般发生在剪跨比或跨高比较小(集中荷载 $m \leqslant 1$,均布荷载 $\frac{l}{h_0} \leqslant 3$),或剪跨比虽较适中但腹筋数量过多,以及T形或工字形截面梁的腹板宽度较小时,将发生斜压破坏。

破坏特征是在荷载作用点与支座之间,即梁的腹部首先出现一系列大体上相互平行的斜裂缝,这些斜裂缝将梁腹分割为若干根斜向的受压杆件。最后由于主压应力过大,超过了混凝土的抗压强度,使梁犹如一个斜向短柱沿斜向压坏,故称为斜压破坏,如图1-47(c)。斜压破坏也属脆性破坏。由于箍筋用量过多而未能达到屈服强度,类似于梁正截面的超筋破坏。

斜压破坏时,斜截面抗剪承载力主要取决于构件截面尺寸和混凝土抗压强度。

工程中不允许设计斜压破坏的梁,通过构造措施,控制最大配箍率,或控制构件最小截面尺寸予以防止。

除上述三种主要破坏形态外,有时还可能发生局部挤压和纵向钢筋锚固等破坏。

1.1.4.2　受弯构件斜截面抗剪承载力计算

1.计算公式

图1-48为斜截面发生剪压破坏时的受力情况。此时,斜截面上的剪力,由裂缝顶端剪压区混凝土以及与斜裂缝相交的箍筋和弯起钢筋三者共同承担,故梁的斜截面抗剪承载力计算公式为:

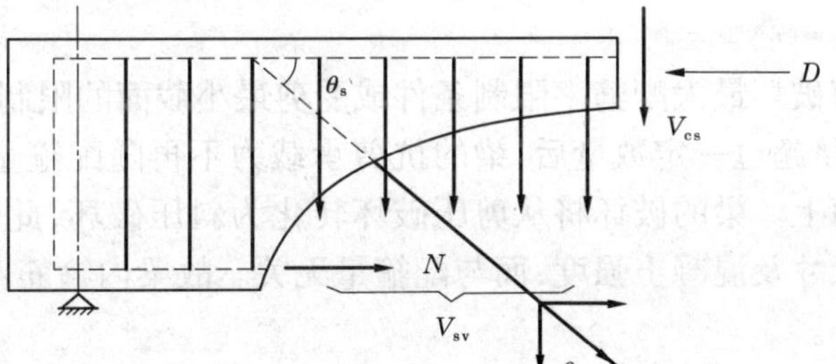

图1-48　斜截面抗剪承载力计算示意图

$$\gamma_0 V_d \leqslant V_u = V_{cs} + V_{sb} \tag{1-36}$$

$$V_{cs} = \alpha_1 \alpha_2 \alpha_3 \times 0.45 \times 10^{-3} b h_0 \sqrt{(2 + 0.6P)\ \sqrt{f_{cu,k}} \rho_{sv} f_{sv}} \tag{1-37}$$

$$V_{sb} = 0.75 \times 10^{-3} f_{sd} \sum A_{sb} \sin\theta_s \tag{1-38}$$

式中　V_d——斜截面受压端上由作用(或荷载)效应所产生的最大剪力组合设计值,kN;

V_{cs}——斜截面内混凝土和箍筋共同的抗剪承载力设计值,kN;

V_{sb}——与斜截面相交的普通弯起钢筋抗剪承载力设计值,kN;

α_1——异号弯矩影响系数,计算简支梁和连续梁近边支点梁段的抗剪承载力时,$\alpha_1=1.0$,计算连续梁和悬臂梁近中间支点梁段的抗剪承载力时,$\alpha_1=0.9$;

α_2——预应力提高系数,对钢筋混凝土受弯构件,$\alpha_2=1.0$;

α_3——受压翼缘的影响系数,对具有受压翼缘的截面,取 $\alpha_3=1.1$;

b——斜截面受压端正截面处,矩形截面宽度,mm,或T形和工字形截面腹板宽度,mm;

h_0——斜截面受压端正截面的有效高度,自纵向受拉钢筋合力点至受压边缘的距离,mm;

P——斜截面内纵向受拉钢筋的配筋百分率,$P=100\rho$,$\rho=\dfrac{A_s}{bh_0}$,当 $P>2.5$ 时,取 $P=2.5$;

$f_{cu,k}$——边长为150 mm的混凝土立方体抗压强度标准值,MPa,即为混凝土强度等级;

ρ_{sv}——斜截面内箍筋配筋率,$\rho_{sv}=\dfrac{A_{sv}}{s_v b}$;

f_{sv}——箍筋抗拉强度设计值;

A_{sv}——斜截面内配置在同一截面的箍筋各肢总截面面积,mm^2;

s_v——斜截面内箍筋的间距,mm;

A_{sb}——斜截面内在同一弯起平面的普通弯起钢筋截面面积,mm^2;

θ_s——普通弯起钢筋的切线与水平线的夹角。

2.适用条件

为了保证受弯构件斜截面破坏是剪压破坏,式(1-36)必须满足以下条件。

1)上限值

上限值即为受剪破坏最大配箍率限制条件或受剪最小截面的限制条件。

试验表明,配箍量超过一定数量后,梁的抗剪承载力不再随配箍量的增加而提高,基本上保持在一定数值上。梁的破坏将从剪压破坏转化为斜压破坏,此时斜截面抗剪承载力主要取决于截面尺寸及混凝土强度,而与配箍量无关。故梁内箍筋不应配置过多,或梁的截面尺寸不能过小。

因此,为了防止发生斜压破坏和限制使用阶段斜裂缝宽度,控制最大配箍率,矩形、T形和工字形截面的受弯构件,其抗剪截面应符合下列要求:

$$\gamma_0 V_d \leqslant 0.51\times10^{-3}\sqrt{f_{cu,k}}\,bh_0 \tag{1-39}$$

式中 V_d——验算截面处由作用(荷载)产生的剪力组合设计值,kN;

b——相应于剪力组合设计值处的矩形截面宽度,mm,或T形和工字形截面腹板宽度,mm;

h_0——相应于剪力组合设计值处的截面有效高度,mm。

对变高度(承托)连续梁,除验算近边支点梁段的截面尺寸外,尚应验算截面急剧变化处的截面尺寸。

若不能满足式(1-39),应考虑加大截面尺寸或提高混凝土强度等级。

2)下限值

下限值即为最小配箍率条件。试验表明,若箍筋用量过少或箍筋间距太大,当临界斜裂缝一出现,可能使箍筋应力立即达到屈服,不能限制斜裂缝急剧开展,从而导致斜拉破坏,箍筋亦不能起到提高抗剪承载力的作用,梁的受力情况与无腹筋梁相近。

因此,为了防止发生斜拉破坏,梁内箍筋的配箍率不得小于最小配箍率,最小配箍率对 HPB235、HPB300 钢筋不应小于0.18%,对 HRB335 钢筋不应小于0.12%,且箍筋间距不能过大。

矩形、T 形和工字形截面的受弯构件,当符合下列条件时

$$\gamma_0 V_{\mathrm{d}} \leqslant 0.50 \times 10^{-3} \alpha_2 f_{\mathrm{td}} b h_0 \tag{1-40}$$

可不进行斜截面抗剪承载力的验算,仅需满足构造要求配置箍筋。

对于板式受弯构件,式(1-40)右边计算值可乘以1.25提高系数。

友情提示

式(1-36)~式(1-40)已经考虑过各符号的计量单位,使用时,必须按规定的单位代入数值进行计算。

3. 斜截面抗剪承载力工程应用

在实际工程应用中,涉及斜截面抗剪承载力计算方面主要包括抗剪钢筋设计和斜截面抗剪承载力复核两类问题。

1)抗剪钢筋设计

工况:构件截面形式及截面尺寸、计算跨径 l、混凝土强度等级、纵向受拉钢筋和箍筋种类及直径、跨中纵向受拉钢筋数量和布置情况、跨中、支点和 $1/4l$ 截面弯矩和剪力组合设计值($M_{\mathrm{d}}^{l/2}=\gamma_0 M_{\mathrm{d},l/2}$、$V_{\mathrm{d}}^{l/2}=\gamma_0 V_{\mathrm{d},l/2}$、$M_{\mathrm{d}}^{0}=\gamma_0 M_{\mathrm{d},0}$、$V_{\mathrm{d}}^{0}=\gamma_0 V_{\mathrm{d},0}$)、桥梁所处环境条件、桥梁安全等级 γ_0 等。

【应用解析】

(1)初步绘制剪力设计值包络图。如图1-49所示,绘制上底为 V_{d}^{0}、下底为 $V_{\mathrm{d}}^{l/2}$、高为 $l/2$ 的直角梯形。用作抗剪配筋设计的最大剪力组合设计值取距离支点 $h/2$ 处的剪力设计值 V'_{d},V'_{d} 应按不少于60%由混凝土和箍筋共同承担,不超过40%由弯起钢筋承担,并且用水平线将剪力设计值包络图分割为两部分。

(2)验算截面尺寸。由式(1-39)检查支点和跨中截面尺寸是否满足设计要求(式中 h_0 为支点或跨中截面的有效高度)。若不能满足,应加大截面尺寸或提高混凝土强度等级,并重新进行正截面抗弯承载力设计。

(3)箍筋设计。

①验算是否需要计算箍筋间距。

由式(1-40)分别验算跨中和支点截面是否满足要求。若支点截面满足要求,则整片梁只需根据构造要求配置箍筋;若支点、跨中截面均不满足要求,则整片梁都需要计算箍筋间

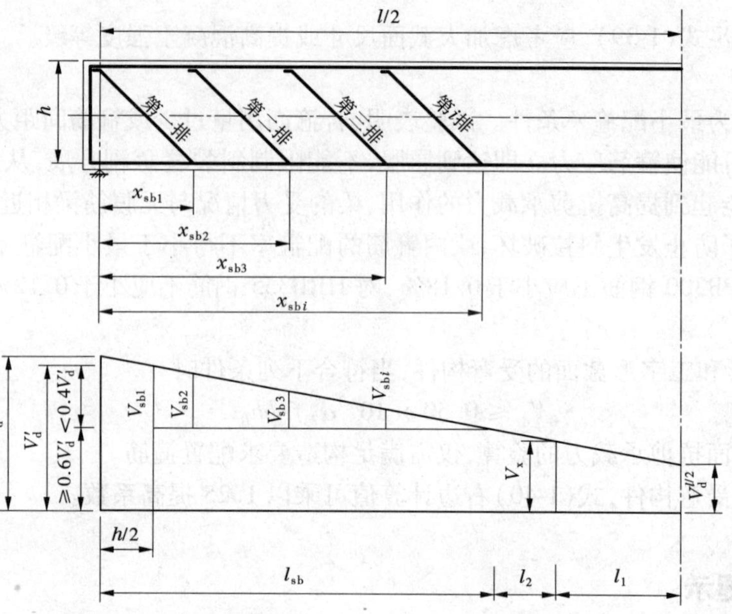

图1-49　剪力设计值包络图

距;若只有跨中满足要求,则靠近支点截面 $l/2 - l_1$ 区段梁需要计算箍筋间距,其长度 l_1 为:

$$V_x = 0.50 \times 10^{-3} \alpha_2 f_{td} b h_0$$

式中　h_0 ——跨中截面的有效高度,mm。

$$l_1 = \frac{l}{2} \frac{V_x - V_d^{l/2}}{V_d^0 - V_d^{l/2}} \tag{1-41}$$

②计算箍筋间距。

$$s_v = \frac{\alpha_1^2 \alpha_3^2 \times 0.2 \times 10^{-6} (2 + 0.6P) \sqrt{f_{cu,k}} A_{sv} f_{sv} b h_0^2}{(\xi \gamma_0 V'_d)^2} \tag{1-42}$$

式中　ξ ——用于抗剪配筋设计的最大剪力设计值分配于混凝土和箍筋共同承担的分配系数,取 $\xi \geqslant 0.6$;

h_0 ——用于抗剪配筋设计的最大剪力截面的有效高度,mm;

b ——用于抗剪配筋设计的最大剪力截面的梁腹宽度,mm,当梁的腹板厚度有变化时,取设计梁段最小腹板厚度;

A_{sv} ——配置在同一截面内箍筋总截面面积,mm^2;

其他符号同式(1-37)。

在等截面钢筋混凝土简支梁中,箍筋尽量等距离布置。为了计算简便,式中的 P 和 h_0 可近似取支点截面和跨中截面的平均值,且计算结果应满足构造要求。

(4)初步设计弯起钢筋。

对弯起钢筋间的位置关系有以下规定:

①靠近支点的第一排弯起钢筋顶部的弯折点,应位于支座中心截面处;

②以后各排(跨中方向)弯起钢筋的梁顶部弯折点,应落在前一排(支点方向)弯起钢筋的梁底部弯折点处或弯折点以内。

同时,规定计算各排弯起钢筋时,剪力设计值的取值有以下规定:

①计算第一排弯起钢筋 A_{sb1} 时,取用距支点中心 $h/2$ 处由弯起钢筋承担的那部分剪力 V_{sb1};

②计算第一排弯起钢筋以后的每一排弯起钢筋 A_{sb2}, …, A_{sbi} 时,取用前一排弯起钢筋下面弯起点处由弯起钢筋承担的那部分剪力 V_{sb2}, …, V_{sbi}。

每排弯起钢筋的截面面积按下列公式计算:

$$A_{sb}=\frac{\gamma_0 V_{sb}}{0.75\times10^{-3}f_{sd}\sin\theta_s} \tag{1-43}$$

每排弯起钢筋承担的剪力 V_{sb} 由三角形相似的原理计算。

友情提示

(1)每排弯起钢筋的面积 A'_{sb} 应不小于计算的 A_{sb}。

(2)所有弯起钢筋的投影长度之和 $\sum x_{sbi}$ 应大于 l_{sb},如果弯起钢筋数量不足,则应补充斜钢筋;如果弯起钢筋数量有剩余,则可以弯起也可以截断,截断钢筋应该从计算截断点延长最小锚固长度(详见表1-20)。

2)斜截面抗剪承载力复核

受弯构件的纵筋和箍筋满足以下条件时,可以不进行斜截面抗弯承载力计算。

(1)充分利用钢筋强度条件下,符合最小锚固长度规范规定。

(2)纵向受拉钢筋需要在受拉区截断时应符合规范要求。

(3)钢筋混凝土梁中箍筋符合构造要求,且不小于规范规定的最小配箍率。

1.1.5 全梁承载力校核

全梁承载力校核的目的是使所设计的钢筋混凝土受弯构件沿长度任一截面都要保证在最不利荷载作用下,不会出现正截面和斜截面承载力破坏。

1.1.5.1 绘制设计弯矩图

设计弯矩图是沿梁长度各截面上弯矩组合设计值 M_d 的分布图,其纵坐标表示该截面上作用的最大设计弯矩。在均布荷载作用下,简支梁的设计弯矩图一般可近似为一条二次抛物线,若以梁跨中截面处为横坐标原点,则简支梁各截面设计弯矩可由下式计算:

$$M_d^x = M_d^{l/2}\left(1-\frac{4x^2}{l^2}\right) \tag{1-44}$$

式中 M_d^x——距跨中截面为 x 处截面上的弯矩组合设计值;

$M_d^{l/2}$——跨中截面处的弯矩组合设计值;

l——简支梁的计算跨径。

1.1.5.2　**抵抗弯矩图**

抵抗弯矩图(又称材料图)就是沿梁长各个正截面按实际配置的纵向受拉钢筋截面面积能产生的抵抗弯矩图形,即表示各正截面所具有的抗弯承载力。

如图1-50所示,某简支梁配有四对受拉钢筋,其中①、②钢筋弯起,③、④钢筋通过支座中心,在距离梁端一个保护层厚度处弯折并与架立钢筋连接。1、2分别是②、①弯起钢筋起弯点;1′、2′分别是②、①弯起钢筋与梁中轴线的交点。M_{u1}是该梁受拉区有③、④钢筋时的正截面抗弯承载力;M_{u2}是该梁受拉区有②、③、④钢筋时的正截面抗弯承载力;M_{u3}是该梁受拉区有①、②、③、④钢筋时的正截面抗弯承载力。i点代表①、②、③、④在该截面都是充分利用的,为了方便起见,通常指i点是①钢筋的充分利用点,同时该图中设计弯矩图和弯矩包络图在i点处重合,即$M_{u3} = M_d^{l/2}$;j点代表按计算不需要①钢筋,②、③、④强度充分利用,即j点是①钢筋的不需要点,是②钢筋的充分利用点;同理k点是②钢筋的不需要点,是③的充分利用点。

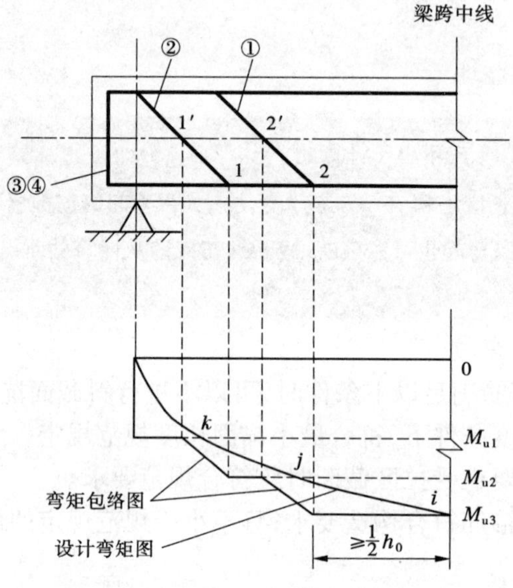

图1-50　简支梁设计弯矩图和抵抗弯矩图

抵抗弯矩图必须包住设计弯矩图,在极限情况下,只能与设计弯矩图相交于一点,不能切入设计弯矩图内。

绘制抵抗弯矩图应选择合适的钢筋布置方案,正确确定纵筋的弯起和截断位置,使它们能够满足正截面和斜截面承载力要求,同时考虑施工的方便和经济。

1.1.5.3　**受弯构件抗弯承载力校核**

受弯构件应同时满足正截面、斜截面的抗弯承载力以及斜截面抗剪承载力,而且它们间有内在关系。斜截面抗剪承载力设计计算时满足规范要求即可,而对纵向钢筋弯起或截断后的斜截面抗弯承载力和正截面抗弯承载力除可以用图解法校核全梁外,同时应满足构造要求,弯起钢筋应符合以下要求:

受拉区弯起钢筋的弯起点,应设在按正截面抗弯承载力计算充分利用该钢筋强度的

截面以外不小于 $h_0/2$ 处,如图1-50所示;弯起钢筋可在按正截面抗弯承载力计算不需要该钢筋截面面积之前弯起,但弯起钢筋与梁中心线的交点应位于按计算不需要该钢筋的截面之外,如在图1-50中2′应位于 j 点左侧。

1.1.5.4　复核斜截面抗剪承载力

对已设计好的受弯构件进行斜截面抗剪承载力复核,通常选择在几个控制截面处进行,这些截面通常是构件的薄弱环节,或是应力剧变的截面,或是易于产生斜裂缝的地方。

1. 复核斜截面位置

简支梁应该复核的斜截面有:

(1)距支座中心 $h/2$ 处截面(见图1-51截面1—1)。

(2)受拉区弯起钢筋弯起点处截面(见图1-51截面2—2、3—3)。

(3)锚固于受拉区的纵向钢筋开始不受力处的截面(见图1-51截面4—4)。

(4)箍筋数量或间距改变处的截面(见图1-51截面5—5)。

(5)构件腹板宽度变化处的截面。

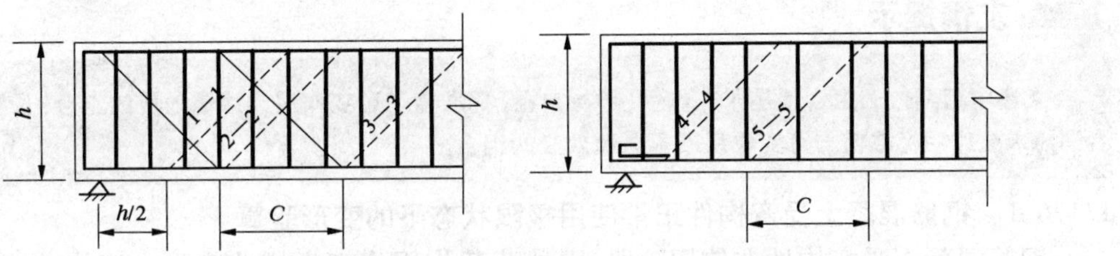

图1-51　斜截面抗剪承载力的复核截面位置示意图

2. 确定斜截面顶端位置

进行斜截面承载力验算时,斜截面水平投影长度 C 应按下式计算:

$$C = 0.6mh_0 \tag{1-45}$$

式中　m ——斜截面受压端正截面处的广义剪跨比,$m = \dfrac{M_d}{V_d h_0}$,当 $m > 3.0$ 时取 $m = 3.0$;

M_d ——相应于最大剪力组合设计值的弯矩组合设计值。

为了简化计算可近似取 C 值为 h_0(h_0 可采用跨中截面和支点截面的平均值)。

1.1.6　矩形截面梁(受弯构件)变形、裂缝及应力验算

钢筋混凝土受弯构件除按承载能力极限状态计算,以满足结构安全的要求外,还应按正常使用极限状态的要求,对构件进行变形和裂缝宽度验算以及施工阶段混凝土和钢筋的应力计算,以防由于构件变形过大或裂缝过宽而影响构件的适用性、耐久性等要求或导致构件不能正常使用。

公路桥规规定:钢筋混凝土构件必须进行使用阶段的变形和最大裂缝宽度验算,除此之外,还应进行受弯构件在施工阶段混凝土和钢筋应力验算。

与承载能力极限状态计算相比,钢筋混凝土受弯构件在使用阶段的计算有如下特点:

(1)承载能力极限状态是取构件破坏阶段,即取图1-38所示 Ⅲ$_a$ 状态为计算图式基础;而正常使用阶段一般取图1-38所示的第Ⅱ阶段,即带裂缝工作阶段。

(2)在钢筋混凝土受弯构件的设计中,其承载力计算决定了构件设计尺寸、材料、配筋数量及钢筋布置,以保证截面承载能力大于最不利作用效应组合值,计算内容分为截面设计和截面复核两部分。正常使用阶段计算是按照构件使用条件对已设计的构件进行计算,以保证在正常使用状态下的裂缝宽度和变形小于规范规定的各项限值,这种计算称为“验算”。当构件验算不满足要求时,必须对已按承载能力极限状态要求设计的构件进行修正、调整,直至满足两种极限状态的设计要求。

(3)承载能力极限状态计算时,汽车荷载应计入冲击系数,作用(或荷载)效应及结构构件的抗力均应采用考虑了分项系数的设计值;在多种作用(或荷载)效应情况下,应将各效应设计值进行最不利组合,并根据参与组合的作用(或荷载)效应情况,取用不同的效应组合系数。

正常使用极限状态计算时,作用(或荷载)效应应取用短期效应和长期效应的一种或两种组合,并且公路桥规明确规定此时汽车荷载可不计冲击系数。

友情提示

上述中短期效应组合就是永久作用(结构自重)标准值与可变作用频遇值效应的组合;长期效应组合则为永久作用标准值与可变作用准永久值效应的组合。

1.1.6.1 钢筋混凝土受弯构件正常使用极限状态下的变形验算

钢筋混凝土受弯构件在使用阶段,因外荷载作用将产生挠曲变形。当挠曲变形过大时,会影响结构的正常使用。例如,桥面铺装变形过大时,将会引起车辆的颠簸和冲击,行车舒适性较差;又如桥梁上部结构的挠度过大时,两端的转角亦较大,车辆通过时不仅有冲击作用,还会破坏伸缩装置处的桥面,影响结构的耐久性。因此,将受弯构件的变形计算列为持久状况正常使用极限状态的一项主要内容,以保证构件具有足够的刚度,并将其变形控制在容许范围内。

1. 抗弯刚度

钢筋混凝土梁在外荷载作用下产生挠曲变形,纯弯段各截面将绕中性轴转动一个角度 φ,但截面仍保持平面如图 1-52 所示。

按材料力学得到挠度曲线的曲率为:

$$\varphi = \frac{1}{\rho} = \frac{d^2y}{dx^2} = \frac{M}{B}$$

挠度计算公式为:

$$y = \omega = \alpha \frac{Ml^2}{B}$$

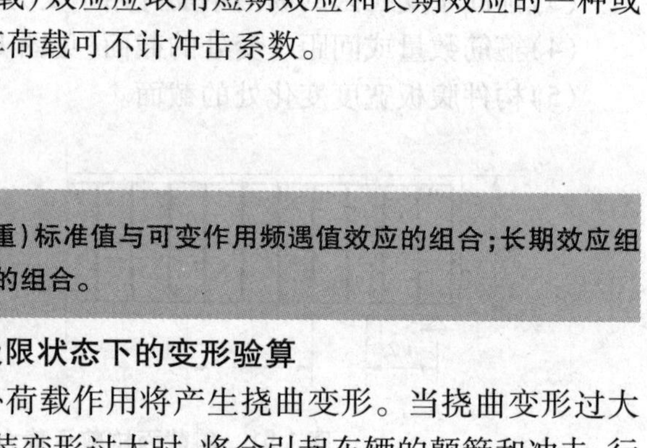

图 1-52 平截面假定示意图

友情提示

简支梁在均布荷载作用下：$\alpha = \frac{5}{48}$，$M = \frac{1}{8}ql^2$，$\omega = \frac{5ql^4}{384B}$；

简支梁在跨中集中力作用下：$\alpha = \frac{1}{12}$，$M = \frac{pl}{4}$，$\omega = \frac{pl^3}{48B}$。

式中，B 称为梁的抗弯刚度，表征截面抵抗弯曲变形的能力；对于匀质梁，$B = EI$（截面和材料确定后，截面刚度就是常数）。α 为与荷载形状有关的荷载效应系数。

钢筋混凝土受弯构件是一种非均质的弹塑性体，受力后除产生弹性变形外，还产生塑性变形。所以，抗弯刚度不能直接采用匀质弹性梁的抗弯刚度 EI，而是常用下式来表示：

$$B = \frac{B_0}{\left(\frac{M_{cr}}{M_s}\right)^2 + \left[1 - \left(\frac{M_{cr}}{M_s}\right)^2\right]\frac{B_0}{B_{cr}}} \tag{1-46}$$

式中　B ——开裂构件等效截面的抗弯刚度；

B_0 ——全截面的抗弯刚度，$B_0 = 0.95E_cI_0$；

B_{cr} ——开裂截面的抗弯刚度，$B_{cr} = E_cI_{cr}$；

E_c ——混凝土的弹性模量；

I_0 ——全截面换算截面惯性矩；

I_{cr} ——开裂截面的换算截面惯性矩；

M_s ——按短期效应组合计算的弯矩值；

M_{cr} ——开裂弯矩，$M_{cr} = \gamma f_{tk} W_0$；

f_{tk} ——混凝土轴心抗拉强度标准值；

γ ——构件受拉区混凝土塑性影响系数，$\gamma = \frac{2S_0}{W_0}$；

S_0 ——全截面换算截面重心轴以上（或以下）部分面积对重心轴的面积矩；

W_0 ——全截面换算截面抗裂验算边缘的弹性抵抗矩。

2. 挠度计算

钢筋混凝土受弯构件各个截面所承受的弯矩和配筋各不相同，所以刚度沿梁全长变化，如果严格按照变刚度进行梁的挠度计算，将使得计算工作很复杂，为简化计算，可偏于安全地认为在弯矩符号相同的区段内刚度是相等的，计算时取区段内弯矩最大处的刚度，这一计算原则称为"最小刚度原则"，对于连续梁的挠度也适用。

公路桥规规定，当计算跨度内的支座截面刚度不大于跨中截面刚度的 2 倍或不小于跨中截面刚度的 1/2 时，该跨也可按等刚度构件进行计算，其构件刚度可取跨中最大弯矩截面刚度。

在荷载长期效应组合下，构件挠度会因受压混凝土的徐变而增大，因此受弯构件在使用阶段的挠度应考虑作用（或荷载）长期效应的影响，即按作用（或荷载）短期效应组合和给定的刚度计算的挠度值，再乘以挠度长期增长系数 η_θ。

挠度长期增长系数 η_θ 取用规定：当采用 C40 以下混凝土时，$\eta_\theta = 1.60$；当采用

C40 ~ C80 混凝土时，$\eta_\theta = 1.45 \sim 1.35$；中间强度等级可按直线内插取用。

公路桥规规定，钢筋混凝土受弯构件按上述计算的长期挠度值，在消除结构自重产生的长期挠度后不应超过以下规定的限值：

(1)梁式桥主梁的最大挠度处：$l/600$，其中 l 为受弯构件的计算跨径。

(2)梁式桥主梁的悬臂端：$l_1/300$，其中 l_1 为悬臂长度。

3. 预拱度设置

钢筋混凝土受弯构件，在荷载作用下的变形(挠度)主要由两部分组成，一是由长期效应产生的挠度，二是由短期效应产生的挠度。而长期效应产生的挠度，主要是长期荷载作用下产生的变形，可通过施工时设置预拱度予以消除；短期效应产生的挠度，则需要通过验算来分析是否符合要求。

钢筋混凝土受弯构件的预拱度可按下列规定设置：

(1)当由荷载短期效应组合并考虑荷载长期效应影响产生的长期挠度不超过计算跨径的 1/1 600 时，可不设预拱度。

(2)当不符合上述规定时应设预拱度，且其值应按结构自重和 1/2 可变荷载频遇值计算的长期挠度值之和采用。

钢筋混凝土受弯构件预拱度值按结构自重和 1/2 可变荷载频遇值计算的长期挠度值之和采用，即

$$\Delta = \omega_G + \frac{1}{2}\omega_Q \tag{1-47}$$

式中 Δ ——预拱度值；

ω_G ——结构重力产生的长期竖向挠度；

ω_Q ——可变荷载频遇值产生的长期竖向挠度。

预拱设置时，应按最大的预拱值沿顺桥向做成平顺的曲线。

1.1.6.2 钢筋混凝土受弯构件裂缝验算

钢筋混凝土受力构件出现裂缝是不可避免的，因为混凝土的抗拉强度很低，在不大的拉应力作用下就可能出现裂缝。从构件的耐久性、外观以及避免引起使用者心理上的不安等方面出发，应对构件的裂缝宽度加以限制并进行相应的验算。

1. 裂缝类型

钢筋混凝土结构的裂缝按产生的原因可分为以下三种类型：

(1)由作用效应引起的裂缝。常见的作用效应有弯矩、剪力、扭矩及拉力等。

(2)由外加变形或约束变形引起的裂缝。外加变形一般有地基的不均匀沉降、混凝土的收缩及温差等。通常约束变形越大，裂缝宽度也越大。

(3)钢筋锈蚀裂缝。由于保护层混凝土碳化或冬季施工中掺氯盐(促凝、早强剂)过多导致钢筋锈蚀。锈蚀产物的体积膨胀使外围混凝土产生相当大的拉应力，引起混凝土开裂，甚至保护层混凝土剥落。

钢筋混凝土构件使用阶段，直接作用引起的混凝土裂缝，只要不是沿混凝土表面延伸过长或裂缝的发展处于不稳定状态，均属正常(指一般构件)。

对外加变形或约束变形引起的裂缝，往往从构造上提出要求和在施工工艺上采取相

应的措施予以控制。

对于钢筋锈蚀裂缝,将影响结构的使用寿命,危害性较大,故必须防止。一般必须保证构件有足够厚度的混凝土保护层和混凝土的密实性,严格控制早凝剂的掺入量。一旦钢筋锈蚀裂缝出现,应当及时处理。

2. 裂缝宽度

第一类裂缝总是要产生,习惯上称为正常裂缝,正常裂缝通常需要进行裂缝宽度的验算。裂缝宽度是指混凝土构件裂缝的横向尺寸。影响裂缝宽度的因素很多,裂缝机制也十分复杂。

根据试验结果分析,影响裂缝宽度的主要因素有以下几个方面:

(1)受拉钢筋应力。

(2)钢筋直径。

(3)配筋率。

(4)钢筋保护层厚度。

(5)钢筋外形。

(6)直接作用性质(短期、长期、重复作用)。

(7)构件受力性质(受弯、受拉、偏心受拉等)。

公路桥规规定矩形、T形截面的钢筋混凝土构件,其最大裂缝宽度 W_{fk} 可按下式计算:

$$W_{fk} = c_1 c_2 c_3 \frac{\sigma_{ss}}{E_s}\left(\frac{c+d}{0.3+1.4\rho_{te}}\right) \tag{1-48}$$

式中 c_1 ——钢筋表面形状系数,对于光面钢筋, $c_1 = 1.4$,对于带肋钢筋,$c_1 = 1.0$;

c_2 ——长期效应影响系数, $c_2 = 1.0 + 0.5\frac{N_l}{N_s}$,其中 N_l 和 N_s 分别为按作用效应准永久组合和作用效应频遇组合计算的内力值(弯矩或轴力);

c_3 ——与构件受力性质有关的系数,当为钢筋混凝土板式受弯构件时,取 $c_3 = 1.15$,其他受弯构件,取 $c_3 = 1.0$,轴心受拉构件时,取 $c_3 = 1.2$,偏心受拉构件时,取 $c_3 = 1.1$,偏心受压构件时,取 $c_3 = 0.9$;

σ_{ss} ——对于矩形、T形和工字形截面钢筋混凝土构件,由作用效应频遇组合引起的开裂截面纵向受拉钢筋的应力,对于受弯构件: $\sigma_{ss} = \frac{M_s}{0.87A_s h_0}$($M_s$ 为按作用效应频遇组合计算的弯矩值,A_s 为受拉区纵向钢筋截面面积,mm^2);

c ——混凝土保护层厚度,mm,当 c 大于 50 mm 时,取 50 mm;

E_s ——钢筋弹性模量;

d ——纵向受拉钢筋的直径,当用不同直径钢筋时改用换算直径 d_e , $d_e = \frac{\sum n_i d_i^2}{\sum n_i d_i}$,对钢筋混凝土构件, n_i 为受拉区第 i 种普通钢筋的根数, d_i 为受拉区第 i 种普通钢筋的公称直径;

ρ_{te} ——纵向受拉钢筋的有效配筋率, $\rho_{te} = \frac{A_s}{A_{te}}$,对于钢筋混凝土构件,当 $\rho_{te} > 0.1$

时，取 $\rho_{te}=0.1$，当 $\rho_{te}<0.01$ 时，取 $\rho_{te}=0.01$；

A_{te}——有效受拉混凝土截面面积，mm^2，受弯构件取 $2a_sb$，a_s 为受拉钢筋重心至受拉区边缘的距离，对矩形截面，b 为截面宽度，对有受拉翼缘的倒 T 形、工字形截面，b 为受拉区有效翼缘宽度。

知识拓展

公路桥规规定：

（1）在正常使用极限状态下钢筋混凝土构件的裂缝宽度，应按作用效应频遇组合并考虑长期效应的影响进行验算，且不得超过规范规定的裂缝限值。

（2）钢筋混凝土构件计算的最大裂缝宽度不应超过表 1-27 规定的限值。

表 1-27　最大裂缝宽度限值

环境类别	环境等级	最大裂缝宽度限值(mm)	
		钢筋混凝土构件	B 类预应力构件
碳化环境	Ⅰ-A	0.30	0.20
	Ⅰ-B	0.20	0.15
	Ⅰ-C	0.20	0.10
冻融破坏环境	Ⅱ-C	0.20	0.10
	Ⅱ-D	0.15	—
	Ⅱ-E	0.15	—
海洋氯化物环境	Ⅲ-C	0.20	0.10
	Ⅲ-D	0.20	—
	Ⅲ-E	0.15	—
	Ⅲ-F	0.15	—
除冰盐等其他氯化物环境	Ⅳ-C	0.20	0.10
	Ⅳ-D	0.20	—
	Ⅳ-E	0.15	—
盐结晶环境	Ⅴ-E	0.15	—
	Ⅴ-F	0.15	—
化学腐蚀环境	Ⅵ-C	0.20	0.10
	Ⅵ-D	0.15	—
	Ⅵ-E	0.15	—
磨蚀环境	Ⅶ-C	0.15	0.10
	Ⅶ-D	0.20	—

注：1. 表中“—”表示不允许出现裂缝。

2. 有自防水要求的混凝土构件，其横向弯曲的表面裂缝计算宽度不应超过 0.20 mm。

1.1.6.3 钢筋混凝土受弯构件应力验算

1. 基本假定

钢筋混凝土受弯构件进行使用阶段验算时,通常取荷载—挠度曲线图上的第Ⅱ阶段(带裂缝工作阶段进行验算)。带裂缝工作阶段的主要特征是:弯曲竖向裂缝已形成并开展,中性轴以下大部分混凝土已退出工作,拉力由钢筋承受,钢筋应力 σ_s 还远小于其屈服强度,受压区混凝土的压应力图形大致呈抛物线形。而受弯构件的荷载—挠度(跨中)关系曲线是一条接近于直线的曲线。因而,第Ⅱ阶段又称为开裂后弹性阶段。

根据上述主要特征,对于第Ⅱ阶段的计算,可作如下假定:

(1)平截面假定。即假定梁在受力发生弯曲变形后,各截面仍保持为平面。

根据平截面假定,平行于梁中性轴的各纵向纤维的应变与其到中性轴的距离成正比。且由于钢筋与混凝土之间的黏结力,两者共同变形,钢筋与同一水平线的混凝土应变相等,因此由图1-53可得:

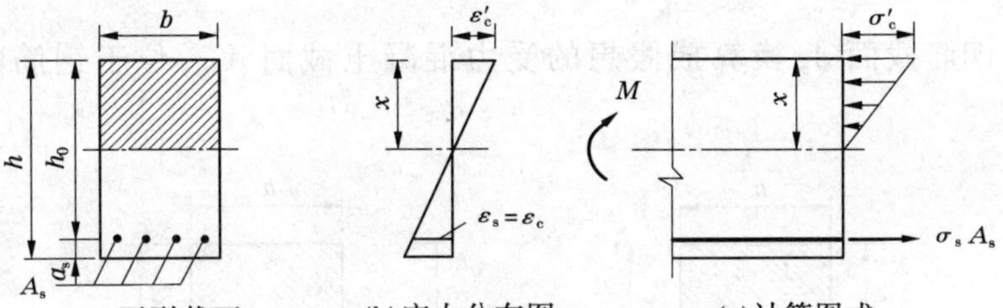

图1-53 受弯构件开裂截面

$$\frac{\varepsilon'_c}{x}=\frac{\varepsilon_c}{h_0-x} \tag{1-49}$$

$$\varepsilon_c=\varepsilon_s \tag{1-50}$$

式中 ε_c ——混凝土的受拉平均应变;

ε'_c ——混凝土的受压平均应变;

ε_s ——与混凝土受拉平均应变 ε_c 同一水平位置处的钢筋平均拉应变;

x ——受压区高度;

h_0 ——截面有效高度。

(2)弹性体假定。钢筋混凝土受弯构件在第Ⅱ工作阶段时受压区混凝土的压应力图形大致呈抛物线形,但并不丰满,可近似看作为直线分布,即受压区混凝土的应力与平均应变成正比,即

$$\sigma'_c=\varepsilon'_c E_c \tag{1-51}$$

同时,假定在受拉钢筋水平位置处混凝土的平均拉应变与应力成正比,即

$$\sigma_c=\varepsilon_c E_c \tag{1-52}$$

(3)裂缝出现后,受拉区混凝土全部退出工作,拉应力全部由钢筋承担。

根据上述三项基本假定,钢筋混凝土受弯构件在第Ⅱ工作阶段的计算图式如图1-53所示。

由式(1-50)、式(1-52)可得

$$\sigma_c = \varepsilon_c E_c = \varepsilon_s E_s$$

将 $\varepsilon_s = \sigma_s / E_s$ 代入上式,可得

$$\sigma_c = \frac{\sigma_s}{E_s} E_c = \frac{\sigma_s}{\alpha_{Es}} \tag{1-53}$$

$$\alpha_{Es} = E_s / E_c$$

式中　E_s、E_c——钢筋、混凝土的弹性模量;

α_{Es}——钢筋混凝土构件的截面换算系数,表明钢筋的拉应力 σ_s 是同一位置处混凝土拉应力 σ_c 的 α_{Es} 倍。

2. 换算截面

钢筋混凝土构件是由钢筋和混凝土两种受力性能完全不同的材料组成,无法直接按照材料力学的方法进行构件截面的应力计算,因此考虑换算截面,即将钢筋和受压区混凝土换算成一种拉压性能相同的假想材料组成的匀质截面,再借助材料力学的方法进行计算。

通常,将钢筋截面 A_s 换算成假想的受力混凝土截面 A_{sc},位于钢筋的重心处,如图1-54所示。

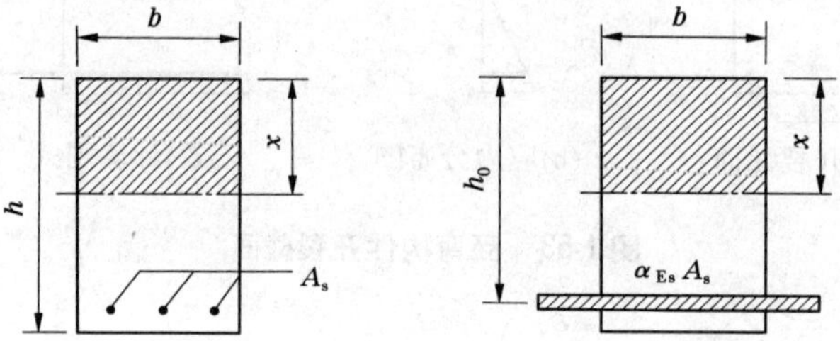

(a)原截面　　(b)换算截面

图1-54　换算截面

因假想的混凝土所承受的总拉力应该与钢筋承受的总拉力相等,故

$$A_s \sigma_s = A_{sc} \sigma_c = A_{sc} \frac{\sigma_s}{\alpha_{Es}},\ A_{sc} = \alpha_{Es} A_s \tag{1-54}$$

式中　A_{sc}——钢筋换算成混凝土的截面面积。

1)单筋矩形截面

单筋矩形截面的开裂截面换算截面的几何特性表达式如下:

(1)开裂截面换算截面面积 A_{cr}。

$$A_{cr} = bx + \alpha_{Es} A_s \tag{1-55}$$

(2)开裂截面换算截面对中性轴的静矩 S_{cr}。

受压区:

$$S_{cra} = \frac{1}{2} bx^2 \tag{1-56}$$

受拉区:

$$S_{crl} = \alpha_{Es} A_s (h_0 - x) \tag{1-57}$$

(3)开裂截面换算截面惯性矩 I_{cr}。

$$I_{cr} = \frac{bx^3}{12} + bx\left(\frac{x}{2}\right)^2 + \alpha_{Es}A_s(h_0 - x)^2 \tag{1-58}$$

(4)开裂截面换算截面抵抗矩 W_{cr}。

对混凝土受压边缘:

$$W_{cra} = \frac{I_{cr}}{x} \tag{1-59}$$

对混凝土受拉边缘:

$$W_{crl} = \frac{I_{cr}}{h_0 - x} \tag{1-60}$$

(5)受压区高度 x 。由 $W_{cra} = W_{crl}$,可得:

$$\frac{1}{2}bx^2 = \alpha_{Es}A_s(h_0 - x) \tag{1-61}$$

化简计算求得换算截面的受压区高度 x 为:

$$x = \frac{\alpha_{Es}A_s}{b}\left[\sqrt{1 + \frac{2bh_0}{\alpha_{Es}A_s}} - 1\right] \tag{1-62}$$

2)双筋矩形截面

与单筋矩形截面不同的是双筋矩形截面受压区配置了受压钢筋,因此进行截面换算时,将受拉钢筋的截面 A_s 和受压钢筋截面 A'_s 分别用假想的两个混凝土块代替,换算截面的几何特性表达式可在单筋矩形截面的基础上,计入受压钢筋换算截面 $\alpha_{Es}A'_s$ 即可。

3. 应力计算

对于钢筋混凝土梁在施工阶段,特别是梁的运输、安装过程中,梁的支承条件、受力图式会发生变化,应根据受弯构件在施工中的实际受力体系进行应力计算。例如,简支梁的吊装,吊点的位置并不在支座截面,吊点位置 a 较大时,将会在吊点截面处引起较大的负弯矩,如图 1-55 所示。

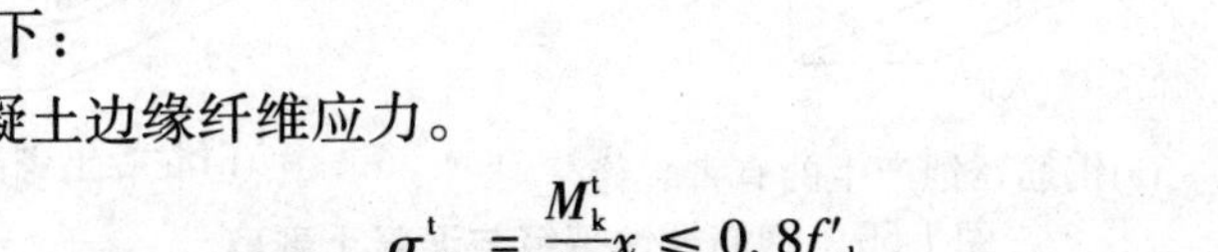

图 1-55 简支梁吊装施工

公路桥规规定,钢筋混凝土受弯构件施工阶段的应力计算按短暂荷载状况计算,正截面应力计算公式如下:

(1)受压区混凝土边缘纤维应力。

$$\sigma_{cc}^{t} = \frac{M_k^t}{I_{cr}}x \leqslant 0.8f'_{ck} \tag{1-63}$$

(2)受拉钢筋应力。

$$\sigma_{si}^{t} = \alpha_{Es}\frac{M_k^t}{I_{cr}}(h_{0i} - x) \leqslant 0.75f_{sk} \tag{1-64}$$

式中 M_k^t ——由临时的施工荷载标准值产生的弯矩值；

x ——换算截面的受压区高度，按换算截面受压区和受拉区对中性轴面积矩相等的原则求得；

I_{cr} ——开裂截面换算截面的惯性矩，根据已求得的受压区高度 x_0，按开裂换算截面对中性轴惯性矩之和求得；

σ_{si}^t ——按短暂状况计算时受拉区第 i 层钢筋的应力；

h_{0i} ——受压区边缘至受拉区第 i 层钢筋截面重心的距离；

f'_{ck} ——施工阶段相应的混凝土轴心抗压强度标准值；

f_{sk} ——普通钢筋抗拉强度标准值。

1.1.7 矩形截面梁的耐久性

钢筋混凝土结构由于各种各样的原因而提前失效，达不到规定的使用年限。在设计桥梁混凝土结构时，除进行混凝土结构和构件承载力计算、变形和裂缝验算外，还应在设计上考虑混凝土结构耐久性问题。

1.1.7.1 混凝土结构耐久性与耐久性损伤现象

从工程角度来看，混凝土结构的耐久性是指混凝土结构和构件在自然环境、使用环境及材料内部因素的作用下，长期保持材料性能以及安全使用和外观要求的能力。而自然环境的作用，环境中水、汽、盐、酸等介质作用，进入混凝土与水泥石发生化学作用或者物理作用，造成混凝土材料劣变或整体性受损，称为混凝土结构耐久性损伤。

桥梁混凝土结构和构件耐久性损伤的现象主要是钢筋锈蚀和混凝土的劣化。

1. 钢筋锈蚀

钢筋锈蚀指埋置在混凝土中的钢筋表面出现均匀锈蚀（锈蚀分布于钢筋整个表面且以相同速率使钢筋截面减小的现象）和局部锈蚀（钢筋表面上各处锈蚀程度不同，即一小部分表面锈蚀速率和锈蚀梯度远大于整个表面锈蚀平均值的现象）并出现褐红锈皮现象。

钢筋锈蚀沉淀物（褐红锈皮）的体积比被锈蚀的钢筋相应部分的体积要大 2 ~ 6 倍，以致能产生足够膨胀挤压力使混凝土开裂，即钢筋所在位置的混凝土表面出现沿钢筋方向的裂缝，如图 1-56 所示。

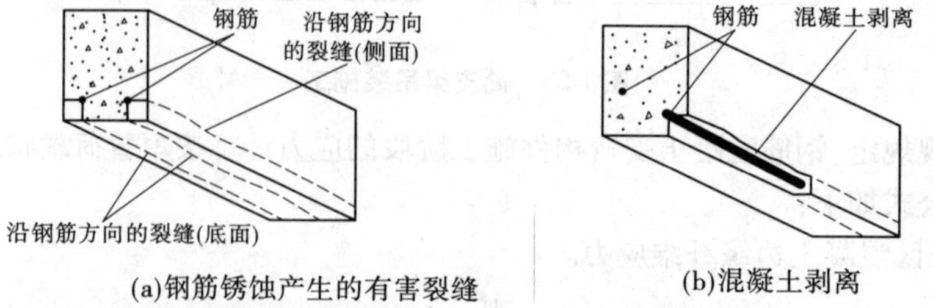

(a)钢筋锈蚀产生的有害裂缝　(b)混凝土剥离

图 1-56 钢筋锈蚀裂缝与混凝土剥离

钢筋锈蚀是一种随时间而发展的渐进性病害，它造成了混凝土结构耐久性损伤和结构破坏，主要有以下几个方面：

(1) 钢筋锈蚀使混凝土和钢筋之间的黏结性能退化和下降。

(2)钢筋锈蚀造成钢筋截面减小。

(3)钢筋混凝土构件的承载力受到影响,当纵向受拉钢筋的锈蚀率超过1.5%时,钢筋混凝土梁的承载力下降约12%。

2. 混凝土的劣化

混凝土劣化是指结构混凝土材料物理力学性能变差、混凝土整体性削弱甚至混凝土破碎。

在混凝土桥梁上,混凝土的劣化主要表现为混凝土强度和弹性模量降低、混凝土分层变色、混凝土剥落(结构或构件混凝土表面水泥浆流失、集料外露的现象)、混凝土剥离、混凝土表面磨损(局部混凝土表面的粗细集料以及水泥浆都被均匀磨掉的现象)、混凝土破碎以及宽度超过限值且仍在发展的混凝土裂缝等。

1.1.7.2　混凝土结构耐久性损伤产生的原因

1. 混凝土碳化

大气中的二氧化碳通过混凝土的毛细孔及孔隙中液相表面向混凝土内部扩散,与混凝土中的氢氧化钙发生作用,生成碳酸钙和水,使这部分混凝土由强碱性变为中性,pH值由原来约为13下降到8.5左右,这就是混凝土碳化。

通常情况下,早期混凝土具有很高的碱性,在这种高碱性环境中埋置的钢筋容易发生钝化作用,使得钢筋表面产生一层钝化膜,能够阻止混凝土中钢筋的锈蚀。但当有二氧化碳和水汽从混凝土表面通过孔隙进入混凝土内部时,就发生了混凝土碳化作用。当混凝土保护层完全被碳化后,混凝土中埋置的钢筋表面钝化膜被逐渐破坏,在同时有潮气和氧气存在的情况下,钢筋就会发生锈蚀(见图1-57)。图1-57中的c为混凝土保护层。

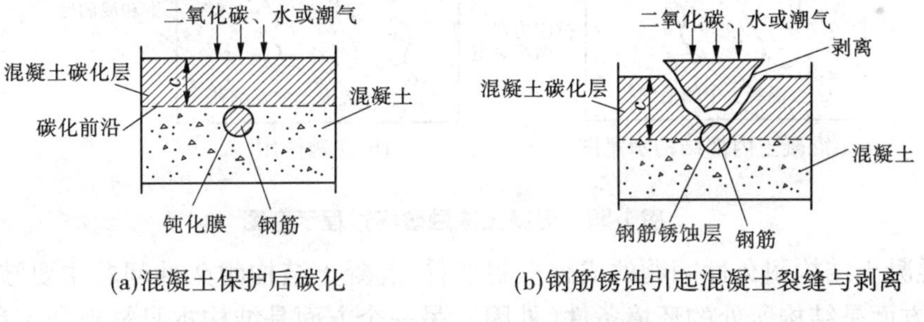

(a)混凝土保护后碳化　　(b)钢筋锈蚀引起混凝土裂缝与剥离

图1-57　混凝土碳化引起钢筋锈蚀

2. 氯离子侵蚀

氯离子进入混凝土中并到达钢筋表面附近或表面处,当氯离子浓度达到临界浓度时,钢筋表面的局部钝化膜开始破坏。而局部钝化膜的破坏使钢筋表面相应部位(局部区域、点)露出了铁基体,与尚完好的钝化膜区域之间构成电位差,加之混凝土内一般有水或潮气存在,钢筋锈蚀就由局部区域或点逐渐在钢筋表面扩散,钢筋锈蚀程度逐渐严重,锈蚀层范围不断增加。

图1-58为氯化物渗入混凝土引起钢筋锈蚀的示意图,图1-58中的c为混凝土保护层厚度。

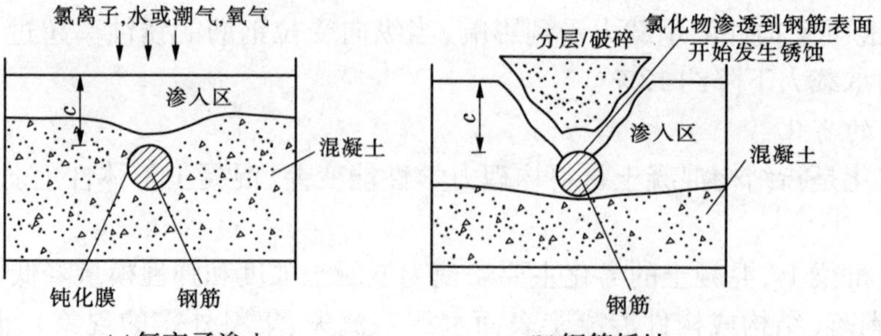

(a)氯离子渗入　(b)钢筋锈蚀

图 1-58　氯化物渗入混凝土

3. *混凝土冻融破坏*

桥梁处于Ⅱ类环境条件(严寒地区的大气环境、使用除冰盐环境、滨海环境)下,潮湿或水饱和的混凝土结构在冻融循环的反复作用下产生的混凝土冻害,称为混凝土冻融破坏。

冻融破坏通常发生在经常与水接触的结构水平表面,对结构立面造成的破坏多发生在水中结构的水线附近。当温度下降,结构空隙中的水转化成冰时,体积逐渐膨胀,这种膨胀会产生一种局部张力,使其周围的水泥基质断裂,造成结构破损。这种破损是从外向里混凝土一小片、一小片地破碎。

图 1-59 为混凝土冻融破坏过程示意图。

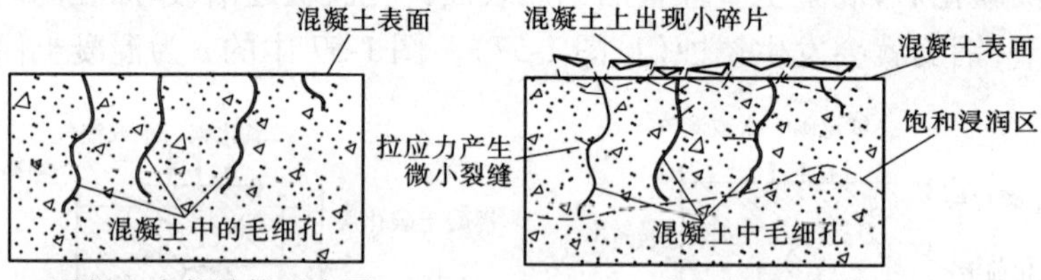

(a)混凝土内部结构示意图　(b)冻融作用

图 1-59　混凝土冻融破坏过程示意图

从混凝土结构耐久性问题的成因机制来看,混凝土结构耐久性问题主要涉及两个方面:一个方面是结构所处的环境条件(外因),另一个方面是结构本身材料和工程质量(内因)。因此,在混凝土结构的设计和施工中,根据混凝土结构所处环境条件考虑细部构造和施工工艺,最重要的是保证混凝土密实度和足够的混凝土保护层厚度,同时在混凝土结构使用阶段保证正常维修,才能解决混凝土结构耐久性问题。

1.1.7.3　混凝土结构耐久性设计基本要求

混凝土结构在设计确定的环境作用和维修、使用条件下,应能满足在设计使用年限内保持其适用性和安全性,即具有足够的耐久性。因此,对混凝土结构和构件设计,除进行承载能力极限状态和正常使用极限状态计算外,还应进行结构耐久性设计。

混凝土结构的耐久性设计按正常使用极限状态控制。

公路混凝土桥涵耐久性设计应根据其设计使用年限、环境类别及其作用等级进行。而耐久性设计包含下列内容:

(1)确定结构和构件的设计使用年限。

(2)确定结构和构件所处的环境类别及其作用等级。

(3)提出对混凝土材料选控要求(适宜的原材料、合理的配合比、适当的耐久性指标)以确保混凝土的耐久性能。

(4)采用有助于耐久性的结构构造,便于施工、检修和维护管理。

(5)采取适当的施工和养护措施,满足耐久性所需的施工和养护的基本要求。

(6)对于严重腐蚀环境条件下的混凝土结构,除对混凝土本身提出相关的耐久性要求外,还应实施可靠的防腐蚀附加措施。

1.设计使用年限的选用

结构设计使用年限是结构耐久性设计的依据,公路桥涵结构使用年限一般可参照表1-7的类别选用。

2.桥梁结构使用环境条件分类

混凝土结构的耐久性应根据使用环境类别和设计使用年限进行设计。公路混凝土桥涵耐久性设计应对公路沿线水质、土质、气候条件等进行勘察或调查,确定环境类别及其作用等级。环境类别及其作用等级划分见表1-28。

表1-28　公路混凝土桥涵的环境类别及环境作用等级

环境类别	环境作用等级					
	A轻微	B轻微	C中度	D严重	E非常严重	F极端严重
一般环境(Ⅰ)	Ⅰ-A	Ⅰ-B	Ⅰ-C	—	—	—
冻融环境(Ⅱ)	—	—	Ⅱ-C	Ⅱ-D	Ⅱ-E	—
海洋氯化物环境(Ⅲ)	—	—	Ⅲ-C	Ⅲ-D	Ⅲ-E	Ⅲ-F
除冰盐等其他氯化物环境(Ⅳ)	—	—	Ⅳ-C	Ⅳ-D	Ⅳ-E	—
盐结晶环境Ⅴ	—	—	—	—	Ⅴ-E	Ⅴ-F
化学腐蚀环境Ⅵ	—	—	Ⅵ-C	Ⅵ-D	Ⅵ-E	—
磨蚀环境Ⅶ	—	—	Ⅶ-C	Ⅶ-D	—	—

环境类别划分标准和作用等级划分标准分别见表1-29和表1-30。

表1-29　环境类别划分标准

环境类别	名称	腐蚀机制
Ⅰ	一般环境	保护层混凝土碳化引起钢筋锈蚀
Ⅱ	冻融环境	反复冻融导致混凝土损伤
Ⅲ	海洋氯化物环境	氯化物引起钢筋锈蚀
Ⅳ	除冰盐等其他氯化物环境	氯化物引起钢筋锈蚀、导致混凝土破坏、剥蚀
Ⅴ	盐结晶环境	硫酸盐等化学物质在混凝土孔中结晶膨胀导致混凝土损伤
Ⅵ	化学腐蚀环境	硫酸盐和酸类等腐蚀介质与水泥基发生化学反应导致混凝土损伤
Ⅶ	磨蚀环境	风沙、流水、泥沙或流冰因摩擦、冲击作用造成混凝土表面损伤

表 1-30　作用等级划分标准

作用等级	腐蚀程度	环境对混凝土结构的影响
A	轻微	环境对结构的腐蚀作用非常小,只针对处于一般环境下的混凝土结构构件
B	轻微	环境对结构的腐蚀性作用较小,不需做特殊的耐久性设计
C	中度	环境对结构的腐蚀作用较严重,需针对所处环境类别选取适宜的耐久性指标
D	严重	环境对结构的腐蚀作用严重,对混凝土表面和水泥基内部都产生破坏作用,需采取措施提高结构耐久性
E	非常严重	结构受多种损伤因素的影响,或环境中的腐蚀介质与水泥基或钢筋产生化学反应,产生非常严重的破坏作用,在正常耐久性设计的前提下,宜采取防腐蚀附加措施提高结构耐久性
F	极端严重	因较高浓度盐与水泥基或钢筋发生化学反应,对结构造成极其严重的物理、化学破坏,在正常耐久性设计的前提下,宜采取防腐蚀附加措施提高结构耐久性

3. 公路桥规对混凝土桥梁结构耐久性设计的基本要求

不同类型环境下的结构构件,混凝土耐久性评价指标的选取宜参考表 1-31。氯离子含量、碱含量、抗渗等级、含气量、气泡间隔系数、抗冻耐久性指数、抗碱－集料反应能力、耐磨蚀性能的要求应符合《公路工程混凝土结构耐久性设计细则》(GB/T 50476—2008)相关规定。

表 1-31　不同环境下混凝土耐久性评价指标

环境类别	混凝土耐久性评价指标
一般环境	最低强度等级、氯离子含量、碱含量、抗渗等级、裂缝宽度限值、保护层厚度、抗碱－集料反应能力
冻融环境	最低强度等级、氯离子含量、碱含量、抗渗等级、含气量、气泡间隔系数、抗冻耐久性指数、裂缝宽度限值、保护层厚度、抗碱－集料反应能力
海洋氯化物环境	最低强度等级、氯离子含量、碱含量、电通量、氯离子扩散系数、裂缝宽度限值、保护层厚度、抗碱－集料反应能力
除冰盐等其他氯化物环境	最低强度等级、氯离子含量、碱含量、电通量、氯离子扩散系数、裂缝宽度限值、保护层厚度、抗碱－集料反应能力
盐结晶环境	最低强度等级、氯离子含量、碱含量、抗渗等级、含气量、气泡间隔系数、抗冻耐久性指数、裂缝宽度限值、保护层厚度、抗碱－集料反应能力
化学腐蚀环境	最低强度等级、氯离子含量、碱含量、抗渗等级、裂缝宽度限值、保护层厚度、抗碱－集料反应能力
磨蚀环境	最低强度等级、氯离子含量、碱含量、抗渗等级、裂缝宽度限值、保护层厚度、抗碱－集料反应能力、耐磨蚀性能

注:处于海洋氯化物环境和除冰盐等其他氯化物环境中的混凝土结构,氯离子扩散系数和电通量都为抗氯离子侵入性指标;其他环境下,抗渗等级可用电通量法和 RCM 氯离子扩散系数法,或者使用抗渗标号进行判定。

不同环境类别下,钢筋混凝土及预应力钢筋混凝土构件的混凝土强度等级不应低于表1-32的要求。

表1-32　钢筋混凝土及预应力钢筋混凝土构件的最低混凝土强度等级要求

环境类别	环境作用等级	设计使用年限	
		100年	50年
一般环境	Ⅰ-A	C30	C25
	Ⅰ-B	C35	C30
	Ⅰ-C	C40	Ca35
冻融环境	Ⅱ-C	Ca35,C45	Ca30,C40
	Ⅱ-D	Ca40	Ca35
	Ⅱ-E	Ca45	Ca40
海洋氯化物环境	Ⅲ-C	C35	C30
	Ⅲ-D	C35	C30
	Ⅲ-E	C40	C35
	Ⅲ-F	C45	C40
除冰盐等其他氯化物环境	Ⅳ-C	C35	C30
	Ⅳ-D	C35	C30
	Ⅳ-E	C40	C35
盐结晶环境	Ⅴ-E	C40	C40
	Ⅴ-F	C45	C40
化学腐蚀环境	Ⅵ-C	C35	C30
	Ⅵ-D	C40	C35
	Ⅵ-E	C45	C40
磨蚀环境	Ⅶ-C	C40	C35
	Ⅶ-D	C45	C40

注:承台、桩基础不受此规定限制。

4. 公路混凝土桥涵在设计使用年限内的要求

(1)建立定期检测、维修制度。

(2)设计中可更换的构件应按规定更换。

(3)构件表面的防护层应按规定维护或更换。

(4)结构出现可见的耐久性缺陷时,应及时进行处理。

任务 1.2　钢筋混凝土 T 形截面梁构件

工作任务单

学习领域	结构设计原理		
学习情境	钢筋混凝土梁(板)结构	学时	
学习任务	钢筋混凝土 T 形截面梁构件	学时	
任务布置			
任务目标	1. 熟悉钢筋混凝土梁构件构造要求; 2. 掌握钢筋混凝土梁中纵向受力钢筋、箍筋及弯起钢筋的配置; 3. 掌握钢筋混凝土 T 形截面梁应力验算; 4. 熟悉钢筋混凝土 T 形截面梁设计步骤		
任务描述	设计某桥中的钢筋混凝土 T 形截面简支梁的工作内容: 1. 依据设计资料,确定设计信息,查阅相关文献; 2. 根据设计信息和规范规定,科学合理地选定构件 T 形截面尺寸、设计材料; 3. 绘制构件计算简图,布置结构荷载,计算控制截面设计内力(弯矩、剪力); 4. 按照承载能力极限状态法,进行正截面抗弯承载力计算,配置纵向受力钢筋; 5. 按照承载能力极限状态法,进行斜截面抗弯承载力计算,配置箍筋及弯起钢筋; 6. 按照正常使用极限状态法,进行应力验算; 7. 运用 CAD 绘制设计图		
基础及课程衔接	1. 基础:常见材料的物理力学性质、制图与识图相关知识; 2. 之前课程:工程力学、道路建筑材料、工程制图与 CAD; 3. 之后课程:桥梁工程、桥涵施工技术、公路工程检测技术		
基本要求	1. 分组讨论设计资料,查阅文献,熟悉构造要求,形成设计方案; 2. 科学合理地选择钢筋混凝土梁(板)T 形截面尺寸、材料强度等级; 3. 各小组独立完成梁(板)荷载效应计算,正确配置钢筋,绘制设计图; 4. 各小组参与组内自评、组间互评、教师点评,最终确立设计成果		
课程与岗位技能证书对接	是获得施工员岗位技能证书的课程之一		
学习资源	[1]叶见曙. 结构设计原理(第 3 版). 北京:人民交通出版社,2014; [2]叶见曙. 结构设计原理计算示例. 北京:人民交通出版社,2007; [3]桥梁结构设计图纸; [4]公路桥涵设计通用规范(JTG D60—2015). 北京:人民交通出版社; [5]公路钢筋混凝土及预应力混凝土桥涵设计规范(JTG D62—2012). 北京:人民交通出版社		

工作资讯单

学习情境	钢筋混凝土梁(板)结构	学时	
学习任务	钢筋混凝土T形截面梁构件	学时	
资讯信息	1.何为T形截面？与矩形截面相比有何特点？ 2.T形截面如何分类？各具有什么特点？ 3.为什么T形截面一般情况下只设计成单筋布置形式而不设计成双筋形式？ 4.T形截面梁有哪些构造要求？ 5.为什么T形截面配筋连接常常采用焊接形式？ 6.T形截面配筋率如何计算？与矩形截面配筋率计算有何不同？ 7.简述在钢筋混凝土梁(板)受弯构件计算中,工字形、Π形、箱形和空心板与T形截面等效计算原则； 8.钢筋混凝土梁受弯构件T形截面承载力计算中,T形截面实际梁翼缘宽度与有效翼缘宽度是如何计算的？ 9.钢筋混凝土梁受弯构件T形截面与单双筋矩形截面承载力计算有何异同点？ 10.钢筋混凝土梁受弯构件T形截面类型的评定方法有哪些？其应用范围有何不同？ 11.简述钢筋混凝土梁受弯构件T形截面梁设计步骤； 12.如何进行钢筋混凝土T形截面梁应力验算？		
资讯资源	[1]资讯信息单； [2]叶见曙.结构设计原理(第3版).北京:人民交通出版社,2014； [3]叶见曙.结构设计原理计算示例.北京:人民交通出版社,2007； [4]桥梁结构设计图纸； [5]公路桥涵设计通用规范(JTG D60—2015).北京:人民交通出版社； [6]公路钢筋混凝土及预应力混凝土桥涵设计规范(JTG D62—2012).北京:人民交通出版社； [7]授课教材； [8]课程网站		

1.2.1 基础知识

由于受弯构件在破坏时截面受拉区混凝土早已开裂而不考虑其抗拉作用,拉力全部由钢筋承担,因此矩形截面受弯构件的受拉区混凝土对正截面抗弯承载力不起作用,若将受拉区一部分混凝土挖去,如图 1-60(a)所示,将纵向受拉钢筋集中布置在梁肋下部,如图 1-60(b)所示,以承担拉力,翼缘受压,梁肋联系受压区混凝土和受拉钢筋,并承担剪力。T 形截面伸出的部分称为翼缘,翼缘宽度为 b_f',厚度为 h_f';中间部分称为梁肋或腹板,肋宽为 b,截面总高为 h。这样不仅 T 形截面梁的承载力与矩形截面梁相同,而且节省混凝土,减轻自重,故 T 形截面梁在工程中应用较广泛。

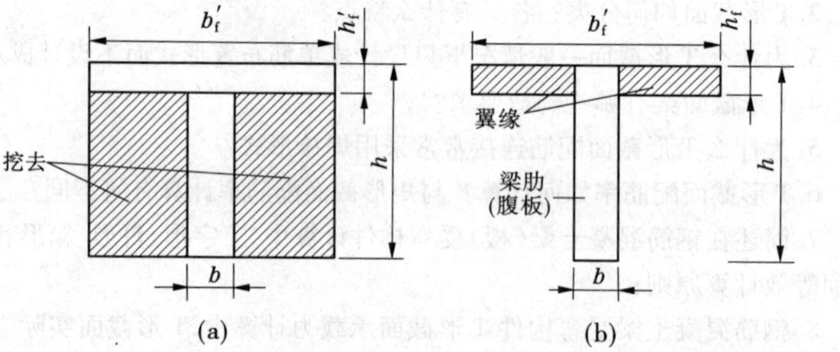

图 1-60　T 形截面示意图

判断截面是否属于 T 形截面,主要看翼缘部分是否在受压区,翼缘部分在受压区则属于 T 形截面梁,如图 1-61 所示。

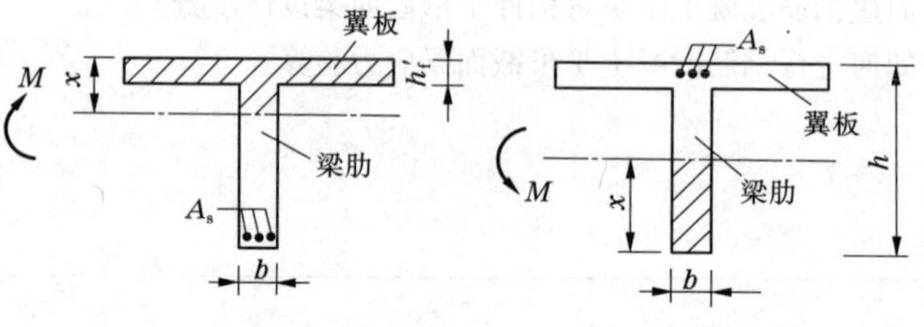

(a)翼板位于截面受压区　　(b)翼板位于截面受拉区

图 1-61　T 形截面的受压区位置

Π 形、箱形、空心板及工字形等截面,由于不考虑截面受拉区混凝土的作用,故在正截面受弯承载力计算时亦按 T 形截面计算,如图 1-62 所示。

为了发挥 T 形截面的作用,应充分利用翼缘受压,使混凝土受压区高度减小,内力臂增大,从而减少钢筋数量。但是,试验和理论分析证明,T 形梁受弯后,翼缘内纵向压应力的分布是不均匀的,距离腹板愈远,压应力愈小。因此,当翼缘较宽时,计算中应考虑其应力分布不均匀对截面承载力的影响。为了简化计算,可把 T 形截面的翼缘宽度限制在一定范围内,这个翼缘有效宽度用符号 b_f'表示,如图 1-60 所示。计算时,假设在 b_f'范围内压应力是均匀分布的。

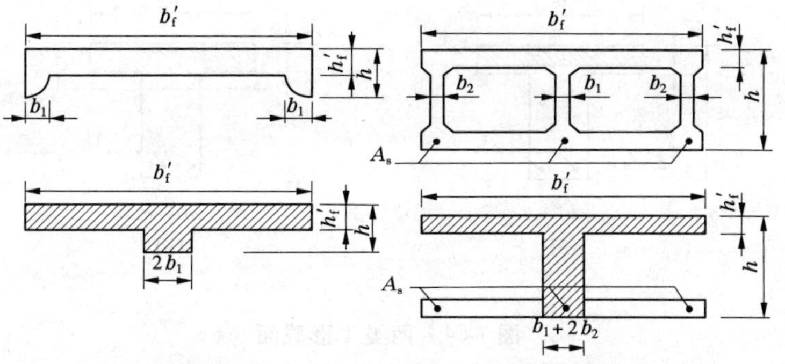

(a)实际截面　　(b)等效T形截面

图 1-62　Π 形板与空心板的等效 T 形截面

1.2.1.1　T 形截面梁翼缘计算宽度

T 形截面梁的翼缘有效宽度 b_f',应按下列规定采用(见图 1-63)。

(1)内梁的翼缘有效宽度取下列三者中的最小值:

①对于简支梁,取计算跨径的 1/3 。对于连续梁,各中间跨正弯矩区段,取该计算跨径的 20% ;边跨正弯矩区段,取该跨计算跨径的 27% ;各中间支点负弯矩区段,取该支点相邻两计算跨径之和的 7% 。

②相邻两梁的平均间距。

③ $b+2b_h+12h'_f$,此处 b 为梁腹板宽度, b_h 为承托长度, h_f'为受压区翼缘悬出板的厚度。当 $h_h/b_h<1/3$ 时,上式 b_h 应以 $3h_h$ 代替,此处板 h_h 为承托根部厚度。

(2)外梁翼缘的有效宽度取相邻内梁翼缘有效宽度的 1/2,加上腹板宽度的 1/2,再加上外侧悬臂板平均厚度的 6 倍或外侧悬臂板实际宽度两者中的较小者。

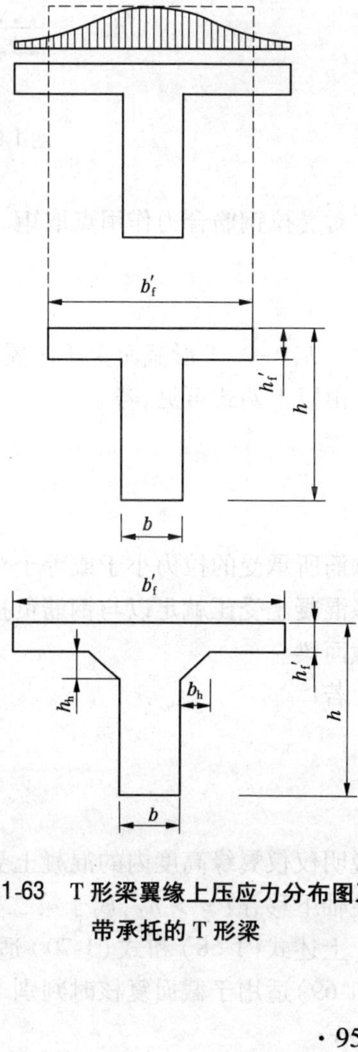

图 1-63　T 形梁翼缘上压应力分布图及带承托的 T 形梁

1.2.1.2　T 形截面类型判定

计算 T 形截面梁时,根据中性轴位置的不同,通常可将截面分为两种类型,如图 1-64 所示。

第一类 T 形截面:中性轴在翼缘内,即 $x\leqslant h'_f$。

第二类 T 形截面:中性轴在腹板内,即 $x>h'_f$。

为了判别 T 形截面梁的类型,首先分析一下 $x=h_f'$ 的界限情况,如图 1-65 所示。

由水平力平衡 $\sum N=0$,可得:

$$f_{sd}A_s=f_{cd}b_f'h_f' \tag{1-65}$$

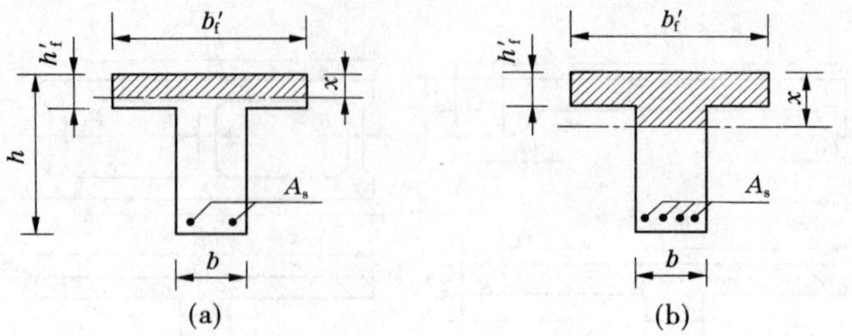

图 1-64　两类 T 形截面

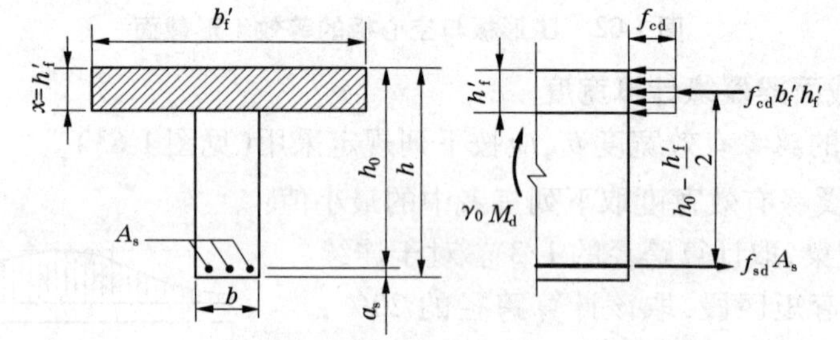

图 1-65　T 形截面梁的界限示意图

对受拉钢筋合力作用点取矩 $\sum M_s=0$，可得：

$$\gamma_0M_d=f_{cd}b'_fh'_f\left(h_0-\frac{h'_f}{2}\right) \tag{1-66}$$

式中　h'_f——T 形截面受压区翼缘厚度。

由以上两式可见，若

$$f_{sd}A_s\leqslant f_{cd}b'_fh'_f \tag{1-67}$$

$$\gamma_0M_d\leqslant f_{cd}b'_fh'_f\left(h_0-\frac{h'_f}{2}\right) \tag{1-68}$$

即钢筋所承受的拉力小于或等于全部翼缘高度混凝土受压时所承担的压力，不需要全部翼缘混凝土受压就足以与钢筋负担的拉力或弯矩设计值相平衡，故 $x\leqslant h'_f$，属于第一类 T 形截面梁。

若

$$f_{sd}A_s>f_{cd}b'_fh'_f \tag{1-69}$$

$$\gamma_0M_d>f_{cd}b'_fh'_f\left(h_0-\frac{h'_f}{2}\right) \tag{1-70}$$

即说明仅仅翼缘高度内的混凝土受压尚不足以与钢筋负担的拉力或弯矩设计值相平衡，中性轴下移，故 $x>h'_f$，属于第二类 T 形截面梁。

上述式(1-68)和式(1-70)适用于截面设计时判别 T 形截面类型，而式(1-67)和式(1-69)适用于截面复核时判别 T 形截面类型。

1.2.2　钢筋混凝土 T 形截面受弯构件正截面承载力计算

由于 T 形截面混凝土受压区较大,混凝土足够承担压力,不需要增设受压钢筋,所以 T 形截面梁一般设计成单筋截面。

1.2.2.1　基本公式与适用条件

1. 第一类 T 形截面基本公式与适用条件

1)基本公式

第一类 T 形截面的计算图式如图 1-66 所示。由于受压区的截面仍为矩形,而受拉区的形状与承载力的计算无关。可见第一类 T 形截面相当于宽度 $b = b'_f$ 的矩形截面,故可以用 b'_f 代替 b,按单筋矩形截面受弯承载力的公式计算。

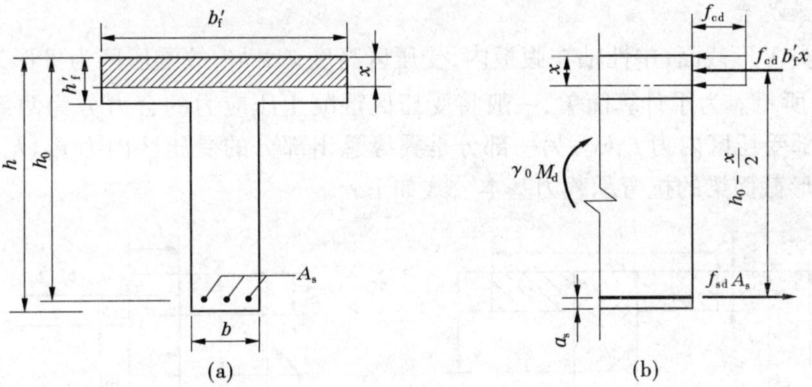

图 1-66　第一类 T 形截面的计算图式

按静力平衡条件,如图 1-66 所示可得单筋第一类 T 形截面正截面承载力计算公式:

由水平力平衡 $\sum N = 0$,可得:

$$f_{cd}b'_fx = f_{sd}A_s \tag{1-71}$$

对受拉钢筋合力作用点取矩 $\sum M_s = 0$,可得:

$$\gamma_0 M_d \leqslant M_u = f_{cd}b'_fx\left(h_0 - \frac{x}{2}\right) \tag{1-72}$$

对受压区混凝土合力作用点取矩 $\sum M_c = 0$,可得:

$$\gamma_0 M_d \leqslant M_u = f_{sd}A_s(h_0 - \frac{x}{2}) \tag{1-73}$$

2)适用条件

(1)为防止超筋破坏应满足 $x \leqslant \xi_b h_0$,对于第一类 T 形截面,由于 $x \leqslant h'_f$,而一般 T 形截面 $\frac{h'_f}{h_0}$ 的比值均较小,故受压区高度 x 通常都能满足该条件而不必验算。

(2)为防止少筋破坏应满足 $\rho \geqslant \rho_{min}$,T 形截面配筋率公式为:

$$\rho = \frac{A_s}{bh_0} \tag{1-74}$$

式中　b——T形截面的梁肋宽度。

友情提示

T形截面配筋率的计算：

在计算T形截面配筋率时，宽度 b 应该取腹板宽度，而不是受压翼缘的有效宽度 b'_f。这是因为 ρ_{min} 值是根据钢筋混凝土梁的承载力等于同样截面素混凝土梁承载力这个条件确定的，而腹板宽度为 b、高度为 h 的素混凝土T形截面梁与截面尺寸为 $b \times h$ 的素混凝土矩形截面梁的受弯承载力十分接近，两者的最小配筋率 ρ_{min} 限制是相同的。

2. 第二类T形截面基本公式与适用条件

1）基本公式

第二类T形截面，中性轴在腹板内，受压区高度 $x > h'_f$，故受压区为T形，其计算图式如图1-67所示。为了计算简单，一般将受压区混凝土压应力的合力分为两部分：一部分是腹板上部受压区内力 $f_{cd}bx$；另一部分是翼缘悬出部分的受压区内力 $f_{cd}(b'_f - b)h'_f$。故第二类T形截面梁的抗弯承载力基本公式如下：

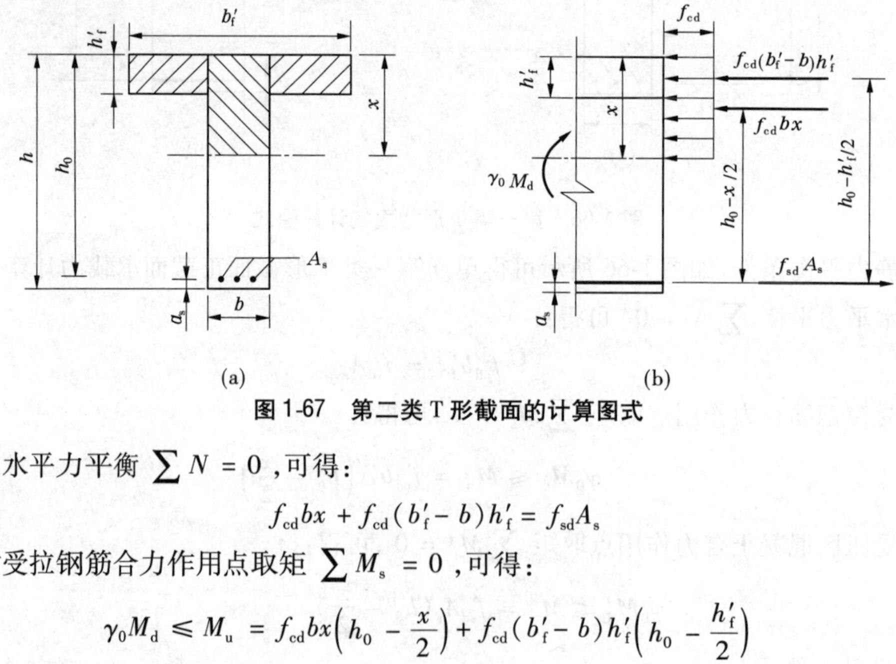

图1-67　第二类T形截面的计算图式

由水平力平衡 $\sum N = 0$，可得：

$$f_{cd}bx + f_{cd}(b'_f - b)h'_f = f_{sd}A_s \tag{1-75}$$

对受拉钢筋合力作用点取矩 $\sum M_s = 0$，可得：

$$\gamma_0 M_d \leqslant M_u = f_{cd}bx\left(h_0 - \frac{x}{2}\right) + f_{cd}(b'_f - b)h'_f\left(h_0 - \frac{h'_f}{2}\right) \tag{1-76}$$

式中　b——T形截面腹板宽度。

2）适用条件

（1）为防止超筋破坏应满足 $x \leqslant \xi_b h_0$。

（2）为防止少筋破坏应满足 $\rho \geqslant \rho_{min}$，对于第二类T形截面的配筋率均较高，一般能满足该条件而不必验算。

1.2.2.2 工程应用

1. 截面设计

工况:已知弯矩组合设计值 M_d,结构重要性系数 γ_0,截面尺寸 b、h、b'_f、h'_f,钢筋与混凝土强度等级 f_{sd}、f_{cd}、f_{td},求纵向受拉钢筋截面面积 A_s,选择钢筋规格并配置钢筋。

【应用解析】 具体计算步骤如下:

(1)初步选定 h_0。对于T形截面梁,往往采用焊接钢筋骨架。由于多层钢筋的叠高一般不超过 $(0.15 \sim 0.2)h$,故可假设 $a_s = 30\ \text{mm} + (0.07 \sim 0.1)h$,则 $h_0 = h - a_s$。

(2)判别T形截面类型。若 $\gamma_0 M_d < f_{cd} b'_f h'_f \left(h_0 - \frac{h'_f}{2}\right)$,则属于第一类T形截面,计算方法与 $b'_f \times h$ 的单筋矩形截面梁完全相同;若 $\gamma_0 M_d > f_{cd} b'_f h'_f \left(h_0 - \frac{h'_f}{2}\right)$,则属于第二类T形截面,则按下述步骤继续计算。

(3)由式(1-76)求混凝土受压区高度 x:

$$x = h_0 - \sqrt{h_0^2 - \frac{2\left[\gamma_0 M_d - f_{cd}(b'_f - b)h'_f\left(h_0 - \frac{h'_f}{2}\right)\right]}{f_{cd} b}} \tag{1-77}$$

并验算适用条件,应满足 $x \leqslant \xi_b h_0$。

(4)将所求 x 代入式(1-75)求得所需受拉钢筋面积 A_s:

$$A_s = \frac{f_{cd} b x + f_{cd}(b'_f - b)h'_f}{f_{sd}} \tag{1-78}$$

(5)选配钢筋。

2. 承载力复核

工况:已知截面尺寸 b、h、b'_f、h'_f,纵向受拉钢筋截面面积 A_s,钢筋与混凝土强度等级 f_{sd}、f_{cd}、f_{td},求截面所能承受的弯矩值 M_u(或给定弯矩组合设计值 $\gamma_0 M_d$,判别构件控制截面是否安全承载)。

【应用解析】 具体计算步骤如下:

(1)复核钢筋布置是否满足规范要求:如钢筋间距、保护层厚度,配筋率等。

(2)判别T形截面类型:

若 $f_{sd} A_s \leqslant f_{cd} b'_f h'_f$,则属于第一类T形截面,则计算方法与 $b'_f \times h$ 的单筋矩形截面梁完全相同;

若 $f_{sd} A_s > f_{cd} b'_f h'_f$,则属于第二类T形截面,则按下述步骤继续复核。

(3)由式(1-75)求得混凝土受压区高度 x:

$$x = \frac{f_{sd} A_s - f_{cd}(b'_f - b)h'_f}{f_{cd} b} \tag{1-79}$$

并判断是否满足 $x \leqslant \xi_b h_0$。

(4)计算截面所能承受的弯矩值 M_u,并判别截面是否抗弯承载安全。

若 $x \leqslant \xi_b h_0$,将 x 值代入式(1-76)求得

$$M_u = f_{cd} b x\left(h_0 - \frac{x}{2}\right) + f_{cd}(b'_f - b)h'_f\left(h_0 - \frac{h'_f}{2}\right) \tag{1-80}$$

若 $x > \xi_b h_0$，属于超筋梁，计算实际承载力时应取 $x = \xi_b h_0$，代入式(1-76)求得

$$M_u = f_{cd} b h_0^2 \xi_b (1 - 0.5\xi_b) + f_{cd}(b'_f - b) h'_f \left(h_0 - \frac{h'_f}{2}\right) \tag{1-81}$$

(5)判断截面是否安全承载。

若 $\gamma_0 M_d \leqslant M_u$，表明截面的承载力足够，结构安全；反之，$\gamma_0 M_d > M_u$，表明截面的承载力不足，结构不安全。

应用案例 1-6

【基本资料】 某装配式钢筋混凝土简支 T 形梁，计算跨径 $l = 14.6$ m，相邻两梁中心距为 1.6 m，其截面尺寸如图 1-68 所示，图中所示尺寸单位为 mm。采用混凝土强度等级为 C25，钢筋为 HRB335 级。自重作用标准值 $M_{Gk} = 982.91$ kN·m，汽车作用标准值为 $M_{Qk} = 876.0$ kN·m，一类环境，安全等级为一级。求：该受拉钢筋截面面积 A_s。

【案例解析】

(1)确定材料强度设计值。

依据 HRB335 级钢筋和 C25 混凝土分别查表 1-11 和表 1-16 得 $f_{sd} = 280$ MPa、$f_{cd} = 11.5$ MPa、$f_{td} = 1.23$ MPa；查表 1-24 得 $\xi_b = 0.56$；$\gamma_0 = 1.1$。

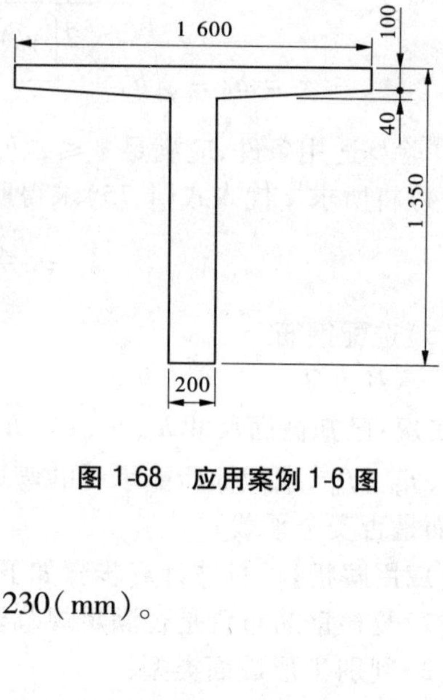

图 1-68 应用案例 1-6 图

(2)计算该梁弯矩组合设计值 $\gamma_0 M_d$。

由基本组合，得到该梁弯矩组合设计值 $\gamma_0 M_d$ 为：

$$\begin{aligned}\gamma_0 M_d &= \gamma_0(\gamma_G M_{Gk} + \gamma_Q M_{Qk}) \\ &= 1.1 \times (1.2 \times 982.91 + 1.4 \times 876) \\ &= 2\ 646.48(\text{kN}\cdot\text{m})\end{aligned}$$

(3)假定 $a_s = 120$ mm，则 $h_0 = 1\ 350 - 120 = 1\ 230$(mm)。

(4)确定翼缘高度 h'_f 和受压翼缘有效宽度 b'_f。

$$h'_f = \frac{100 + 140}{2} = 120(\text{mm})$$

$$b'_{f1} = \frac{1}{3} l = \frac{1}{3} \times 14.6 = 4.867(\text{m}) = 4\ 867\ \text{mm}$$

$$b'_{f2} = 1.6\ \text{m} = 1\ 600\ \text{mm}$$

$$b'_{f3} = b + 2b_h + 12h'_f = 200 + 2 \times 0 + 12 \times 120 = 1\ 640(\text{mm})$$

故受压翼缘有效宽度 $b'_f = 1\ 600$ mm。

(5)判别 T 形截面类型。

$$\gamma_0 M_d = 2\ 646.48\ \text{kN}\cdot\text{m}$$

$$f_{cd} b'_f h'_f \left(h_0 - \frac{h'_f}{2}\right) = 11.5 \times 1\ 600 \times 120 \times \left(1\ 230 - \frac{120}{2}\right)$$

$$= 2\ 583\ 360\ 000(\mathrm{N \cdot mm}) = 2\ 583.36\ \mathrm{kN \cdot m}$$

因为 $\gamma_0 M_d > f_{cd} b'_f h'_f \left(h_0 - \frac{h'_f}{2}\right)$，属于第二类T形截面。

(6)求混凝土受压区高度 x。

$$x = h_0 - \sqrt{h_0^2 - \frac{2 \times \left[\gamma_0 M_d - f_{cd}(b'_f - b)h'_f\left(h_0 - \frac{h'_f}{2}\right)\right]}{f_{cd} b}}$$

$$= 1\ 230 - \sqrt{1\ 230^2 - \frac{2 \times \left[2\ 646.48 \times 10^6 - 11.5 \times (1\ 600 - 200) \times 120 \times \left(1\ 230 - \frac{120}{2}\right)\right]}{11.5 \times 200}}$$

$$= 145(\mathrm{mm}) < \xi_b h_0 = 0.56 \times 1\ 230 = 689(\mathrm{mm})$$

满足适用条件。

(7)求所需受拉钢筋面积 A_s。

$$A_s = \frac{f_{cd} b x + f_{cd}(b'_f - b)h'_f}{f_{sd}}$$

$$= \frac{11.5 \times 200 \times 145 + 11.5 \times (1\ 600 - 200) \times 120}{280}$$

$$= 8\ 091(\mathrm{mm}^2)$$

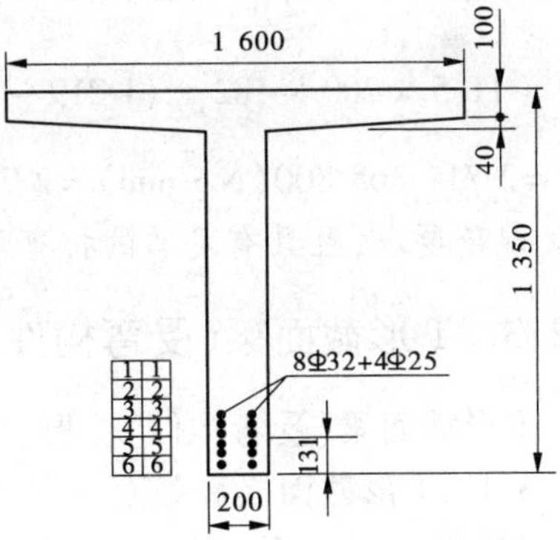

图 1-69　应用案例 1-6 钢筋布置图

(8)选配钢筋。查表1-25，选用钢筋8Φ32 + 4Φ25，$A_s = 8\ 398\ \mathrm{mm}^2$，钢筋布置图见图1-69。混凝土保护层厚度 $c = 36\ \mathrm{mm}$，$a_s = 131\ \mathrm{mm}$，则 $h_0 = 1\ 350 - 131 = 1\ 219\ \mathrm{mm}$，$\rho = \frac{A_s}{b h_0} = \frac{8\ 398}{200 \times 1\ 219} = 3.4\% > \rho_{min} = \max(0.45\frac{f_{td}}{f_{sd}} = 0.45 \times \frac{1.23}{280} = 0.198\%, 0.2\%) = 0.2\%$，所以不是少筋梁。$S_n = 200 - 2 \times 36 - 2 \times 35.8 \approx 56(\mathrm{mm}) > 40\ \mathrm{mm}$，且大于 $1.25d = 45\ \mathrm{mm}$。a_s 计算如下。

$$a_s = \frac{\sum f_{sdi} A_{si} a_{si}}{\sum f_{sdi} A_{si}} = \frac{6\ 434 \times (36 + 2 \times 35.8) + 1\ 964 \times (36 + 4 \times 35.8 + 28.4)}{6\ 434 + 1\ 964} = 131(\mathrm{mm})$$

应用案例 1-7

【基本资料】　某装配式钢筋混凝土简支T形梁，设计资料与“应用案例1-6”相同，依据设计结果对其进行截面承载力复核。

【案例解析】

(1)以上钢筋布置结果完全满足规范构造要求。

(2)判别T形截面类型。

因为$f_{sd}A_s = 280 \times 8\,398 = 2\,351\,440(\text{N}) > f_{cd}b_f'h'_f = 11.5 \times 1\,600 \times 120 = 2\,208\,000(\text{N})$,故属于第二类T形截面。

(3)求混凝土受压区高度x。

$$x = \frac{f_{sd}A_s - f_{cd}(b_f' - b)h_f'}{f_{cd}b} = \frac{280 \times 8\,398 - 11.5 \times (1\,600 - 200) \times 120}{11.5 \times 200} = 182(\text{mm}) < \xi_b h_0 = 0.56 \times 1\,219 = 683(\text{mm})$$

满足要求。

(4)计算M_u。

$$M_u = f_{cd}bx(h_0 - \frac{x}{2}) + f_{cd}(b_f' - b)h_f'(h_0 - \frac{h_f'}{2})$$

$$= 11.5 \times 200 \times 182 \times (1\,219 - \frac{182}{2}) + 11.5 \times (1\,600 - 200) \times 120 \times (1\,219 - \frac{120}{2})$$

$$= 2\,711\,368\,800(\text{N} \cdot \text{mm}) = 2\,711.37(\text{kN} \cdot \text{m}) > \gamma_0 M_d = 2\,646.48\ \text{kN} \cdot \text{m}$$

满足规范要求,且具有足够的抗弯承载力。

1.2.3 T形截面梁(受弯构件)变形、裂缝及应力验算

T形截面梁(受弯构件)变形、裂缝验算参照矩形截面计算。

1.2.3.1 T形截面换算截面

(1)第一类T形截面($x \leqslant h_f'$),中性轴在翼缘板内(见图1-70(a)),此时可按宽度为b_f'的单筋矩形截面采用上述公式进行计算。

(2)第二类T形截面($x > h_f'$),中性轴在梁肋内(见图1-70(b)),其换算截面几何特性表达式如下:

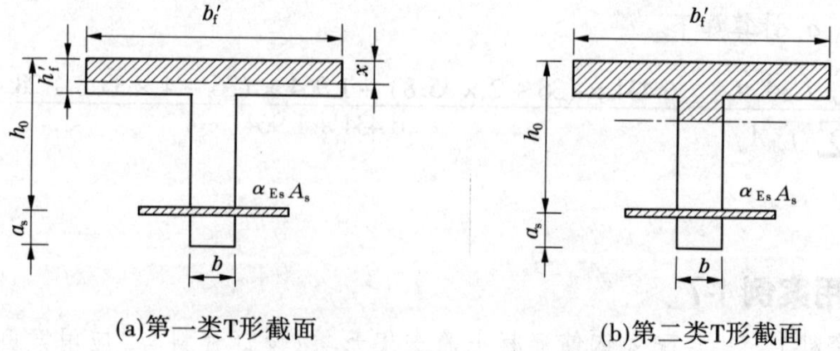

(a)第一类T形截面　　(b)第二类T形截面

图1-70　开裂状态下T形截面换算图式

①开裂截面换算截面面积A_{cr}。

$$A_{cr} = bx + (b'_f - b)h'_f + \alpha_{Es}A_s \tag{1-82}$$

②开裂截面换算截面对中性轴的静矩 S_{cr}。

受压区:

$$S_{cra} = \frac{1}{2}bx^2 + (b'_f - b)h'_f\left(x - \frac{1}{2}h'_f\right) \tag{1-83}$$

受拉区:

$$S_{crl} = \alpha_{Es}A_s(h_0 - x) \tag{1-84}$$

③开裂截面换算截面惯性矩 I_{cr}。

$$I_{cr} = \frac{1}{3}b'_f x^3 - \frac{1}{3}(b'_f - b)(x - h'_f)^3 + \alpha_{Es}A_s(h_0 - x)^2 \tag{1-85}$$

④开裂截面换算截面抵抗矩 W_{cr}。

对混凝土受压边缘:

$$W_{cra} = \frac{I_{cr}}{x} \tag{1-86}$$

对混凝土受拉边缘:

$$W_{crl} = \frac{I_{cr}}{h_0 - x} \tag{1-87}$$

⑤受压区高度 x。

由 $S_{cra} = S_{crl}$,可得:

$$\frac{1}{2}bx^2 + (b'_f - b)h'_f\left(x - \frac{h'_f}{2}\right) = \alpha_{Es}A_s(h_0 - x) \tag{1-88}$$

化简计算可求得换算截面的受压区高度 x 为:

$$x = \sqrt{A^2 + B} - A \tag{1-89}$$

$$A = \frac{\alpha_{Es}A_s + (b'_f - b)h'_f}{b},\ B = \frac{2\alpha_{Es}A_s h_0 + (b'_f - b)h'^2_f}{b}$$

1.2.3.2　全截面换算截面

钢筋混凝土受弯构件使用阶段和施工阶段的应力计算,会遇到全截面换算截面的概念。

全截面换算截面是混凝土全截面面积和钢筋的换算面积所组成的截面,对于图1-71所示的T形截面,全截面的换算截面几何特性计算式为:

(1)全截面换算截面面积 A_0。

$$A_0 = bh + (b'_f - b)h'_f + (\alpha_{Es} - 1)A_s \tag{1-90}$$

(2)受压区高度 x。

$$x = \frac{\frac{1}{2}bh^2 + \frac{1}{2}(b'_f - b)h'^2_f + (\alpha_{Es} - 1)A_s h_0}{A_0} \tag{1-91}$$

(3)全截面换算截面对中性轴的惯性矩 I_0。

$$I_0 = \frac{bh^3}{12} + bh\left(\frac{h}{2} - x\right)^2 - \frac{(b'_f - b)h'^3_f}{12} + (b'_f - b)h'_f\left(\frac{h'_f}{2} - x\right)^2 + (\alpha_{Es} - 1)A_s(h_0 - x)^2 \tag{1-92}$$

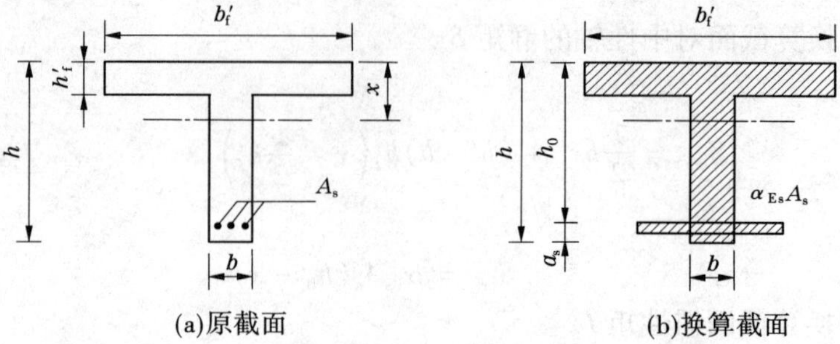

图 1-71　全截面换算图式

(4)全截面换算截面受拉区边缘的弹性抵抗矩 W_0。

$$W_0 = \frac{I_0}{h - x} \tag{1-93}$$

(5)全截面换算截面中性轴以上(或以下)部分面积对重心轴的面积矩 S_0。

$$S_0 = \frac{1}{2}bx^2 + (b'_f - b)h'_f\left(x - \frac{h'_f}{2}\right) \tag{1-94}$$

1.2.3.3　应力计算

对于钢筋混凝土受弯构件,公路桥规要求进行施工阶段的应力计算。特别是梁的运输、安装过程中,梁的支承条件、受力图式会发生变化,如图 1-72 所示,在安装过程中,其受力简图不再是简支体系,因此应根据受弯构件在施工中的实际受力体系进行应力计算。

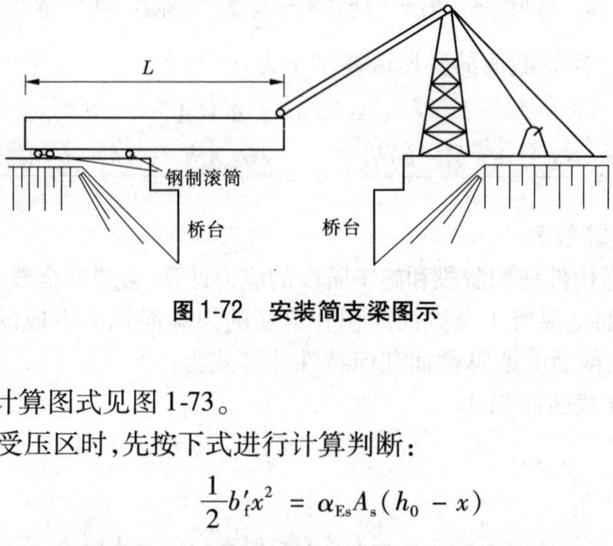

图 1-72　安装简支梁图示

1. 基本公式

T 形截面应力计算图式见图 1-73。

当翼缘板位于受压区时,先按下式进行计算判断:

$$\frac{1}{2}b'_f x^2 = \alpha_{Es}A_s(h_0 - x) \tag{1-95}$$

若 $x \leqslant h'_f$,中性轴在翼缘板内,为第一类 T 形截面,此时可按宽度为 b'_f 的单筋矩形截面进行计算。

若 $x > h'_f$,中性轴在梁肋内,为第二类 T 形截面,按式(1-89)重新计算 x 值和换算截面惯性矩,然后按式(1-90)和式(1-91)进行截面应力验算。

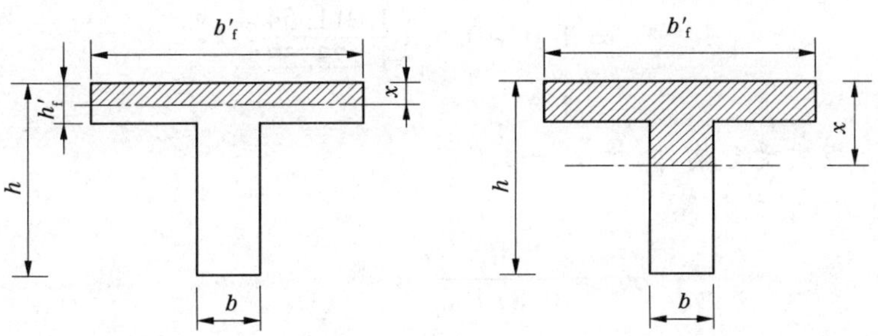

(a)第一类T形截面　　(b)第二类T形截面

图1-73　T形截面应力计算图式

2. 工程应用

应用案例 1-8

【基本资料】　某钢筋混凝土简支T形梁主梁截面尺寸如图1-74所示,采用C25混凝土,$f_{ck}=16.7\ \mathrm{MPa}$,$f_{tk}=1.78\ \mathrm{MPa}$,$E_c=2.80\times10^4\ \mathrm{MPa}$;跨中截面主筋为HRB335级,钢筋截面面积$A_s=6\ 836\ \mathrm{mm}^2$,$a_s=111\ \mathrm{mm}$,$E_s=2.00\times10^5\ \mathrm{MPa}$,$f_{sk}=335\ \mathrm{MPa}$;一类环境条件,安全等级为二级。

使用阶段汽车荷载标准值产生的弯矩为$M_{Q1}=596.04\ \mathrm{kN\cdot m}$(未计入汽车冲击系数),人群荷载标准值产生的弯矩$M_{Q2}=55.30\ \mathrm{kN\cdot m}$,永久作用(恒载)标准值产生的弯矩$M_G=751\ \mathrm{kN\cdot m}$。

试对钢筋混凝土简支T形梁正常使用状态下裂缝宽度进行验算。

【案例解析】

(1) c_1、c_2、c_3系数计算。

①采用带肋钢筋,故$c_1=1.0$。

②作用效应频遇组合弯矩计算值M_s计算:

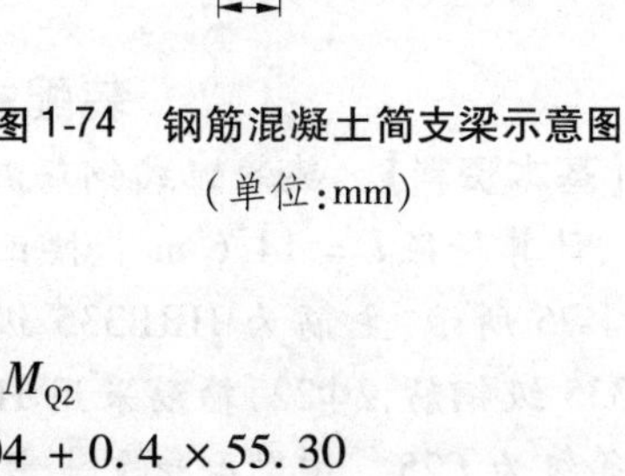

图1-74　钢筋混凝土简支梁示意图

(单位:mm)

由公式 $M_s=\sum_{i=1}^{m}M_{Gik}+\sum_{j=1}^{n}\psi_{1j}M_{Qjk}$ 得:

$$\begin{aligned}M_s&=M_G+\psi_{11}M_{Q1}+\psi_{12}M_{Q2}\\&=751+0.7\times596.04+1.0\times55.30\\&=1\ 223.53(\mathrm{kN\cdot m})\end{aligned}$$

作用效应准永久组合弯矩计算值M_l计算:

由公式 $M_d=\sum_{i=1}^{m}M_{Gik}+\sum_{j=1}^{n}\psi_{2j}M_{Qjk}$ 得

$$\begin{aligned}M_l&=M_G+\psi_{21}M_{Q1}+\psi_{22}M_{Q2}\\&=751+0.4\times596.04+0.4\times55.30\\&=1\ 011.54(\mathrm{kN\cdot m})\end{aligned}$$

$$c_2=1.0+0.5\frac{M_l}{M_s}$$

$$= 1.0 + 0.5 \times \frac{1\,011.54}{1\,223.53}$$

$$= 1.41$$

③构件为非板式受弯构件，故 $c_3 = 1.0$ 。

(2)钢筋应力 σ_{ss} 的计算。

$$\sigma_{ss} = \frac{M_s}{0.87A_s h_0}$$

$$= \frac{1\,223.53 \times 10^6}{0.87 \times 6\,836 \times 1\,189}$$

$$= 173(\text{MPa})$$

(3)换算直径 d_e。因为受拉区采用不同的钢筋直径，d 应取用换算直径 d_e，则可得到：

$$d = d_e = \frac{\sum n_i d_i^2}{\sum n_i d_i}$$

$$= \frac{8 \times 32^2 + 2 \times 16^2}{8 \times 32 + 2 \times 16}$$

$$= 30.2(\text{mm})$$

对于焊接钢筋骨架，$d_e = 30.2 \times 1.3 = 39.26(\text{mm})$ 。

(4)纵向受拉钢筋的有效配筋率 ρ_{te}。

$\rho_{te} = \frac{A_s}{A_{te}} = \frac{A_s}{2a_s b} = \frac{6\,836}{2 \times 111 \times 180} = 0.171 > 0.1$，故取 $\rho_{te} = 0.1$ 。

(5)最大裂缝宽度 W_{fk}。

$$W_{fk} = c_1 c_2 c_3 \frac{\sigma_{ss}}{E_s}\left(\frac{c + d}{0.3 + 1.4\rho_{te}}\right)$$

$$= 1.0 \times 1.41 \times 1.0 \times \frac{173}{2.0 \times 10^5} \times \left(\frac{30 + 39.26}{0.3 + 1.4 \times 0.1}\right)$$

$$= 0.19(\text{mm}) < 0.2\ \text{mm}$$

故满足要求。

1.2.4 典型设计案例

装配式 T 形截面简支梁设计

【基本资料】 某装配式钢筋混凝土简支 T 形梁，梁长 $L = 14.95\ m$，标准跨径 $L_b = 15\ \text{m}$，计算跨径 $l = 14.6\ \text{m}$ 。按正截面承载能力计算所确定的跨中截面尺寸与钢筋布置如图 1-75 所示，主筋为 HRB335 级钢筋，8Φ32 + 4Φ25，$A_s = 8\,398\ \text{mm}^2$，架立钢筋为 HRB335 级钢筋，2Φ22，箍筋采用 HPB235 钢筋，直径为 12 mm，焊接成多层钢筋骨架，混凝土等级为 C25。该梁承受支点剪力 $V_d^0 = 510\ \text{kN}$，跨中剪力 $V_d^{l/2} = 100\ \text{kN}$，支点弯矩 $M_d^0 = 0$，跨中弯矩 $M_d^{l/2} = 2\,626.48\ \text{kN} \cdot \text{m}$，$\gamma_0 = 1.0$，混凝土保护层厚度 $c = 36\ \text{mm}$ 。试对该梁进行斜截面设计，并校核全梁。

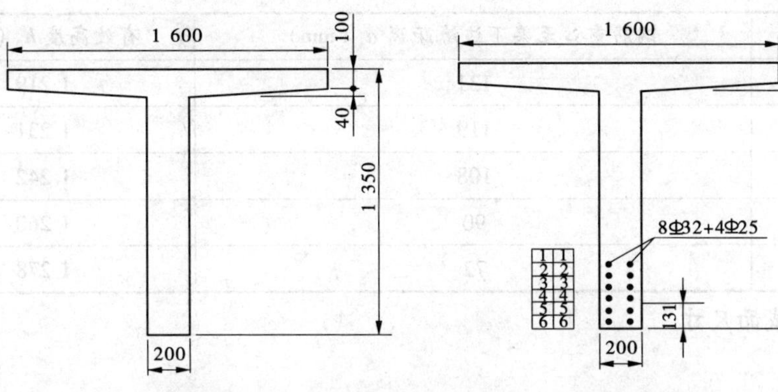

图1-75　截面尺寸与钢筋布置图

【案例解析】

1. 计算各截面的有效高度

根据构造要求,钢筋混凝土梁的支点处,应至少有两根且不少于总数20%的下层受拉主钢筋通过。跨中截面共12根钢筋,故最下面两层,即4Φ32($A_s = 3\ 217\ \mathrm{mm}^2$)通过支点。

(1)跨中截面(没有纵向钢筋弯起),截面主筋为8Φ32 +4Φ25,主筋合力点至梁截面下边缘的距离 a_s 为:

$$a_s = \frac{(36 + 2 \times 35.8) \times 6\ 434 + (36 + 4 \times 35.8 + 28.4) \times 1\ 964}{6\ 434 + 1\ 964} = 131(\mathrm{mm})$$

(2)弯起上一排2Φ25钢筋后,截面主筋为8Φ32 +2Φ25,主筋合力点至梁截面下边缘的距离 a_s 为:

$$a_s = \frac{(36 + 2 \times 35.8) \times 6\ 434 + (36 + 4 \times 35.8 + \frac{28.4}{2}) \times 982}{6\ 434 + 982} = 119(\mathrm{mm})$$

(3)弯起第二排2Φ25钢筋后,截面主筋为8Φ32,主筋合力点至梁截面下边缘的距离 a_s 为:

$$a_s = 36 + 2 \times 35.8 = 108(\mathrm{mm})$$

(4)弯起二排2Φ25和一排2Φ32钢筋后,截面主筋为6Φ32,主筋合力点至梁截面下边缘的距离 a_s 为:

$$a_s = 36 + \frac{3}{2} \times 35.8 = 90(\mathrm{mm})$$

(5)弯起二排2Φ25和二排4Φ32钢筋后,截面主筋为4Φ32,主筋合力点至梁截面下边缘的距离 a_s 为:

$$a_s = 36 + 35.8 = 71.8 \approx 72(\mathrm{mm})$$

各截面有效高度汇总见表1-33。

表1-33 各截面有效高度汇总表

主筋数量	钢筋重心至梁下边缘距离 a_s（mm）	有效高度 h_0（mm）
8Φ32 +4Φ25	131	1 219
8Φ32 +2Φ25	119	1 231
8Φ32	108	1 242
6Φ32	90	1 260
4Φ32	72	1 278

2. 核算梁的截面尺寸

支点截面：

$0.51\times10^{-3}\sqrt{f_{cu,k}}bh_0 = 0.51\times10^{-3}\times\sqrt{25}\times200\times1\,278 = 651.78(\text{kN}) > \gamma_0 V_d^0 = 510\ \text{kN}$

跨中截面：

$0.51\times10^{-3}\sqrt{f_{cu,k}}bh_0 = 0.51\times10^{-3}\times\sqrt{25}\times200\times1\,219 = 621.69(\text{kN}) > \gamma_0 V_d^{l/2} = 100\ \text{kN}$

故按正截面承载能力确定的截面尺寸满足抗剪承载能力要求。

3. 判断梁内是否需要按计算配置剪力钢筋

支点截面：

$0.50\times10^{-3}\alpha_2 f_{td}bh_0 = 0.50\times10^{-3}\times1\times1.23\times200\times1\,278 = 157.19(\text{kN}) < \gamma_0 V_d^0 = 510\ \text{kN}$

跨中截面：

$0.50\times10^{-3}\alpha_2 f_{td}bh_0 = 0.50\times10^{-3}\times1\times1.23\times200\times1\,219 = 149.94(\text{kN}) > \gamma_0 V_d^{l/2} = 100\ \text{kN}$

故梁内部分需要按计算配置剪力钢筋。

4. 剪力组合设计值的确定与分配

依据《公路钢筋混凝土及预应力混凝土桥涵设计规范》(JTG D62—2012)的规定，混凝土和箍筋共同承担的剪力设计值不小于60% V_d'，取70% V_d' = 330.46 kN；弯起钢筋承担的剪力设计值不超过40% V_d'，取30% V_d' = 141.63 kN，初步绘制剪力设计值包络图如图1-76所示。

距离支点 $\frac{h}{2}$ 处的剪力设计值 V_d'，由剪力包络图按三角形相似原理得：

$$\frac{V_d^0 - V_d^{l/2}}{l/2} = \frac{V_d' - V_d^{l/2}}{l/2 - h/2} \Rightarrow \frac{510-100}{14.6/2} = \frac{V_d' - 100}{14.6/2 - 1.35/2} \Rightarrow V_d' = 472.09(\text{kN})$$

依据剪力包络图从支座中心向跨中方向需要设置弯起钢筋的区段长度为：

$$\frac{V_d^0 - V_d^{l/2}}{l/2} = \frac{V_d^0 - 0.7V_d'}{l_{sb}} \Rightarrow \frac{510-100}{14.6/2} = \frac{510-330.46}{l_{sb}} \Rightarrow l_{sb} = 3.197(\text{m}) = 3\,197\ \text{mm}$$

5. 箍筋设计

(1) 验算是否需要计算箍筋间距（即判定不需要设置剪力钢筋的区段）。

由于支点截面 $0.50\times10^{-3}\alpha_2 f_{td}bh_0 = 157.19(\text{kN}) < \gamma_0 V_d^0 = 510\ \text{kN}$ 和跨中截面 $0.50\times10^{-3}\alpha_2 f_{td}bh_0 = 149.94\ \text{kN} > \gamma_0 V_d^{l/2} = 100\ \text{kN}$，故靠近支点截面（$\frac{l}{2} - l_1$）区段梁

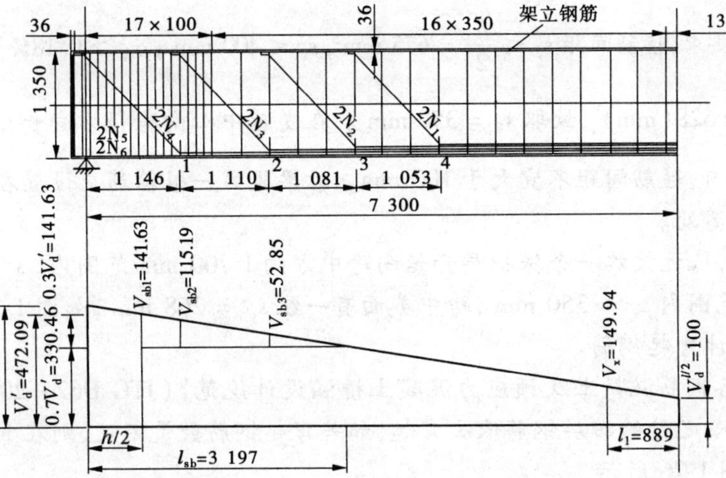

图1-76　弯起钢筋布置图及剪力包络图　(尺寸单位:mm;剪力单位:kN)

需要计算箍筋间距,其长度 l_1 为:

取 $V_x = 0.50 \times 10^{-3}\alpha_2 f_{td} bh_0 = 149.94\ \text{kN}$,则:

$$\frac{l_1}{l/2} = \frac{V_x - V_d^{l/2}}{V_d^0 - V_d^{l/2}}$$

$$l_1 = \frac{l}{2} \times \frac{V_x - V_d^{l/2}}{V_d^0 - V_d^{l/2}} = \frac{14.6}{2} \times \frac{149.94 - 100}{510 - 100} = 0.889(\text{m}) = 889\ \text{mm}$$

(2)计算箍筋间距。

采用HPB235钢筋,直径为12 mm双肢箍筋(即 $n=2$),则:

$$A_{sv} = 2 \times 113.1 = 226(\text{mm}^2),\ f_{sv} = 195\ \text{MPa}。$$

在等截面钢筋混凝土简支梁中,箍筋尽量等距离布置。为了计算简便,式中的 P 和 h_0 可近似取支点截面和跨中截面的平均值,计算如下:

支点截面:

$$P_0 = 100\rho = 100 \times \frac{3\ 217}{200 \times 1\ 278} = 1.259 < 2.5,\ h_0 = 1\ 278\ \text{mm}$$

跨中截面:

$$P_{l/2} = 100\rho = 100 \times \frac{8\ 398}{200 \times 1\ 219} = 3.445 > 2.5,\text{取}\ P_{l/2} = 2.5,\ h_0 = 1\ 219\ \text{mm}$$

平均值分别是:

$$\bar{P} = \frac{1.259 + 2.5}{2} = 1.88,\ \bar{h}_0 = \frac{1\ 278 + 1\ 219}{2} = 1\ 249(\text{mm})$$

箍筋间距 s_v 为:

$$s_v = \frac{\alpha_1^2\alpha_3^2 \times 0.2 \times 10^{-6} \times (2 + 0.6P)\ \sqrt{f_{cu,k}}A_{sv}f_{sv}bh_0^2}{(\xi\gamma_0 V'_d)^2}$$

$$= \frac{1 \times 1.1^2 \times 0.2 \times 10^{-6} \times (2 + 0.6 \times 1.88) \times \sqrt{25} \times 226 \times 195 \times 200 \times 1\ 249^2}{330.46^2}$$

$= 477(\text{mm})$

因为构造要求，箍筋间距 $s_v \leqslant \frac{h}{2} = 675\text{ mm}$，$s_v \leqslant 400\text{ mm}$；$\rho_{sv} \geqslant 0.18\%$，即 $s_v < \frac{A_{sv}}{\rho_{sv} b} = \frac{226}{0.18\% \times 200} = 628(\text{mm})$，故取 $s_v = 350\text{ mm}$。在支座中心向跨径方向长度相当于不小于一倍梁高范围内，箍筋间距不宜大于 100 mm。近梁段第一根箍筋应设置在距端面一个混凝土保护层距离处。

综上所述，从近梁端一个保护层开始向跨中方向 1 700 mm 范围内，$s_v = 100\text{ mm}$；其后 5 600 mm 范围内 $s_v = 350\text{ mm}$，跨中截面有一组 $s_v = 268\text{ mm}$，如图 1-76 所示。

6. 初步设计弯起钢筋。

依据《公路钢筋混凝土及预应力混凝土桥涵设计规范》(JTG D62—2012)规定，将除去通过支座中心之外的四层钢筋依次弯起，如若弯起钢筋数量不足，则在靠近跨中方向补充斜钢筋，如图 1-76 所示。

(1) 第一排弯起钢筋。

第一排弯起钢筋拟由第四层钢筋(即 2N4，2Φ32，$A'_{sb1} = 1\ 608\text{ mm}^2$)弯起，抵抗 V_{sb1} 需要的钢筋面积 A_{sb1} 计算如下：

$$V_{sb1} = 0.3V'_d = 141.63\text{ kN}$$

$$A_{sb1} = \frac{\gamma_0 V_{sb1}}{0.75 \times 10^{-3} f_{sd} \sin\theta_s} = \frac{141.63}{0.75 \times 10^{-3} \times 280 \times \sin 45^\circ} = 954(\text{mm}^2) < 1\ 608\text{ mm}^2$$

故满足抗剪要求。

注：由于 V_{sb1} 已经考虑 γ_0，故该式中不能重复计算，以下同理。

而第一排弯起钢筋的水平投影长度：

$$\Delta h_1 = 1\ 350 - (36 + 25.1 + 35.8/2) - (36 + 2.5 \times 35.8) = 1\ 146(\text{mm})$$

即弯起点 1 距离支座中心的长度 $X_{sb1} = 1\ 146\text{ mm}$，而 1′(即第一排弯起钢筋与梁轴线交点)距支座中心长度 $X'_{sb1} = \frac{1\ 350}{2} - (36 + 25.1 + \frac{35.8}{2}) = 596(\text{mm})$。

(2) 第二排弯起钢筋。

第二排弯起钢筋拟由第三层钢筋(即 2N3，2Φ32，$A'_{sb1} = 1\ 608\text{ mm}^2$)弯起，抵抗 V_{sb2} 需要的钢筋面积 A_{sb2} 计算如下：

$$\frac{V_d^0 - V_d^{l/2}}{l/2} = \frac{V_{sb2}}{l_{sb} - X_{sb1}} \Rightarrow \frac{510 - 100}{14\ 600/2} = \frac{V_{sb2}}{3\ 197 - 1\ 146} \Rightarrow V_{sb2} = 115.19(\text{kN})$$

$$A_{sb2} = \frac{\gamma_0 V_{sb2}}{0.75 \times 10^{-3} f_{sd} \sin\theta_s} = \frac{115.19}{0.75 \times 10^{-3} \times 280 \times \sin 45^\circ} = 776(\text{mm}^2) < 1\ 608\text{ mm}^2$$

故满足抗剪要求。

而第二排弯起钢筋的水平投影长度：

$$\Delta h_2 = 1\ 350 - (36 + 25.1 + 35.8/2) - (36 + 3.5 \times 35.8) = 1\ 110(\text{mm})$$

即弯起点 2 距离支座中心的长度 $X_{sb2} = 1\ 146 + 1\ 110 = 2\ 256(\text{mm})$，而 2′ 距支座中心的长度 $X'_{sb2} = \frac{1\ 350}{2} - (36 + 25.1 + \frac{35.8}{2}) + 1\ 146 = 1\ 742(\text{mm})$。

(3)第三排弯起钢筋。

第三排弯起钢筋拟由第二层钢筋(即2N2,2Φ25, $A'_{sb3}=982\ mm^2$)弯起,抵抗 V_{sb3} 需要的钢筋面积 A_{sb3} 计算如下:

$$\frac{V_d^0 - V_d^{l/2}}{l/2} = \frac{V_{sb3}}{l_{sb} - X_{sb2}} \Rightarrow \frac{510-100}{14\ 600/2} = \frac{V_{sb3}}{3\ 197 - 2\ 256} \Rightarrow V_{sb3} = 52.85(kN)$$

$$A_{sb3} = \frac{\gamma_0 V_{sb3}}{0.75\times 10^{-3} f_{sd}\sin\theta_s} = \frac{52.85}{0.75\times 10^{-3}\times 280\times \sin 45°} = 356(mm^2) < 982\ mm^2$$

故满足抗剪要求。

而第三排弯起钢筋的水平投影长度:

$$\Delta h_3 = 1\ 350 - (36+25.1+28.4/2) - (36+4\times 35.8+28.4/2) = 1\ 081(mm)$$

即弯起点3距离支座中心的长度

$$X_{sb3} = 1\ 146 + 1\ 110 + 1\ 081 = 3\ 337(mm) > 3\ 197\ mm$$

而3′距支座中心的长度

$$X'_{sb3} = \frac{1\ 350}{2} - (36+25.1+\frac{28.4}{2}) + 1\ 146 + 1\ 110 = 2\ 856(mm)。$$

(4)第四排弯起钢筋。

由于 $X_3 > 3\ 197\ mm$,故第一层钢筋(即2N1,2Φ25, $A'_{sb4}=982\ mm^2$)可以截断,但为了结构受力更加安全,也为了计算简单,第一层钢筋仍然弯起成第四排弯起钢筋。则 V_{sb4} 为负值, $A_{sb4}=0$。

第四排弯起钢筋的水平投影长度:

$$\Delta h_4 = 1\ 350 - (36+25.1+28.4/2) - (36+4\times 35.8+1.5\times 28.4) = 1\ 053(mm)$$

即弯起点4距离支座中心的长度 $X_{sb4} = 1\ 146+1\ 110+1\ 081+1\ 053 = 4\ 390(mm) > 3\ 197\ mm$,而4′距支座中心的长度 $X'_{sb4} = \frac{1\ 350}{2} - (36+25.1+\frac{28.4}{2}) + 1\ 146 + 1\ 110 + 1\ 081 = 3\ 937(mm)$。

上述第一、二、三、四排弯起钢筋计算汇总见表1-34。

表1-34　弯起钢筋计算汇总表

弯起点	1	2	3	4
Δh_i (mm)	1 146	1 110	1 081	1 053
X_{sbi} (mm)	1 146	2 256	3 337	4 390
X'_{sbi} (mm)	596	1 742	2 856	3 937
V_{sbi} (kN)	141.63	115.19	52.85	负值
A_{sbi} (mm^2)	954	776	356	0
A'_{sbi} (mm^2)	1 608	1 608	982	982

7.绘制设计弯矩图

由式(1-44)即 $M_d^x = M_d^{l/2}\left(1-\frac{4x^2}{l^2}\right)$ 计算几个特征点处的设计弯矩值,见表1-35,并绘制设计弯矩图,如图1-77所示。

表 1-35　设计弯矩图计算表

x (mm)	l (mm)	$\frac{4x^2}{l^2}$	$1-\frac{4x^2}{l^2}$	$M_d^{l/2}$ (kN·m)	$M_d^x = M_d^{l/2}\left(1-\frac{4x^2}{l^2}\right)$ (kN·m)
0	14 600	0	1	2 646.48	2 646.48
1 000	14 600	0.018 765	0.981 235	2 646.48	2 596.82
2 000	14 600	0.075 061	0.924 939	2 646.48	2 447.83
2 910	14 600	0.158 906	0.841 094	2 646.48	2 225.94
3 963	14 600	0.294 715	0.705 285	2 646.48	1 866.52
5 044	14 600	0.477 424	0.522 576	2 646.48	1 382.99
6 154	14 600	0.710 672	0.289 328	2 646.48	765.70
7 300	14 600	1	0	2 646.48	0

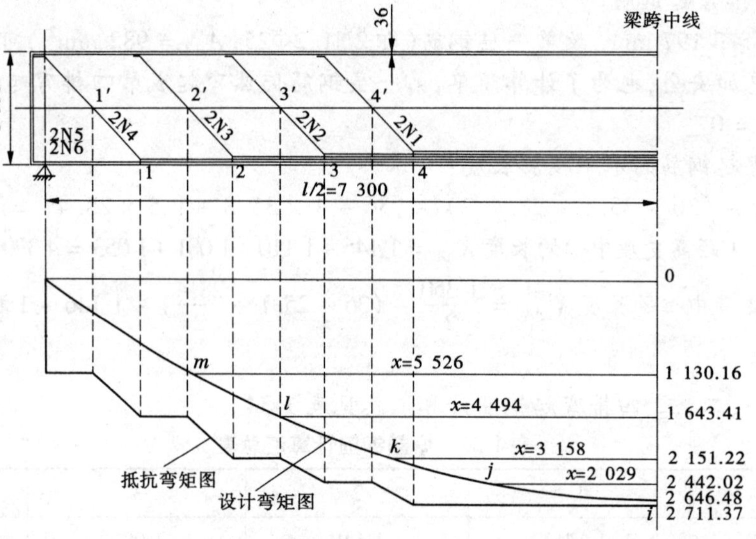

图 1-77　梁的设计弯矩图和抵抗弯矩图　（尺寸单位：mm；弯矩单位：kN·m）

8. 抵抗弯矩图

(1) 支点～1 点。

$f_{sd}A_s = 280 \times 3\ 217 = 900\ 760(\text{N}) < f_{cd}b_f'h_f' = 11.5 \times 1\ 600 \times 120 = 2\ 208\ 000(\text{N})$

故属于第一类 T 形截面。

$$f_{cd}b_f'x = f_{sd}A_s$$

$$11.5 \times 1\ 600x = 280 \times 3\ 217$$

$$x = 49(\text{mm})$$

$$M_u = f_{cd}b_f'x(h_0 - \frac{x}{2})$$

$$= 11.5 \times 1\,600 \times 49 \times (1\,278 - \frac{49}{2})$$

$$= 1\,130\,155\,600(\text{N} \cdot \text{mm})$$

$$= 1\,130.16\ \text{kN} \cdot \text{m}$$

(2)1 点~2 点。

$$h_0 = h - a_s = 1\,350 - (36 + 1.5 \times 35.8) = 1\,260(\text{mm})$$

$$f_{sd}A_s = 280 \times 4\,826 = 1\,351\,280(\text{N}) < f_{cd}b'_f h'_f = 11.5 \times 1\,600 \times 120 = 2\,208\,000(\text{N})$$

故属于第一类T形截面。

$$f_{cd}b'_f x = f_{sd}A_s$$

$$11.5 \times 1\,600x = 280 \times 4\,826$$

$$x = 73(\text{mm})$$

$$M_u = f_{cd}b'_f x(h_0 - \frac{x}{2}) = 11.5 \times 1\,600 \times 73 \times (1\,260 - \frac{73}{2}) = 1\,643\,405\,200(\text{N} \cdot \text{mm}) = 1\,643.41\ \text{kN} \cdot \text{m}$$

(3)2 点~3 点。

$$h_0 = h - a_s = 1\,350 - (36 + 2 \times 35.8) = 1\,242(\text{mm})$$

$$f_{sd}A_s = 280 \times 6\,434 = 1\,801\,520(\text{N}) < f_{cd}b'_f h'_f = 11.5 \times 1\,600 \times 120 = 2\,208\,000(\text{N})$$

故属于第一类T形截面。

$$f_{cd}b'_f x = f_{sd}A_s$$

$$11.5 \times 1\,600x = 280 \times 6\,434$$

$$x = 98(\text{mm})$$

$$M_u = f_{cd}b'_f x(h_0 - \frac{x}{2})$$

$$= 11.5 \times 1\,600 \times 98 \times (1\,242 - \frac{98}{2})$$

$$= 2\,151\,217\,600(\text{N} \cdot \text{mm})$$

$$= 2\,151.22\ \text{kN} \cdot \text{m}$$

(4)3 点~4 点。

$$a_s = \frac{\sum f_{sdi}A_{si}a_{si}}{\sum f_{sdi}A_{si}} = \frac{6\,434 \times (36 + 2 \times 35.8) + 982 \times (36 + 4 \times 35.8 + 0.5 \times 28.4)}{6\,434 + 982}$$

$$= 119(\text{mm})$$

$$h_0 = h - a_s = 1\,350 - 119 = 1\,231(\text{mm})$$

$$f_{sd}A_s = 280 \times 7\,416 = 2\,076\,480(\text{N}) < f_{cd}b'_f h'_f = 11.5 \times 1\,600 \times 120 = 2\,208\,000(\text{N})$$

故属于第一类T形截面。

$$f_{cd}b'_f x = f_{sd}A_s$$

$$11.5 \times 1\,600x = 280 \times 7\,416$$

$$x = 113(\text{mm})$$

$$M_u = f_{cd}b'_f x(h_0 - \frac{x}{2})$$
$$= 11.5 \times 1\ 600 \times 113 \times (1\ 231 - \frac{113}{2})$$
$$= 2\ 442\ 020\ 400(\text{N} \cdot \text{mm})$$
$$= 2\ 442.02\ \text{kN} \cdot \text{m}$$

钢筋弯起后相应各正截面抗弯承载力汇总表见表1-36。

表1-36 钢筋弯起后相应各正截面抗弯承载力汇总表

梁区段	截面纵筋	有效高度 h_0 (mm)	T形截面类型	受压区高度 x (mm)	抗弯承载力 M_{ui}(kN·m)
支点~1点	4Φ32	1 278	第一类	49	1 130.16
1点~2点	6Φ32	1 260	第一类	73	1 643.41
2点~3点	8Φ32	1 242	第一类	98	2 151.22
3点~4点	8Φ32+2Φ25	1 231	第一类	113	2 442.02
4点~跨中	8Φ32+4Φ25	1 219	第二类	182	2 711.37

由图1-77知，抵抗弯矩图完全包住设计弯矩图，故全梁正截面抗弯承载力安全。

9.受弯构件斜截面抗弯承载力校核

现以图1-77中所示弯起钢筋弯起点初步位置，来逐个校核是否满足《钢筋混凝土及预应力混凝土桥涵设计规范》(JTG D62—2012)要求。

由式(1-44)推算图1-77中各充分利用点和不需要点的横坐标值如下：

$$x_l = \sqrt{\frac{(1 - \frac{1\ 643.41}{2\ 646.48}) \times 14\ 600^2}{4}} = 4\ 494(\text{mm})$$

$$x_m = \sqrt{\frac{(1 - \frac{1\ 130.16}{2\ 646.48}) \times 14\ 600^2}{4}} = 5\ 526(\text{mm})$$

$$x_k = \sqrt{\frac{(1 - \frac{2\ 151.22}{2\ 646.48}) \times 14\ 600^2}{4}} = 3\ 158(\text{mm})$$

$$x_j = \sqrt{\frac{(1 - \frac{2\ 442.02}{2\ 646.48}) \times 14\ 600^2}{4}} = 2\ 029(\text{mm})$$

(1)第一排弯起钢筋(2N4)。

其充分利用点“l”的横坐标 $x_l = 4\ 494$ mm，而2N4的弯起点1的横坐标 $x_1 = 7\ 300 - 1\ 146 = 6\ 154$(mm)，说明1点位于$l$点的左边，且 $x_1 - x_l = 1\ 660 > \frac{h_0}{2} = \frac{1\ 260}{2} = 630$(mm)，满足要求。

其不需要点“m”的横坐标 $x_m = 5\ 526$ mm，而2N4钢筋与梁中轴线交点1′的横坐标 $x'_1 = 7\ 300 - 596 = 6\ 704\ \text{mm} > x_m = 5\ 526$ mm，亦满足要求。

(2)第二排弯起钢筋(2N3)。

其充分利用点"k"的横坐标 $x_k = 3\ 158$ mm,而2N3的弯起点2的横坐标 $x_2 = 7\ 300 - 2\ 256 = 5\ 044$(mm),说明2点位于$k$点的左边,且 $x_2 - x_k = 1\ 886 > \frac{h_0}{2} = \frac{1\ 242}{2} = 621$(mm),满足要求。

其不需要点"l"的横坐标 $x_l = 4\ 494$ mm,而2N3钢筋与梁中轴线交点2′的横坐标 $x'_2 = 7\ 300 - 1\ 742 = 5\ 558(\text{mm}) > x_l = 4\ 494$ mm,亦满足要求。

(3)第三排弯起钢筋(2N2)。

其充分利用点"j"的横坐标 $x_j = 2\ 029$ mm,而2N2的弯起点3的横坐标 $x_3 = 7\ 300 - 3\ 337 = 3\ 963$(mm),说明3点位于$j$点的左边,且 $x_3 - x_j = 1\ 934\ \text{mm} > \frac{h_0}{2} = \frac{1\ 231}{2} = 616$(mm),满足要求。

其不需要点"k"的横坐标 $x_k = 3\ 158$ mm,而2N2钢筋与梁中轴线交点3′的横坐标 $x'_3 = 7\ 300 - 2\ 856 = 4\ 444(\text{mm}) > x_k = 3\ 158(\text{mm})$,亦满足要求。

(4)第4排弯起钢筋(2N1)。

其充分利用点"i"的横坐标 $x_i = 0$,而2N1的弯起点4的横坐标 $x_4 = 7\ 300 - 3\ 337 = 2\ 910$(mm),说明4点位于$i$点的左边,且 $x_4 - x_i = 2\ 910\ \text{mm} > \frac{h_0}{2} = \frac{1\ 219}{2} = 610$ mm,满足要求。

其不需要点"j"的横坐标 $x_j = 2\ 029$ mm,而2N1钢筋与梁中轴线交点4′的横坐标 $7\ 300 - 3\ 937 = 3\ 363(\text{mm}) > x_j = 2\ 029$ mm,亦满足要求。

10.复核斜截面抗剪承载力是否满足要求。

依据《钢筋混凝土及预应力混凝土桥涵设计规范》(JTG D62—2012)要求,该梁应该符合的斜截面有6个,见图1-78所示。

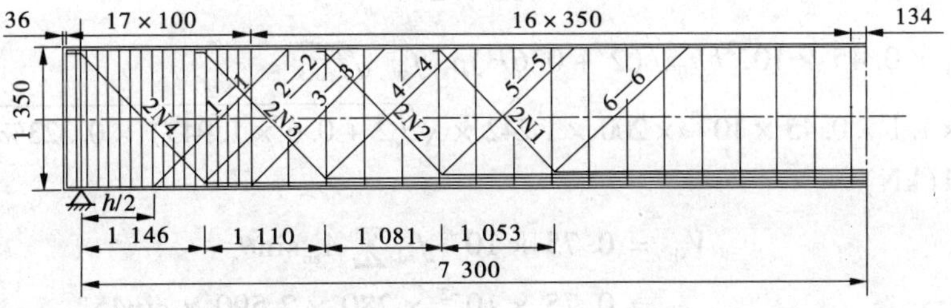

图1-78 斜截面抗剪承载力符合截面位置示意图 (单位:mm)

为了简化计算可近似取斜截面水平投影C值为:

$$C = h_0(h_0 = \frac{1\ 278 + 1\ 219}{2} = 1\ 248.5(\text{mm}))$$

(1)斜截面1—1。

斜截面内有4Φ32($A_s = 3\ 217\ \text{mm}^2$)纵向钢筋,弯起钢筋为4Φ32($A_s = 3\ 217\ \text{mm}^2$),箍筋间距 $s_v = 350$ mm,斜截面顶端截面的 $h_0 = 1\ 260$ mm,则:

$$P = 100\rho = 100 \times \frac{3\ 217}{200 \times 1\ 260} = 1.277$$

$$\rho_{sv} = \frac{A_{sv}}{s_v b} = \frac{226}{350 \times 200} = 0.323\%$$

$$V_{cs} = \alpha_1\alpha_2\alpha_3 \times 0.45 \times 10^{-3} bh_0\sqrt{(2 + 0.6P)\rho_{sv} f_{sv} \sqrt{f_{cu,k}}}$$
$$= 1 \times 1 \times 1.1 \times 0.45 \times 10^{-3} \times 200 \times 1\ 260 \times \sqrt{(2 + 0.6 \times 1.277) \times 0.323\% \times 195 \times \sqrt{25}}$$
$$= 368.17(\text{kN})$$

$$V_{sb} = 0.75 \times 10^{-3} f_{sd} \sum A_{sb}\sin\theta_s$$
$$= 0.75 \times 10^{-3} \times 280 \times 3\ 217 \times \sin 45°$$
$$= 477.7(\text{kN})$$

斜截面顶端的剪力值 V_d^1:

$$\frac{V_d^1 - V_d^{l/2}}{V_d^0 - V_d^{l/2}} = \frac{l/2 - h/2 - 1\ 249}{l/2}$$

$$\frac{V_d^1 - 100}{510 - 100} = \frac{7\ 300 - 675 - 1\ 249}{7\ 300}$$

$$V_d^1 = 401.94(\text{kN})$$

且 $$V_d^1 < V_{cs} + V_{sb} = 845.87\ \text{kN}$$

(2)斜截面2—2。

斜截面内有6Φ32($A_s = 4\ 826\ \text{mm}^2$)纵向钢筋,弯起钢筋为2Φ32+2Φ25($A_s = 2\ 590\ \text{mm}^2$),箍筋间距 $s_v = 350$ mm,斜截面顶端截面的 $h_0 = 1\ 242$ mm,则:

$$P = 100\rho = 100 \times \frac{4\ 826}{200 \times 1\ 242} = 1.943$$

$$\rho_{sv} = \frac{A_{sv}}{s_v b} = \frac{226}{350 \times 200} = 0.323\%$$

$$V_{cs} = \alpha_1\alpha_2\alpha_3 \times 0.45 \times 10^{-3} bh_0\sqrt{(2 + 0.6P)\rho_{sv} f_{sv} \sqrt{f_{cu,k}}}$$
$$= 1 \times 1 \times 1.1 \times 0.45 \times 10^{-3} \times 200 \times 1\ 242 \times \sqrt{(2 + 0.6 \times 1.943) \times 0.323\% \times 195 \times \sqrt{25}}$$
$$= 388.24(\text{kN})$$

$$V_{sb} = 0.75 \times 10^{-3} f_{sd} \sum A_{sb}\sin\theta_s$$
$$= 0.75 \times 10^{-3} \times 280 \times 2\ 590 \times \sin 45°$$
$$= 384.60(\text{kN})$$

斜截面顶端的剪力值 V_d^2:

$$\frac{V_d^2 - V_d^{l/2}}{V_d^0 - V_d^{l/2}} = \frac{l/2 - \Delta h_1 - 1\ 249}{l/2}$$

$$\frac{V_d^2 - 100}{510 - 100} = \frac{7\ 300 - 1\ 146 - 1\ 249}{7\ 300}$$

$$V_d^2 = 375.49(\text{kN})$$

且 $$V_d^2 < V_{cs} + V_{sb} = 772.84\ \text{kN}$$

(3)斜截面3—3。

斜截面内有6Φ32($A_s = 4\ 826\ \text{mm}^2$)纵向钢筋,弯起钢筋为2Φ32+2Φ25($A_s = 2\ 590\ \text{mm}^2$),箍筋间距 $s_v = 350$ mm,斜截面顶端截面的 $h_0 = 1\ 242$ mm,同斜截面2—2,则斜截面顶端的剪力值 V_d^3 计算如下:

$$\frac{V_d^3 - V_d^{l/2}}{V_d^0 - V_d^{l/2}} = \frac{l/2 - \left[1\ 700 - (L - l)/2 + 36\right] - 1\ 249}{l/2}$$

$$\frac{V_d^3 - 100}{510 - 100} = \frac{7\ 300 - 1\ 566 - 1\ 249}{7\ 300}$$

$$V_d^3 = 351.90(\text{kN})$$

且 $$V_d^3 < V_{cs} + V_{sb} = 772.84\ \text{kN}$$

(4)斜截面4—4。

斜截面内有8Φ32($A_s = 6\ 434\ \text{mm}^2$)纵向钢筋,弯起钢筋为4Φ25($A_s = 1\ 964\ \text{mm}^2$),箍筋间距 $s_v = 350$ mm,斜截面顶端截面的 $h_0 = 1\ 231$ mm,则:

$$P = 100\rho = 100 \times \frac{6\ 434}{200 \times 1\ 231} = 2.613 > 2.5\text{,故取}P = 2.5$$

$$\rho_{sv} = \frac{A_{sv}}{s_v b} = \frac{226}{350 \times 200} = 0.323\%$$

$$\begin{aligned}V_{cs} &= \alpha_1\alpha_2\alpha_3 \times 0.45 \times 10^{-3} b h_0 \sqrt{(2 + 0.6P)\rho_{sv} f_{sv}\sqrt{f_{cu,k}}} \\ &= 1 \times 1 \times 1.1 \times 0.45 \times 10^{-3} \times 200 \times 1\ 231 \times \sqrt{(2 + 0.6 \times 2.5) \times 0.323\% \times 195 \times \sqrt{25}} \\ &= 404.6(\text{kN})\end{aligned}$$

$$\begin{aligned}V_{sb} &= 0.75 \times 10^{-3} f_{sd} \sum A_{sb} \sin\theta_s \\ &= 0.75 \times 10^{-3} \times 280 \times 1\ 964 \times \sin 45° \\ &= 291.64(\text{kN})\end{aligned}$$

斜截面顶端的剪力值 V_d^4:

$$\frac{V_d^4 - V_d^{l/2}}{V_d^0 - V_d^{l/2}} = \frac{l/2 - X_{sb2} - 1\ 249}{l/2}$$

$$\frac{V_d^4 - 100}{510 - 100} = \frac{7\ 300 - 2\ 256 - 1\ 249}{7\ 300}$$

$$V_d^4 = 313.14\ \text{kN}$$

且 $$V_d^4 < V_{cs} + V_{sb} = 696.24\ \text{kN}$$

(5)斜截面5—5。

斜截面内有8Φ32+2Φ25($A_s = 7\ 416\ \text{mm}^2$)纵向钢筋,弯起钢筋为2Φ25($A_s = 982\ \text{mm}^2$),箍筋间距 $s_v = 350$ mm,斜截面顶端截面的 $h_0 = 1\ 219$ mm,则:

$$P = 100\rho = 100 \times \frac{7\ 416}{200 \times 1\ 219} = 3.042 > 2.5\text{,故取}P = 2.5$$

$$\rho_{sv}=\frac{A_{sv}}{s_v b}=\frac{226}{350\times 200}=0.323\%$$

$$V_{cs}=\alpha_1\alpha_2\alpha_3\times 0.45\times 10^{-3}bh_0\sqrt{(2+0.6P)\rho_{sv}f_{sv}\sqrt{f_{cu,k}}}$$
$$=1\times 1\times 1.1\times 0.45\times 10^{-3}\times 200\times 1\ 219\times\sqrt{(2+0.6\times 2.5)\times 0.323\%\times 195\times\sqrt{25}}$$
$$=400.66(\mathrm{kN})$$

$$V_{sb}=0.75\times 10^{-3}f_{sd}\sum A_{sb}\sin\theta_s$$
$$=0.75\times 10^{-3}\times 280\times 982\times\sin 45^\circ$$
$$=145.82(\mathrm{kN})$$

斜截面顶端的剪力值 V_d^5：

$$\frac{V_d^5-V_d^{l/2}}{V_d^0-V_d^{l/2}}=\frac{l/2-X_{sb3}-1\ 249}{l/2}$$

$$\frac{V_d^5-100}{510-100}=\frac{7\ 300-3\ 337-1\ 249}{7\ 300}$$

$$V_d^5=252.43(\mathrm{kN})$$

且 $$V_d^5<V_{cs}+V_{sb}=546.48\ \mathrm{kN}$$

(6)斜截面6—6。

斜截面内有8Φ32 +4Φ25(A_s = 8 398 mm^2)纵向钢筋，无弯起钢筋，箍筋间距 s_v = 350 mm，斜截面顶端截面的 h_0 = 1 219 mm，则：

$$P=100\rho=100\times\frac{8\ 398}{200\times 1\ 219}=3.44>2.5\text{，故取}P=2.5$$

$$\rho_{sv}=\frac{A_{sv}}{s_v b}=\frac{226}{350\times 200}=0.323\%$$

$$V_{cs}=\alpha_1\alpha_2\alpha_3\times 0.45\times 10^{-3}bh_0\sqrt{(2+0.6P)\rho_{sv}f_{sv}\sqrt{f_{cu,k}}}$$
$$=1\times 1\times 1.1\times 0.45\times 10^{-3}\times 200\times 1\ 219\times\sqrt{(2+0.6\times 2.5)\times 0.323\%\times 195\times\sqrt{25}}$$
$$=400.66(\mathrm{kN})$$

$$V_{sb}=0.75\times 10^{-3}f_{sd}\sum A_{sb}\sin\theta_s$$
$$=0.75\times 10^{-3}\times 280\times 0\times\sin 45^\circ$$
$$=0$$

斜截面顶端的剪力值 V_d^6：

$$\frac{V_d^6-V_d^{l/2}}{V_d^0-V_d^{l/2}}=\frac{l/2-X_{sb4}-1\ 249}{l/2}$$

$$\frac{V_d^6-100}{510-100}=\frac{7\ 300-4\ 390-1\ 249}{7\ 300}$$

$$V_d^6=193.29(\mathrm{kN})$$

且 $$V_d^6<V_{cs}+V_{sb}=400.66\ \mathrm{kN}$$

学习情境2　预应力钢筋混凝土简支梁(板)结构

能力要求

通过本情境内容的学习,使学生了解预应力钢筋混凝土基础知识,熟悉预应力钢筋混凝土简支梁的构造要求,理解预应力钢筋混凝土结构损失内容及减小措施,能够进行预应力钢筋混凝土简支梁正截面和斜截面承载力计算,能够进行预应力钢筋混凝土简支梁应力计算,能够进行预应力钢筋混凝土简支梁抗裂性验算。

知识要求

知识目标	知识要点
了解预应力钢筋混凝土基础知识	基本概念、基本原理、预应力工艺及设备、组成材料及其特点、预应力结构分类及其特点
熟悉预应力钢筋混凝土简支梁的构造要求	预应力钢筋混凝土构件截面形式及要求,预应力筋选择与布置
掌握预应力钢筋混凝土简支梁承载力计算方法	张拉控制应力及预应力损失,预应力钢筋混凝土简支梁各阶段受力分析,正截面和斜截面承载力计算
掌握预应力钢筋混凝土简支梁应力计算方法	短暂状态应力计算,持久状态应力计算
掌握预应力钢筋混凝土简支梁抗裂性验算方法	预应力钢筋混凝土抗裂性、挠度验算

素质要求

培养学生以科学的观点分析问题,用严谨的工作态度解决问题;坚持以安全、耐久、适用、环保、经济和美观的基本原则设计工程结构和构件;形成科学、严谨、规范的工作作风。

工作任务单

学习领域	结构设计原理		
学习情境	预应力钢筋混凝土简支梁(板)结构	学时	
学习任务	预应力钢筋混凝土简支梁(板)结构设计	学时	
任务布置			
任务目标	1.掌握预应力钢筋混凝土简支梁结构基础知识; 2.掌握预应力钢筋混凝土材料力学性能及其强度等级应用; 3.掌握预应力钢筋混凝土构件构造要求; 4.掌握预应力钢筋混凝土简支梁承载力计算; 5.掌握预应力钢筋混凝土简支梁应力计算; 6.掌握预应力钢筋混凝土简支梁抗裂性验算; 7.熟悉预应力钢筋混凝土简支梁结构设计步骤		
任务描述	设计某桥中的预应力钢筋混凝土简支梁结构,工作内容: 1.依据设计资料,确定设计信息,查阅相关文献; 2.根据设计信息和规范规定,科学合理地选定构件截面形式,拟定截面尺寸,确定材料; 3.绘制构件计算简图,依据实际情况进行预应力损失计算; 4.按照承载能力极限状态法,进行正截面和斜截面承载力计算; 5.按照规定进行预应力钢筋混凝土简支梁应力计算; 6.按照正常使用极限状态法,进行预应力钢筋混凝土简支梁抗裂性验算		
基础及课程衔接	1.基础:常见材料的物理力学性质、制图与识图相关知识; 2.之前课程:工程力学、道路建筑材料、工程制图与CAD; 3.之后课程:桥梁工程、桥涵施工技术、公路工程检测技术		
基本要求	1.分组讨论设计资料,查阅文献,熟悉构造要求,形成设计方案; 2.科学合理选择预应力钢筋混凝土简支梁截面形式、尺寸及材料强度等级; 3.各小组独立完成预应力钢筋混凝土简支梁承载力和抗裂性计算; 4.各小组参与组内自评、组间互评、教师点评,最终确立设计成果		
课程与岗位技能证书对接	是获得施工员岗位技能证书的课程之一		
学习资源	[1]叶见曙.结构设计原理(第3版).北京:人民交通出版社,2014; [2]叶见曙.结构设计原理计算示例.北京:人民交通出版社,2007; [3]桥梁结构设计图纸; [4]公路桥涵设计通用规范(JTG D60—2015).北京:人民交通出版社; [5]公路钢筋混凝土及预应力混凝土桥涵设计规范(JTG D62—2012).北京:人民交通出版社		

工作资讯单

<table>
<tr><td>学习情境</td><td>预应力钢筋混凝土简支梁(板)结构</td><td>学时</td><td></td></tr>
<tr><td>学习任务</td><td>预应力钢筋混凝土简支梁(板)结构设计</td><td>学时</td><td></td></tr>
<tr><td>资讯信息</td><td colspan="3">1. 何谓预应力钢筋混凝土结构？与普通钢筋混凝土结构有何异同？
2. 简述预应力钢筋混凝土结构工作原理。预应力工艺及施工设备有哪些？
3. 简述预应力钢筋混凝土结构材料力学特性及应用。
4. 何谓预应力损失？产生的机制及有效减少的措施有哪些？针对先张法、后张法各有哪些预应力损失？
5. 预应力钢筋混凝土结构构造要求有哪些？与普通的钢筋混凝土结构有何不同？
6. 简述预应力钢筋混凝土简支梁破坏过程及其应用范围。
7. 何谓张拉控制应力？为什么其取值既不能过大也不能过小？应如何控制？
8. 简述预应力钢筋混凝土结构正截面承载力计算步骤。
9. 简述预应力钢筋混凝土结构斜截面承载力计算步骤。
10. 预应力钢筋混凝土结构为什么要进行正应力验算？为保证安全,应验算哪几个阶段的应力？
11. 预应力钢筋混凝土结构为什么要进行使用阶段抗裂性验算？进行正截面和斜截面抗裂性验算有何不同？
12. 预应力钢筋混凝土结构预拱度是如何设置的？与普通钢筋混凝土结构有何不同？</td></tr>
<tr><td>资讯资源</td><td colspan="3">[1]资讯信息单；
[2]叶见曙. 结构设计原理(第 3 版). 北京:人民交通出版社,2014；
[3]叶见曙. 结构设计原理计算示例. 北京:人民交通出版社,2007；
[4]桥梁结构设计图纸；
[5]公路桥涵设计通用规范(JTG D60—2015). 北京:人民交通出版社；
[6]公路钢筋混凝土及预应力混凝土桥涵设计规范(JTG D62—2012). 北京:人民交通出版社；
[7]授课教材；
[8]课程网站</td></tr>
</table>

任务 2.1　预应力钢筋混凝土结构基础

钢筋混凝土构件由于混凝土的抗拉强度低，而采用钢筋来代替混凝土承受拉力。但是，混凝土的极限拉应变也很小，每米仅能伸长 0.10～0.15 mm，再伸长就要出现裂缝，如果要求构件在使用时混凝土不开裂，则钢筋的拉应力只能达到 20～30 MPa；即使允许开裂，为了保证构件的耐久性，需将裂缝宽度限制在 0.2～0.25 mm，此时钢筋拉应力也只能达到 150～250 MPa，可见高强度钢筋将无法在钢筋混凝土结构中充分发挥其强度作用。

实践证明，普通钢筋混凝土结构在使用中存在带裂缝工作和高强材料强度无法充分利用的不足。因而为了避免钢筋混凝土结构的裂缝过早出现，充分利用高强材料，人们在长期的生产实践中创造了预应力钢筋混凝土结构。

2.1.1　预应力钢筋混凝土结构的基本原理

2.1.1.1　预应力钢筋混凝土结构受力分析

所谓预应力钢筋混凝土结构，是在结构构件受外力荷载作用前，先人为地对它施加压力，由此产生的预应力状态用以减小或抵消外荷载所引起的拉应力，即借助于混凝土较高的抗压强度来弥补其抗拉强度的不足，达到推迟受拉区混凝土开裂的目的。以预应力钢筋混凝土制成的结构，因以张拉钢筋的方法来达到预压应力，所以也称预应力钢筋混凝土结构。

预应力钢筋混凝土虽然只有几十年的历史，然而人们对预应力原理的应用却由来已久。如工匠运用预应力的原理来制作木桶：木桶通过套竹箍紧，水对桶壁产生的环向拉应力不超过环向预压应力，则桶壁木板之间将始终保持受压的紧密状态，木桶就不会开裂和漏水。

现以图 2-1 所示的简支梁为例，进一步说明预应力钢筋混凝土结构的受力情况。

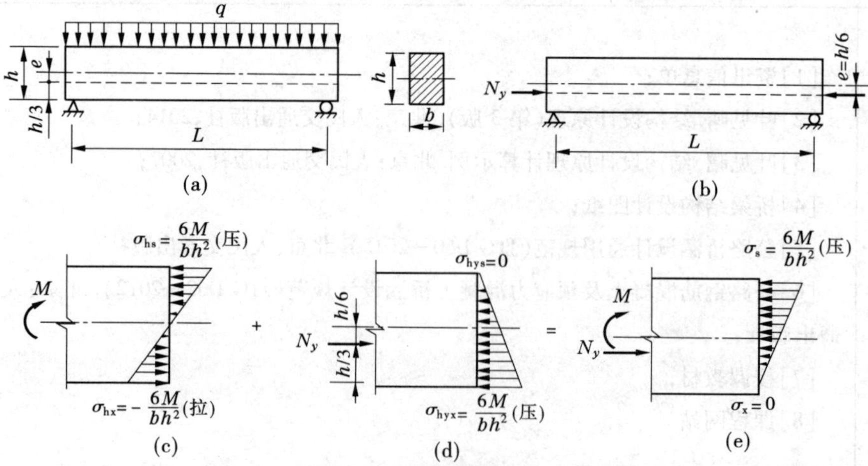

图 2-1　预应力钢筋混凝土结构受力示意图

设混凝土梁跨径为 L,截面 $h \times b$,承受均布荷载 q (含自重在内),其跨中最大弯矩为 $M = \frac{ql^2}{8}$,此时跨中截面上、下缘的应力(见图2-1(c))为:

上缘 $$\sigma_{hs} = \frac{6M}{bh^2}\text{(压应力)}$$

下缘 $$\sigma_{hx} = -\frac{6M}{bh^2}\text{(拉应力)}$$

假如预先在离该梁下缘 $h/3$ (即偏心距 $e = h/6$)处,设置一高强钢丝束,并在梁的两端对拉锚固(见图2-1(a)),使钢束产生一拉力 N_y,其弹性回缩的压力亦为 N_y,将作用于梁端混凝土截面与钢束同高的水平处(见图2-1(b)),如令 $N_y = 3M/h$,则同样可求得 N_y 作用下,梁上、下缘所产生的应力(图2-1(d))为:

上缘 $$\sigma_{hys} = \frac{N_y}{bh} - \frac{6N_y e}{bh^2} = \frac{3M}{bh^2} - \frac{6}{bh^2} \times \frac{3M}{h} \times \frac{h}{6} = 0$$

下缘 $$\sigma_{hyx} = \frac{N_y}{bh} + \frac{6N_y e}{bh^2} = \frac{6M}{bh^2}\text{(压应力)}$$

现将上述两项应力叠加,即可求得梁在 q 和 N_y 共同作用下,跨中截面上、下缘的总应力(见图2-1(e))为:

$$\sigma_s = \sigma_{hys} + \sigma_{hs} = 0 + \frac{6M}{bh^2} = \frac{6M}{bh^2}\text{(压应力)}$$

$$\sigma_x = \sigma_{hyx} + \sigma_{hx} = \frac{6M}{bh^2} - \frac{6M}{bh^2} = 0$$

由于预先给混凝土梁施加了预压应力,使混凝土梁在均布荷载 q 作用下在下边缘所产生的拉应力全部被抵消,因而可避免混凝土出现裂缝,使混凝土梁可以全截面参加工作。这就相当于改善了梁中混凝土的抗拉性能,而且可以达到充分利用高强钢材性能的目的。上述就是预应力钢筋混凝土结构的基本原理。

2.1.1.2　预应力钢筋混凝土的分类

1. 预应力度

所谓预应力度(λ)是指由预应力大小确定的消压弯矩 M_0 与外荷载产生的弯矩 M 的比值,即:

$$\lambda = \frac{M_0}{M} \tag{2-1}$$

式中　M_0 ——消压弯矩,也就是消除构件控制截面受拉区边缘混凝土的预压应力,使其恰好为零时的弯矩;

M ——使用荷载(不包括预应力)作用下控制截面的弯矩;

λ ——预应力度。

2. 预应力钢筋混凝土结构的分类

预应力钢筋混凝土按预应力度大小分:全预应力钢筋混凝土和部分预应力钢筋混凝土。

全预应力钢筋混凝土结构是指在作用效应频遇组合下控制的正截面的受拉边缘不允

许出现拉应力的预应力钢筋混凝土结构，即 $\lambda \geqslant 1$。

部分预应力钢筋混凝土结构是指在作用效应频遇组合下控制的正截面的受拉边缘可出现拉应力的预应力钢筋混凝土结构，即 $0 < \lambda < 1$。当拉应力加以限制时（拉而不裂），为A类预应力钢筋混凝土构件（国际上也称为有限预应力钢筋混凝土）；当拉应力超过限值时（裂而有限），为B类预应力钢筋混凝土构件。

知识拓展

1. 钢筋混凝土结构也可以表达为无预加应力的混凝土结构，即 $\lambda = 0$。

2. 通常把全预应力钢筋混凝土、部分预应力钢筋混凝土和钢筋混凝土结构总称为加筋混凝土结构系列。

3. 预应力钢筋混凝土除按照预应力度大小分类外，按照预应力钢筋混凝土施工方式分：预制预应力钢筋混凝土、现浇预应力钢筋混凝土和叠合预应力钢筋混凝土等；按照预加应力的方法分：先张法预应力钢筋混凝土和后张法预应力钢筋混凝土。

2.1.1.3　预应力钢筋混凝土结构的特点

1. 预应力钢筋混凝土结构的优点

（1）提高了构件的抗裂度和刚度。对构件施加预应力后，可使构件在使用荷载作用下不出现裂缝，或可大大推迟裂缝的出现，有效地改善了构件的使用性能，提高了构件的刚度，增加了结构的耐久性。

（2）可以节省材料，减少自重。预应力钢筋混凝土由于采用高强材料，因而可减小构件截面尺寸，节省钢材与混凝土用量，降低结构物的自重。

（3）可以减小混凝土梁的竖向剪力和主拉应力。预应力钢筋混凝土梁的曲线钢筋（束），可使梁中支座附近的竖向剪力减小，又由于混凝土截面上预压应力的存在，使荷载作用下的主拉应力也相应减小。这有利于减小梁腹板厚度，使预应力钢筋混凝土梁的自重可以进一步减小。

（4）结构质量安全可靠。施加预应力时，钢筋（束）与混凝土同时经受了一次强度检验。如果在张拉钢筋时构件质量表现良好，那么在使用时也可以认为是安全可靠的。

（5）提高结构的耐疲劳性能。具有强度大的预应力的钢筋，在使用阶段由加荷或卸荷所引起的应力变化幅度相对较小，引起疲劳破坏的可能性也小。

2. 预应力钢筋混凝土结构的缺点

（1）工艺较复杂，对施工质量要求高，需要配备一支技术较熟练的专业队伍。

（2）需要有一定的专门设备和较多的锚具。

（3）预应力反拱度不易控制。如存梁时间过久再进行安装，就可能使反拱度很大，造成桥面不平顺。

（4）预应力钢筋混凝土结构的开工费用较大，对于跨径小、构件数量少的工程，成本较高。

从工程实际出发，合理设计和妥善安排，充分发挥预应力钢筋混凝土结构的优越性，对跨径较大或跨径虽不大但构件数量很多的结构，设计采用预应力钢筋混凝土结构既经济又实用。预应力钢筋混凝土结构经历数十年迅猛发展，尤其对桥梁新体系的发展起到了重要的推动作用。

2.1.2　预应力工艺及设备

2.1.2.1　先张法

先张法即先张拉钢筋,后浇筑构件混凝土的方法,如图 2-2 所示。先在张拉台座上,按设计规定的拉力张拉筋束,并用锚具临时锚固,再浇筑构件混凝土,待混凝土达到设计要求(混凝土强度应不低于设计强度等级值的 80%,弹性模量应不低于混凝土 28 d 弹性模量的 80%)后放张(即将临时锚固松开或将筋束剪断),让筋束的回缩力通过筋束与混凝土间的黏结作用,传递给混凝土,使混凝土获得预压应力。

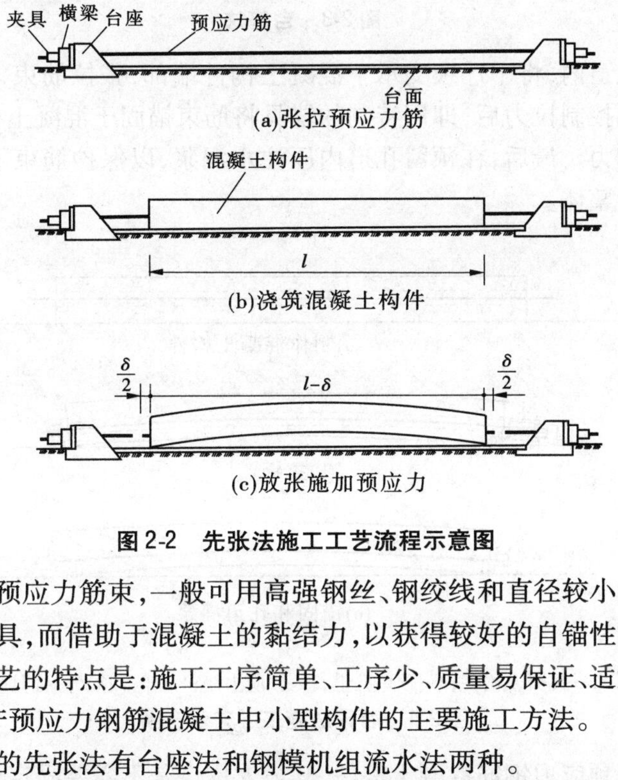

图 2-2　先张法施工工艺流程示意图

先张法所用的预应力筋束,一般可用高强钢丝、钢绞线和直径较小的冷拉钢筋等。该方法不专设永久锚具,而借助于混凝土的黏结力,以获得较好的自锚性能。

先张法生产工艺的特点是:施工工序简单、工序少、质量易保证、适宜工厂化大批量生产,是目前我国生产预应力钢筋混凝土中小型构件的主要施工方法。

目前我国常用的先张法有台座法和钢模机组流水法两种。

台座法(见图 2-3)是专门设计的台座墩子承受预应力筋的张拉反力,用台座的台面作为构件底模的一种生产方法。长线法台座长度可达 50 ~ 150 m,一次张拉钢筋可以生产多个中小型构件,生产效率高,设备简单,便于采用自然保护。图 2-3(a)所示为当前国内用得最多的一种预制预应力构件的生产方法;针对无法采用曲线形预应力筋的特点,则可以采用折线筋的方法(如图 2-3(b)所示)来弥补。

钢模机组流水法是用钢模板代替台座承受张拉反力,所以机械化程度高、生产效率高,可以降低生产成本。

2.1.2.2　后张法

后张法是先浇筑构件混凝土,待混凝土结硬后再张拉筋束的方法,如图 2-4 所示。

先浇筑构件混凝土,并在其中预留穿束孔道(或设套管),待混凝土达到要求强度后,

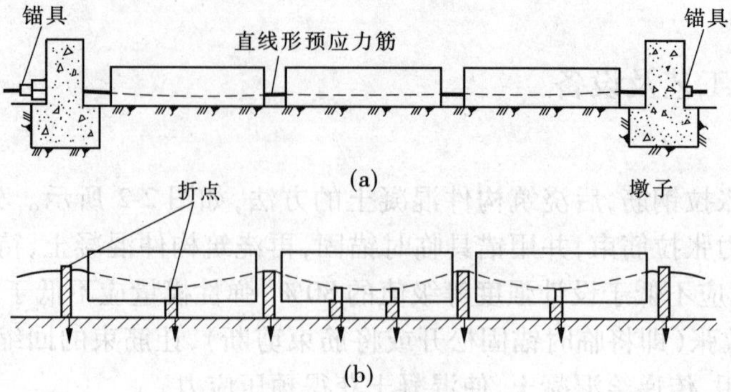

图 2-3　台座法

将筋束穿入预留孔道内,将千斤顶支承于混凝土构件端部,张拉筋束,使构件同时受到反力压缩。待张拉到控制拉力后,即用特制的锚具将筋束锚固于混凝土构件上,使混凝土获得并保持其预压应力。最后,在预留孔道内压注水泥浆,以保护筋束不致锈蚀,并使筋束与混凝土黏结成为整体。

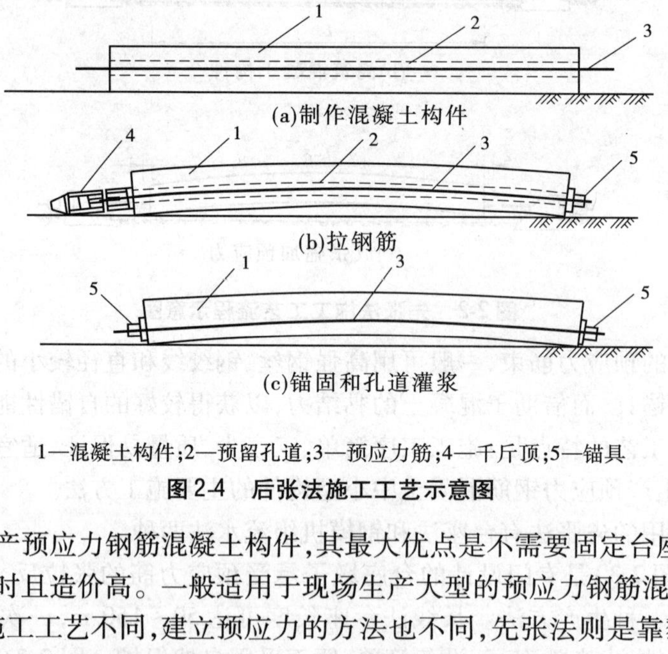

1—混凝土构件;2—预留孔道;3—预应力筋;4—千斤顶;5—锚具

图 2-4　后张法施工工艺示意图

用后张法生产预应力钢筋混凝土构件,其最大优点是不需要固定台座,但是施工工序多、施工复杂、费时且造价高。一般适用于现场生产大型的预应力钢筋混凝土构件。

由上可知,施工工艺不同,建立预应力的方法也不同,先张法则是靠黏结力来传递并保持预加应力的;后张法是靠工作锚具来传递和保持预加应力的。

2.1.2.3　锚具、夹具和连接器

锚具、夹具和连接器应按设计规定采用,并应具有可靠的锚固性能、足够的承载能力和良好的适用性,应能保证充分发挥预应力筋的强度,并安全地实现预应力张拉作业,其性能和质量应符合国家标准《预应力筋用锚具、夹具和连接器》(GB/T 14370—2015)的规定。具体要求应满足以下几个方面:

(1)应具有足够的强度和刚度,受力安全可靠,确保构件的预应力要求。

(2)引起的预应力损失和在锚具附近的局部压应力要小。

(3)构造简单,加工制作方便,重量轻、节约钢材。

(4)预应力张拉操作方便,设备简单。

知识拓展

夹具和锚具是在制作预应力构件时锚固预应力钢筋的工具。一般在构件制成后能够重复使用的称为夹具;永远锚在构件上,与构件联成一体共同受力,不再取下的称为锚具。

1. 锚具、夹具的分类

预应力钢筋混凝土结构工程中所用的锚具、夹具种类很多,根据其工作原理的不同可分为三类: 摩阻锚固型、承压锚固型和黏着锚固型。主要介绍摩阻锚固型锚具。

摩阻锚固型的原理是利用锥形或梯形楔块的侧向力产生的摩阻力来防止钢丝滑动。其侧向力是由千斤顶推动(或锤击)楔块而产生的,然后当钢丝受力时产生一定的滑动,进一步加紧楔块,从而增加了侧向力,最终钢丝被卡住。常见摩阻锚固型锚具有:锥形锚、夹片锚等。

(1)锥形锚又称为弗式锚,主要用于钢丝束的锚固(见图 2-5)。这种锚具由锚圈和锚塞(又称锥销)两个部分组成。

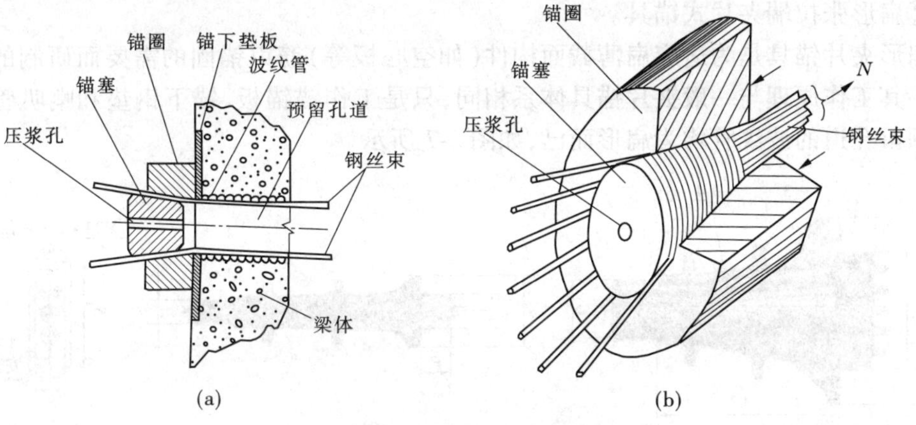

图 2-5　锥形锚

锥形锚是通过张拉钢束时顶压锚塞,把预应力钢丝揳紧在锚圈和锚塞之间,借助摩阻力锚固的,在锚固时,利用钢丝的回缩力带动锚塞向锚圈内滑进,使钢丝被进一步揳紧。

锥形锚的优点是锚固方便,锚具面积小,便于在梁体上分散位置。但锚固时钢丝的回缩量较大,同时它不能重复张拉和接长,使筋束设计长度受到千斤顶行程的限制。为了防止受震松动,必须及时给预留孔道压浆。

(2)夹片锚。夹片式锚具是利用锥孔的揳紧原理将钢绞线锚固,即楔形夹片把钢绞线锚固于锚板楔形孔内,当使用千斤顶对钢绞线束进行张拉,达到设计应力值以后,千斤顶缓慢放张,锥具的夹片即被匀速回缩运动的钢绞线带进锚板的锥形孔内,形成一个锚固单元,钢绞线束的应力通过锚板及锚垫板传递到结构上,形成永久性预应力。

①圆形张拉端夹片式锚具。由夹片、锚板、锚垫板与螺旋筋四部分组成,锚具的工作

原理如图 2-6 所示。

其具有良好的放张自锚性能,施工操作简便,锚固效率系数高,锚固性能稳定、可靠。

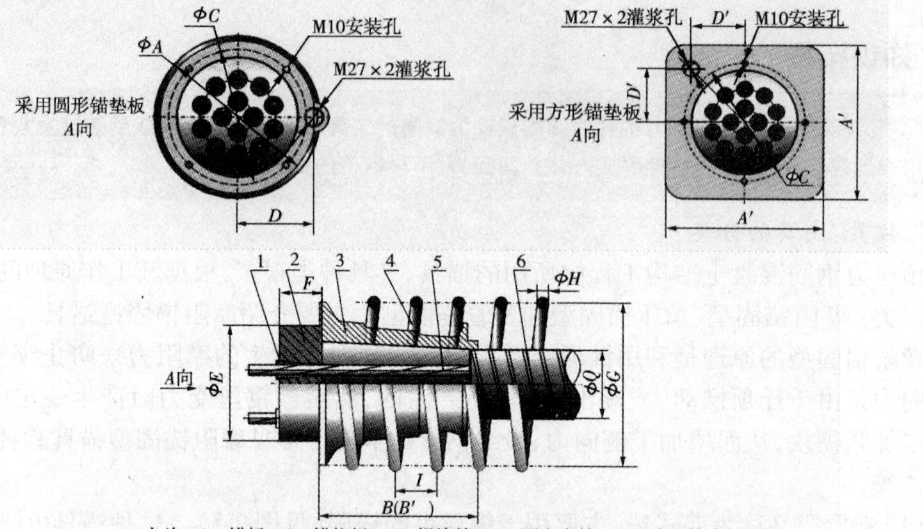

1—夹片;2—锚板;3—锚垫板;4—螺旋筋;5—预应力筋;6—波纹管或抽拔管

图 2-6　夹片锚具配套示意图(YJM-15 型)

②扁形张拉端夹片式锚具。

扁形夹片锚具是为适应扁薄截面构件(如空心板等)筋束锚固的需要而研制的,简称扁锚。其工作原理与一般夹片锚具体系相同,只是工作锚锚板、锚下钢垫和喇叭管,以及形成预留孔道的波纹管均为扁形而已,如图 2-7 所示。

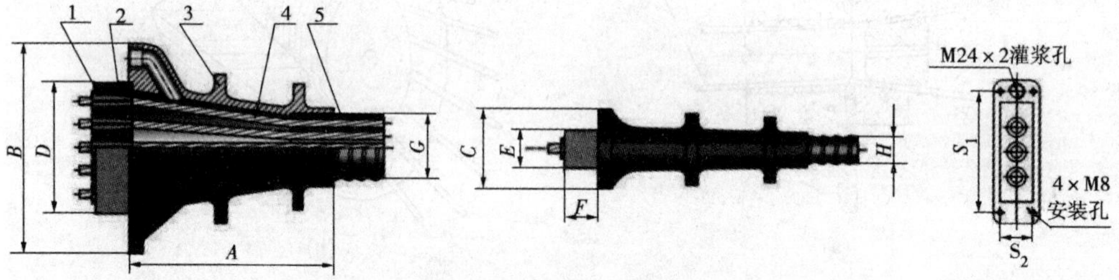

1—工作夹片;2—扁形锚板;3—扁形锚垫板;4—钢绞线;5—扁波纹管

图 2-7　扁形张拉端夹片式锚具构造图

③固定端锚具。采用一端张拉时,其固定端锚具,除可采用与张拉端相同的夹片锚具外,还可采用固定端挤压型锚具和固定端压花型锚具。

a. 固定端挤压型锚具。当需要把后张力直接传至梁端时,可采用固定端挤压式锚具(见图 2-8)。挤压锚具是在钢绞线头部套上挤压套,通过专用机具挤压(见图 2-9),使挤压套产生塑性变形后握紧钢绞线,钢绞线的张拉力通过挤压套由固定端锚板传给构件。固定端锚具主要包括挤压套(含挤压簧)、螺旋筋、固定端锚板、约束圈等,需预埋入混凝土中。

b. 固定端压花型锚具。是用压花机将钢绞线端头压制成梨形花头的一种黏结型锚具,张拉前预先埋入构件混凝土中。压花型锚具主要包括带梨形自锚头的一段钢绞线、支托梨形自锚头用的钢筋支架、螺旋筋、约束圈、金属波纹管等,如图 2-10 所示。

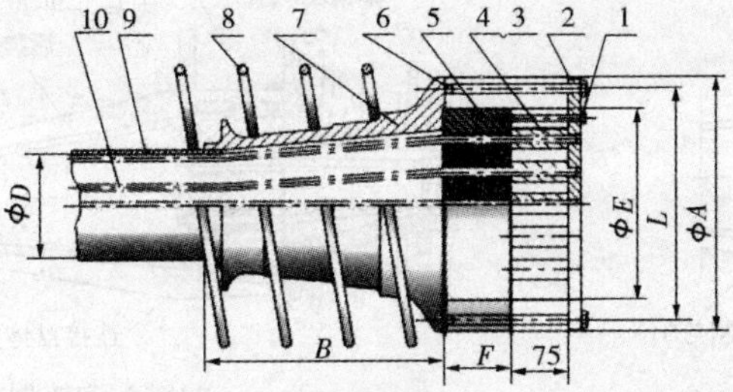

1—螺栓;2—压板;3—挤压套;4—挤压簧;5—锚板;
6—螺栓2;7—锚垫板;8—螺旋筋;9—波纹管;10—钢绞线

图 2-8 固定端挤压式锚具构造示意图

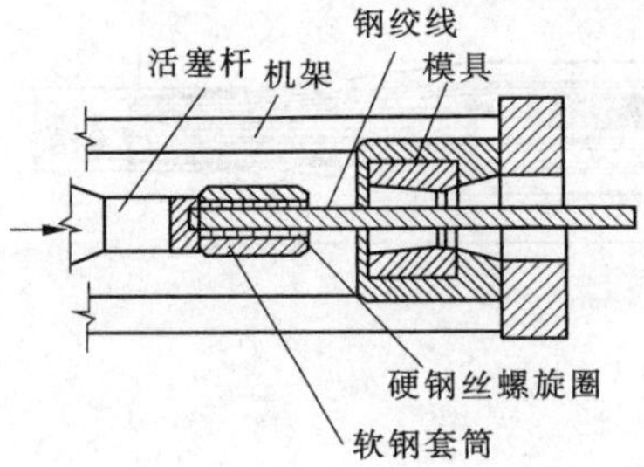

图 2-9 压头机工作示意图

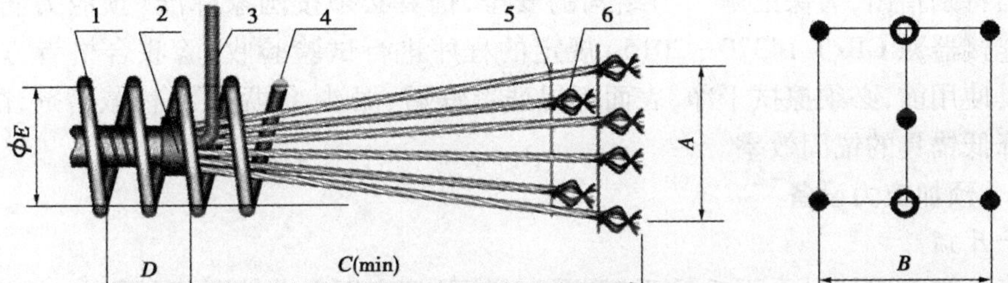

1—波纹管;2—约束圈;3—排气管;4—螺旋筋;5—支架;6—钢绞线梨形自锚头

图 2-10 固定端压花式锚具构造图

2. 连接器

连接器用于连续构件的预应力筋接长,有单根和多根两种形式。单根连接器(也称为接长连接器,见图 2-11(a))用于接长为张拉的钢绞线,两端均采用夹片夹持钢绞线进行连接;多根连接器(也称为锚头连接器,见图 2-11(b))用于接长钢绞线束,通常用于连续梁中,是一种带翼的锚板。它的一端支承在原锚垫板上,另一端设置夹片,即可按常规张拉钢绞线束。在每根接长钢绞线的端部制作挤压头,并将它与钢绞线逐根挂入连接器的翼板内,完成钢绞线束的接长。连接器主要由连接体、保护罩、约束圈、夹片等组成,如

图 2-12 所示。

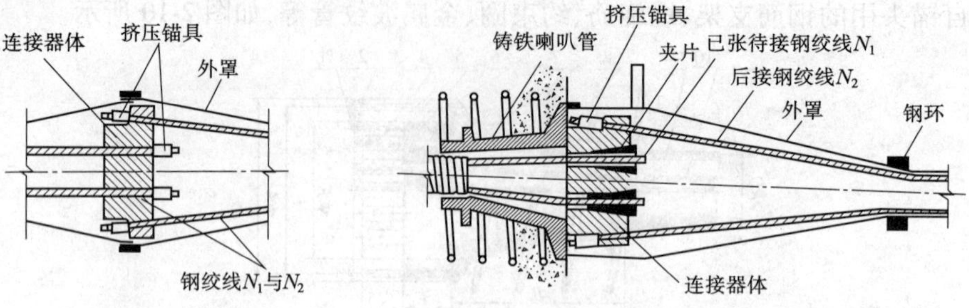

(a)接长连接器　　(b)锚头连接器

图 2-11　连接器构造

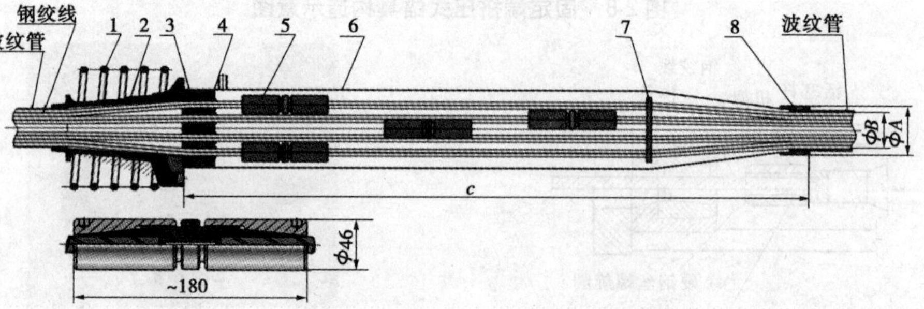

1—螺旋筋;2—锚垫板;3—工作锚板;4—工作夹片;

5—单孔连接器;6—保护罩;7—分丝板;8—约束圈

图 2-12　连接器构造示意图

应当特别指出,为保证施工与结构的安全,锚具必须按国家标准《预应力筋用锚具、夹具和连接器》(GB/T 14370—2015)规定的程序进行试验验收,验收合格者方可使用。工作锚具使用前,必须擦拭干净,表面不得残留铁屑、泥沙、油垢及各种减磨剂,防止锚具回松和降低锚具的锚固效率。

2.1.2.4　预加应力设备

1. 千斤顶

进行预应力张拉时采用千斤顶(见图 2-13)及超高压电动油泵(见图 2-14)实现,特别强调的是各种锚具都必须配置与之匹配的张拉设备,才能顺利地进行张拉、锚固。

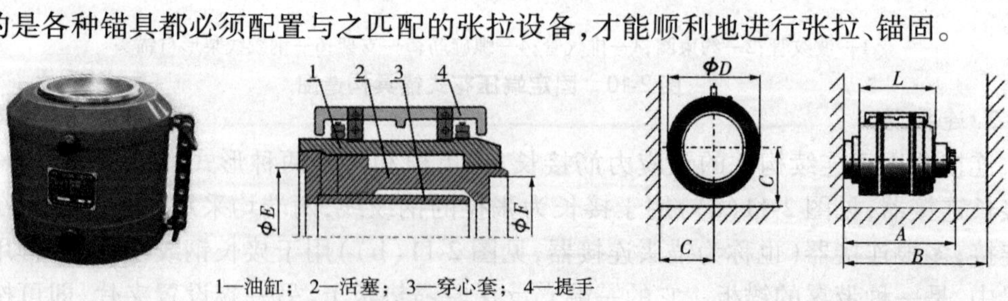

1—油缸;　2—活塞;　3—穿心套;　4—提手

(a)千斤顶结构设计图　　**(b)千斤顶最小工作空间**

图 2-13　YDC 系列千斤顶

图 2-14　ZB 系列超高压电动油泵

2. 制孔器

预制后张法构件时,需预先留好待混凝土结硬后筋束穿入的孔道。目前,国内桥梁构件预留孔道所用的制孔器主要有两种:抽拔橡胶管与螺旋金属波纹管。

1) 抽拔橡胶管

在钢丝网胶管内事先穿入钢筋(称芯棒),再将胶管(连同芯棒一起)放入模板内,待浇筑混凝土达到一定强度后,抽去芯棒,则预留孔道形成,如图 2-15 所示。

图 2-15　抽拔橡胶管及预制安装图

2) 螺旋金属波纹管(简称波纹管)

在浇筑混凝土之前,将波纹管(见图 2-16)按筋束设计位置,绑扎于与箍筋焊连的钢筋托架上,再挤压锚具钢绞线浇筑混凝土,结硬后即可形成穿束的孔道。

(a)圆形　　(b)扁形

图 2-16　螺旋金属波纹管

其重量轻,纵向弯曲性能好,径向刚度较大,连接方便,与混凝土黏结良好,与筋束的摩阻系数也小,是后张法预应力钢筋混凝土构件一种较理想的制孔器。

2.1.3 预应力钢筋混凝土结构材料

2.1.3.1 混凝土

用于预应力结构的混凝土必须采用高标号混凝土。公路桥规规定:预应力钢筋混凝土构件所用混凝土不应低于 C40。预应力钢筋混凝土结构中的混凝土,不仅要求强度高,而且还要求能快硬、早强,以便能及早施加预应力,加快施工进度,提高设备、模板等的利用率。

为了获得高强度和收缩、徐变小的混凝土,应尽可能地采用高标号水泥,减少水泥用量,降低水灰比,选用优质坚硬的集料,并注意采取以下措施:

(1)严格控制水灰比。高强混凝土的水灰比一般宜在 0.25 ~0.35 范围之内。为增加和易性,可掺加适量的高效减水剂。

(2)注意选用高标号水泥,并宜控制水泥用量不大于 550 kg/m^3。水泥品种,以硅酸盐水泥为宜,不得已需要采用矿渣水泥时,则应适当掺加早强剂,以改善其早期强度较低的缺点。火山灰水泥因早期强度过低,收缩率又大,故不适于拌制预应力钢筋混凝土。

(3)注意选用优质活性掺合料,如硅粉、F 矿粉等,尤其是硅粉混凝土不仅可使收缩减小,而且可使徐变显著减小。

2.1.3.2 预应力钢材

预应力钢筋混凝土构件中,有预应力钢筋和非预应力钢筋(即普通钢筋)。

1. 对预应力钢筋的要求

(1)强度要高。混凝土预应力的建立是通过张拉钢筋来实现的,其大小取决于预应力钢筋张拉应力的大小。考虑到构件在制作和使用过程中,由于种种原因使预应力钢筋的张拉应力产生应力损失,因此需要采用较高的张拉应力,这就要求预应力钢筋具有较高的抗拉强度。

(2)要有较好的塑性和焊接性能。高强度钢材,其塑性性能一般较低,为了保证结构物在破坏之前有较大的变形能力,必须保证预应力钢筋有足够的塑性性能;而良好的焊接性能则是保证钢筋加工质量的重要条件。

(3)要具有良好的黏结性能。

(4)应力松弛损失较低。预应力钢材今后发展的总要求就是高强度、粗直径、低松弛和耐腐蚀。

2. 预应力钢筋的种类

目前,常用的预应力钢筋有以下几种。

1)精轧螺纹钢筋

精轧螺纹钢筋是专用于中小型构件或作为箱梁的竖向、横向预应力钢筋。

精轧螺纹钢筋以屈服强度划分级别,其代号为“PSB”加上规定屈服强度最小值表示,其级别有 PSB785、PSB830、PSB930、PSB1080 四种。

精轧螺纹钢筋的公称直径范围为 18 ~50 mm,一般推荐的公称直径为 25 mm、

32 mm。

在保证钢筋 1 000 h 松弛性能合格的基础上,可进行 10 h 松弛试验,初始应力为公称屈服强度的 80%,松弛率不大于 1.5%。其他具体信息请参阅国家标准《预应力混凝土用螺纹钢筋》(GB/T 20065—2006)。

2)钢丝

用于预应力钢筋混凝土构件中的钢丝是指国家标准《预应力混凝土用钢丝》(GB/T 5223—2014)中消除应力的螺旋肋钢丝和光面钢丝。

3)钢绞线

钢绞线是在绞线机上以一根直径较粗的钢丝为芯丝,并用若干根钢丝为边丝围绕其进行螺旋状绞捻而成,常用的钢绞线有 1×2、1×3、1×7 三种类型。

预应力钢筋强度标准值、强度设计值见表 2-1 和表 2-2。

表 2-1　预应力钢筋抗拉强度标准值　(单位:MPa)

钢筋种类		符号	公称直径 d(mm)	f_{pk}(MPa)
钢绞线	1×2(二股)	Φ^{S}	8、10	1 470、1 570、1 720、1 860、1 960
			12	1 470、1 570、1 720、1 860
	1×3(三股)		8.6、10.8、12.9	1 470、1 570、1 720、1 860、1 960
	1×7(七股)		9.5、12.7、15.2	1 860、1 960
			17.8、21.6	1 720、1 860
消除应力钢丝	光面	Φ^{P}	5	1 570、1 770、1 860
			7	1 570
			9	1 470、1 570
	螺旋肋	Φ^{H}	5	1 570、1 770、1 860
			7	1 570
			9	1 470、1 570
精轧螺丝钢筋		Φ^{T}	18、25、32	540、785、930、1 080
			40、50	540、785

注:抗拉强度标准为 1 960 MPa 的钢绞线作为后张预应力配筋时,应有可靠的工程经验。

表 2-2　预应力钢筋抗拉、抗压强度设计值　　（单位:MPa）

钢筋种类	f_{pk}(MPa)	f_{pd}(MPa)	f'_{pd}(MPa)
钢绞线 1×2(二股) 1×3(三股) 1×7(七股)	1 470	1 000	390
	1 570	1 070	
	1 720	1 170	
	1 860	1 260	
	1 960	1 330	
消除应力钢丝	1 470	1 000	410
	1 570	1 070	
	1 770	1 200	
	1 860	1 260	
精轧螺纹钢筋	540	450	400
	785	650	
	930	770	
	1 080	890	

2.1.4　预应力钢筋混凝土结构构造

2.1.4.1　截面形式和尺寸

预应力钢筋混凝土构件的截面形式应根据构件的受力特点进行合理选择。常选用矩形、T 形、箱形等截面形式。就预应力钢筋混凝土受弯构件——简支梁而言:当选用预应力钢筋混凝土空心板(见图 2-17)时,其挖空部分采用圆形、圆端形等截面,跨径较大的后张法空心板则做成薄壁箱形截面,仅在顶板做成拱形。施工方法一般采用场制直线配筋的先张法(多用长线法生产),通常用于跨径 8 ~20 m 的桥梁。后张法预应力钢筋混凝土空心板的适用跨径为 16 ~22 m;采用小箱梁形式时跨径可以达到 30 m。

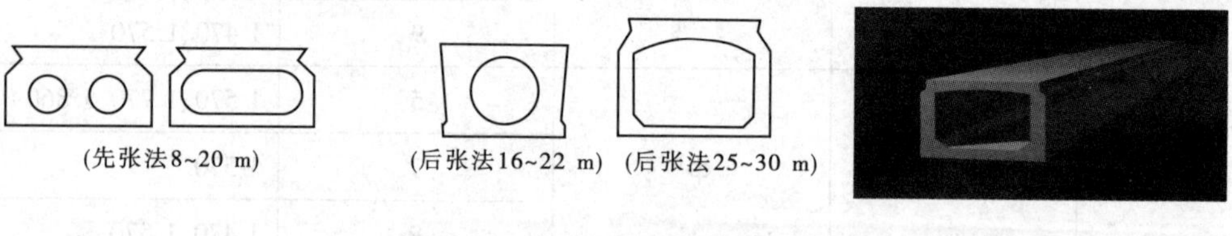

图 2-17　预应力钢筋混凝土空心板

近年,空心板跨径有加大的趋势,方法也由先张法扩展至后张法,预应力钢筋的使用从有黏结扩展到无黏结,板宽由过去的 1 m 扩展到 1.4 m 等。空心板的截面高度与跨度有关,一般取高跨比 $h/L = 1/15 \sim 1/20$,板宽一般为 1 100 ~ 1 400 mm,顶板与底板的厚度均不宜小于 80 mm。

当选用预应力钢筋混凝土 T 形梁(见图 2-18)时,高跨比 $h/L = 1/15 \sim 1/25$。腹板厚度一般为 160 ~ 200 mm,上翼缘宽度一般为 1 600 ~ 2 500 mm,翼缘板的厚度根据车轮荷载计算确定,一般不小于 100 mm。T 形梁是我国应用最多的预应力钢筋混凝土简支 T 形梁桥的截面形式,为了布置钢丝束的要求,常将下缘加宽成马蹄形,适用跨径为 25 ~ 40 m,最大用到 50 m。

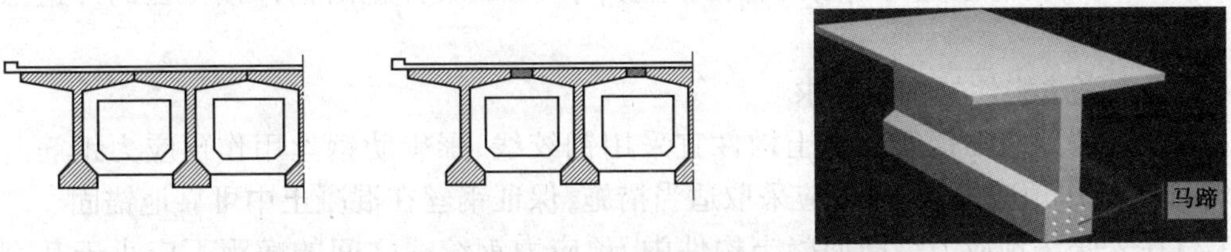

图 2-18　预应力钢筋混凝土 T 形截面

带现浇翼板的预制预应力钢筋混凝土 T 形梁(如图 2-19 所示)是在预制短翼 T 形梁安装定位后,再现浇部分翼板、横梁和桥面混凝土使截面整体化。其受力性能如同 T 形截面梁,但横向联系较 T 形梁好。其部分翼缘为现浇,故其起重质量相对较轻。特别是它能较好地适用于各种斜度的斜梁桥或曲率半径较大的弯梁桥,在平面布置时较易处理。

预应力钢筋混凝土槽形截面梁(如图 2-20 所示),属于组合式截面(也可称为组合箱形梁),预制主梁采用开口槽形截面。槽形梁架设就位以后,在横向铺设先张法预应力钢筋混凝土板或者钢筋混凝土板,最后再浇筑混凝土铺装层,将全桥连成整体。槽形截面梁抗扭刚度大,荷载横向分布均匀,承载力高,结构自重轻,运输稳定方便。适用跨径:16 ~ 30 m,高跨比一般为 1/16 ~ 1/20。

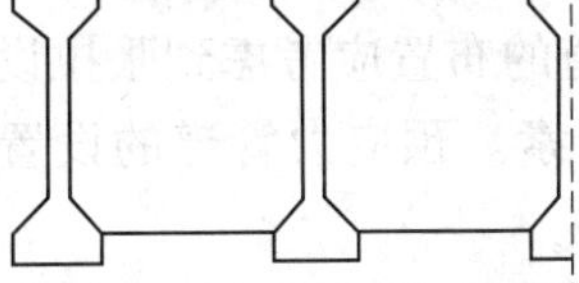

图 2-19　带现浇翼板的预制预应力钢筋混凝土 T 形梁

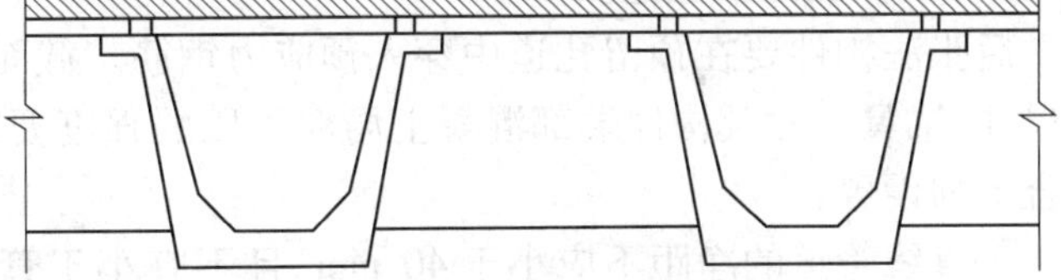

图 2-20　预应力钢筋混凝土槽形截面梁

预应力钢筋混凝土箱形截面(如图 2-21 所示)为闭口截面,其抗扭刚度比一般开口截面大得多,可使荷载分布更加均匀,跨越能力大,材料利用合理,结构自重轻。一般用于大跨径连续梁、连续刚构。

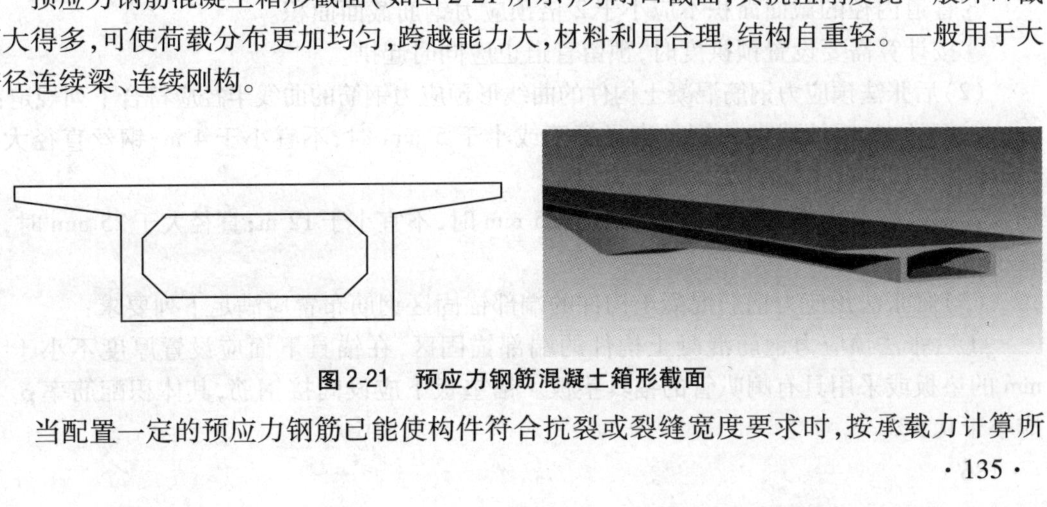

图 2-21　预应力钢筋混凝土箱形截面

当配置一定的预应力钢筋已能使构件符合抗裂或裂缝宽度要求时,按承载力计算所需的其余受拉钢筋可以采用非预应力钢筋。非预应力钢筋宜采用 HRB335、HRB400 级。

对于施工阶段不允许出现裂缝的构件，为了防止由于混凝土收缩、温度变形等原因在预拉区产生裂缝，要求预拉区还需配置一定数量的纵向钢筋，其配筋率不应小于 0.2%。

预拉区的纵向非预应力钢筋的直径不宜大于 14 mm，并应沿构件预拉区的外边缘均匀配置。

2.1.4.2 **先张法构件的构造要求**

(1)先张法预应力钢筋混凝土构件宜采用钢绞线、螺旋肋钢丝用作预应力钢筋。当采用光面钢丝作预应力钢筋时，应采取适当措施，保证钢丝在混凝土中可靠地锚固。

(2)在先张法预应力钢筋混凝土构件中，预应力钢绞线之间的净距不应小于其直径的 1.5 倍，且对二股、三股钢绞线不应小于 20 mm，对七股钢绞线不应小于 25 mm。预应力钢丝间净距不应小于 15 mm。

(3)为防止放松预应力钢筋时构件端部出现纵向裂缝，对预应力钢筋端部周围的混凝土应采取下列加强措施：

①对单根配置的预应力钢筋(如板肋的配筋)，其端部宜设置长度不小于 150 mm 且不少于 4 圈的螺旋筋；当有可靠经验时，也可利用支座垫板上的插筋代替螺旋筋，但插筋数量不应少于 4 根，其长度不宜小于 120 mm。

②对分散布置的多根预应力钢筋，在构件端部 $10d$(d 为预应力钢筋的公称直径)范围内应设置 3～5 片与预应力钢筋垂直的钢筋网。

2.1.4.3 **后张法构件的构造要求**

(1)预留孔道的构造要求。

后张法构件要在预留孔道中穿入预应力钢筋。截面中孔道的布置应考虑到张拉设备的尺寸、锚具尺寸及构件端部混凝土局部受压的强度要求等因素。预应力管道的设置应符合下列设置：

①直线管道的净距不应小于 40 mm，且不宜小于管道直径的 60%；对于预埋的金属或塑料波纹管和铁皮管，在竖直方向可将两管道叠置。

②曲线形预应力钢筋管道在曲线平面内相邻管道间的最小净距应符合要求，当计算结果小于其相应直线管道外缘间净距时，应取用直线管道最小外缘间净距。

③管道内径的截面面积不应小于 2 倍预应力钢筋截面面积。

④按计算需要设置预拱度时，预留管道也应同时起拱。

(2)后张法预应力钢筋混凝土构件的曲线形预应力钢筋的曲线半径应符合下列规定：

①钢丝束、钢绞线束的钢丝直径等于或小于 5 mm 时，不宜小于 4 m；钢丝直径大于 5 mm时，不宜小于 6 m。

②精轧螺纹钢筋的直径等于或小于 25 mm 时，不宜小于 12 m；直径大于 25 mm 时，不宜小于 15 m。

(3)后张法预应力钢筋混凝土构件的端部锚固区钢筋布置应满足下列要求：

①后张法预应力钢筋混凝土构件的端部锚固区，在锚具下面应设置厚度不小于 16 mm 的垫板或采用具有喇叭管的锚具垫板。锚垫板下应设间接钢筋，其体积配筋率 ρ_v 不应小于 0.5%。

②抗劈裂力钢筋的长度应覆盖整个锚固端高度 h,沿预应力筋方向应布置在端部至2.5d_b(劈裂力的合力作用位置至锚固端面的水平距离)范围内(且不大于1.5h),各排钢筋的形心应与爆裂应力合力点位置(d_b)一致;钢筋间距不应大于钢筋直径的24倍和300 mm。

③抗边缘剥裂力及边缘纵向拉力的钢筋应分布于横截面的全宽范围内,并在满足保护层厚度要求的情况下,尽量靠截面边缘布置;在大偏心锚固情况下,锚固端面钢筋宜弯起并延伸至纵向受拉边缘。

(4)预应力钢筋混凝土梁箍筋设置构造要求。

预应力钢筋混凝土梁由于预应力的作用,剪应力一般较小,但为防止剪应力造成的裂缝和突然的剪切破坏,仍需要设置一定数量的箍筋。

预应力钢筋混凝土 T 形和箱形截面梁腹板内应分别设置直径不小于 10 mm 和 12 mm 的箍筋,且应采用带肋钢筋,间距不应大于 250 mm;自支座中心起长度不小于一倍梁高范围内,应采用闭合式箍筋,间距不应大于 100 mm。

在 T 形截面梁下部的马蹄内,应另设直径不小于 8 mm 的闭合式箍筋,间距不应大于 200 mm。此外,马蹄内尚应设直径不小于 12 mm 的定位钢筋。

(5)其他构造要求。

预应力钢筋管道压浆用水泥浆,按 70 mm × 70 mm × 70 mm 立方体试件,标准养护 28 d测得的抗压强度不应低于 30 MPa。其水灰比宜为0.40 ~ 0.45。为减少收缩,可通过试验掺入适量膨胀剂。

在预加应力施加完毕后,埋封于梁体内的锚具周围应设置构造钢筋与梁体连接,然后浇筑混凝土封锚。封锚混凝土强度等级不应低于构件本身混凝土强度等级的80%,且不低于 C30。

任务2.2　预应力钢筋混凝土受弯构件承载力计算

2.2.1　预应力钢筋混凝土受弯构件受力阶段分析

预应力钢筋混凝土受弯构件从预加应力到受外荷载破坏,主要可分为施工阶段、使用阶段和破坏阶段三个阶段。

2.2.1.1　施工阶段

预应力钢筋混凝土构件在制作、运输和安装的过程中,将承受不同的作用。施工阶段构件在预应力作用下,全截面参与工作,且处于弹性工作阶段,可用材料力学的方法,并根据公路桥规要求进行设计计算。根据受力条件的不同,该阶段又可分为预加应力阶段和运输、安装阶段。

1.预加应力阶段

预加应力阶段是指从预加应力开始,至预加应力结束(即传力锚固)。它所受的作用主要是偏心预压力 N_P;对于简支梁,由于 N_P 的偏心作用,构件将产生向上的反拱,形成以梁两端为支点的简支梁,因此梁的自重恒载 g_1 也在施加预加力的同时一起参与作用,如图2-22所示。

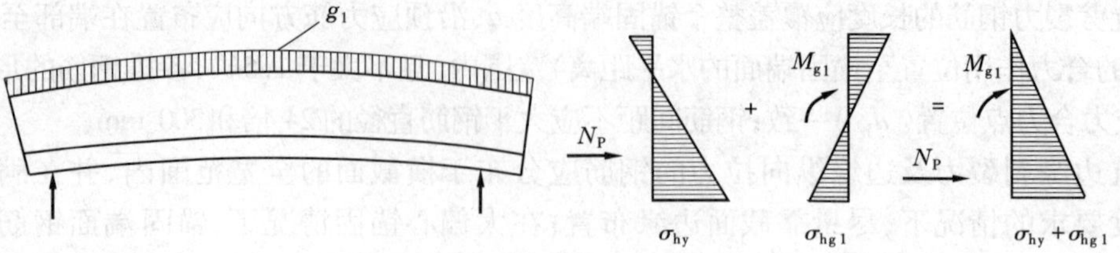

图 2-22　预加应力示意图

本阶段受力特点是：

(1)在偏心预加力 N_P 和梁自重共同作用下，梁主要控制受弯构件上、下混凝土的最大拉应力和压应力以及梁腹的主应力均不超出公路桥规的规定值，以确保传力锚固阶段梁不至被拉裂及压坏。

(2)预应力钢筋中的张拉控制应力符合规范规定，故不应过大；为充分利用高强材料的抗拉性能，也不应过小。

(3)保证锚下混凝土局部承压的容许承载力应大于实际所受的压力，并有足够的安全度，以保证梁体不出现水平纵向裂缝。

本阶段，由于各种因素的影响，预应力钢筋中的预加应力将产生部分损失，通常把扣除应力损失后预应力钢筋中存余应力称为有效预应力。

2. 运输、安装阶段

运输、安装阶段是指预应力钢筋混凝土构件在工厂制造完成后，运送及安装过程中的受力情况。梁所承受的作用(荷载)仍是预加应力和梁的自身恒载。但与预加应力阶段在时间上有一定间隔，混凝土收缩、徐变及钢筋松弛将会引起预应力损失，预加力要比预加应力阶段小；考虑梁运输及安装过程中的动力作用的影响，梁的自身恒载应根据公路桥规规定计入 1.20 或 0.85 的动力系数，故梁自重应力比预加应力阶段可能增加或减小。

2.2.1.2　使用阶段

使用阶段是指桥梁建成通车后的整个使用阶段，构件除承受偏心预加应力 N_P 和梁的自重恒载 g_1 外，还要承受桥面铺装、人行道、栏杆等后加二期恒载 g_2 和车辆、人群等活载 P，如图 2-23 所示。在以上荷载作用下，梁截面产生的正应力为偏心预加力和各项荷载所产生的应力之和，一般要求下缘混凝土不致于受拉开裂，而上缘压应力不致于过大，并应满足耐疲劳性能要求。

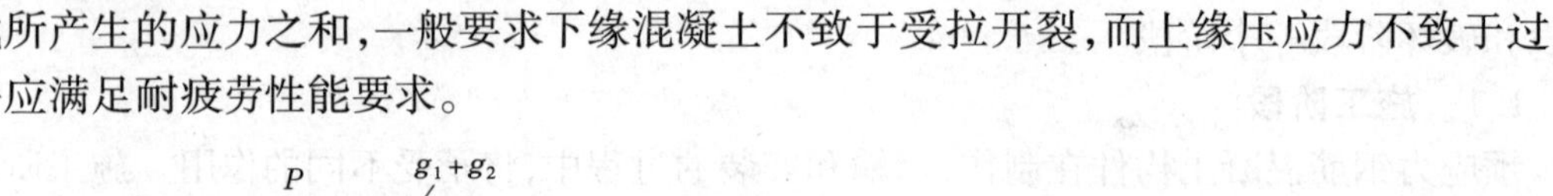

图 2-23　预应力梁应力组合示意图

本阶段各项预应力损失将相继全部完成，最后在预应力筋中建立相对不变的预拉应力(即扣除全部压应力损失后所存余的预应力)，并将此称为永存预应力 σ_{pe}。显然，永存预应力值要小于施工阶段的有效预应力值。

友情提示

特别注意的是在后张法预应力构件中,由于预应力钢筋预留管道中的水泥砂浆早已硬结,预应力钢筋与梁体混凝土黏结为整体,因而,外荷载产生的截面应力,应按换算截面计算。

本阶段根据构件受力后的特征,又可分为如下几个受力状态。

1. *加载至受拉边缘混凝土预压应力为零*

构件在永存预加力 N_{pe}(即永存预应力 σ_{pe}的合力)作用下,一般下翼缘受到较大的压应力,其下边缘混凝土的有效预压应力为 σ_{pe},如图2-24(b)所示。而外荷载作用时,下翼缘受拉,随着外荷载从零开始逐渐增大时,下翼缘的压应力逐渐减小。当构件加载至某一特定荷载(包括恒载、活载),在控制截面上所产生的弯矩为 M_0,恰好抵消预应力产生的压应力 σ_{pe},使截面下缘应力为零,此时在控制截面上所产生的弯矩 M_0 称为消压弯矩,则有:

$$\sigma_{pe}-\frac{M_0}{W_0}=0 \tag{2-2}$$

或

$$M_0=\sigma_{pe}W_0 \tag{2-3}$$

式中　M_0——由外加作用(恒载和活载)引起、恰好使受拉边缘混凝土应力为零的弯矩(也称消压弯矩),如图2-24(c)所示;

σ_{pe}——由永存预加力 N_{pe} 在梁下边缘产生的混凝土有效预压应力;

W_0——换算截面对受拉边的弹性抵抗矩。

但是,受弯构件在消压弯矩 M_0 和预加力 σ_{pe}的共同作用下,只有下边缘纤维的混凝土应力为零(消压),而截面上其他点的应力都不为零(不消压)。

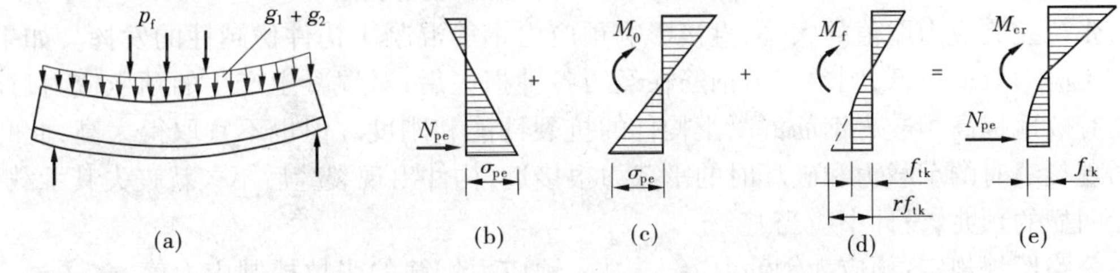

图2-24　预应力梁第一受力阶段

2. *加载至受拉区裂缝即将出现*

当构件在消压状态后继续加载,并使受拉区混凝土应力达到抗拉强度标准值 f_{tk},表明受拉区混凝土抵抗拉力的能力已完全耗尽,构件截面即将开裂,此时就称为裂缝即将出现状态(如图2-24(c)所示)。而荷载产生的弯矩就称为开裂弯矩 M_{cr}。

如果把受拉区边缘混凝土应力从零增加到应力为 f_{tk} 所需的外弯矩 M_f(见图2-24(d))表示,则 M_{cr} 为 M_0 与 M_f 之和,即:

$$M_{cr} = M_0 + M_f \tag{2-4}$$

式中 M_{cr}——相当于同截面钢筋混凝土梁的抗裂弯矩。

从上面的分析可以看出:在消压状态出现后,预应力钢筋混凝土梁的受力情况就和普通钢筋混凝土梁一样了。但是预应力钢筋混凝土梁的抗裂弯矩 M_{cr} 要比同截面、同材料的普通钢筋混凝土梁的抗裂弯矩大一个消压弯矩 M_0,这说明预应力钢筋混凝土梁在承受外加作用时可以大大推迟裂缝的出现,提高了梁的抗裂性。

2.2.1.3 破坏阶段

预应力钢筋混凝土受弯构件在出现裂缝后,若继续加大荷载,混凝土的压应力或压应力钢筋中的拉应力也将继续增大,当预应力钢筋和混凝土材料达到其强度极限时,导致梁破坏,此阶段称为破坏阶段。这种破坏与普通钢筋混凝土受弯构件在破坏时的应力状态相似,其计算方法也基本相同,破坏的形式与所配预应力筋的多少有关。

2.2.2 预加力计算与预应力损失的估算

预应力筋中的预拉应力的大小并不是一个恒定值,由于施工因素、材料性能和环境条件等的影响,在施工和使用过程中预拉应力往往会逐渐减小,从而使混凝土中的预压应力也相应减小。预应力筋中这种预拉应力减小的现象称为预应力损失。

设计中所需的钢筋预应力值,应是扣除相应阶段的应力损失后,钢筋中实际存余的预应力,这种预应力筋中实际存余的预应力称为有效预应力,用 σ_{pe} 表示其数值应等于张拉时的控制应力 σ_{con} 和预应力损失值 σ_L 之差,即:

$$\sigma_{pe} = \sigma_{con} - \sigma_L \tag{2-5}$$

由此可以看出:要确定张拉控制应力 σ_{con},除需要根据承受外加作用(荷载)的情况事先估算有效预应力 σ_{pe} 外,还需要估算出各项预应力损失值。

2.2.2.1 张拉控制应力 σ_{con}

张拉控制应力 σ_{con} 是指预应力筋张拉锚固前可以测量的控制应力,其值为此时张拉千斤顶所指示的总拉力除以预应力筋截面面积所得的应力值。

张拉控制应力取值的大小,直接影响预应力钢筋混凝土构件优越性的发挥。如果张拉控制应力取值过低,则预应力钢筋在经历各种损失后,对混凝土产生的预压应力过小,不能有效地提高预应力钢筋混凝土构件的抗裂性能和刚度。但也不宜取得太高,此时构件出现裂缝时的承载力和破坏时的承载力很接近,构件出现裂缝后不久就丧失其承载力,且无明显的预兆,设计中应当避免。

公路桥规规定:预应力钢筋混凝土构件,预应力钢筋的张拉控制应力值 σ_{con}(对后张法构件为梁体内锚下应力)应符合下列规定。

对于钢丝、钢绞线的张拉控制应力值:

$$\sigma_{con} \leqslant 0.75 f_{pk} \tag{2-6}$$

对于精轧螺纹钢筋的张拉控制应力值:

$$\sigma_{con} \leqslant 0.85 f_{pk} \tag{2-7}$$

式中 f_{pk}——预应力钢筋抗拉强度标准值,按表 2-1 的规定采用。

当对构件进行超张拉或计入锚圈口摩擦损失时,钢筋中最大控制应力(千斤顶油泵上显示的值)对钢丝和钢绞线不应超过0.80f_{pk};对精轧螺纹钢筋不应超过0.90f_{pk}。

2.2.2.2　钢筋预应力损失的估算

预应力钢筋混凝土构件在正常使用极限状态计算中,应考虑下列因素引起的预应力损失:

预应力钢筋与管道壁之间的摩擦引起的预应力损失σ_{l1};

锚具变形、钢筋回缩和接缝压缩引起的预应力损失σ_{l2};

预应力钢筋与台座之间的温差引起的预应力损失σ_{l3};

混凝土的弹性压缩引起的预应力损失σ_{l4};

预应力钢筋的应力松弛引起的预应力损失σ_{l5};

混凝土的收缩和徐变引起的预应力损失σ_{l6};

此外,尚应考虑预应力钢筋与锚圈口之间的摩擦、台座的弹性变形等因素引起的其他预应力损失。

预应力损失值宜根据实测数据确定,当无可靠实测数据时,可按公路桥规规定计算。

1. 预应力钢筋与管道壁之间的摩擦引起的预应力损失σ_{l1}

在后张法中,由于张拉时预应力钢筋与管道壁之间接触而产生摩阻力,此项摩阻力与作用力的方向相反,因此钢筋中的实际应力较张拉端拉力计中的读数要小,即造成预应力钢筋中的应力损失σ_{l1}。其计算公式为:

$$\sigma_{l1} = \sigma_{con}\left[1 - e^{-(\mu\theta + kx)}\right] \tag{2-8}$$

式中　σ_{con}——张拉钢筋时锚下的控制应力;

μ——钢筋与管道壁间的摩阻系数,按表2-3采用;

θ——从张拉端至计算截面曲线管道部分切线的夹角,rad,如图2-25所示;

k——管道每米局部偏差对摩擦的影响系数,按表2-3采用;

x——从张拉端至计算截面的曲线管道长度,m,可近似地以其在构件纵轴上的投影长度代替,如图2-25所示。$1 - e^{-(\mu\theta + kx)}$值见表2-4。

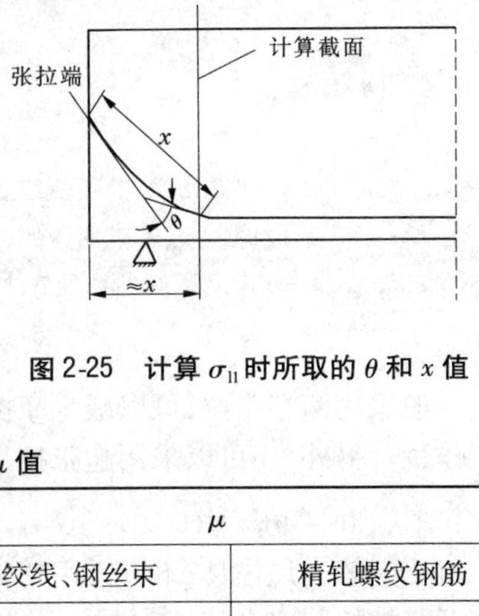

图2-25　计算σ_{l1}时所取的θ和x值

表2-3　系数k和μ值

管道成型方式	k	μ	
		钢绞线、钢丝束	精轧螺纹钢筋
预埋金属波纹管	0.001 5	0.20～0.25	0.50
预埋塑料波纹管	0.001 5	0.14～0.17	—
预埋铁皮管	0.003 0	0.35	0.40
预埋钢管	0.001 0	0.25	—
抽芯成型	0.001 5	0.55	0.60

注:系数k和μ值可根据实测数据确定。

表2-4　$1-e^{-(\mu\theta+kx)}$ 值

$\mu\theta$	kx									
	0.00	0.01	0.02	0.03	0.04	0.05	0.06	0.07	0.08	0.09
0	0.000	0.010	0.020	0.030	0.040	0.049	0.058	0.068	0.077	0.086
0.1	0.095	0.104	0.113	0.122	0.131	0.139	0.148	0.156	0.165	0.173
0.2	0.181	0.189	0.197	0.205	0.213	0.221	0.229	0.237	0.244	0.252
0.3	0.259	0.267	0.274	0.281	0.288	0.295	0.302	0.309	0.316	0.323
0.4	0.330	0.336	0.343	0.349	0.356	0.362	0.368	0.375	0.381	0.387
0.5	0.393	0.398	0.405	0.411	0.417	0.423	0.429	0.434	0.440	0.446
0.6	0.451	0.457	0.462	0.467	0.473	0.478	0.483	0.488	0.493	0.498
0.7	0.503	0.508	0.513	0.518	0.523	0.528	0.532	0.537	0.542	0.546
0.8	0.551	0.555	0.560	0.564	0.568	0.573	0.577	0.581	0.585	0.589
0.9	0.593	0.597	0.601	0.605	0.609	0.613	0.617	0.621	0.625	0.628
1.0	0.632	0.636	0.639	0.643	0.647	0.650	0.654	0.657	0.660	0.664

知识拓展

按照《混凝土结构设计规范》(GB 50010—2010)规定,按抛物线、圆弧曲线变化的空间曲线及可分段后叠加的广义空间曲线,夹角之和 θ 可按下列近似公式计算:

抛物线、圆弧曲线:

$$\theta = \sqrt{\alpha_v^2 + \alpha_h^2} \tag{2-9}$$

广义空间曲线:

$$\theta = \sqrt{\Delta\alpha_v^2 + \Delta\alpha_h^2} \tag{2-10}$$

式中　α_v、α_h——按照抛物线、圆弧曲线变化的空间曲线预应力钢筋在竖直方向、水平方向投影所形成抛物线、圆弧曲线的弯转角;

$\Delta\alpha_v$、$\Delta\alpha_h$——广义空间曲线预应力钢筋在竖直方向、水平方向投影所形成分段曲线的弯转角增量。

一般采用两端张拉,可以减少摩擦损失,但锚具变形损失也相应增加,而且增加了张拉工作量。另外,还可以采用超张拉,其工艺如下:

$$0 \rightarrow 初应力(0.1\sigma_{con}) \rightarrow 1.05\sigma_{con} \xrightarrow{持续2\ min} 0.85\sigma_{con} \rightarrow \sigma_{con}(锚固)$$

对于一般夹片锚具,不宜采用超张拉工艺,因为超张拉后的钢筋拉应力无法在锚固前回降至张拉控制应力。

2.锚具变形、钢筋回缩和接缝压缩引起的预应力损失 σ_{l2}

后张法构件,当张拉结束并进行锚固时,锚具将受到大的压力,使锚具自身及锚下垫板压密而变形,同时有些锚具的预应力筋束还要向内回缩。此外,拼装式构件的接缝,在锚固后也将继续被压密变形,所有这些变形都将锚固后的预应力筋束缩短,引起应力损失。其计算公式如下:

$$\sigma_{l2}=\frac{\sum \Delta l}{l}E_{\mathrm{p}} \tag{2-11}$$

式中　Δl ——张拉端锚具变形、钢筋回缩和接缝压缩值,mm,按表 2-5 采用;

l ——张拉端至锚固端之间的距离,mm,先张法为台座的长度,后张法为构件长度;

E_{p} ——预应力钢筋的弹性模量。

表 2-5　锚具变形、钢筋回缩和接缝压缩值　　(单位:mm)

锚具、接缝类型		Δl	锚具、接缝类型	Δl
钢丝束的钢制锥形锚具		6	墩头锚具	1
夹片式锚具	有顶压时	4	每块后加垫板的缝隙	2
	无顶压时	6	水泥砂浆接缝	1
带螺帽锚具的螺帽缝隙		1 ~ 3	环氧树脂砂浆接缝	1

注:带螺帽锚具采用一次张拉锚固时,Δl 宜取 2 ~ 3 mm,当采用二次张拉锚固时,Δl 可取 1 mm。

该项预应力损失在短跨梁中或在钢筋不长的情况下应予以重视,一般当台座长度超过 100 m 时,常可将 σ_{l2} 忽略。对于分块拼装构件应尽量减少块数,以减少接缝压缩损失。而锚具变形引起的预应力损失,只需考虑张拉端,因为固定端的锚具在张拉钢筋过程中已被挤紧,不会再引起预应力损失。

为了减少 σ_{l2} 值,可采用以下措施:

(1)选用变形较小的锚具,尽可能少用锚垫板。

(2)采用超张拉的施工工序。

3. 预应力钢筋与台座之间的温差引起的预应力损失 σ_{l3}

当用先张法制作预应力钢筋混凝土构件时,张拉钢筋是在常温下进行的。当混凝土采用加热养护时,即形成钢筋与台座之间的温度差。升温时,混凝土尚未结硬,钢筋受热自由伸长,产生温度变形,造成钢筋变松,引起预应力损失 σ_{l3} 。其计算公式为:

$$\sigma_{l3}=2(t_2-t_1) \tag{2-12}$$

式中　t_2 ——混凝土加热养护时,受拉钢筋的最高温度,℃;

t_1 ——张拉钢筋时,制造场地的温度,℃。

可采用以下措施减少该项损失:

(1)采用两次升温养护。先在常温下养护,或将初次升温与常温的温度差控制在 20 ℃以内,待混凝土强度达到 7.5 ~ 10 MPa 时再逐渐升温至规定的养护温度。

(2)在钢模上张拉预应力钢筋或台座与构件共同受热变形,可以不考虑此项损失。

4. 混凝土的弹性压缩引起的预应力损失 σ_{l4}

当预应力混凝土构件受到预压应力而产生压缩变形时,对于已经张拉并锚固于混凝土构件上的预应力钢筋来说,亦将产生与该钢筋重心水平处混凝土同样的压缩应变 $\varepsilon_{\mathrm{p}}=\varepsilon_{\mathrm{c}}$,因而产生一个预拉应力损失,并称为混凝土弹性压缩损失,以 σ_{l4} 表示。引起应力损失的混凝土弹性压缩量,与预加应力的方式有关。

(1)先张法构件。

先张法预应力钢筋混凝土构件受压时,已与混凝土黏结,两者共同变形,放松钢筋时由混凝土弹性压缩引起的预应力损失,可按下式计算。

$$\sigma_{l4} = \partial_{EP}\sigma_{pc} \tag{2-13}$$

式中 ∂_{EP}——预应力钢筋弹性模量与混凝土弹性模量之比;

σ_{pc}——在计算截面的钢筋重心处,由全部钢筋预加力 N_{p0} 产生的混凝土法向应力(MPa),可按下式计算。

$$\sigma_{pc} = \frac{N_{p0}}{A_0} + \frac{N_{p0}e_{p0}^2}{I_0},\ N_{p0} = A_p\sigma_p^*$$

式中 N_{p0}——混凝土应力为零时的预应力钢筋的预加力(扣除相应阶段的预应力损失);

A_0、I_0——预应力钢筋混凝土受弯构件的换算截面面积和换算截面惯性矩;

e_{p0}——预应力钢筋重心至换算截面重心轴的距离;

σ_p^*——张拉锚固前预应力筋中的预应力,$\sigma_p^* = \sigma_{con}$。

(2)后张法构件。

在后张法预应力钢筋混凝土构件中,混凝土的弹性压缩发生在张拉过程中,张拉完毕后,混凝土的弹性压缩也随即完成。故对于一次张拉完成的后张法构件,混凝土弹性压缩不会引起应力损失,因为此时混凝土的全部弹性压缩是和钢筋的伸长同时发生的。

但是,由于后张法构件筋束的根数比较多,钢筋往往分批进行张拉锚固,并且在多数情况下采用逐束(根)进行张拉锚固。这样,当张拉第二批钢筋时,混凝土所产生的弹性压缩会使第一批已张拉锚固的钢筋产生预应力损失。同理,当张拉第三批时,又会使第一、第二批已张拉锚固的钢筋都产生预应力损失,以此类推,故这种在后张法中的弹性压缩损失又称为分批张拉预应力损失 σ_{l4}。

后张法构件,分批张拉时,先张拉的钢筋由张拉后批钢筋所引起的混凝土弹性压缩预应力损失可按下式计算:

$$\sigma_{l4} = \partial_{EP}\sum\Delta\sigma_{pc} \tag{2-14}$$

式中 $\Delta\sigma_{pc}$——在计算截面钢筋的重心处,由后张拉各批钢筋产生的混凝土法向应力之和,MPa。

后张法预应力钢筋混凝土构件,当同一截面的预应力钢筋逐束张拉时,由混凝土弹性压缩引起的预应力损失,可按下面简化公式计算:

$$\sigma_{l4} = \frac{m-1}{2}\partial_{EP}\Delta\sigma_{pc} \tag{2-15}$$

式中 m——预应力钢筋的束数;

$\Delta\sigma_{pc}$——在计算截面的全部钢筋重心处,由张拉一束应力钢筋产生的混凝土法向压应力,MPa,取各束的平均值。

分批张拉时,由于每批钢筋的应力损失不同,则实际有效预应力不等。补救方法如下:

(1)重复张拉先张拉的预应力钢筋。

(2)超张拉先张拉的预应力钢筋。

5. 预应力钢筋的应力松弛 σ_{l5}

钢筋或钢筋束在一定拉力作用下，长度保持不变，则其应力将随时间的增长而逐渐降低，这种现象称为钢筋的应力松弛(亦称徐舒)。钢筋的松弛将引起预应力钢筋中的应力损失，这种损失称为钢筋应力松弛损失 σ_{l5}。松弛是预应力筋的一种塑性特征。

钢筋应力松弛损失 σ_{l5} 值因钢筋的种类而异，并随着应力的增加和作用(荷载)持续时间的长久而增加，一般是在第一小时最大，两天后即可完成大部分，一个月后这种现象基本停止。

由钢筋应力松弛引起的应力损失终极值，可按下面公式计算：

(1)对于精轧螺纹钢筋：

一次张拉　$\sigma_{l5} = 0.05\sigma_{con}$　(2-16)

超张拉　$\sigma_{l5} = 0.035\sigma_{con}$　(2-17)

(2)对于钢丝，钢绞线：

$$\sigma_{l5} = \psi\zeta\left(0.52\frac{\sigma_{pe}}{f_{pk}} - 0.26\right)\sigma_{pe} \quad (2\text{-}18)$$

式中　ψ——张拉系数，一次张拉时 $\psi = 1.0$，超张拉时 $\psi = 0.9$；

ζ——钢筋松弛系数，Ⅰ级松弛(普通松弛) $\zeta = 1.0$；Ⅱ级松弛(低松弛) $\zeta = 0.3$；

σ_{pe}——传力锚固时的钢筋应力，对后张法构件 $\sigma_{pe} = \sigma_{con} - \sigma_{l1} - \sigma_{l2} - \sigma_{l4}$，对于先张法构件 $\sigma_{pe} = \sigma_{con} - \sigma_{l2}$。

知识拓展

1. 对于碳素钢丝、钢绞线，当 $\frac{\sigma_{pe}}{f_{pk}} \leqslant 0.5$ 时，预应力钢筋的应力松弛值可取零。

2. 预应力钢丝、钢绞线当需分阶段计算钢筋松弛损失时，其中间值与终极值的比值应根据建立预应力的时间按表 2-6 确定。

表 2-6　钢筋松弛损失中间值与终极值的比值

时间(d)	2	10	20	30	40
比值	0.50	0.61	0.74	0.87	1.00

减少预应力钢筋松弛引起的应力损失，可采用的措施：

(1)采用低松弛预应力筋。

(2)采用超张拉方法及增加持荷时间。

6. 混凝土的收缩和徐变引起的预应力损失 σ_{l6}

由于混凝土的收缩和徐变使预应力钢筋混凝土构件缩短，因而引起预应力损失。由于收缩与徐变有着密切的联系，许多影响收缩的因素，也同样影响徐变的变形值，故将混凝土的收缩与徐变值的影响综合在一起进行计算。此外，在预应力梁中所配制的非预应力筋对混凝土的收缩、徐变变形也有一定的影响，计算时应予以考虑。

公路桥规推荐的收缩、徐变应力损失计算，对于单筋截面(仅在受拉区配有纵向力钢筋)可按下式计算：

$$
\left.\begin{aligned}
\sigma_{l6}(t) &= \frac{0.9\left[E_{\mathrm{p}}\varepsilon_{\mathrm{cs}}(t,t_0)+\alpha_{\mathrm{EP}}\sigma_{\mathrm{pc}}\phi(t,t_0)\right]}{1+15\rho\rho_{\mathrm{ps}}}\\
\rho &= \frac{A_{\mathrm{p}}+A_{\mathrm{s}}}{A}\\
\rho_{\mathrm{ps}} &= 1+\frac{e_{\mathrm{ps}}^2}{i^2}\\
e_{\mathrm{ps}}^2 &= \frac{A_{\mathrm{p}}e_{\mathrm{p}}+A_{\mathrm{s}}e_{\mathrm{s}}}{A_{\mathrm{p}}+A_{\mathrm{s}}}
\end{aligned}\right\} \tag{2-19}
$$

式中 $\sigma_{l6}(t)$ ——构件受拉区全部纵向钢筋截面重心处由混凝土收缩、徐变引起的预应力损失；

σ_{pc} ——构件受拉区全部纵向钢筋截面重心处由预应力(扣除相应阶段的预应力损失)和结构自重产生的混凝土法向应力；

E_{p} ——预应力钢筋的弹性模量；

α_{EP} ——预应力钢筋弹性模量与混凝土弹性模量的比值；

ρ ——构件受拉区全部纵向钢筋配筋率；

A ——构件毛截面面积；

i ——截面回转半径，$i = I/A$，先张法构件取 $I = I_0$，$A = A_0$，后张法构件取 $I = I_n$，$A = A_n$，I_0 和 I_n 分别为换算截面惯性矩和净截面惯性矩，A_0 和 A_n 分别为换算截面面积和净截面面积；

e_{p} ——构件受拉区预应力钢筋截面重心至构件截面重心的距离；

e_{s} ——构件受拉区纵向普通钢筋截面重心至构件截面重心的距离；

e_{ps} ——构件受拉区预应力钢筋和普通钢筋截面重心至构件截面重心轴的距离；

$\varepsilon_{\mathrm{cs}}(t,t_0)$ ——预应力钢筋传力锚固龄期为 t_0，计算龄期为 t 时的混凝土收缩应变，其终极值可按表 2-7 取用；

$\phi(t,t_0)$ ——加载龄期为 t_0，计算龄期为 t 时的徐变系数，其终极值 $\phi(t,t_0)$ 按表 2-7取用。

表 2-7 混凝土收缩应变和徐变系数终极值

混凝土收缩应变终极值 $\varepsilon_{\mathrm{cs}}(t,t_0)\times10^3$								
传力锚固龄期(d)	$40\% \leqslant RH < 70\%$				$70\% \leqslant RH < 99\%$			
	理论厚度 h(mm)				理论厚度 h(mm)			
	100	200	300	≥600	100	200	300	≥600
3 ~ 7	0.50	0.45	0.38	0.25	0.30	0.26	0.23	0.15
14	0.43	0.41	0.36	0.24	0.25	0.24	0.21	0.14
28	0.38	0.38	0.34	0.23	0.22	0.22	0.20	0.13

续表 2-7

混凝土收缩应变终极值 $\varepsilon_{cs}(t,t_0)\times10^3$								
传力锚固龄期(d)	40%≤RH<70% 理论厚度 h(mm)				70%≤RH<99% 理论厚度 h(mm)			
	100	200	300	≥600	100	200	300	≥600
60	0.31	0.34	0.32	0.22	0.18	0.20	0.19	0.12
90	0.27	0.32	0.30	0.21	0.16	0.19	0.18	0.12

混凝土徐变系数终极值 $\phi(t,t_0)$								
加载龄期(d)	40%≤RH<70% 理论厚度 h(mm)				70%≤RH<99% 理论厚度 h(mm)			
	100	200	300	≥600	100	200	300	≥600
3	3.78	3.36	3.14	2.79	2.73	2.52	2.39	2.20
7	3.23	2.88	2.68	2.39	2.32	2.15	2.05	1.88
14	2.83	2.51	2.35	2.09	2.04	1.89	1.79	1.65
28	2.48	2.20	2.06	1.83	1.79	1.65	1.58	1.44
60	2.14	1.91	1.78	1.58	1.55	1.43	1.36	1.25
90	1.99	1.76	1.65	1.46	1.44	1.32	1.26	1.15

注：1. 表中 RH 代表桥梁所处环境的年平均相对湿度（%），表中数值是按 $40\% \le RH < 70\%$ 取 55%，$70\% \le RH < 99\%$ 取 80% 计算所得；

2. 表中理论厚度 $h=2A/\mu$，A 为构件截面面积，μ 为构件与大气接触的周边长度。当构件为变截面时，A 和 μ 均可取其平均值；

3. 本表适用于由一般的硅酸盐类水泥或快硬水泥配制而成的混凝土。表中数值是按强度等级 C40 混凝土计算所得；对 C50 及以上混凝土，表列数值应乘以 $\sqrt{32.4/f_{ck}}$，f_{ck} 为混凝土轴心抗压强度标准值；

4. 本表适用于季节性变化的平均温度为 $-20\sim+40$ ℃的地区；

5. 构件的实际传力锚固龄期、加载龄期或理论厚度为表列数值中间值时，收缩应变和徐变系数终极值可按直线内插法取值。

减小混凝土收缩和徐变引起的应力损失的措施有：

（1）采用高强度水泥，减少水泥用量，降低水灰比，采用干硬性混凝土。

（2）采用级配较好的集料，加强振捣，提高混凝土的密实性。

（3）加强养护，以减少混凝土的收缩。

综上所述，各项预应力损失的估算值，可以作为一般设计的依据。但由于材料、施工条件的不同，实际的预应力损失值与按上述方法计算的数值会有所出入。为了确保预应力钢筋混凝土结构在施工、使用阶段的安全，除加强施工管理外，还应做好预应力损失值的实测工作，用测得的实际损失值来调整张拉应力。

2.2.2.3　预应力损失值组合

预应力损失值的组合，一般根据应力损失出现的先后与全部完成所需要的时间，分先张法、后张法，按预应力阶段和使用阶段来划分。对于一般形式及施工方法简单的结构，可按表 2-8 的方法进行预应力损失组合。

表 2-8　各阶段预应力损失值的组合

预应力损失的组合	先张法构件	后张法构件
传力锚固时的损失（第一批）$\sigma_{l\,\mathrm{I}}$	$\sigma_{l2}+\sigma_{l3}+\sigma_{l4}+0.5\sigma_{l5}$	$\sigma_{l1}+\sigma_{l2}+\sigma_{l4}$
传力锚固时的损失（第二批）$\sigma_{l\,\mathrm{II}}$	$0.5\sigma_{l5}+\sigma_{l6}$	$\sigma_{l5}+\sigma_{l6}$

2.2.2.4　**钢筋有效预应力计算**

当在预加应力阶段时，预应力钢筋中的有效预应力为：

$$\sigma_{pe}^{\mathrm{I}}=\sigma_{con}-\sigma_{l\,\mathrm{I}} \tag{2-20}$$

式中　$\sigma_{l\,\mathrm{I}}$ ——预应力筋张拉完毕、传力锚固为止所出现的应力损失值之和。

当在使用荷载阶段时，预应力钢筋中的有效预应力，即永存预应力为：

$$\sigma_{pe}^{\mathrm{II}}=\sigma_{con}-(\sigma_{l\,\mathrm{I}}+\sigma_{l\,\mathrm{II}}) \tag{2-21}$$

式中　$\sigma_{l\,\mathrm{II}}$ ——传力锚固结束以后所出现的应力损失值之和。

2.2.3　预应力钢筋混凝土受弯构件承载力计算

预应力钢筋混凝土受弯构件承载力计算，包括正截面承载力计算和斜截面承载力计算两部分。斜截面承载力计算又分为斜截面抗剪力和斜截面抗弯承载力两种情况。这些内容与前面介绍的钢筋混凝土受弯构件承载力计算内容相类似。

2.2.3.1　**预应力钢筋混凝土受弯构件正截面抗弯承载力计算**

预应力钢筋混凝土受弯构件破坏时的正截面应力状态和普通钢筋混凝土受弯构件类似，其正截面承载力取决于梁的破坏形态，预应力钢筋混凝土受弯构件破坏情况可分为适筋塑性破坏、超筋脆性破坏和少筋脆性破坏三种情况。预应力钢筋混凝土梁的设计仍然控制在适筋梁的范围之内，采用控制混凝土受压区高度 $x\leqslant\xi_b h_0$ 的方法来控制构件的配筋率，以确保构件破坏时发生塑性破坏。

预应力钢筋混凝土受弯构件发生塑性破坏情况下，受拉区混凝土开裂后将退出工作，预应力钢筋及非预应力钢筋分别达到其抗拉强度设计值 f_{pd} 和 f_{sd}，受压区混凝土应力达到抗压强度设计值 f_{cd}，非预应力钢筋及预应力钢筋达到抗压强度设计值 f'_{sd} 和 f'_{pd}，预应力钢筋由于在施工阶段预先承受了预拉应力，进入使用阶段后，外弯矩增加，其预拉应力将逐渐减小，至构件破坏时，其计算应力 σ'_{pc} 可能仍为拉应力，也可能为压应力，但其值一般都达不到预应力钢筋 A'_p 的抗压强度设计值 f'_{pd}。

为简化计算，和钢筋混凝土梁一样，假定截面变形以后仍保持平面，不考虑混凝土的抗拉强度，受压区混凝土应力图形采用等效矩形代替实际曲线分布，可根据基本假定绘出计算应力图形（如图 2-26 所示），并仿照普通钢筋混凝土受弯构件，按静力平衡条件，计算预应力钢筋混凝土受弯构件正截面承载力。

1. 矩形截面构件

1）基本公式

配有预应力钢筋和普通钢筋的矩形截面受弯构件如图 2-26 所示，根据力的平衡条件

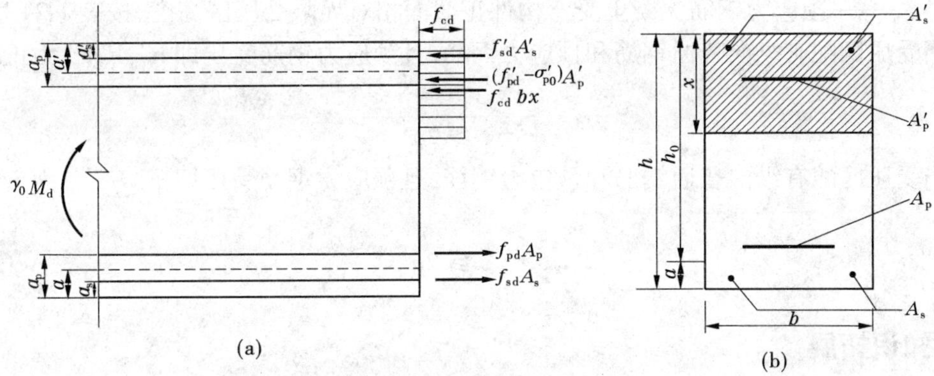

图 2-26　矩形截面受弯构件正截面承载力计算简图

可得正截面承载力计算公式如下：

$$\gamma_0 M_d \leqslant f_{cd}bx\left(h_0 - \frac{x}{2}\right) + f'_{sd}A'_s(h_0 - a'_s) + (f'_{pd} - \sigma'_{p0})A'_p(h_0 - a'_p) \tag{2-22}$$

$$f_{sd}A_s + f_{pd}A_p = f_{cd}bx + f'_{sd}A'_s + (f'_{pd} - \sigma'_{p0})A'_p \tag{2-23}$$

式中　γ_0 ——桥梁结构的重要性系数，按公路桥涵的设计安全等级，一级、二级、三级分别取用 1.1、1.0、0.9；

M_d ——弯矩组合设计值；

f_{cd} ——混凝土轴心抗压强度设计值；

f_{sd}、f'_{sd} ——纵向普通钢筋的抗拉强度设计值和抗压强度设计值；

f_{pd}、f'_{pd} ——纵向预应力钢筋的抗拉强度设计值和抗压强度设计值；

A_s、A'_s ——受拉区、受压区纵向普通钢筋的截面面积；

A_p、A'_p ——受拉区、受压区纵向预应力钢筋的截面面积；

b ——矩形截面宽度或 T 形截面腹板宽度；

h_0 ——截面有效高度，$h_0 = h - a$，此处 h 为截面全高，$a = \dfrac{f_{pd}A_p a_p + f_{sd}A_s a_s}{f_{pd}A_p + f_{sd}A_s}$；

a_s、a_p ——受拉区、受压区普通钢筋和预应力钢筋的合力点至受拉区边缘、受压区边缘的距离；

a'_s、a'_p ——受压区普通钢筋合力点、预应力钢筋合力点至受压区边缘的距离；

σ'_{p0} ——受压区预应力钢筋合力点处混凝土法向应力等于零时预应力钢筋的应力，先张法构件，$\sigma'_{p0} = \sigma'_{con} - \sigma'_l + \sigma'_{l4}$；后张法构件，$\sigma'_{p0} = \sigma'_{con} - \sigma'_l + \alpha_{EP}\sigma'_{pc}$，其中，$\sigma'_{con}$ 为受压区预应力钢筋的控制应力，σ'_l 为受压区预应力钢筋全部预应力损失，σ'_{pc} 为受压区预应力钢筋重心处由预应力产生的混凝土法向应力(压应力以正值代入，拉应力以负值代入)，α_{EP} 受压区预应力钢筋弹性模量与混凝土弹性模量的比值。

2)适用条件

截面受压区高度应符合下列要求：

$$x \leqslant \xi_b h_0 \tag{2-24}$$

式中 ξ_b ——预应力钢筋混凝土受弯构件正截面相对界限受压区高度,按表 1-24 取用。

当受压区配有纵向普通钢筋和预应力钢筋,且预应力钢筋受压即 $\sigma'_{pd}-\sigma'_{p0}$ 为正时,应符合:

$$x \geqslant 2a' \tag{2-25}$$

当受压区配有纵向普通钢筋和预应力钢筋,且预应力钢筋受压即 $\sigma'_{pd}-\sigma'_{p0}$ 为负时,应符合:

$$x \geqslant 2a'_s \tag{2-26}$$

知识拓展

当受弯构件受压高度满足条件 $x \leqslant \xi_b h_0$ 时,可不考虑按正常使用极限状态计算可能增加的纵向受拉钢筋截面面积和按构造要求配置的纵向钢筋截面面积。

当计算中考虑受压区纵向钢筋且 $x < 2a'$ 时,受弯构件正截面抗弯承载力的计算应符合下列规定:

1. 当受压区配有纵向普通钢筋和预应力钢筋,且预应力钢筋受压时

$$\gamma_0 M_d \leqslant f_{pd}A_p(h-a_p-a')+f_{sd}A_s(h-a_s-a') \tag{2-27}$$

2. 当受压区仅配纵向普通钢筋或配普通钢筋和预应力钢筋,且预应力钢筋受拉时

$$\gamma_0 M_d \leqslant f_{pd}A_p(h-a_p-a')+f_{sd}A_s(h-a_s-a')-(f'_{pd}-\sigma'_{p0})A'_p(a'_p-a'_s) \tag{2-28}$$

式中 a_s、a_p ——受拉区普通钢筋合力点、预应力钢筋合力点至受拉区边缘的距离。

2. T 形截面构件

T 形截面计算简图如图 2-27 所示。

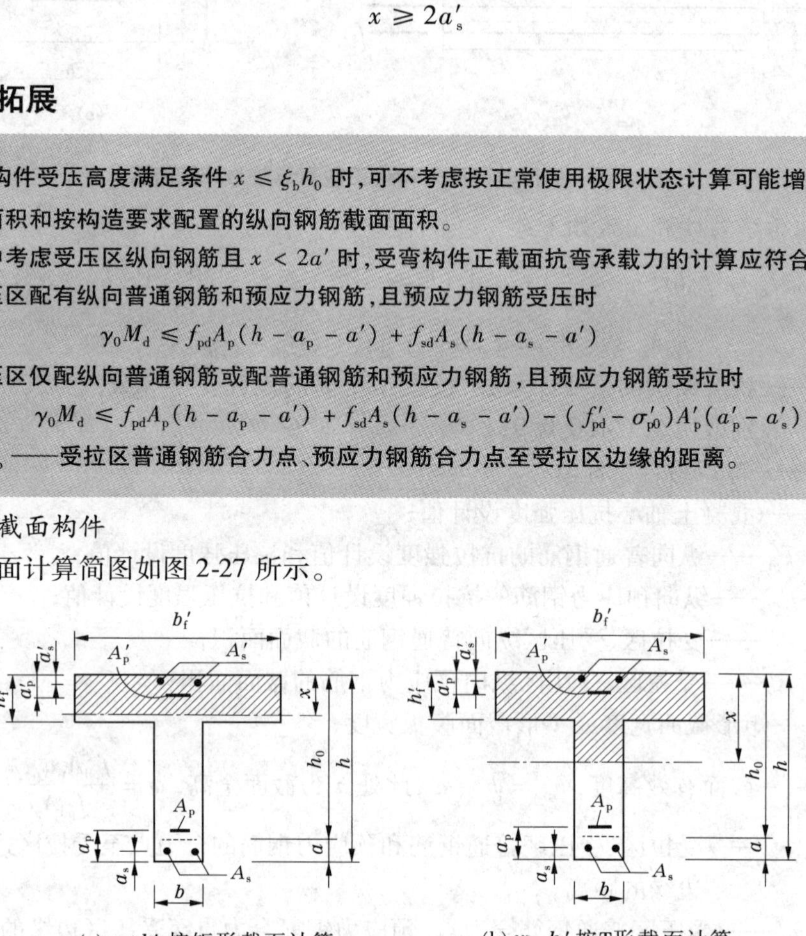

(a) $x \leqslant h'_f$ 按矩形截面计算 (b) $x > h'_f$ 按T形截面计算

图 2-27 T 形截面受弯构件正截面承载力计算图

1) 基本公式

对于翼缘位于受压区的 T 形截面或工字形截面受弯构件,同钢筋混凝土梁,应先判定 T 形截面属于哪一类型,可按下列规定进行判定:

当满足条件

$$f_{sd}A_s + f_{pd}A_p \leqslant f_{cd}b'_f h'_f + f'_{sd}A'_s + (f'_{pd}-\sigma'_{p0})A'_p \tag{2-29}$$

时,截面属于第一类 T 形截面,如图 2-27(a) 所示,构件可按宽度为 $h \times b'_f$ 的矩形截面计算。

当满足条件

$$f_{sd}A_s + f_{pd}A_p > f_{cd}b'_f h'_f + f'_{sd}A'_s + (f'_{pd} - \sigma'_{p0})A'_p \tag{2-30}$$

时,说明截面中性轴通过肋部,此截面属于第二类T形截面,如图2-27(b)所示,计算时应考虑截面腹板受压混凝土的作用,其正截面承载力应按下列公式计算。

由受拉区预应力钢筋和非预应力钢筋合力点的力矩平衡条件,可得:

$$\gamma_0 M_d \leqslant f_{cd}\left[bx\left(h_0 - \frac{x}{2}\right) + (b'_f - b)h'_f\left(h_0 - \frac{h'_f}{2}\right)\right] + f'_{sd}A'_s(h_0 - a'_s) + (f'_{pd} - \sigma'_{p0})A'_p(h_0 - a'_p) \tag{2-31}$$

由水平方向的平衡条件,得:

$$f_{sd}A_s + f_{pd}A_p = f_{cd}[bx + (b'_f - b)h'_f] + f'_{sd}A'_s + (f'_{pd} - \sigma'_{p0})A'_p \tag{2-32}$$

式中　h'_f——T形截面受压翼缘厚度;

b'_f——T形截面受压翼缘的有效宽度。

箱形截面受弯构件的正截面抗弯承载力可参照T形截面计算。

2)适用条件

应用上述公式时,T形截面混凝土受压区高度x应符合下列条件:

$$x \leqslant \xi_b h_0$$

承载力校核与截面选择的步骤与普通钢筋混凝土梁类似。

综上所述,构件的承载力M_d与受拉区钢筋是否施加预应力无关,但对受压区钢筋A'_p施加预应力后,钢筋A'_p的应力由A'_p下降为$(f'_{pd} - \sigma'_{p0})$或者变为负值(即拉应力),因而降低了受弯构件的承载力和使用阶段的抗裂度。因此,只有在受压区确实需设置预应力钢筋A'_p时,才予以设置。

2.2.3.2　预应力钢筋混凝土受弯构件斜截面承载力计算

预应力钢筋混凝土受弯构件与钢筋混凝土构件一样,当受弯构件正截面承载力有足够保证时,仍有可能沿斜截面发生受弯破坏和受剪破坏,如图2-28所示。

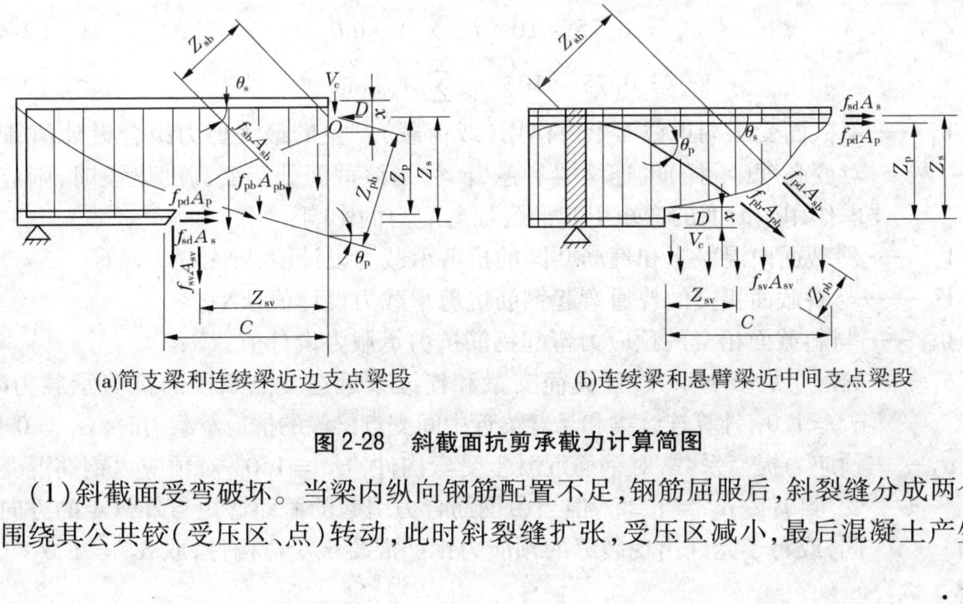

(a)简支梁和连续梁近边支点梁段　　(b)连续梁和悬臂梁近中间支点梁段

图2-28　斜截面抗剪承载力计算简图

(1)斜截面受弯破坏。当梁内纵向钢筋配置不足,钢筋屈服后,斜裂缝分成两个部分将围绕其公共铰(受压区、点)转动,此时斜裂缝扩张,受压区减小,最后混凝土产生法向裂缝而破坏。

(2)斜截面受剪破坏。当梁内纵向钢筋配置较多,且锚固可靠时,阻碍着斜裂缝两侧部分的相对转动,受压区混凝土在压力与剪力的共同作用下被剪断或压碎,此时距受压区较远的钢筋应力达到屈服强度,而另一部分尚未达到,钢筋受力是不均匀的。

研究表明,有足够钢筋通过支点截面且截面无变化的受弯构件,斜截面抗弯承载力不是主要控制因素,抗剪承载力才是主要的控制因素。

1.斜截面抗剪承载力计算

预应力钢筋混凝土受弯构件的斜截面抗剪承载力计算,其计算截面位置可参照钢筋混凝土受弯构件中有关规定处理。对于矩形、T形和工字形截面的受弯构件,其抗剪截面应符合式(2-33)的要求:

$$\gamma_0 V_d \leqslant 0.51 \times 10^{-3}\sqrt{f_{cu,k}}\, b h_0 \tag{2-33}$$

式中 V_d ——验算截面处由作用(荷载)产生的剪力组合设计值,kN;

b ——相应于剪力组合设计值处的矩形截面宽度或T形和工字形截面腹板宽度,mm;

h_0 ——相应于剪力组合设计值处的截面有效高度,mm。

当矩形、T形和工字形截面的受弯构件符合式(2-34)时,可不进行斜截面抗剪承载力的验算,仅需按构造要求配置箍筋。

$$\gamma_0 V_d \leqslant 0.50 \times 10^{-3}\alpha_2 f_{td} b h_0 \tag{2-34}$$

式中 f_{td} ——混凝土抗拉强度设计值;

α_2 ——预应力提高系数。

对于板式受弯构件,式(2-34)右边计算值可乘以提高系数1.25。

矩形、T形和工字形截面的受弯构件,当配置箍筋和弯起钢筋时,其斜截面抗剪承载力应按式(2-35)进行验算:

$$\gamma_0 V_d \leqslant V_{cs} + V_{sb} + V_{pb} \tag{2-35}$$

$$V_{cs} = \alpha_1\alpha_2\alpha_3 \times 0.45 \times 10^{-3} b h_0\sqrt{(2 + 0.6p)\ \sqrt{f_{cu,k}}\rho_{sv} f_{sv}} \tag{2-36}$$

$$V_{sb} = 0.75 \times 10^{-3} f_{sd}\sum A_{sb}\sin\theta_s \tag{2-37}$$

$$V_{pb} = 0.75 \times 10^{-3} f_{pd}\sum A_{pb}\sin\theta_p \tag{2-38}$$

式中 V_d ——斜截面受压端正截面上由作用(或荷载)产生的最大剪力组合设计值,kN;对变高度(承托)的连续梁和悬臂梁,当该截面处于变高度梁段时,则应考虑作用于截面的弯矩引起的附加剪应力的影响;

V_{cs} ——斜截面内混凝土和箍筋共同的抗剪承载力设计值,kN;

V_{sb} ——与斜截面相交的普通弯起钢筋抗剪承载力设计值,kN;

V_{pb} ——与斜截面相交的预应力弯起钢筋抗剪承载力设计值,kN;

α_1 ——异号弯矩影响系数,计算简支梁和连续梁近边支点梁段的抗剪承载力时,$\alpha_1 = 1.0$,计算连续梁和悬臂梁近中间支点梁段的抗剪承载力时,$\alpha_1 = 0.9$;

α_2 ——预应力提高系数,对钢筋混凝土受弯构件,$\alpha_2 = 1.0$,对预应力钢筋混凝土受弯构件,$\alpha_2 = 1.25$,但当由钢筋合力引起的截面弯矩与外弯矩的方向相同,或对于允许出现裂缝的预应力钢筋混凝土受弯构件,取$\alpha_2 = 1.0$;

α_3 ——受压翼缘的影响系数,取 $\alpha_3 = 1.0$;

b ——斜截面受压端正截面处矩形截面宽度或T形和工字形截面腹板宽度,mm;

h_0 ——斜截面受压端正截面的有效高度,自纵向受拉钢筋合力点至受压边缘的距离,mm;

p ——斜截面内纵向受拉钢筋的配筋百分率,$p = 100\rho$,$\rho = \dfrac{A_p + A_{pb} + A_s}{bh_0}$,当 $p >$ 2.5 时,取 $p = 2.5$;

$f_{cu,k}$ ——混凝土立方体抗压强度标准值,MPa,即为混凝土强度等级;

ρ_{sv} ——斜截面内箍筋配筋率,$\rho_{sv} = \dfrac{A_{sv}}{s_v b}$;

f_{sv} ——箍筋抗拉强度设计值,但取值不宜大于280 MPa;

A_{sv} ——斜截面内配置在同一截面的箍筋各肢总截面面积,mm^2;

s_v ——斜截面内箍筋的间距,mm;

A_{sb} 、A_{pb} ——斜截面内在同一弯起平面的普通弯起钢筋、预应力弯起钢筋的截面面积,mm^2;

θ_s 、θ_p ——普通弯起钢筋、预应力弯起钢筋(在斜截面受压端正截面处)的切线与水平线的夹角。

2. 预应力钢筋混凝土斜截面抗弯承载力计算

当纵向钢筋较少时,预应力钢筋混凝土受弯构件也有可能发生斜截面的弯曲破坏。预应力钢筋混凝土受弯构件斜截面抗弯承载力一般同普通混凝土受弯构件一样,可以通过构造措施来加以保证,其计算方法和步骤与钢筋混凝土受弯构件相同,只需要加入预应力钢筋的各项抗弯能力即可。矩形、T形和工字形截面的受弯构件,其斜截面抗弯承载力应按下列规定进行验算,如图2-28所示。

$$\gamma_0 M_d \leqslant f_{sd}A_s Z_s + f_{pd}A_p Z_p + \sum f_{sd}A_{sb}Z_{sb} + \sum f_{pd}A_{pb}Z_{pb} + \sum f_{sv}A_{sv}Z_{sv} \quad (2\text{-}39)$$

最不利的斜截面水平投影长度按下式试算确定:

$$\gamma_0 V_d = \sum f_{sd}A_{sb}\sin\theta_s + \sum f_{pd}A_{pb}\sin\theta_p + \sum f_{sv}A_{sv} \quad (2\text{-}40)$$

式中　M_d ——斜截面受压端正截面的最大弯矩组合设计值;

V_d ——斜截面受压端正截面相应于最大弯矩组合设计值的剪力组合设计值;

Z_s 、Z_p ——纵向预应力受拉钢筋合力点至受压区中心点 O 的距离;

Z_{sb} 、Z_{pb} ——与斜截面相交的同一弯起平面内普通弯起钢筋合力点、预应力弯起钢筋合力点至受压区中心点 O 的距离;

Z_{sv} ——与斜截面相交的同一平面内箍筋合力点至斜截面受压端的水平距离。

斜截面受压端受压区高度 x ,按斜截面内所有力对构件纵向轴投影之和为零的平衡条件求得。

2.2.4　预应力钢筋混凝土受弯构件持久状态正常使用极限状态计算

公路桥涵的持久状况设计应按正常使用极限状态的要求,采用作用效应频遇组合、荷载效应准永久组合或作用效应频遇组合并考虑作用长期效应的影响，对构件的抗裂、裂缝宽度和挠度进行验算，并使各项计算值不超过公路桥规规范规定的各相应限值。在上述各种组合中，汽车荷载效应可不计冲击系数。

在预应力钢筋混凝土构件中，预应力应作为荷载考虑，荷载分项系数取为 1.0。对连续梁等超静定结构，尚应计入由预应力、温度作用等引起的次效应。

预应力钢筋混凝土构件可根据结构使用和所处环境的要求，进行下列构件设计：

(1)全预应力钢筋混凝土构件。此类构件在作用效应频遇组合下控制的正截面的受拉边缘不允许出现拉应力(不得消压)。

(2)部分预应力钢筋混凝土构件。此类构件在作用效应频遇组合下控制的正截面受拉边缘可出现拉应力：当拉应力加以限制时，为 A 类预应力钢筋混凝土构件；当拉应力超过限值时，为 B 类预应力钢筋混凝土构件。

2.2.4.1 预应力钢筋混凝土结构抗裂性验算

预应力钢筋混凝土受弯构件应按下列规定进行正截面和斜截面抗裂验算：

1. 正截面抗裂性验算

正截面抗裂性是通过正截面混凝土的法向拉应力来控制的。

正截面抗裂应对构件正截面混凝土的拉应力进行验算，并应符合下列要求。

1)全预应力钢筋混凝土构件

全预应力钢筋混凝土构件，在作用效应频遇组合下：

(1)预制构件

$$\sigma_{st} - 0.85\sigma_{pc} \leqslant 0 \tag{2-41}$$

(2)分段浇筑或砂浆接缝的纵向分块构件

$$\sigma_{st} - 0.80\sigma_{pc} \leqslant 0 \tag{2-42}$$

2)A 类预应力钢筋混凝土构件

A 类预应力钢筋混凝土构件，在作用效应频遇组合下：

$$\sigma_{st} - \sigma_{pc} \leqslant 0.7 f_{tk} \tag{2-43}$$

但在荷载效应准永久组合下：

$$\sigma_{lt} - \sigma_{pc} \leqslant 0 \tag{2-44}$$

式中 σ_{st} ——在作用效应频遇组合下构件抗裂验算边缘混凝土的法向拉应力；

σ_{lt} ——在荷载效应准永久组合下构件抗裂验算边缘混凝土的法向拉应力；

σ_{pc} ——扣除全部预应力损失后的预加力在构件抗裂验算边缘产生的混凝土预压应力；

f_{tk} ——混凝土的抗拉强度标准值。

友情提示

(1)规定的荷载效应准永久组合是指结构自重和直接施加于桥上的活荷载产生的效应组合，不考虑间接施加于桥上的其他作用效应。

(2)B 类预应力钢筋混凝土受弯构件在结构自重作用下控制截面受拉边缘不得消压。

2. 斜截面抗裂性验算

斜截面抗裂应对构件斜截面混凝土的主拉应力 σ_{tp} 进行验算,并应符合下列要求。

1) 全预应力钢筋混凝土构件

全预应力钢筋混凝土构件,在作用效应频遇组合下:

预制构件

$$\sigma_{tp} \leqslant 0.6 f_{tk} \tag{2-45}$$

现场浇筑(包括预制拼装)构件

$$\sigma_{tp} \leqslant 0.4 f_{tk} \tag{2-46}$$

2) A 类和 B 类预应力钢筋混凝土构件

A 类和 B 类预应力钢筋混凝土构件,在作用效应频遇组合下:

预制构件

$$\sigma_{tp} \leqslant 0.7 f_{tk} \tag{2-47}$$

现场浇筑(包括预制拼装)构件

$$\sigma_{tp} \leqslant 0.5 f_{tk} \tag{2-48}$$

式中　σ_{tp}——由作用效应频遇组合和预加力产生的混凝土主拉应力。

3. 荷载产生的截面抗裂验算边缘混凝土的法向拉应力

受弯构件由作用(或荷载)产生的截面抗裂验算边缘混凝土的法向拉应力,应按下列公式计算:

$$\sigma_{st} = \frac{M_s}{W_0} \tag{2-49}$$

$$\sigma_{lt} = \frac{M_l}{W_0} \tag{2-50}$$

式中　M_s——作用效应频遇组合按式(1-4)计算的弯矩值;

M_l——荷载效应准永久组合按式(1-5)计算的弯矩值,在组合的活荷载弯矩中,仅考虑汽车、人群等直接作用于构件的荷载产生的弯矩值;

W_0——构件换算截面对抗裂验算边缘的弹性抵抗矩。

注:后张法构件在计算预加应力阶段由构件自重产生的拉应力时,式(2-49)、式(2-50)中的 W_0 可改用 W_n。W_n 为构件净截面对抗裂验算边缘的弹性抵抗矩。

友情提示

在预应力钢筋混凝土构件的弹性阶段计算中,构件截面性质可按下列规定采用:

1. 先张法构件采用换算截面。

2. 后张法构件,当计算由作用(或荷载)引起的应力时,管道压浆前采用净截面,预应力钢筋与混凝土黏结后采用换算截面;当计算由预加力引起的应力时,除指明外采用净截面。

3. 截面性质对计算应力或控制条件影响不大时,也可采用毛截面。

4. 预应力产生的抗裂性验算截面边缘混凝土有效预压应力

预应力产生的抗裂性验算截面边缘混凝土有效预压应力可按下列公式计算。

1)先张法构件

由预加力产生的混凝土法向压应力 σ_{pc}

$$\sigma_{pc} = \frac{N_{p0}}{A_0} + \frac{N_{p0}e_{p0}}{I_0}y_0 \tag{2-51}$$

$$N_{p0} = \sigma_{p0}A_p + \sigma'_{p0}A'_p - \sigma_{l6}A_s - \sigma'_{l6}A'_s \tag{2-52}$$

$$e_{p0} = \frac{\sigma_{p0}A_p y_p - \sigma'_{p0}A'_p y'_p - \sigma_{l6}A_s y_s + \sigma'_{l6}A'_s y'_s}{N_{p0}} \tag{2-53}$$

$$\sigma_{p0} = \sigma_{con} - \sigma_l + \sigma_{l4} \tag{2-54}$$

2)后张法构件

由预加力产生的混凝土法向压应力 σ_{pc}

$$\sigma_{pc} = \frac{N_p}{A_n} + \frac{N_p e_{pn}}{I_n}y_n + \frac{M_{p2}}{I_n}y_n \tag{2-55}$$

$$N_p = \sigma_{pe}A_p + \sigma'_{pe}A'_p - \sigma_{l6}A_s - \sigma'_{l6}A'_s \tag{2-56}$$

$$e_{pn} = \frac{\sigma_{pe}A_p y_{pn} - \sigma'_{pe}A'_p y'_{pn} - \sigma_{l6}A_s y_{sn} + \sigma'_{l6}A'_s y'_{sn}}{N_p} \tag{2-57}$$

$$\sigma_{pe} = \sigma_{con} - \sigma_l \tag{2-58}$$

式中 A_n ——净截面面积,即为扣除管道等削弱部分后的混凝土全部截面面积与纵向普通钢筋截面面积换算成混凝土的截面面积之和;对由不同混凝土强度等级组成的截面,应按混凝土弹性模量比值换算成同一混凝土强度等级的截面面积;

A_0 ——换算截面面积,包括净截面面积 A_n 和全部纵向预应力钢筋截面面积换算成混凝土的截面面积;

N_{p0}、N_p ——先张法构件、后张法构件的预应力钢筋和普通钢筋的合力,如图 2-29 所示;

e_{p0}、e_{pn} ——换算截面重心、净截面重心至预应力钢筋和普通钢筋合力点的距离,如图 2-29 所示;

I_0、I_n ——换算截面惯性矩、净截面惯性矩;

y_0、y_n ——换算截面重心、净截面重心至计算纤维处的距离;

σ_{p0}、σ'_{p0} ——受拉区、受压区预应力钢筋合力点处混凝土法向应力等于零时的预应力钢筋应力;

A_p、A'_p ——受拉区、受压区预应力钢筋的截面面积;

σ_{l6}、σ'_{l6} ——受拉区、受压区预应力钢筋在各自合力点处由混凝土收缩和徐变引起的预应力损失值,当 $A'_p = 0$ 时,$\sigma'_{l6} = 0$;

A_s、A'_s ——受拉区、受压区普通钢筋的截面面积;

σ_{con} ——受拉区预应力钢筋的张拉控制应力;

σ_l ——受拉区相应阶段的预应力损失值,使用阶段时为全部预应力损失值;

σ_{l4} ——受拉区由混凝土弹性压缩引起的预应力损失值;

M_{p2} ——由预加力 N_p 在后张法预应力钢筋混凝土连续梁等超静定结构中产生

的次弯矩；

σ_{pe} 、σ'_{pe} ——受拉区、受压区预应力钢筋的有效预应力；

y_p 、y'_p ——受拉区、受压区预应力钢筋合力点至换算截面重心轴的距离；

y_s 、y'_s ——受拉区、受压区普通钢筋重心至换算截面重心轴的距离；

y_{pn} 、y'_{pn} ——受拉区、受压区预应力钢筋合力点至净截面重心轴的距离；

y_{sn} 、y'_{sn} ——受拉区、受压区普通钢筋重心至净截面重心轴的距离。

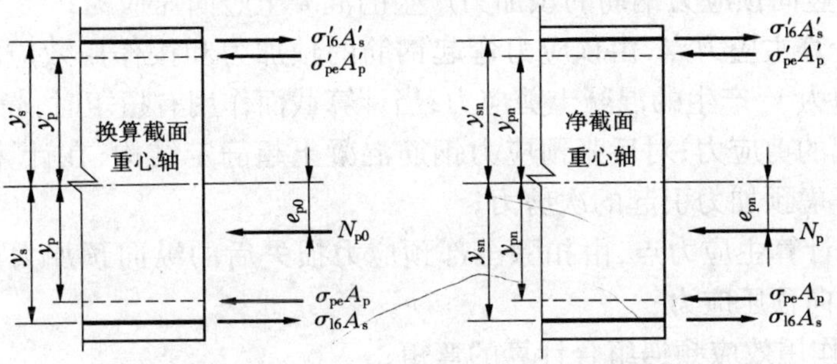

图 2-29　预应力钢筋和普通钢筋合力及其偏心距计算示意图

5. 预应力钢筋混凝土受弯构件抗裂性验算截面混凝土的主拉应力

预应力钢筋混凝土受弯构件由作用效应频遇组合和预加力产生的抗裂性验算截面混凝土主拉应力 σ_{tp} ，应按下列公式计算：

$$\sigma_{tp} = \frac{\sigma_{cx} + \sigma_{cy}}{2} - \sqrt{\left(\frac{\sigma_{cx} - \sigma_{cy}}{2}\right)^2 + \tau^2} \qquad (2\text{-}59)$$

$$\sigma_{cx} = \sigma_{pc} + \frac{M_s}{I_0} y_0 \qquad (2\text{-}60)$$

先张法构件：

$$\sigma_{cx} = \frac{N_{p0}}{A_0} \mp \frac{N_{p0} e_{p0}}{I_0} \pm \frac{M_s}{I_0} y_0 \qquad (2\text{-}61)$$

后张法构件：

$$\sigma_{cx} = \frac{N_p}{A_n} \pm \frac{N_p e_{pn}}{I_n} y_n \pm \frac{M_{G1k}}{I_n} y_n \pm \frac{M_{G2k} + 0.7\frac{M_{Q1k}}{1+\mu} + M_{Q2k}}{I_0} y_0 \qquad (2\text{-}62)$$

$$\sigma_{cy} = 0.6 \frac{n\sigma'_{pe} A_{pv}}{b s_{pv}} \qquad (2\text{-}63)$$

$$\tau = \frac{V_s S_0}{b I_0} - \frac{\sum \sigma''_{pe} A_{pb} \sin\theta_p S_n}{b I_n} \qquad (2\text{-}64)$$

先张法构件：

$$\tau = \frac{\left[V_{G2k} + 0.7\frac{V_{Q1k}}{1+\mu} + V_{Q2k}\right] S_0}{b I_0} \qquad (2\text{-}65)$$

后张法构件：

$$\tau=\frac{V_{\mathrm{G1k}}S_{\mathrm{n}}}{bI_{\mathrm{n}}}+\frac{V_{\mathrm{G2k}}+0.7\dfrac{V_{\mathrm{Q1k}}}{1+\mu}+V_{\mathrm{Q2k}}}{bI_{0}}S_{0}-\frac{\sum\sigma''_{\mathrm{pe}}A_{\mathrm{pb}}\sin\theta_{\mathrm{p}}S_{\mathrm{n}}}{bI_{\mathrm{n}}} \tag{2-66}$$

式中 σ_{cx}——在计算主应力点，由预加力和按作用效应频遇组合计算的弯矩 M_s 产生的混凝土法向应力；

σ_{cy}——由竖向预应力钢筋的预加力产生的混凝土竖向压应力；

τ——在计算主应力点，由预应力弯起钢筋的预加力和按作用效应频遇组合计算的剪力 V_s 产生的混凝土剪应力；当计算截面作用有扭矩时，尚应计入由扭矩引起的剪应力；对后张预应力钢筋混凝土超静定结构，在计算剪应力时，尚宜考虑预加力引起的次剪力；

σ_{pc}——在计算主应力点，由扣除全部预应力损失后的纵向预加力产生的混凝土法向预压应力；

M_s——按作用效应频遇组合计算的弯矩；

y_0、y_n——换算截面重心、净截面重心至计算主应力点的距离，计算时当主应力点位于重心轴之上时，取为正，反之取为负；

I_0、I_n——换算截面惯性矩、净截面惯性矩；

σ'_{pe}、σ''_{pe}——竖向预应力钢筋、纵向预应力弯起钢筋扣除全部预应力损失后的有效预应力；

A_{pv}——单肢竖向预应力钢筋的截面面积；

s_{pv}——竖向预应力钢筋的间距；

b——计算主应力点处构件腹板的宽度；

A_{pb}——计算截面上同一弯起平面内预应力弯起钢筋的截面面积；

S_0、S_n——计算主应力点以上（或以下）部分换算截面面积对换算截面重心轴、净截面面积对净截面重心轴的面积矩；

θ_p——计算截面上预应力弯起钢筋的切线与构件纵轴线的夹角；

V_{G1k}——永久作用引起的剪力标准值；

V_{Q1k}——可变作用引起的剪力标准值。

友情提示

（1）式(2-59)、式(2-60)中的 σ_{cx}、σ_{cy}、σ_{pc} 和 $M_s y_0/I_0$，当为压应力时以正号代入，当为拉应力时以负号代入。

（2）变高度预应力钢筋混凝土梁，当计算由作用（或荷载）引起的剪应力时，应计算截面上弯矩和轴向力产生的附加剪应力。

2.2.4.2 预应力钢筋混凝土受弯构件变形计算

1. 预应力钢筋混凝土受弯构件刚度计算

（1）全预应力钢筋混凝土和 A 类预应力钢筋混凝土构件。计算公式为：

$$B_0 = 0.95E_c I_0 \tag{2-67}$$

(2)允许开裂的 B 类预应力钢筋混凝土构件。

在开裂弯矩 M_{cr} 作用下：

$$B_0 = 0.95E_c I_0 \tag{2-68}$$

在 $M_s - M_{cr}$ 作用下：

$$B_{cr} = E_c I_{cr} \tag{2-69}$$

开裂弯矩 M_{cr} 按下式计算：

$$M_{cr} = (\sigma_{pc} + \gamma f_{tk}) W_0 \tag{2-70}$$

$$\gamma = \frac{2S_0}{W_0} \tag{2-71}$$

式中　B_0 ——全截面的抗弯刚度；

E_c ——混凝土弹性模量；

I_0、I_{cr} ——全截面、开裂截面换算截面惯性矩；

M_{cr} ——开裂弯矩；

B_{cr} ——开裂截面的抗弯刚度；

σ_{pc} ——扣除全部预应力损失预应力钢筋和普通钢筋合力 N_{p0} 在构件抗裂边缘产生的混凝土预压应力；

S_0 ——全截面换算截面重心轴以上(或以下)部分面积对重心轴的面积矩；

W_0 ——换算截面抗裂边缘的弹性抵抗矩。

友情提示

对变截面连续梁，当支座截面刚度不大于跨中截面刚度的两倍时，构件刚度仍可采用跨中截面刚度。

预应力钢筋混凝土受弯构件在使用阶段的挠度应考虑长期效应的影响，即按荷载效应频遇组合计算挠度值，乘以挠度长期增长系数 η_θ。挠度长期增长系数可按下列规定取用：

当采用 C40 以下混凝土时，$\eta_\theta = 1.60$；

当采用 C40 ~ C80 混凝土时，$\eta_\theta = 1.45 \sim 1.35$，中间强度等级可按直线内插法取值。

公路桥规规定：预应力钢筋混凝土受弯构件按上述计算的长期挠度值，在消除结构自重产生的长期挠度后梁式桥主梁的最大挠度处不应超过计算跨径的 1/600；梁式桥主梁的悬臂端不应超过悬臂长度的 1/300。

2. 预应力钢筋混凝土受弯构件预拱度设置

预应力钢筋混凝土受弯构件由预加力引起的反拱值，可用结构力学方法按刚度 $E_c I_0$ 进行计算，并乘以长期增长系数 η_θ。计算使用阶段预加力反拱值时，预应力钢筋的预加力应扣除全部预应力损失，长期增长系数取 $\eta_\theta = 2.0$。

预应力钢筋混凝土受弯构件的预拱度可按下列规定设置：

(1)当预加应力产生的长期反拱值大于按荷载效应频遇组合计算的长期挠度时,可不设预拱度。

(2)当预加应力产生的长期反拱值小于按荷载效应频遇组合计算的长期挠度时,应设预拱度,其值应按该项荷载的挠度值与预加应力长期反拱值之差采用。

对自重相对于活载较小的预应力钢筋混凝土受弯构件,应考虑预加应力反拱值过大可能造成的不利影响,必要时采取反预拱或设计和施工上的其他措施,避免桥面隆起直至开裂破坏。

友情提示

预拱的设置应按最大的预拱值沿顺桥向做成平顺的曲线。

2.2.5　预应力钢筋混凝土受弯构件持久状况和短暂状况构件的应力计算

桥涵结构设计的持久状况是指桥涵建成后承受自重、汽车荷载等持续时间很长的结构使用时的正常情况。该状况下的桥涵除应进行承载能力极限状态和正常使用极限状态设计外,还应计算其使用阶段正截面混凝土的法向压应力、受拉区钢筋的拉应力和斜截面混凝土的主压应力,并不得超过规定的限值。计算时作用(或荷载)取其标准值,汽车荷载应考虑冲击系数。

桥涵结构设计的短暂状况是指桥涵施工过程中承受临时性作用及维修时的情况等。该状况下的桥涵应作承载能力极限状态设计,必要时才作正常使用极限状态设计。桥梁构件按短暂状况设计时,应计算其在制作、运输及安装等施工阶段,由自重、施工荷载等引起的正截面和斜截面的应力,并不应超过规定的限值。施工荷载除有特别规定外均采用标准值,当有组合时不考虑荷载组合系数。

2.2.5.1　预应力钢筋混凝土受弯构件使用阶段的应力计算

1. 全预应力钢筋混凝土和 A 类预应力钢筋混凝土受弯构件

全预应力钢筋混凝土和 A 类预应力钢筋混凝土受弯构件,由作用(或荷载)标准值产生的混凝土法向应力和预应力钢筋的应力,应按下列公式计算。

(1)混凝土法向压应力 σ_{kc} 和拉应力 σ_{kt}:

$$\sigma_{kc} \text{ 或 } \sigma_{kt} = \frac{M_k}{I_0} y_0 \tag{2-72}$$

式中　M_k——按作用(或荷载)标准组合计算的弯矩值;

y_0——构件换算截面重心轴至受压区或受拉区计算纤维处的距离。

(2)预应力钢筋应力:

$$\sigma_p = \alpha_{EP} \sigma_{kt} \tag{2-73}$$

计算预应力钢筋的应力时,式(2-72)中的 σ_{kt} 应为最外层钢筋重心处的混凝土拉应力。

2. 部分预应力钢筋混凝土 B 类受弯构件

允许开裂的部分预应力钢筋混凝土 B 类受弯构件,如图 2-30 所示,由作用(或荷载)

标准值产生的混凝土法向压应力和预应力钢筋的应力增量，可按下列公式计算：

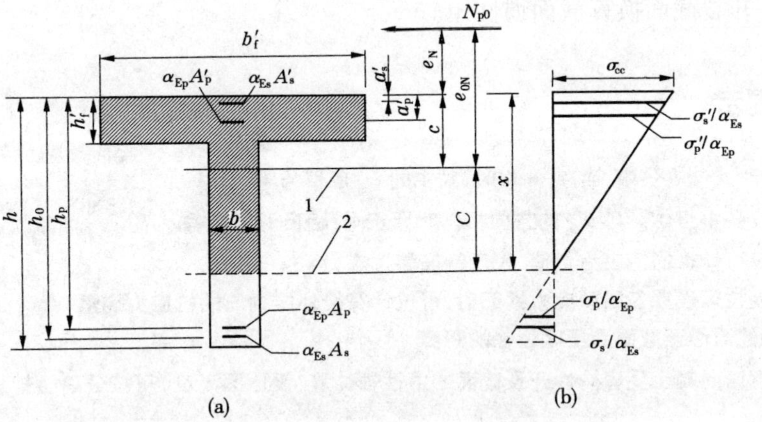

1—开裂截面重心轴；2—开裂截面中性轴

图2-30　开裂断面及应力图

(1)开裂截面混凝土压应力：

$$\sigma_{cc} = \frac{N_{p0}}{A_{cr}} + \frac{N_{p0}e_{0N}c}{I_{cr}} \tag{2-74}$$

$$e_{0N} = e_N + c \tag{2-75}$$

$$e_N = \frac{M_k \pm M_{p2}}{N_{p0}} - h_p \tag{2-76}$$

$$N_{p0} = \sigma_{p0}A_p - \sigma_{l6}A_s + \sigma'_{p0}A'_p - \sigma'_{l6}A'_s \tag{2-77}$$

$$h_{ps} = \frac{\sigma_{p0}A_ph_p - \sigma_{l6}A_sh_s + \sigma'_{p0}A'_pa'_p - \sigma'_{l6}A'_sa'_s}{N_{p0}} \tag{2-78}$$

(2)开裂截面预应力钢筋的应力增量：

$$\sigma_p = \alpha_{EP}\left[\frac{N_{p0}}{A_{cr}} - \frac{N_{p0}e_{0N}(h_p - c)}{I_{cr}}\right] \tag{2-79}$$

式中　N_{p0}——混凝土法向应力等于零时预应力钢筋和普通钢筋的合力，先张法构件和后张法构件均按式(2-77)计算；

σ_{p0}、σ'_{p0}——构件受拉区、受压区预应力钢筋合力点处混凝土法向应力等于零时预应力钢筋的应力，先张法构件：$\sigma_{p0} = \sigma_{con} - \sigma_l + \sigma_{l4}$，$\sigma'_{p0} = \sigma'_{con} - \sigma'_l + \sigma'_{l4}$，后张法构件 $\sigma_{p0} = \sigma_{con} - \sigma_l + \alpha_{EP}\sigma_{pc}$，$\sigma'_{p0} = \sigma'_{con} - \sigma'_l + \alpha_{EP}\sigma'_{pc}$；

e_{0N}——N_{p0} 作用点至开裂截面重心轴的距离；

e_N——N_{p0} 作用点至截面受压区边缘的距离，N_{p0} 位于截面之外为正；N_{p0} 位于截面之内为负；

c——截面受压区边缘至开裂换算截面重心轴的距离；

h_{ps}——预应力钢筋与普通钢筋合力点至截面受压区边缘的距离；

h_p、a'_p——截面受拉区、受压区预应力钢筋合力点至截面受压区边缘的距离；

h_s、a'_s——截面受拉区、受压区普通钢筋合力点至截面受压区边缘的距离；

A_{cr} ——开裂截面换算截面面积；

I_{cr} ——开裂截面换算截面惯性矩。

友情提示

(1)式(2-77)、式(2-78)中，当 $A'_p=0$ 时，式中的 σ'_{l6} 应取为零。

(2)在式(2-76)中当 M_{p2} 与 M_k 的方向相同时取正号，相反时取负号。

(3)按式(2-79)计算的值应为负值，表示钢筋为拉应力。

(4)当截面受拉区设置多层预应力钢筋时，可仅计算最外层钢筋的拉应力增量，此时，式(2-79)中的 h_p 应为最外层钢筋重心至截面受压区边缘的距离。

(5)预应力钢筋混凝土受弯构件开裂截面的中性轴位置(受压区高度)可按公路桥规规范求得。

3. 使用阶段预应力钢筋混凝土受弯构件正截面混凝土的压应力和预应力钢筋的拉应力计算

使用阶段预应力钢筋混凝土受弯构件正截面混凝土的压应力和预应力钢筋的拉应力，应符合下列规定：

(1)受压区混凝土的最大压应力。

$$\left.\begin{array}{ll}\text{未开裂构件} & \sigma_{kc}+\sigma_{pt}\\ \text{允许开裂构件} & \sigma_{cc}\end{array}\right\}\leqslant 0.5f_{ck} \tag{2-80}$$

(2)受拉区预应力钢筋的最大拉应力。

①对钢绞线、钢丝：

$$\left.\begin{array}{ll}\text{未开裂构件} & \sigma_{pe}+\sigma_{p}\\ \text{允许开裂构件} & \sigma_{p0}+\sigma_{p}\end{array}\right\}\leqslant 0.65f_{pk} \tag{2-81}$$

②对精轧螺纹钢筋：

$$\left.\begin{array}{ll}\text{未开裂构件} & \sigma_{pe}+\sigma_{p}\\ \text{允许开裂构件} & \sigma_{p0}+\sigma_{p}\end{array}\right\}\leqslant 0.80f_{pk} \tag{2-82}$$

式中 σ_{pe} ——全预应力钢筋混凝土和 A 类预应力钢筋混凝土受弯构件，受拉区预应力钢筋扣除全部预应力损失后的有效预应力；

σ_{pt} ——由预加力产生的混凝土法向拉应力，按下列公式计算：

先张法构件

$$\sigma_{pt}=\frac{N_{p0}}{A_0}-\frac{N_{p0}e_{p0}}{I_0}y_0 \tag{2-83}$$

后张法构件

$$\sigma_{pt}=\frac{N_p}{A_n}-\frac{N_pe_{pn}}{I_n}y_n-\frac{M_{p2}}{I_n}y_n \tag{2-84}$$

预应力钢筋混凝土受弯构件受拉区的普通钢筋，其使用阶段的应力很小，可不必验算。

4. 预应力钢筋混凝土受弯构件由作用(或荷载)标准值和预加力产生的混凝土主压应力 σ_{cp} 和主拉应力 σ_{tp} 计算

预应力钢筋混凝土受弯构件由作用(或荷载)标准值和预加力产生的混凝土主压应

力σ_{cp}和主拉应力σ_{tp},应按下列公式计算:

$$\left.\begin{matrix}\sigma_{cp}\\ \sigma_{tp}\end{matrix}\right\} = \frac{\sigma_{cx}+\sigma_{cy}}{2} \pm \sqrt{\left(\frac{\sigma_{cx}-\sigma_{cy}}{2}\right)^2+\tau^2} \tag{2-85}$$

$$\sigma_{cx} = \sigma_{pc} + \frac{M_k}{I_0}y_0 \tag{2-86}$$

$$\sigma_{cy} = 0.6\frac{n\sigma'_{pe}A_{pv}}{bs_{pv}} \tag{2-87}$$

$$\tau = \frac{V_kS_0}{bI_0} - \frac{\sum\sigma''_{pe}A_{pb}S_n\sin\theta_p}{bI_n} \tag{2-88}$$

式中　M_k、V_k——按作用(或荷载)标准组合计算的弯矩值和剪力值;式(2-85)~式(2-88)中的其他符号与式(2-59)~式(2-64)中的相同。

混凝土的主压应力应符合下式规定:

$$\sigma_{cp} \leqslant 0.6f_{ck} \tag{2-89}$$

根据计算所得的混凝土主拉应力,按下列规定设置箍筋:

在$\sigma_{tp} \leqslant 0.5f_{tk}$的区段,箍筋可仅按构造要求设置;

在$\sigma_{tp} > 0.5f_{tk}$的区段,箍筋的间距s_v可按下列公式计算:

$$s_v = \frac{f_{sk}A_{sv}}{\sigma_{tp}b} \tag{2-90}$$

式中　f_{sk}——箍筋的抗拉强度标准值;

A_{sv}——同一截面内箍筋的总截面面积;

b——矩形截面宽度、T形或工字形截面的腹板宽度。

当按上述规定计算的箍筋用量少于按斜截面抗剪承载力计算的箍筋用量时,构件箍筋采用后者。

2.2.5.2　预应力钢筋混凝土受弯构件施工阶段的应力计算

当用吊机(车)行驶于桥梁进行安装时,应对已安装就位的构件进行验算,吊机(车)应乘以荷载系数1.15,但当由吊机(车)产生的效应设计值小于按持久状况承载能力极限状态计算的荷载效应组合设计值时,可不必验算。

当进行构件运输和安装计算时,构件自重应乘以动力系数。公路桥规规定计入1.20或0.85的动力系数,可视构件具体情况增减。对构件施加预应力时,混凝土的立方体强度不得低于设计混凝土强度等级的75%。

预应力钢筋混凝土受弯构件,在预应力和构件自重等施工荷载作用下截面边缘混凝土的法向应力应符合下列规定。

1. 混凝土压应力

$$\sigma_{cc}^t \leqslant 0.7f'_{ck} \tag{2-91}$$

2. 混凝土拉应力

(1)当$\sigma_{ct}^t \leqslant 0.7f'_{tk}$时,预拉区应配置其配筋率不小于0.2%的纵向钢筋。

(2)当$\sigma_{ct}^t = 1.15f'_{tk}$时,预拉区应配置其配筋率不小于0.4%的纵向钢筋。

(3)当$0.7f'_{tk} < \sigma^t_{ct} < 1.15f'_{tk}$时,预拉区应配置的纵向钢筋配筋率按以上两者直线内插取用。

(4)拉应力σ^t_{ct}不应超过$1.15f'_{tk}$。

上述配筋率为$\frac{A'_s + A'_p}{A}$,先张法构件计入A'_p,后张法构件不计A'_p,A'_p为预拉区预应力钢筋截面面积;A'_s为预拉区普通钢筋截面面积;A为构件毛截面面积。

式中 σ^t_{cc}、σ^t_{ct}——按短暂状况计算时截面预压区、预拉区边缘混凝土的压应力、拉应力;

f'_{ck}、f'_{tk}——与制作、运输、安装各施工阶段混凝土立方体抗压强度$f'_{cu,k}$相应的轴心抗压强度、轴心抗拉强度标准值,可按表1-15直线插入取用。

预拉区的纵向钢筋宜采用带肋钢筋,其直径不宜大于14 mm,沿预拉区的外边缘均匀布置。

2.2.6 预应力钢筋混凝土简支梁设计

在预应力钢筋混凝土受弯构件承载力、应力、抗裂性和变形等方面计算的基础上,以预应力钢筋混凝土简支梁为例,明确预应力钢筋混凝土受弯构件设计计算的方法,其中包括设计计算步骤、截面设计、钢筋数量的估算与布置以及构造要求等。

2.2.6.1 预应力钢筋混凝土简支梁的设计内容

预应力钢筋混凝土简支梁的设计应满足安全、适用和耐久三方面的要求。

(1)构件应具有足够的承载力,使构件在承载能力极限状态时具有一定的安全储备,这是保证结构安全可靠工作的前提。这种情况是以构件可能处于最不利条件下,而又可能出现的荷载效应最大值来考虑的。

(2)在正常使用极限状态下,构件的抗裂性和结构变形满足规范规定。对B类构件,裂缝宽度也应限制在一定范围内。

(3)在持久状况使用荷载作用下,构件的截面应力(混凝土正截面压应力、斜截面主压应力和钢筋拉应力)不超过规范限值。为保证构件在制造、运输、安装时的安全工作,对短暂状况下构件的截面应力,也要控制在规范规定的限制范围以内。

设计中应特别注意对上述各项计算结果的综合分析。若其中某项计算结果不满足要求或安全储备不大,应适当修改截面尺寸或调整钢筋的数量和位置,重新进行上述各项计算。尽量做到既能满足规范规定的各项限制条件,又不致造成个别验算项目的安全储备过大,达到全梁优化设计的目的。

2.2.6.2 设计计算步骤

预应力钢筋混凝土梁的设计计算步骤与钢筋混凝土梁相类似,现以后张法简支梁为例,其设计计算步骤如下:

(1)根据设计要求,参照已有设计图纸和资料,选择预加力体系和锚具形式,选定截面形式,并初步拟定截面尺寸,选定材料规格。

(2)根据构件可能出现的荷载效应组合,计算控制截面的设计内力(弯矩和剪力)及其相应的组合值。

(3)从满足主要控制截面(跨中截面)在正常使用极限状态的使用要求和承载能力

极限状态的强度要求出发,估算预应力钢筋和普通钢筋的数量,并进行合理的布置及纵断面设计。

(4)计算主梁截面的几何特征值。

(5)确定张拉控制应力,计算预应力损失值。

(6)正截面和斜截面的承载力复核。

(7)正常使用极限状态下,构件抗裂性或裂缝宽度及变形验算。

(8)持久状态使用荷载作用下构件截面应力验算。

(9)短暂状态构件截面应力验算。

(10)锚固端局部承压计算与锚固区设计。

(11)校核并绘制施工图。

学习情境 3　钢筋混凝土柱结构

能力要求

通过本情境内容的学习，使学生了解钢筋混凝土受压柱构件设计的要点，使学生在掌握钢筋混凝土受压柱构件构造要求的基础上，理解钢筋混凝土受压柱构件的破坏形态，掌握钢筋混凝土受压柱构件设计内容和设计步骤，使学生能够依据规范及设计资料科学合理地确定受压柱构件截面尺寸，进行截面配筋计算，确定所需要的钢筋，并能够对钢筋进行合理布置，绘制出配筋图。

知识要求

知识目标	知识要点
了解钢筋混凝土柱结构基础知识	基本概念；不同标准的构件分类及其受力特点
掌握钢筋混凝土受压柱构件构造要求	材料强度等级；构件截面形式及截面尺寸要求；配筋选择与布置
掌握钢筋混凝土轴心受压柱构件计算方法	钢筋混凝土轴心受压柱破坏形态、计算方法及设计步骤
掌握钢筋混凝土偏心受压柱构件计算方法	钢筋混凝土偏心受压柱破坏形态、计算方法及设计步骤

素质要求

培养学生以科学的观点分析问题，用严谨的工作态度解决问题；坚持以安全、耐久、适用、环保、经济和美观的基本原则设计工程结构和构件；形成科学、严谨、规范的工作作风。

任务 3.1　钢筋混凝土轴心受压柱构件设计

工作任务单

学习领域	结构设计原理		
学习情境	钢筋混凝土柱结构	学时	
学习任务	钢筋混凝土轴心受压柱构件设计	学时	
任务布置			
任务目标	1. 正确选择钢筋混凝土轴心受压柱材料强度等级； 2. 合理选择钢筋混凝土受压柱截面形式和准确确定截面尺寸； 3. 精确计算并合理配置钢筋混凝土轴心受压柱中纵向受力钢筋； 4. 精确计算并合理配置钢筋混凝土轴心受压柱中构造钢筋(箍筋)； 5. 钢筋混凝土轴心受压柱设计步骤		
任务描述	设计某桥中的钢筋混凝土轴心受压柱(例如:桩柱式桥墩),工作内容: 1. 依据设计资料,确定设计信息,查阅相关文献； 2. 根据设计信息和规范规定,科学合理选定构件截面形式,拟定截面尺寸,确定材料； 3. 依据结构受力特点及构造要求,选择箍筋形式； 4. 按照规定的钢筋混凝土轴心受压柱计算方法,进行纵向受力钢筋计算并进行钢筋配置； 5. 按照规定的钢筋混凝土轴心受压柱计算方法或构造要求,进行柱中构造钢筋(箍筋)配置		
基础及课程衔接	1. 基础:常见材料的物理力学性质、制图与识图相关知识； 2. 之前课程:工程力学、道路建筑材料、工程制图与 CAD； 3. 之后课程:桥梁工程、桥涵施工技术、公路工程检测技术		
基本要求	1. 分组讨论设计资料,查阅文献,熟悉构造要求,形成设计方案； 2. 科学合理选择钢筋混凝土轴心受压柱截面形式、尺寸及材料强度等级； 3. 各小组独立完成钢筋混凝土轴心受压柱设计； 4. 各小组参与组内自评、组间互评、教师点评,最终确立设计成果		
课程与岗位技能证书对接	是获得施工员岗位技能证书的课程之一		
学习资源	[1]叶见曙. 结构设计原理(第3版). 北京:人民交通出版社,2014； [2]叶见曙. 结构设计原理计算示例. 北京:人民交通出版社,2007； [3]桥梁结构设计图纸； [4]公路桥涵设计通用规范(JTG D60—2015). 北京:人民交通出版社； [5]公路钢筋混凝土及预应力混凝土桥涵设计规范(JTG D62—2012). 北京:人民交通出版社		

工作资讯单

<table>
<tr><td>学习情境</td><td>钢筋混凝土柱结构</td><td>学时</td><td></td></tr>
<tr><td>学习任务</td><td>钢筋混凝土轴心受压柱构件设计</td><td>学时</td><td></td></tr>
<tr><td>资讯信息</td><td>1. 何谓受压构件?
2. 受压构件分类及其各自的特点?
3. 受压构件中有哪些钢筋?其各自的作用是什么?
4. 普通箍筋柱中配置箍筋的目的是什么?对箍筋的直径、间距有何要求?
5. 螺旋箍筋柱中配置箍筋的目的是什么?对箍筋的直径、间距有何要求?
6. 钢筋混凝土普通箍筋柱破坏过程及其特点?
7. 钢筋混凝土螺旋箍筋柱破坏过程及其特点?
8. 钢筋混凝土螺旋箍筋柱的适应条件有哪些?
9. 钢筋混凝土螺旋箍筋柱承载力提高机制有哪些?
10. 钢筋混凝土短柱和长柱破坏特点有何异同点?如何考虑长柱的影响因素?
11. 为什么钢筋混凝土受压构件宜采用高强混凝土而不宜采用高强钢筋?
12. 钢筋混凝土螺旋箍筋柱设计步骤有哪些?</td><td></td><td></td></tr>
<tr><td>资讯资源</td><td>[1]资讯信息单;
[2]叶见曙.结构设计原理(第3版).北京:人民交通出版社,2014;
[3]叶见曙.结构设计原理计算示例.北京:人民交通出版社,2007;
[4]桥梁结构设计图纸;
[5]公路桥涵设计通用规范(JTG D60—2015).北京:人民交通出版社;
[6]公路钢筋混凝土及预应力混凝土桥涵设计规范(JTG D62—2012).北京:人民交通出版社;
[7]授课教材;
[8]课程网站</td><td></td><td></td></tr>
</table>

所谓受压构件指的是以承受轴向压力为主的构件。例如，桥梁结构中的桥墩、桩等均属受压构件。

当轴向外压力作用线与受压构件轴线重合时，称为轴心受压构件，如图3-1（a）所示；当轴向外压力作用线偏离受压构件轴线或构件同时受轴向压力和弯矩作用时，称为偏心受压构件，如图3-1（b）所示。当轴向力作用线与截面的形心轴平行且沿截面某一主轴偏离形心时，称为单向偏心受压构件；当轴向力作用线与截面形心轴平行且偏离两个主轴时，称为双向偏心受压构件，如图3-1（c）所示。

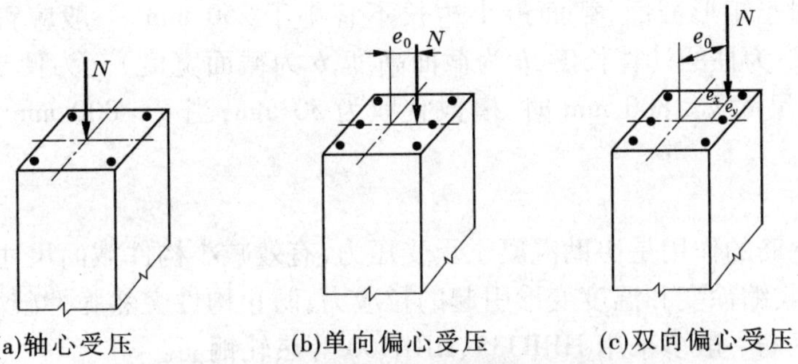

图3-1　钢筋混凝土受压构件的类型

在实际结构中，通常由于外力作用位置存在偏差、混凝土组成结构的非均匀性、纵向钢筋非对称布置以及施工误差等原因，受压构件都或多或少存在初始偏心距 e_0，需承受弯矩的作用，所以真正意义上的轴心受压构件几乎不存在。

当初始偏心距 e_0 很小时，实际工程设计容许忽略不计，即可按轴心受压构件计算。

钢筋混凝土轴心受压构件按照箍筋配置方式的不同，可分为两种：

（1）普通箍筋柱——配有纵向钢筋和普通箍筋的轴心受压构件，如图3-2（a）所示。

（2）螺旋箍筋柱——配有纵向钢筋和螺旋箍筋或焊接环形筋的轴心受压构件，如图3-2（b）、（c）所示。

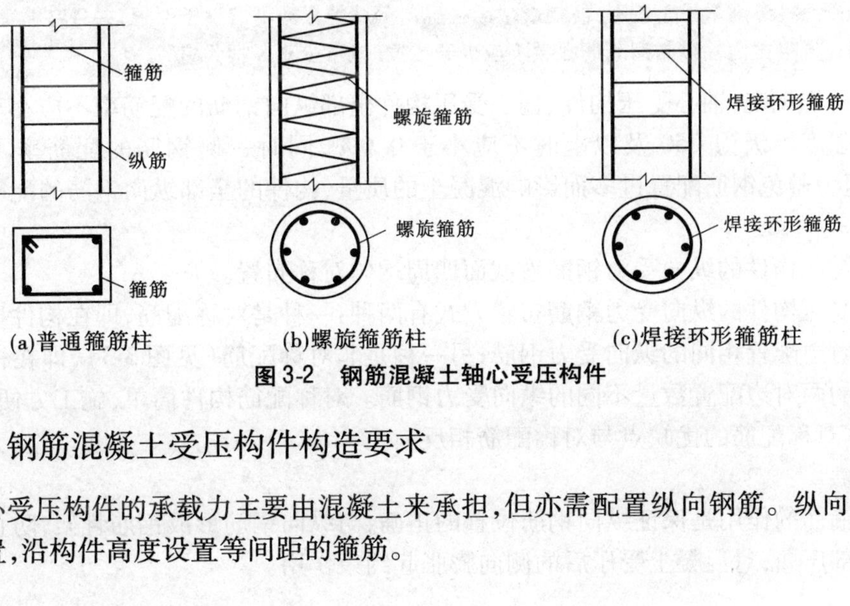

图3-2　钢筋混凝土轴心受压构件

3.1.1　钢筋混凝土受压构件构造要求

轴心受压构件的承载力主要由混凝土来承担，但亦需配置纵向钢筋。纵向钢筋通常对称布置，沿构件高度设置等间距的箍筋。

3.1.1.1 普通箍筋柱的构造要求

1. 混凝土强度等级

提高混凝土的强度等级,可相应减小构件截面尺寸,节约钢材,在设计中宜采用强度等级较高的 C25 ~ C40 级混凝土。

2. 截面形式和尺寸

普通箍筋柱的截面形式大多采用正方形、矩形和圆形等。

为防止因构件长细比过大导致承载力降低,不能充分利用材料强度,受压构件截面尺寸不宜过小。对于矩形截面,截面最小边长不宜小于 250 mm,一般应符合 $l_0/d \leqslant 25$ 及 $l_0/b \leqslant 30$(其中 l_0 为柱的计算长度,h 为截面高度,b 为截面宽度)。为便于模板尺寸模数化,当柱的截面尺寸 $h \leqslant 800$ mm 时,模数宜取为 50 mm;当 $h > 800$ mm 时,模数宜取为 100 mm。

3. 纵向钢筋

设置纵向钢筋的作用是协助混凝土承受压力,有效减小构件截面尺寸;承受可能存在的弯矩、混凝土收缩徐变和温度变形引起的拉应力;防止构件突然脆性破坏。

纵向受力钢筋一般多采用 HRB335、HRB400 等热轧钢筋。

纵向钢筋直径 d 应不小于 12 mm,以保证钢筋骨架的刚度;钢筋净距不应小于 50 mm,且不应大于 350 mm。

知识拓展

1. 对水平浇筑的预制构件,其纵向钢筋的最小净距应考虑浇筑混凝土时,振捣器可以顺利插入,具体要求符合如下:

各主钢筋间横向净距和层与层之间的竖向净距,当钢筋为三层及以下时,不应小于 30 mm,并不小于钢筋直径;当钢筋为三层以上时,不应小于 40 mm,并不小于钢筋直径的 1.25 倍。

对于束筋,此处直径采用等代直径。

2. 轴心受压柱纵筋常见布置形式:矩形截面柱纵向钢筋的根数不应少于 4 根,并且在截面每一角隅处布置一根。圆形截面柱纵向钢筋的根数不应少于 6 根(以不少于 8 根为宜)。

公路桥规规定:轴心受压构件、偏心受压构件全部纵向钢筋的配筋率不应小于0.5%,当混凝土强度等级为 C50 及以上时不应小于 0.6%,同时一侧钢筋的配筋率不应小于 0.2%。但为避免钢筋配置过多而影响混凝土的质量,构件的全部纵向钢筋的配筋率也不宜超过 5%。

轴心受压构件的纵向受力钢筋沿截面四周均匀对称布置。

偏心受压构件的纵向受力钢筋布置方式有两种:一种是对称配筋,即在构件弯矩作用方向的两对边配置相同的纵向受力钢筋;另一种是非对称配筋(见图 3-3),即在构件弯矩作用方向的两对边配置数量不同的纵向受力钢筋。对称配筋构件简单,施工方便,但用钢量较大;非对称配筋的优缺点与对称配筋相反。

4. 箍筋

设置箍筋的作用是保证纵向钢筋位置的正确,与纵向钢筋形成钢筋骨架,防止纵向钢筋发生局部压屈,对混凝土受压后的侧向膨胀起约束作用。

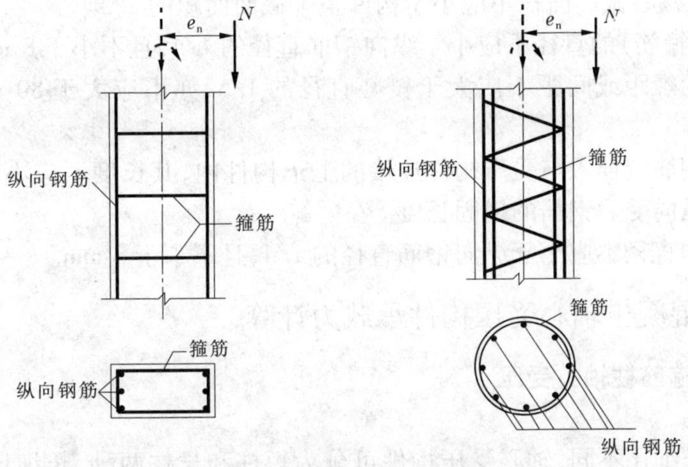

图3-3　偏心受压构件钢筋布置

箍筋必须做成封闭式，箍筋末端应做成弯钩状，弯钩角度可取135°，平直段长度不应小于箍筋直径的5倍。

箍筋直径不应小于纵向钢筋直径的1/4，且不小于8 mm。

箍筋间距应不大于纵向钢筋直径的15倍，不大于构件短边尺寸（圆形截面采用直径的80%），并不大于400 mm。纵向受力钢筋搭接范围内的箍筋间距，当绑扎搭接钢筋受拉时不应大于主筋直径的5倍，且不大于100 mm；当搭接钢筋受压时不应大于主钢筋直径的10倍，且不大于200 mm。纵向钢筋截面面积大于混凝土截面面积3%时，箍筋间距不应大于纵向钢筋直径的10倍，且不应大于200 mm。

为了保证箍筋对纵向钢筋的有效约束，构件内纵向受力钢筋应设置在离角筋间距 s 不大于180 mm或18倍箍筋直径（两者取较大者）的范围内；若超过此范围设置纵向受力钢筋，应设置复合箍筋（附加箍筋），如图3-4所示。相邻箍筋的弯钩接头，在纵向应错开布置。

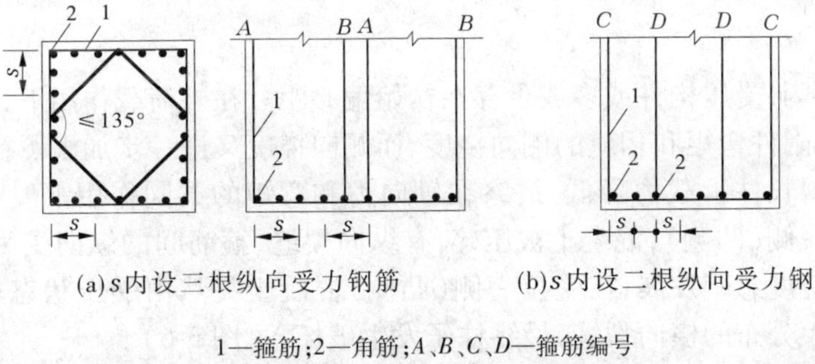

(a) s 内设三根纵向受力钢筋　　(b) s 内设二根纵向受力钢筋

1—箍筋；2—角筋；A、B、C、D—箍筋编号

图3-4　复合箍筋布置

（图中，箍筋 A、B 与 C、D 两组设置方式可根据实际情况选用）

3.1.1.2　螺旋箍筋柱的构造要求

螺旋箍筋柱的截面形状一般多采用圆形或正多边形，其设置应符合下列要求：

螺旋箍筋柱的纵向钢筋应沿圆周均匀分布，其截面面积应不小于箍筋圈内核心截面面积的0.5%。核心截面面积不应小于构件整个截面面积的2/3。

间接钢筋(箍筋)的直径不应小于纵向钢筋直径的1/4,且不小于8 mm。

间接钢筋的螺距或间距不应大于核心直径的1/5,亦不应大于80 mm,且不应小于40 mm。

纵向受力钢筋应伸入与受压构件连接的上下构件内,其长度不应小于受压构件的直径且不应小于纵向受力钢筋的锚固长度。

间接钢筋的直径不应小于纵向钢筋直径的1/4,且不小于8 mm。

3.1.2 钢筋混凝土轴心受压构件承载力计算

3.1.2.1 普通箍筋柱轴心受压

1. 破坏形态

按构件的长细比不同,轴心受压构件可分为短柱和长柱两种,长细比 $l_0/i \leqslant 28$(矩形截面构件,$l_0/b \leqslant 8$;圆形截面构件,$l_0/d \leqslant 7$;任意截面构件,$l_0/i \leqslant 28$)的柱称为短柱;$l_0/i > 28$ 的柱称为长柱。其中,l_0 为柱的计算长度,b 为矩形截面短边尺寸,d 为圆形截面直径,i 为任意截面的最小回转半径。

1)短柱的破坏形态

配置有纵向受力钢筋和普通箍筋的短柱在轴心荷载作用下,整个截面上产生的应力分布大体上是均匀的。当荷载不大时,混凝土处于弹性工作阶段,压缩变形与外力成正比;随着荷载增加,混凝土的变形有所发展。在弹塑性阶段,钢筋的应力比混凝土的应力增加要快。随着荷载的持续增加,混凝土的应力逐渐减小,柱中出现细微裂缝,钢筋的压应力逐渐增大。临近破坏时,柱子表面出现纵向裂缝,混凝土保护层开始剥落,最后,箍筋之间的纵向钢筋压屈而向外凸出,混凝土被压碎崩裂而破坏(见图3-5)。许多试验表明,破坏时混凝土的应力达到轴心抗压强度,应变达到极限压应变,一般取 $\varepsilon_{cu} = 0.002$;纵向受力钢筋的应力值最大可达 $\sigma_s' = E_s\varepsilon_{cu} = 2 \times 10^5 \times 0.002 = 400$ (MPa)。因此,对于一般中等强度的纵向受力钢筋均能达到屈服强度。对于高强钢筋,构件破坏时尚未达到屈服强度,显然不够经济。

2)长柱的破坏形态

由于各种原因,受压构件或多或少存在初始偏心距。在外荷载作用下,由于初始偏心距的存在将产生附件弯矩和相应的侧向挠度,而侧向挠度又进一步加大了初始偏心距,这样相互影响,使得长柱承载力降低,最终在轴向力和弯矩的共同作用下发生破坏。破坏时,首先在受压一侧(凹侧),混凝土被压碎,有纵向裂缝,箍筋间的纵向受力钢筋被压弯、向外凸出,侧向挠度急剧发展;在受拉一侧(凸侧)混凝土突然由受压状态转变为受拉状态,出现一定间距分布的横向裂缝,最终柱子发生破坏(见图3-6)。

对于长细比很大的细长柱,还有可能发生失稳破坏。试验表明,长柱的承载能力要比同等条件,即相同截面、配筋、材料等级下的短柱低。

3)稳定系数 φ

对于钢筋混凝土轴心受压构件,通常把长柱失稳破坏时的临界压力 N_1 与短柱压坏时的轴心压力 N_s 的比值,称为轴向受压构件稳定系数(或纵向弯曲系数)φ,即:

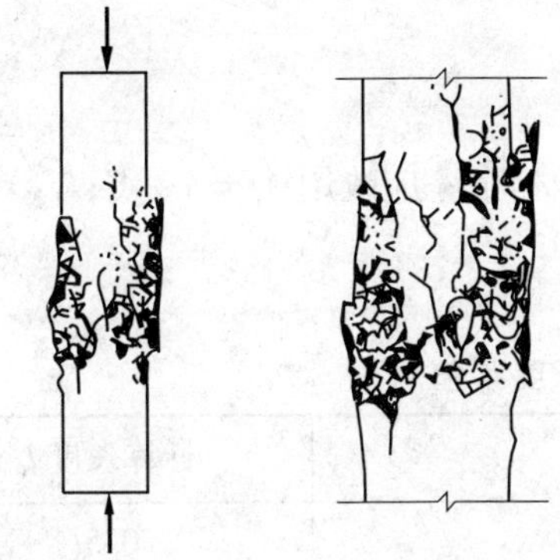

(a)短柱破坏　　(b)局部放大图

图 3-5　轴心受压短柱破坏形态

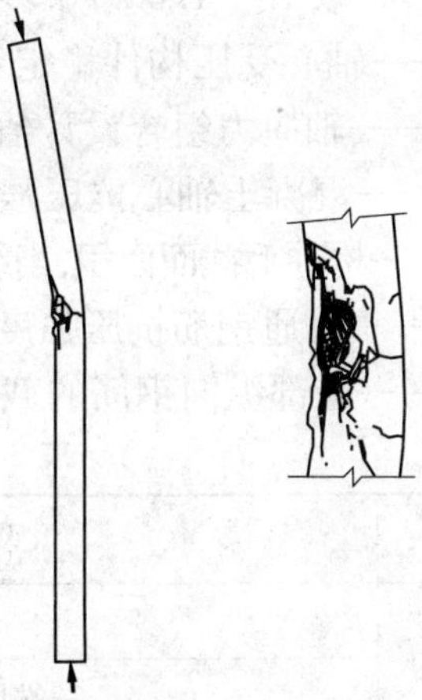

(a)长柱破坏　　(b)局部放大图

图 3-6　轴心受压长柱破坏形态

$$\varphi = \frac{N_l}{N_s} \tag{3-1}$$

大量试验结果表明,稳定系数 φ 主要与构件的长细比有关,混凝土强度等级、配筋率对其影响较小。长细比越大,稳定系数越小。

钢筋混凝土轴心受压构件的稳定系数 φ 可按表 3-1 查用。

表 3-1　钢筋混凝土轴心受压构件的稳定系数 φ

l_0/b	≤8	10	12	14	16	18	20	22	24	26	28
l_0/d	≤7	8.5	10.5	12	14	15.5	17	19	21	22.5	24
l_0/i	≤28	35	42	48	55	62	69	76	83	90	97
φ	1.00	0.98	0.95	0.92	0.87	0.81	0.75	0.70	0.65	0.60	0.56
l_0/b	30	32	34	36	38	40	42	44	46	48	50
l_0/d	26	28	29.5	31	33	34.5	36.5	38	40	41.5	43
l_0/i	104	111	118	125	132	139	146	153	160	167	174
φ	0.52	0.48	0.44	0.40	0.36	0.32	0.29	0.26	0.23	0.21	0.19

注:表中 l_0 为柱的计算长度;b 为矩形截面的短边尺寸;d 为圆形截面的直径;i 为任意截面最小回转半径。

构件的计算长度 l_0 与构件两端的支承情况有关,一般可参照表 3-2 取用。

2. 正截面承载力计算公式

根据以上分析,由图 3-7 普通箍筋柱正截面承载力计算图式可推导得到轴心受压构件正截面承载力的计算公式如下:

$$\gamma_0 N_d \leqslant 0.9\varphi(f_{cd}A + f'_{sd}A'_s) \tag{3-2}$$

式中　γ_0——结构的重要性系数,对应于结构设计安全等级,当为一级、二级、三级时分别取1.[illegible]1.0和0.9；

φ——轴心受压构件稳定系数，按表3-1采用；

N_d——轴向力组合设计值；

f_{cd}——混凝土轴心抗压强度设计值；

A——构件毛截面面积，当纵向钢筋配筋率大于3%时，A应改用$A_n = A - A'_s$；

f'_{sd}——普通钢筋抗压强度设计值；

A'_s——全部纵向钢筋的截面面积。

表3-2　构件纵向弯曲计算长度l_0值

杆件	构件两端固定情况	计算长度l_0
直杆	两端固定	$0.5l$
	一端固定，一端为不移动铰	$0.7l$
	两端均为不移动铰	$1.0l$
	一端固定，一端自由	$2.0l$

注：l为构件支点间长度。

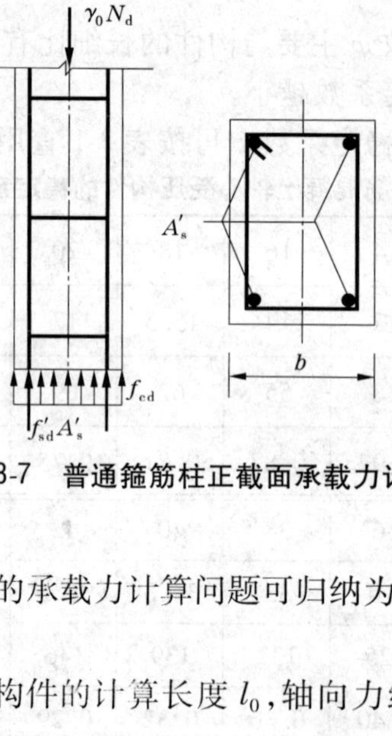

图3-7　普通箍筋柱正截面承载力计算图式

3. 工程应用

实际工程中普通箍筋柱的承载力计算问题可归纳为截面设计和承载力复核两类。

1）截面设计

工况：构件的截面尺寸，构件的计算长度l_0，轴向力组合设计值N_d，混凝土轴心抗压强度设计值f_{cd}，普通钢筋抗压强度设计值f'_{sd}，结构重要性系数γ_0。

求：纵向钢筋的截面面积A'_s。

【应用解析】　根据构件截面尺寸、计算长度l_0计算长细比，并由表3-1查得相应的稳定系数φ，计算钢筋截面面积A'_s。由式(3-2)可推出：

$$A'_s = \frac{\gamma_0 N_d - 0.9\varphi f_{cd} A}{0.9\varphi f'_{sd}} \tag{3-3}$$

求得A'_s后验算配筋率$\rho' = \frac{A'_s}{A}$，若$\rho' < \rho'_{min}$，则$A'_s = \rho'_{min} A$；若$\rho' > 3\%$，则$A_n = A - A'_s$，

$A'_s=(\dfrac{\gamma_0 N_d}{0.9\varphi}-A_n f_{cd})/f'_{cd}$；若 $\rho'_{min}\leqslant\rho'\leqslant 3\%$，则根据 A'_s 计算值及构造要求选择并布置钢筋。

若截面尺寸未知，则先假定 ρ' 和 φ 值。ρ' 的适宜范围为 0.5% ~1.5%，通常假设 $\rho'=1\%$，$\varphi=1.0$，则 $A'_s=\rho' A$，代入式(3-2)可推出：

$$A\geqslant\frac{\gamma_0 N_d}{0.9\varphi(f_{cd}+f'_{sd}\rho')}\tag{3-4}$$

构件截面面积确定后，结合构造要求选取截面尺寸，注意边长取整数。然后按构件的实际长细比，确定稳定系数 φ，由公式计算钢筋截面面积，最后按构造要求选择并布置钢筋。

2)承载力复核

工况：构件的截面尺寸，构件的计算长度 l_0，纵向钢筋的截面面积 A'_s，混凝土轴心抗压强度设计值 f_{cd}，钢筋抗压强度设计值 f'_{sd}，结构重要性系数 γ_0。求：计算截面所能承受的轴向力 N_u（或给定轴向力组合设计值 N_d，判断是否安全）。

【工况解析】　由构件的截面尺寸、计算长度 l_0 计算长细比，由表3-1查得相应的稳定系数 φ，检验纵向钢筋及箍筋布置是否符合构造要求。然后验算配筋率 $\rho'=\dfrac{A'_s}{A}$，若 $\rho'<\rho'_{min}$，则修改设计或按素混凝土柱计算承载力；若 $\rho'>3\%$，则 $N_u=0.9\varphi(f_{cd}A_n+f'_{sd}A'_s)$；若 $\rho'_{min}\leqslant\rho'\leqslant 3\%$，则 $N_u=0.9\varphi(f_{cd}A+f'_{sd}A'_s)$。

若给定轴向力组合设计值 N_d，且满足 $N_u\geqslant\gamma_0 N_d$，证明构件承载力满足要求，结构安全；否则，构件承载力不足，结构不安全。

应用案例 3-1

【基本资料】　某钢筋混凝土轴心受压构件，计算长度 $l_0=6.0$ m，轴向压力组合设计值 $N_d=1\ 800$ kN，混凝土强度等级为C25，纵向钢筋为HRB335级，结构安全等级为二级，试确定该构件截面尺寸，并进行配筋设计。

【案例解析】

查表可得 $f_{cd}=11.5$ MPa，$f'_{sd}=280$ MPa。

(1)首先假定 $\rho'=1\%$，$\varphi=1.0$，则 $A'_s=\rho' A$，代入式(3-4)可推出：

$$A\geqslant\frac{\gamma_0 N_d}{0.9\varphi(f_{cd}+\rho' f'_{sd})}=\frac{1.0\times 1\ 800\times 10^3}{0.9\times 1.0\times(11.5+1\%\times 280)}=139\ 860.14\ (\mathrm{mm^2})$$

选用正方形截面，则 $b=h=373.98$ mm，取 $b=h=400$ mm。

(2)计算稳定系数 φ：

$\dfrac{l_0}{b}=\dfrac{6}{0.4}=15$，查表3-1可得，$\varphi=0.895$。

(3)计算钢筋截面面积 A'_s：

$$A'_s=\frac{\gamma_0 N_d-0.9\varphi f_{cd}A}{0.9\varphi f'_{sd}}=\frac{1.0\times 1\ 800\times 10^3-0.9\times 0.895\times 11.5\times 400\times 400}{0.9\times 0.895\times 280}$$

$$=1\ 409\ (\mathrm{mm^2})$$

(4)验算配筋率ρ'：

$$\rho'=\frac{A_s'}{A}=\frac{1\ 409}{400\times400}=0.88\%>\rho'_{\min}=0.5\%\text{且}\rho'<3\%\text{，满足要求。}$$

(5)选配钢筋。纵筋选用4 Φ 22，$A_s'=1\ 520\ \text{mm}^2$，实际配筋率$\rho'=\frac{A_s'}{A}=\frac{1\ 520}{400\times400}=0.95\%>\rho'_{\min}=0.5\%$，且$\rho'<3\%$；截面一侧的纵筋配筋$\rho'=\frac{A_s'}{A}=\frac{760}{400\times400}=0.475\%>\rho'_{\min}=0.2\%$，故满足要求。

纵向钢筋在截面上布置如图3-8所示。纵向钢筋距截面边缘净距$c=45-25.1/2=32.5(\text{mm})>30\ \text{mm}$，且$c>d=22\ \text{mm}$，则布置在截面短边$b$方向上的纵向钢筋间距$S_n=400-2\times32.5-2\times25.1\approx285\ \text{mm}>50\ \text{mm}$，且$S_n<350\ \text{mm}$，满足规范要求。

封闭式箍筋选用Φ 8，大于22/4 = 5.5(mm)，且不小于8 mm的要求。根据构造要求，箍筋间距s应满足：$s\leqslant15d=15\times22=330(\text{mm})$；$s\leqslant b=400\ \text{mm}$；$s\leqslant400\ \text{mm}$，故选用箍筋间距$s=300\ \text{mm}$。

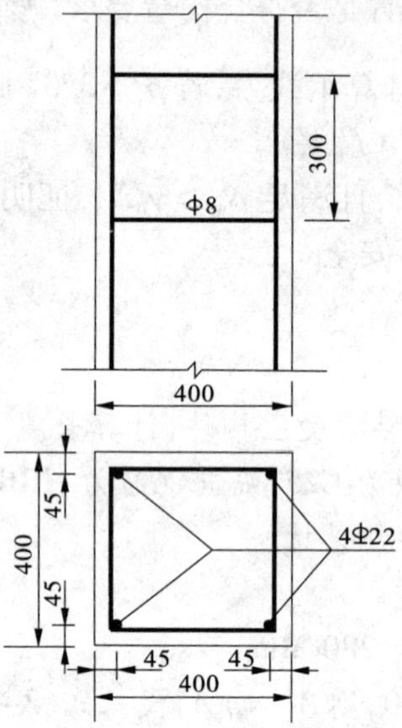

图3-8　配筋示意图

应用案例3-2

【基本资料】　某钢筋混凝土轴心受压柱，截面尺寸$b\times h=250\ \text{mm}\times250\ \text{mm}$，计算长度$l_0=5.0\ \text{m}$；轴向压力组合设计值$N_d=560\ \text{kN}$，混凝土强度等级为C30，纵向钢筋采用HRB335，$A_s'=804\ \text{mm}^2$，一类环境，结构安全等级为二级，试对该柱进行承载力复核。

【案例解析】

(1)确定稳定系数：

$$l_0/b=\frac{5}{0.25}=20\text{，查表3-1可得，}\varphi=0.75\text{。}$$

(2)验算配筋率 ρ':

$$\rho'=\frac{A'_s}{A}=\frac{804}{250\times250}=1.29\%>\rho'_{min}=0.5\%\text{，且}\rho'<3\%\text{，满足要求。}$$

(3)截面承载力计算。

$$N_u=0.9\varphi(f_{cd}A+f'_{sd}A'_s)=0.9\times0.75\times(13.8\times250^2+280\times804)$$

$$=734\ 143.5(\text{N})=734.1\ \text{kN}>\gamma_0N_d=1.0\times560=560(\text{kN})$$

故承载力满足要求。

3.1.2.2 螺旋箍筋柱轴心受压

1.破坏形态

对于配有纵向钢筋和螺旋箍筋的轴心受压短柱,沿柱高连续缠绕、间距较密的螺旋箍筋犹如一个套筒,将核心部分的混凝土约束住,有效限制了核心混凝土的横向变形,从而提高了柱的承载力。

由图3-9所示的螺旋箍筋柱轴力—应变曲线可见,混凝土压应变达到0.002之前,螺旋箍筋柱轴力—应变曲线与普通箍筋柱基本相同。当轴力继续增加,直至混凝土和纵筋的压应变 ε 达到0.003~0.0035时,纵筋开始屈服,箍筋外面的混凝土保护层开始崩裂剥落,混凝土的截面面积减小,轴力略有下降。这时,核心部分混凝土由于受到螺旋箍筋的约束,仍能继续受压,核心混凝土处于三向受压状态,其抗压强度超过了轴心抗压强度,补偿了剥落的外围混凝土所承担的压力,曲线逐渐回升。随着轴力不断增大,螺旋箍筋中的环向拉力也不断增大,直至螺旋箍筋达到屈服,不能再约束核心混凝土横向变形,混凝土被压碎,构件即告破坏。这时,荷载达到第二次峰值,柱的纵向压应变可达到0.01以上。

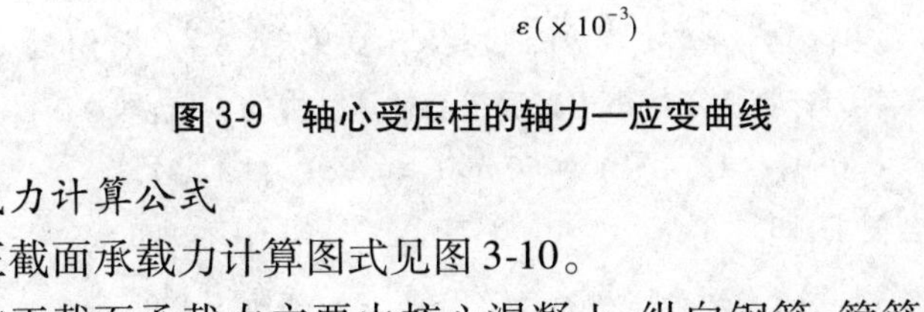

图3-9 轴心受压柱的轴力—应变曲线

2.正截面承载力计算公式

螺旋箍筋柱正截面承载力计算图式见图3-10。

螺旋箍筋柱的正截面承载力主要由核心混凝土、纵向钢筋、箍筋三部分的承载力组成,其承载力计算公式如下:

$$\gamma_0N_d\leqslant0.9(f_{cd}A_{cor}+f'_{sd}A'_s+kf_{sd}A_{s0})\tag{3-5}$$

式中 A_{cor}——核心混凝土的截面面积,$A_{cor}=\frac{\pi d_{cor}^2}{4}$;

A_{s0}——螺旋式或焊接环式间接钢筋的换算截面面积,$A_{s0}=\frac{\pi d_{cor}A_{s01}}{s}$;

A_{s01}——单根间接钢筋的截面面积；

d_{cor}——核心混凝土的直径，$d_{cor}=d-2c$，c 为纵向钢筋至柱截面边缘的径向混凝土保护层厚度；

s——沿构件轴线方向间接钢筋的螺距或间距；

k——间接钢筋影响系数，混凝土强度等级为 C50 及以下时，取 $k=2.0$；为 C50 ~ C80 时，取 $k=2.0\sim1.7$，中间值按线性内插法取用。

其余符号意义同前面所述。

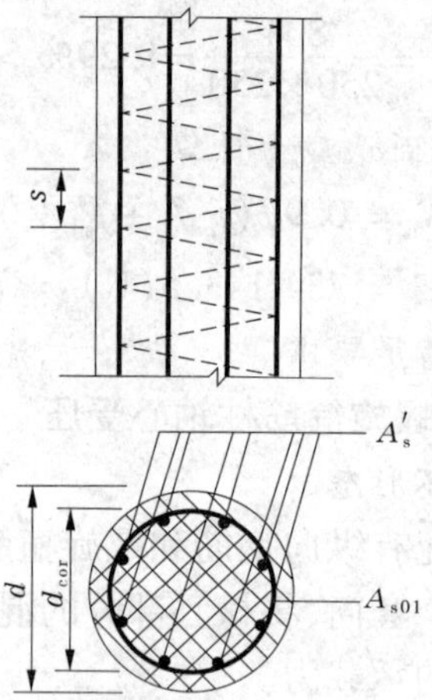

图 3-10　螺旋箍筋柱正截面承载力计算图式

为保证在荷载作用下，螺旋箍筋混凝土保护层不致过早剥落，螺旋箍筋柱的承载力计算值不应大于普通箍筋柱承载力的 1.5 倍。

当有下列情况时，不考虑间接钢筋的影响，而按普通箍筋柱的承载力计算公式计算其截面承载力。

(1) 当构件长细比 $\lambda=l_0/b>14$ 或 $l_0/d>12$ 或 $l_0/i>48$ 时，由于长细比较大的影响，螺旋箍筋不能发挥其作用。

(2) 当螺旋箍筋柱的承载力小于普通箍筋柱的承载力时，因为式(3-5)中只考虑了混凝土核心面积，当柱截面外围混凝土较厚时，核心面积相对较小就会出现这种情况，这时就应按式(3-2)计算柱的承载力。

(3) 当 $A_{s0}<0.25A'_s$ 时，由于螺旋钢筋配置太少，不能起显著作用。

友情提示

螺旋箍筋柱设计必须满足以下条件：

(1) 螺旋箍筋柱的承载力计算值不应大于普通箍筋柱承载力的 1.5 倍，即

$$0.9(f_{cd}A_{cor}+f'_{sd}A'_s+kf_{sd}A_{s0})\leqslant1.5[0.9\varphi(f_{cd}A+f'_{sd}A'_s)] \tag{3-6}$$

(2) 螺旋箍筋柱的承载力计算值不应小于普通箍筋柱承载力的 1 倍，即

$$0.9(f_{cd}A_{cor}+f'_{sd}A'_s+kf_{sd}A_{s0})\geqslant0.9\varphi(f_{cd}A+f'_{sd}A'_s) \tag{3-7}$$

(3) 构件长细比符合要求，即

$$\lambda=l_0/d\leqslant12 \text{ 或 } \lambda=l_0/b\leqslant14 \text{ 或 } \lambda=l_0/i\leqslant48 \tag{3-8}$$

(4) 保证足够的间接钢筋截面面积，即

$$A_{s0}\geqslant0.25A'_s \tag{3-9}$$

(5) 间接钢筋的螺距应满足要求，即

$$s\leqslant d_{cor}/5 \text{ 且 } s\leqslant80\text{ mm} \tag{3-10}$$

3. 工程应用

实际工程中螺旋箍筋柱的承载力计算问题可归纳为两类：截面设计和承载力复核，下面主要介绍截面设计的方法。

工况：构件的截面尺寸，构件的计算长度 l_0，轴向力组合设计值 N_d，混凝土轴心抗压强度设计值 f_{cd}，普通钢筋抗压强度设计值 f'_{sd}，结构重要性系数 γ_0。

求：间接钢筋截面面积 A_{s0} 和纵向钢筋的截面面积 A'_s。

【应用解析】

(1)根据构件截面尺寸、计算长度按式(3-8)验算构件长细比。

(2)根据构造要求选定间接钢筋直径和间距。

(3)根据公式 $A_{s0}=\dfrac{\pi d_{cor}A_{s01}}{s}$ 计算间接钢筋换算截面面积 A_{s0}。

(4)根据式(3-5)计算纵向受压钢筋截面面积 A'_s。

(5)按式(3-6)、式(3-7)、式(3-9)、式(3-10)验算是否满足要求。

知识拓展

当进行截面设计时，构件截面尺寸未知，可假设纵向受压钢筋的配筋率 ρ'（经济配筋率适应范围 0.8% ~1.2%）间接钢筋换算截面配筋率 ρ'_1（经济配筋率适应范围 1.0% ~2.5%），按式(3-11)计算：

$$A_{cor}\geqslant\frac{\gamma_0 N_d}{0.9(f_{cd}+\rho' f'_{sd}+k\rho'_1 f_{sd})} \tag{3-11}$$

应用案例 3-3

【基本资料】 圆形截面轴心受压构件直径 $d=400$ mm，计算长度 $l_0=2.5$ m；混凝土强度等级为 C30，纵向钢筋采用 HRB335，$A'_s=2\ 036\ \text{mm}^2$，混凝土保护层厚度 $c=30$ mm，螺旋箍筋Φ10，间距 $s=60$ mm；一类环境条件，安全等级为二级，求该构件能承受的最大轴向压力。

【案例解析】

核心混凝土的直径为：

$$d_{cor}=d-2c=400-2\times30=340(\text{mm})$$

螺旋箍筋间距满足 $s=60\ \text{mm}<d_{cor}/5=340/5=68\ (\text{mm})$ 和 $s=60\ \text{mm}<80\ \text{mm}$ 的要求；而且 $l_0/d=2.5/0.4=6.25<12$，考虑按螺旋箍筋轴心受压构件计算。

核心混凝土的截面面积为：

$$A_{cor}=\frac{\pi d_{cor}^2}{4}=\frac{3.14\times340^2}{4}=90\ 746\ (\text{mm}^2)$$

螺旋式箍筋的换算截面面积为：

$$A_{s0}=\frac{\pi d_{cor}A_{s01}}{s}=\frac{3.14\times340\times78.5}{60}=1\ 397\ (\text{mm}^2)>0.25A'_s=0.25\times2\ 036=509(\text{mm}^2)$$

混凝土强度等级为 C30，取 $k=2.0$。

故由式(3-5)可得

$N_{u1}=0.9(f_{cd}A_{cor}+f'_{sd}A'_s+kf_{sd}A_{s0})$

$$=0.9\times(13.8\times 90\ 746+280\times 2\ 036+2\times 195\times 1\ 397)\times 10^{-3}=2\ 130.5\ (\text{kN})$$

$$\lambda=l_0/d=6.25<7$$

$\lambda=l_0/d=6.25<7$，查表 3-1 得到，$\varphi=1.0$。

受压构件截面面积为

$$A=\frac{\pi d^2}{4}=\frac{3.14\times 400^2}{4}=125\ 600\ (\text{mm}^2)$$

故由式(3-2)可得

$$N_{u2}\leqslant 0.9\varphi(f_{cd}A+f'_{sd}A'_s)=0.9\times 1.0\times(13.8\times 125\ 600+280\times 2\ 036)$$
$$=2\ 073\ 024(\text{N})=2\ 073\ \text{kN}<1.5N_{u2}=3\ 109.5\ \text{kN}$$

故按螺旋箍筋柱受力时混凝土保护层不致过早剥落。

钢筋混凝土构件由于混凝土的抗拉强度低，而采用钢筋来代替混凝土承受拉力。但是，混凝土的极限拉应变也很小，每米仅能伸长 0.10～0.15 mm，再伸长就要出现裂缝，如果要求构件在使用时混凝土不开裂，则钢筋的拉应力只能达到 20～30 MPa；即使允许开裂，为了保证构件的耐久性，需将裂缝宽度限制在 0.2～0.25 mm，此时钢筋拉应力也只能达到 150～250 MPa，可见高强度钢筋将无法在钢筋混凝土结构中充分发挥其强度作用。

3.1.3 螺旋箍筋轴心受压柱设计

(1)环镜类别：一类，受压纵筋最小保护层厚度 $c=40$ mm。

(2)安全等级：二级，结构重要性系数 $\gamma_0=1.0$。

(3)材料选择：混凝土强度等级为 C30，$f_{cd}=13.8\ \text{N/mm}^2$，$k=2.0$；纵向受压钢筋采用 HRB335 级，$f'_{sd}=280\ \text{N/mm}^2$；箍筋采用 HPB235 级，$f_{sd}=195\ \text{N/mm}^2$。

(4)截面形式及尺寸：拟定采用圆形截面，其直径为 $d=500$ mm。

(5)计算长度：$l_0=2.5$ m。

(6)作用效应：轴向压力组合设计值 $N_d=3\ 200$ kN。

(7)设计要求：拟定采用螺旋箍筋形式进行该轴心受压柱设计。

【案例解析】

(1)截面设计。

①根据构造要求确定箍筋的直径和间距 s。

选取螺旋箍筋的直径为 12 mm，间距为 $s=60$ mm；

单肢螺旋箍筋截面面积 A_{s01} 为：

$$A_{s01}=113.1\ \text{mm}^2$$

②纵向受压钢筋截面面积 A'_s。

长细比 λ：

$$\lambda=\frac{l_0}{d}=\frac{2\ 500}{500}=5<7$$

由表 3-1 知：稳定系数 $\varphi=1.0$。

核心混凝土直径 d_{cor} 为：

$$d_{cor}=d-2c=500-2\times40=420(\text{mm})$$

核心混凝土面积A_{cor}为：

$$A_{cor}=\frac{\pi d_{cor}^2}{4}=\frac{3.14\times420^2}{4}=138\ 474\ (\text{mm}^2)$$

螺旋箍筋的换算截面面积A_{s0}为：

$$A_{s0}=\frac{\pi d_{cor}A_{s01}}{S}=\frac{3.14\times420\times113.1}{60}=2\ 485.9\ (\text{mm}^2)$$

纵向受压钢筋截面面积A'_s为：

$$A'_s\geqslant\frac{\frac{\gamma_0N_d}{0.9}-f_{cd}A_{cor}-kf_{sd}A_{s0}}{f'_{sd}}$$

$$=\frac{\frac{1.0\times3\ 200\times10^3}{0.9}-13.8\times138\ 474-2.0\times195\times2\ 485.9}{280}$$

$$=2\ 411.1\ (\text{mm}^2)$$

故选取 6 Φ 24，$A'_s=2\ 417\ \text{mm}^2$。

截面设计布置如图 3-11 所示。

(2)截面复核。

①长细比验算：

$$\lambda=\frac{l_0}{d}=\frac{2\ 500}{500}=5<12，满足要求。$$

②箍筋螺距验算：

$\frac{d_{cor}}{5}=\frac{420}{5}=84\ (\text{mm})>s=60\ \text{mm}$，且$s=60\ \text{mm}<80\ \text{mm}$，满足要求；

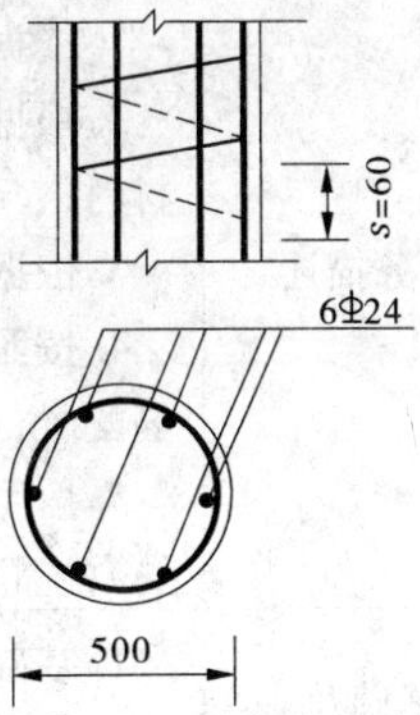

图 3-11　钢筋布置图

③间接钢筋换算截面面积验算：

$$A_{s0}=2\ 485.9\ \text{mm}^2>0.25A'_s=0.25\times2\ 417=604.25(\text{mm}^2)，满足要求。$$

④螺旋箍筋柱承载力验算：

$$\begin{aligned}3\ 046.5\ \text{kN}&=0.9\varphi(f_{cd}A+f'_{sd}A'_s)\\&<0.9(f_{cd}A_{cor}+f'_{sd}A'_s+kf_{sd}A_{s0})\\&=0.9\times(13.8\times138\ 474+280\times2\ 417+2.0\times195\times2\ 485.9)\\&=3\ 557.2\ (\text{kN})<1.5[0.9\varphi(f_{cd}A+f'_{sd}A'_s)]\\&=1.5\times\left[0.9\times1.0\times(13.8\times\frac{3.14\times500^2}{4}+280\times2\ 417)\right]\\&=4\ 569\ 763.5(\text{N})=4\ 569.8\ \text{kN}\end{aligned}$$

通过验算，符合螺旋箍筋柱各项要求。

任务3.2 钢筋混凝土偏心受压柱构件设计

工作任务单

学习领域	结构设计原理		
学习情境	钢筋混凝土柱结构	学时	
学习任务	钢筋混凝土偏心受压柱构件设计	学时	
·	任务布置		
任务目标	1. 正确选择钢筋混凝土受压柱材料强度等级； 2. 合理选择钢筋混凝土偏心受压柱截面形式和准确确定截面尺寸； 3. 精确计算并合理配置钢筋混凝土偏心受压柱中纵向受力钢筋； 4. 精确计算并合理配置钢筋混凝土偏心受压柱中构造钢筋(箍筋)； 5. 钢筋混凝土偏心受压柱设计步骤		
任务描述	设计某桥中的钢筋混凝土偏心受压柱(例如:桩柱式桥墩),工作内容: 1. 依据设计资料,确定设计信息,查阅相关文献； 2. 根据设计信息和规范规定,科学合理地选定构件截面形式,拟定截面尺寸,确定材料； 3. 依据结构受力特点及构造要求,选择箍筋形式； 4. 按照规定的钢筋混凝土偏心受压柱计算方法,进行纵向受力钢筋计算并进行钢筋配置； 5. 按照规定的钢筋混凝土偏心受压柱计算方法或构造要求,进行柱中构造钢筋(箍筋)配置		
基础及课程衔接	1. 基础:常见材料的物理力学性质、制图与识图相关知识； 2. 之前课程:工程力学、道路建筑材料、工程制图与CAD； 3. 之后课程:桥梁工程、桥涵施工技术、公路工程检测技术		
基本要求	1. 分组讨论设计资料,查阅文献,熟悉构造要求,形成设计方案； 2. 科学合理地选择钢筋混凝土偏心受压柱截面形式、尺寸及材料强度等级； 3. 各小组独立完成钢筋混凝土偏心受压柱设计； 4. 各小组参与组内自评、组间互评、教师点评,最终确立设计成果		
课程与岗位技能证书对接	是获得施工员岗位技能证书的课程之一。		
学习资源	[1]叶见曙. 结构设计原理(第3版). 北京:人民交通出版社,2014； [2]叶见曙. 结构设计原理计算示例. 北京:人民交通出版社,2007； [3]桥梁结构设计图纸； [4]公路桥涵设计通用规范(JTG D60—2015). 北京:人民交通出版社； [5]公路钢筋混凝土及预应力混凝土桥涵设计规范(JTG D62—2012). 北京:人民交通出版社		

工作资讯单

<table>
<tr><td>学习情境</td><td>钢筋混凝土柱结构</td><td>学时</td><td></td></tr>
<tr><td>学习任务</td><td>钢筋混凝土偏心受压柱构件设计</td><td>学时</td><td></td></tr>
<tr><td>资讯信息</td><td colspan="3">1. 偏心受压构件的破坏形态和破坏类型有哪些？各自有何特点？
2. 偏心距增大系数 η 与哪些因素有关？
3. 大小偏心受压构件有何不同？其判定的依据是什么？
4. 钢筋混凝土偏心受压构件截面形式与纵向钢筋布置有什么特点？
5. 钢筋混凝土矩形截面纵筋的配置形式有哪两种？其特点是什么？
6. 截面采用对称性配筋时，其在实际工程中的利弊有哪些？
7. 在小偏心受压构件设计时，在 A_s 和 A'_s 均未知的条件下将如何解决？
8. 偏心受压构件采用非对称性配筋设计时，如何计算 A_s 和 A'_s？
9. 偏心受压构件采用非对称性配筋设计时，计算 A_s、A'_s 与 ξ 的关系？
10. 简述矩形截面偏心受压构件对称配筋、非对称配筋设计的基本步骤</td></tr>
<tr><td>资讯资源</td><td colspan="3">[1]资讯信息单；
[2]叶见曙. 结构设计原理(第 3 版). 北京：人民交通出版社，2014；
[3]叶见曙. 结构设计原理计算示例. 北京：人民交通出版社，2007；
[4]桥梁结构设计图纸；
[5]公路桥涵设计通用规范(JTG D60—2015). 北京：人民交通出版社；
[6]公路钢筋混凝土及预应力混凝土桥涵设计规范(JTG D62—2012). 北京：人民交通出版社；
[7]授课教材；
[8]课程网站</td></tr>
</table>

3.2.1 偏心受压构件破坏形态

偏心受压构件承受轴向力 N 和弯矩 M 共同作用时，等效于承受一个偏心距为 $e_0 = M/N$ 的偏心力 N 的作用。随着 e_0 大小的改变，偏心受压构件的受力性能和破坏形态介于轴心受压和受弯之间。

按照轴向力偏心距和配筋情况的不同，偏心受压构件的破坏分为受拉破坏和受压破坏两种情况。

3.2.1.1 受拉破坏——大偏心受压构件

当纵向压力的偏心距 e_0 较大，且受拉钢筋配置数量不太多时，会发生此种破坏形态。

在荷载作用下，靠近偏心压力 N 的一侧受压，远离一侧受拉。随着荷载增大，首先受拉区混凝土出现横向裂缝，裂缝的开展使受拉钢筋的应力增长较快，首先达到屈服。横向裂缝继续开展并向受压区延伸，使受压区高度迅速减小，混凝土压应力迅速增大，并出现纵向裂缝。最后，受压区钢筋屈服，混凝土达到极限压应变而被压碎（见图 3-12）。

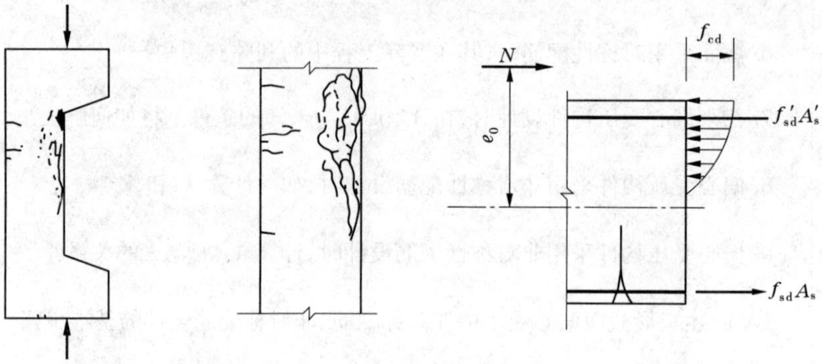

(a)破坏形态　　(b)应力图式

图 3-12　大偏心受压短柱破坏形态

许多试验表明，大偏心受压构件临近破坏时有明显的预兆，裂缝显著开展，属塑性破坏。由于其破坏是受拉钢筋首先达到屈服强度，然后受压钢筋屈服，最后受压区混凝土被压坏而导致构件破坏，故又称为受拉破坏。

3.2.1.2 受压破坏——小偏心受压破坏

当纵向压力的偏心距较小或虽偏心距较大，但受拉钢筋配置数量较多时，就会发生此种破坏形态。

破坏时，靠近纵向力一侧的混凝土先被压碎（见图 3-13），此种破坏包括以下三种情况。

(1) 当偏心距很小时，构件全截面受压，靠近纵向力一侧的压应力大于另一侧。随着荷载增大，压应力较大一侧的混凝土先被压碎，受压钢筋也达到屈服强度；另一侧的混凝土和钢筋在破坏时均未达到相应的抗压强度。

当偏心距很小，且靠近纵向力较近一侧的钢筋数量过多，而另一侧的钢筋数量过少时，破坏也可能发生在距离纵向力较远的一侧。

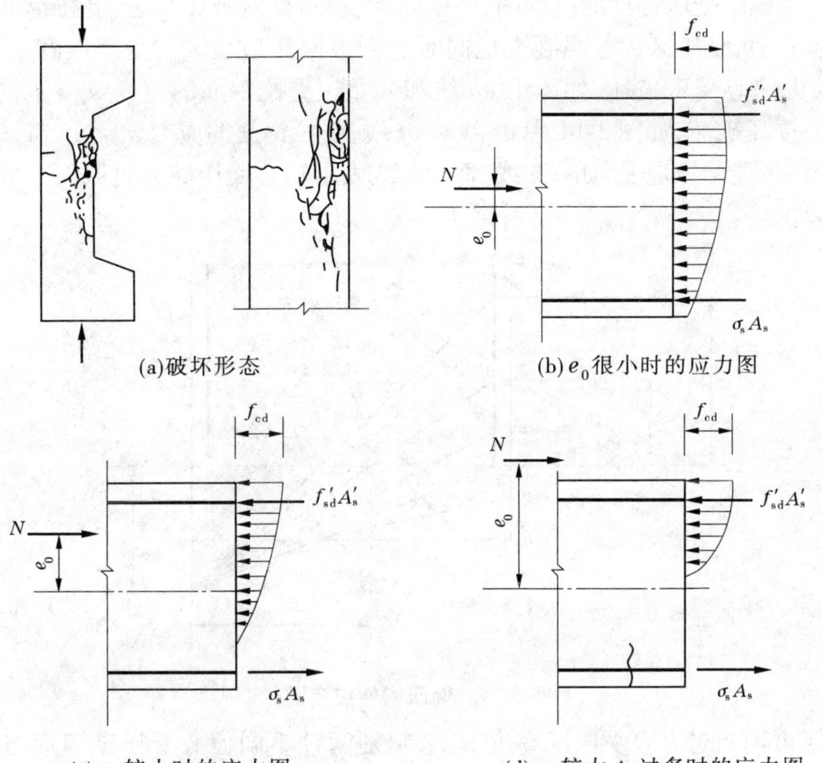

(a)破坏形态　(b) e_0 很小时的应力图

(c) e_0 较小时的应力图　(d) e_0 较大 A_s 过多时的应力图

图 3-13　小偏心受压短柱破坏形态及应力图

(2)当偏心距较小时,截面大部分受压,小部分受拉。但由于中和轴距离受拉钢筋很近,无论受拉钢筋数量多少,钢筋应力都很小,破坏总是发生在受压的一侧。破坏时,混凝土被压碎,受压钢筋达到屈服强度。临近破坏时,受拉区混凝土横向裂缝开展不明显,受拉钢筋也未达到屈服强度。

(3)当偏心距较大而受拉钢筋数量较多时,截面还是部分受压,部分受拉。但由于受拉钢筋配置较多,受拉钢筋应力屈服之前,受压混凝土已先达到极限压应变而破坏,同时受压钢筋达到抗压屈服强度。

上述三种情况的共同特征是:由于受压区混凝土被压碎而导致构件破坏,破坏时,靠近纵向力一侧的受压钢筋压应力均达到屈服强度,而另一侧的钢筋,不论是受拉还是受压,其应力均未达到屈服强度。

因受拉区横向裂缝不明显,也无明显的主裂缝,破坏无明显征兆,属脆性破坏,且混凝土等级越高,破坏越突然,故又称为受压破坏。

3.2.1.3　大、小偏心受压破坏的界限

在受拉破坏和受压破坏之间存在一种界限状态,称为界限破坏。其破坏特征是受拉钢筋达到屈服强度的同时,受压区混凝土的应变达到极限压应变而被压碎。此时,受拉区已有较明显的横向主裂缝,混凝土压碎区段的范围介于大、小偏心受压破坏之间。界限破坏可作为判别大、小偏心受压破坏的条件。

图 3-14 为偏心受压构件的应变图,图中 ad 线表示界限破坏状态,受拉钢筋的应变达到屈服应变 ε_y 时,受压区边缘混凝土也同时达到极限压应变 ε_{cu},受压区高度为 x_{cb}。当 $x<x_{cb}$时,为大偏心受压破坏,如图中 ab 线和 ac 线,受拉钢筋的应变 $\varepsilon_s>\varepsilon_y$。当 $x>x_{cb}$ 时,为小偏心受压破坏,如图 3-14 中 ae 线和 af 线,受拉钢筋的应变 $\varepsilon_s<\varepsilon_y$ 和 $\varepsilon_s=0$,受拉钢筋的应变也可能为压应变,如 $a'g$ 线,而 $a''h$ 线表示轴心受压破坏时截面上的均匀压应变$\varepsilon_0=0.002$。

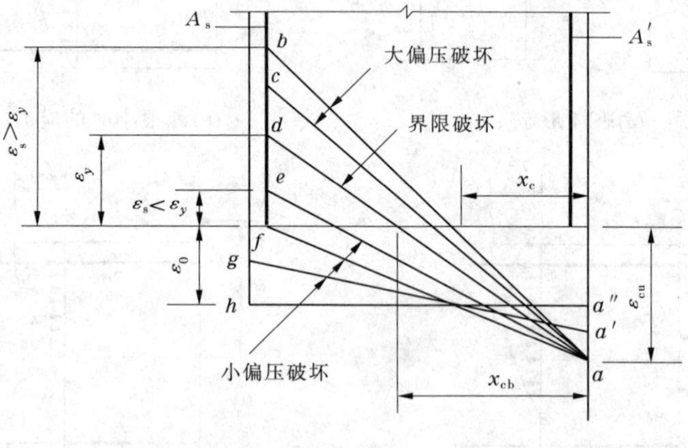

图 3-14 偏压构件应变图

此外,还可用相对界限受压区高度 ξ_b 来判别两种不同偏心受压破坏形态:当 $\xi\leqslant\xi_b$ 时,截面为大偏心受压破坏;当 $\xi>\xi_b$ 时,截面为小偏心受压破坏。

3.2.2 纵向弯曲的影响和偏心距增大系数

偏心受压构件在偏心压力 N 作用下,将产生侧向弯曲变形(见图 3-15)相应地轴向力初始偏心距由 e_0 增大到 e_0+y;截面上的弯矩也由 Ne_0 增大到 $N(e_0+y)$,其中 y 为构件上任一点的水平侧向变形。y 值随着偏心荷载 N 的增大而不断增大,弯矩相应也越来越大,从而进一步导致构件承载力降低。

通常将 Ne_0 称为一阶弯矩,而 N_y 称为二阶弯矩或附加弯矩。由于二阶弯矩的影响,将造成偏心受压构件不同的破坏类型。

3.2.2.1 破坏类型

钢筋混凝土偏心受压构件在纵向弯曲影响下的破坏类型与构件的长细比密切相关。

按长细比大小可将偏心受压构件划分为短柱、长柱和细长柱;按其破坏性质可分为材料破坏和失稳破坏。

图 3-16 为截面尺寸、配筋、材料强度、支承情况及轴向力偏心距完全相同,仅长细比不同的三个偏心受压构件从加载至破坏全过程轴力 N 与弯矩 M 的关系曲线 N—M 曲线。

1. 短柱

短柱长细比较小,侧向变形 y 相对于初始偏心距 e_0 较小,可忽略不计,即忽略二阶弯矩的影响,N—M 为线性关系(见图 3-16 中直线 OB)。

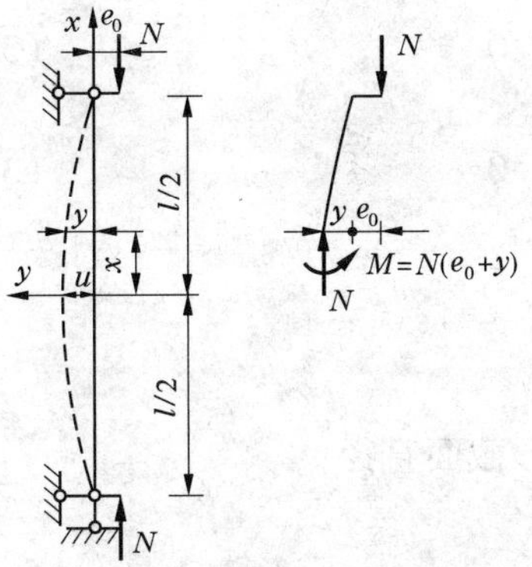

图3-15 偏心压力引起的纵向弯曲

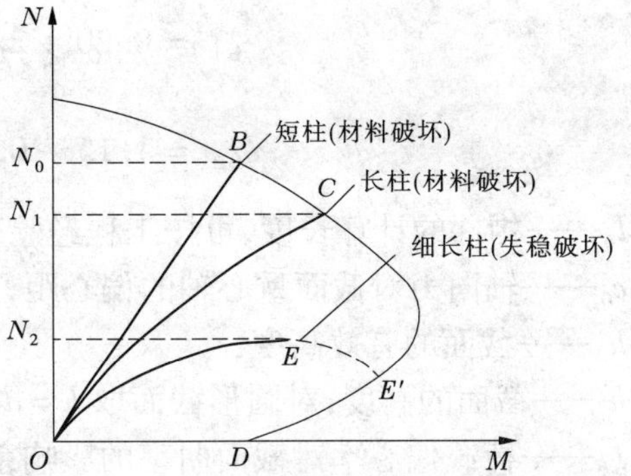

图3-16 不同长细比受压柱的 N—M 曲线

当偏心压力 N 达到最大值时，短柱达到极限承载能力，即截面材料达到其极限承载强度而导致构件破坏，属于材料破坏。

2. 长柱

长柱在偏心压力作用下产生的侧向变形较大，其二阶弯矩的影响不容忽略，因此偏心压力 N 与弯矩 M 不再呈线性关系，而呈曲线变化（见图3-16中曲线 OC）。当偏心压力 N 达到最大值时，长柱同样由于截面材料达到其极限承载强度而导致构件破坏，属于材料破坏。

3. 细长柱

细长柱长细比很大，当偏心压力 N 值达到最大时，侧向变形 u 突然增大，此时即使增加很小的力，也可引起二阶弯矩增加，导致构件破坏。而此时钢筋和混凝土的应变并未达到其材料的破坏强度，属于失稳破坏。

构件失稳后，若控制荷载逐渐减小以保持构件继续变形，则随着侧向挠度 u 增大至一定值，截面也可达到材料破坏点（E'）。

由此可见，在相同偏心距 e_0 条件下，随着长细比的增大，构件的承载力逐渐降低；从破坏类型看，短柱和长柱均发生材料破坏，而细长柱发生失稳破坏。

3.2.2.2 偏心距增大系数

对于偏心受压长柱应考虑纵向弯曲的影响，将初始偏心距 e_0 乘以一个大于1的偏心距增大系数 η 来近似考虑结构侧移和构件挠曲引起的二阶弯矩的影响，即

$$e_0 + u = \eta e_0$$

$$\eta = 1 + \frac{u}{e_0}$$

$$M = N\eta e_0$$

η 称为考虑纵向弯曲影响（二阶弯矩）的轴向力偏心距增大系数。当偏心受压构件为短柱时，$\eta = 1$。

公路桥规规定，矩形、圆形截面偏心受压构件的偏心距增大系数 η 可按下式计算：

$$\eta = 1 + \frac{1}{1\,400\,\frac{e_0}{h_0}}\left(\frac{l_0}{h}\right)^2 \zeta_1 \zeta_2 \tag{3-12}$$

$$\zeta_1 = 0.20 + 2.70\frac{e_0}{h_0} \leqslant 1.0 \tag{3-13}$$

$$\zeta_2 = 1.15 - 0.01\frac{l_0}{h} \leqslant 1.0 \tag{3-14}$$

式中 l_0——构件的计算长度,可按工程经验确定;

e_0——轴向力对截面重心轴的偏心距;

h_0——截面的有效高度;

h——截面的高度,对圆形截面取 $h = d_1$,d_1 为圆形截面直径;

ζ_1——荷载偏心率对截面曲率的影响系数;

ζ_2——构件长细比对截面曲率的影响系数。

计算偏心受压构件正截面承载力时,对长细比 $l_0/i > 17.5$(i 为任意截面回转半径)的构件或长细比 $l_0/h > 5$(矩形截面)、长细比 $l_0/d > 4.4$(圆形截面)的构件,应考虑构件在弯矩作用平面内的变形对轴向力偏心距的影响,即将轴向力对截面重心轴的偏心距 e_0 乘以偏心距增大系数 η。

3.2.3 矩形截面偏心受压构件的构造要求

矩形偏心受压构件的构造要求及其基本原则,与配有纵向钢筋和普通箍筋的轴心受压构件相似。

3.2.3.1 截面尺寸

矩形截面的最小尺寸不宜小于 300 mm,同时截面的长边 h 与短边 b 的比值常选用 $h/b = 1.5 \sim 3$,且长边应设在弯矩作用方向。为便于模板尺寸模数化,边长宜取 50 mm 的整数倍。

3.2.3.2 纵向钢筋的配筋率

矩形截面偏心受压构件的纵向受力钢筋沿截面短边 b 配置,截面全部纵向钢筋和一侧钢筋的最小配筋率应符合附表要求。

纵向受力钢筋的常用筋配筋率,对大偏心受压构件宜为 $\rho = 1\% \sim 3\%$;对小偏心受压构件宜为 $\rho = 0.5\% \sim 2\%$。

当截面长边 $h \geqslant 600$ mm 时,应在长边 h 方向设置直径为 10 ~ 16 mm 的纵向构造钢筋,必要时相应地设置附加箍筋或复合箍筋,用以保持钢筋骨架的刚度(见图 3-17)。

3.2.4 矩形截面偏心受压构件正截面承载力计算

与受弯构件相似,偏心受压构件的正截面承载力计算通常做以下基本假定:

(1)截面应变分布符合平截面假定。

(2)不考虑混凝土的抗拉强度,拉力全部由钢筋承担。

(3)受压区混凝土的极限压应变 $\varepsilon_{cu} = 0.0033 \sim 0.003$。

(4)受压区混凝土的应力采用等效矩形分布,并达到混凝土轴心抗压强度设计值 f_{cd},矩形应力图的高度 x 等于按平截面确定的受压区高度 x_c 乘以系数 β,即 $x = \beta x_c$。

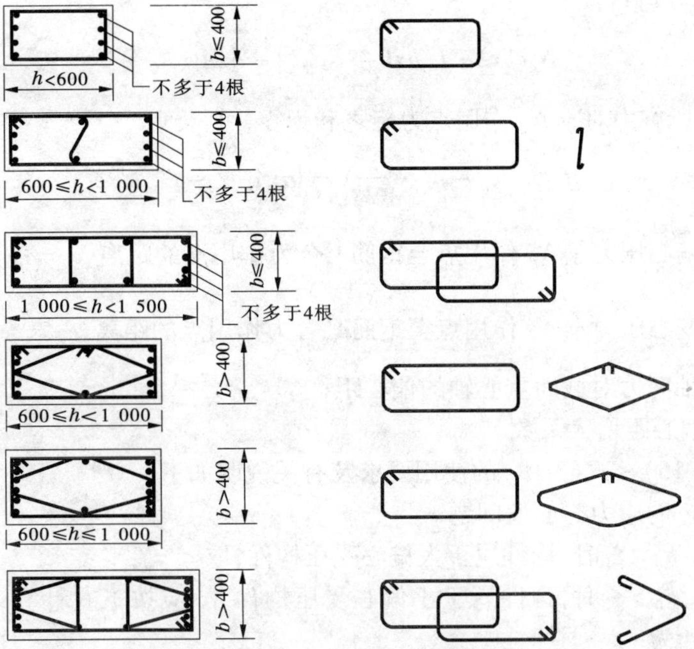

图 3-17 矩形偏心受压构件箍筋布置形式

当构件发生材料破坏时，无论是大偏心受压破坏，还是小偏心受压破坏，受压区边缘混凝土均达到极限压应变，同一侧的受压钢筋 A'_s，一般都能达到抗压强度设计值 f'_{sd}，而对面一侧的钢筋 A_s 的应力，可能受拉（达到或未达到抗拉强度设计值 f_{sd}），也可能受压，故在图3-18中以 σ_s 表示钢筋 A_s 中的应力，从而建立一种包括大、小偏心受压情况的统一正截面承载力计算图式。

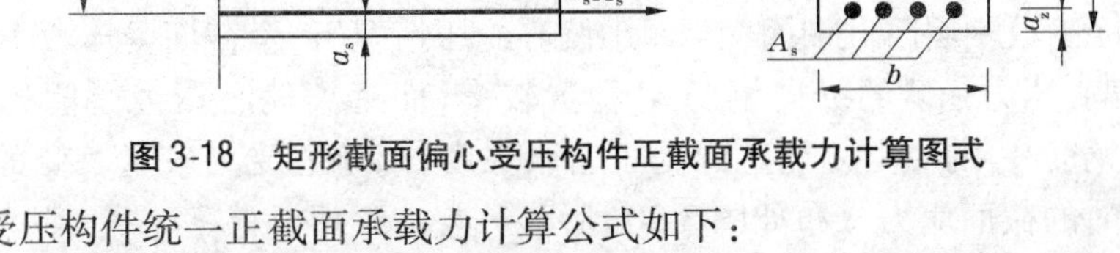

图 3-18 矩形截面偏心受压构件正截面承载力计算图式

故偏心受压构件统一正截面承载力计算公式如下：

由 $\sum N=0$ 可得：

$$\gamma_0 N_d \leqslant f_{cd}\, bx + f'_{sd} A'_s - \sigma_s A_s \tag{3-15}$$

由 $\sum M_{A_s}=0$ 可得：

$$\gamma_0 N_d e_s \leqslant f_{cd} bx\left(h_0 - \frac{x}{2}\right) + f'_{sd} A'_s (h_0 - a'_s) \tag{3-16}$$

由$\sum M_{A'_s}=0$可得：

$$\gamma_0 N_d e'_s \leqslant -f_{cd}bx\left(\frac{x}{2}-a'_s\right)+\sigma_s A_s(h_0-a'_s) \tag{3-17}$$

由截面上所有力对$\gamma_0 N_d$作用点力矩之和为零，可得到：

$$f_{cd}bx(e_s-h_0+\frac{x}{2})=\sigma_s A_s e_s-f'_{sd}A'_s e'_s \tag{3-18}$$

式中　e_s——偏心压力$\gamma_0 N_d$作用点至钢筋A_s合力作用点的距离，$e_s=\eta e_0+\frac{h}{2}-a_s$；

e'_s——偏心压力$\gamma_0 N_d$作用点至钢筋A'_s合力作用点的距离，$e'_s=\eta e_0-\frac{h}{2}+a'_s$；

e_0——轴向力对截面重心轴的偏心距；

η——偏心距增大系数。

关于式(3-15)~式(3-18)的使用要求及有关说明如下：

(1)钢筋A_s的应力σ_s取值问题。

①当$\xi=x/h_0\leqslant\xi_b$时，构件属于大偏心受压构件，取$\sigma_s=f_{sd}$；

②当$\xi=x/h_0>\xi_b$时，构件属于小偏心受压构件，σ_s应按下式计算，但应满足$-f'_{sd}\leqslant\sigma_{si}\leqslant f_{sd}$，其中$\sigma_{si}$为

$$\sigma_{si}=\varepsilon_{cu}E_s\left(\frac{\beta h_{0i}}{x}-1\right) \tag{3-19}$$

式中　σ_{si}——第i层普通钢筋的应力，按公式计算为正值时表示拉应力；

E_s——受拉钢筋的弹性模量；

h_{0i}——第i层普通钢筋截面重心至受压较大边边缘的距离；

x——截面受压区高度。

(2)为了保证构件破坏时，大偏心受压构件截面上的受压钢筋能达到抗压强度设计值f'_{sd}，必须满足：$x\geqslant 2a'_s$。

当$x<2a'_s$时，受压钢筋A'_s的应力可能达不到f'_{sd}。与双筋截面受弯构件类似，近似取$x=2a'_s$，截面应力分布如图3-19所示。受压区混凝土所承担的压力作用位置与受压钢筋承担的压力$f'_{sd}A'_s$作用位置重合。

对受压钢筋A'_s合力点的力矩之和为零，可得：

$$\gamma_0 N_d e'_s \leqslant f_{sd}A_s(h_0-a'_s) \tag{3-20}$$

(3)当偏心压力作用偏心距很小，即小偏心受压情况下，全截面受压。

当靠近偏心压力一侧的纵向钢筋A'_s配置较多，而远离偏心压力一侧的纵向钢筋A_s配置较少时，钢筋A_s的应力可能达到受压屈服强度，离偏心受力较远一侧的混凝土也有可能压坏，这时的截面应力分布如图3-20所示。

为避免钢筋A_s数量过小，《公路钢筋混凝土及预应力混凝土桥梁设计规范》(JTG D62—2012)规定：对于小偏心受压构件，若偏心压力作用于钢筋A_s合力点和A'_s合力点之间时，尚应符合下列条件：

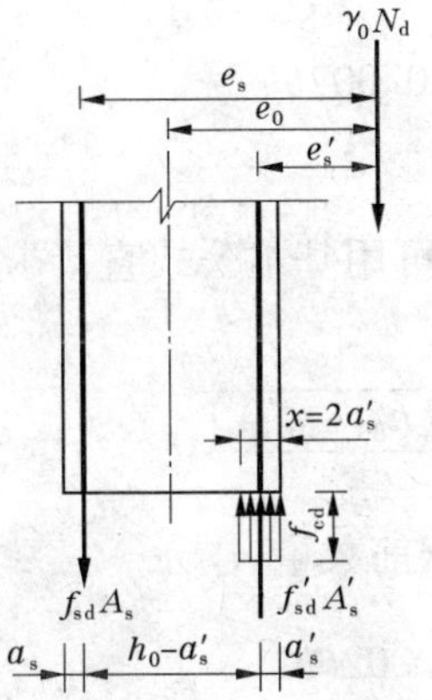

图 3-19 $x<2a_s'$ 时大偏心受压截面计算图式

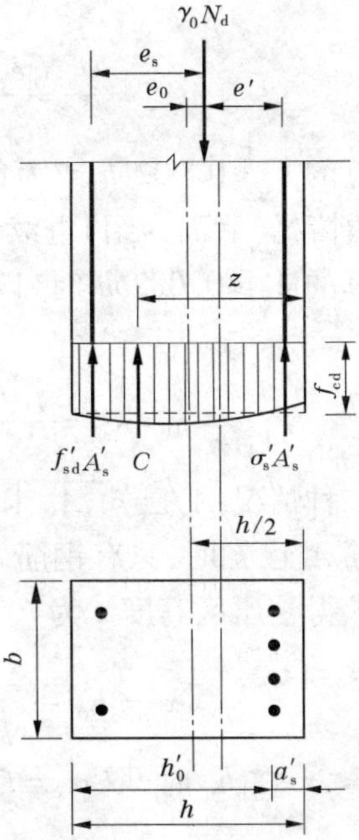

图 3-20 偏心距很小时截面计算图式

$$\gamma_0 N_d e' \leqslant f_{cd} bh\left(h_0' - \frac{h}{2}\right) + f_{sd}' A_s'(h_0' - a_s) \tag{3-21}$$

式中 h_0'——纵向钢筋 A_s' 合力点离偏心压力较远一侧边缘的距离，$h_0' = h - a_s'$；

$e' = \frac{h}{2} - e_0 - a_s'$。

3.2.5 偏心受压构件矩形截面非对称配筋

3.2.5.1 截面设计

工况：构件截面尺寸 $b \times h$、构件的计算长度 l_0、轴向力组合设计值 N_d、相应的弯矩组合设计值 M_d 或偏心距 e_0、材料强度等级等。试求所用纵向钢筋截面面积。

【应用解析】

(1)大、小偏心受压初步判别。

当 $\eta e_0 < 0.3h_0$ 时，可先按小偏心受压构件进行设计计算；当 $\eta e_0 \geqslant 0.3h_0$ 时，可按大偏心受压构件进行设计计算。

(2)当 $\eta e_0 \geqslant 0.3h_0$ 时，按大偏心受压构件进行设计。

①第一种情况：A_s 和 A_s' 均未知。

根据偏心受压构件承载力计算基本公式，仅有两个独立公式，但未知数却有三个，即 A_s、A_s' 和 x，不能求得唯一解，须补充设计条件。

与双筋矩形截面受弯构件的截面设计相仿，从充分利用混凝土的抗压强度、使受拉和受压钢筋的总用量最少的原则出发，近似取 $x = \xi_b h_0$ 为补充条件，可得到受压钢筋的截面

面积 A'_s 为

$$A'_s = \frac{\gamma_0 N_d e - f_{cd} b h_0^2 \xi_b (1 - 0.5\xi_b)}{f'_{sd}(h_0 - a'_s)} \geqslant 0.002bh \tag{3-22}$$

当计算的 $A'_s < 0.002bh$ 或为负值时，应按照 $A'_s = 0.002bh$ 选择钢筋并布置 A'_s，然后按 A'_s 为已知的情况（后面介绍）继续计算求解 A_s。

当计算的 $A'_s \geqslant 0.002bh$ 时，以求得的 A'_s 代入式(3-15)，且取 $\sigma_s = f_{sd}$ 则所需要钢筋 A_s 为

$$A_s = \frac{f_{cd} b h_0 \xi_b + f'_{sd} A'_s - \gamma_0 N_d}{f_{sd}} \geqslant 0.002bh \tag{3-23}$$

②第二种情况：A'_s 已知，A_s 未知。

当钢筋 A'_s 已知时，只有钢筋 A_s 和 x 两个未知数，故可用基本公式直接求解。

首先求得受压区高度 x 为

$$x = h_0 - \sqrt{h_0^2 - \frac{2[\gamma_0 N_d e_s - f'_{sd} A'_s (h_0 - a'_s)]}{f_{cd} b}} \tag{3-24}$$

当 $2a'_s \leqslant x \leqslant \xi_b h_0$ 时，取 $\sigma_s = f_{sd}$，可得到受拉区所需钢筋数量 A_s 为

$$A_s = \frac{f_{cd} bx + f'_{sd} A'_s - \gamma_0 N_d}{f_{sd}} \geqslant 0.002bh \tag{3-25}$$

当满足 $x \leqslant \xi_b h_0$，但 $x \leqslant 2a'_s$ 时，则所需的受拉钢筋数量 A_s 为

$$A_s = \frac{\gamma_0 N_d e'_s}{f_{sd}(h_0 - a'_s)} \tag{3-26}$$

(3) 当 $\eta e_0 < 0.3h_0$ 时，可按小偏心受压进行设计计算。

①第一种情况：A_s 和 A'_s 均未知。与大偏心受压构件截面设计方法一样，必须补充设计条件以便求解。

试验表明，对于小偏心受压的一般情况，远离偏心压力一侧的纵向钢筋无论受拉还是受压，其应力一般均未达到屈服强度，显然 A_s 可取等于受压构件截面一侧钢筋的最小配筋量，即 $A_s = \rho'_{min} bh = 0.002bh$，剩余两个未知数，即可按基本公式进行求解。

首先，应该计算受压区高度 x 的值。经推导可得到关于 x 的近似一元二次方程为

$$Ax^2 + Bx + C = 0, x = \frac{-B \pm \sqrt{B^2 - 4AC}}{2A} \tag{3-27}$$

方程中各系数的表达式：

$$A = -0.5 f_{cd} b h_0 \tag{3-28}$$

$$B = \frac{h_0 - a'_s}{\xi_b - \beta} f_{sd} A_s + f_{cd} b h_0 a'_s \tag{3-29}$$

$$C = -\beta \frac{h_0 - a'_s}{\xi_b - \beta} f_{sd} A_s h_0 - \gamma_0 N_d e'_s h_0 \tag{3-30}$$

②第二种情况：A'_s 已知，A_s 未知。

由式(3-16)可求截面受压区高度 x，并得到截面相对受压区高度 $\xi = x/h_0$。$\xi_b < \xi < h/h_0$ 时，截面部分受压、部分受拉，将 $x = \xi h_0$ 代入式(3-19)求得钢筋 A_s 的应力 σ_s，再

由式(3-15)计算得到所需钢筋 A_s 的数量。

当 $\xi \geqslant h/h_0$ 时，全截面受压，以 $x = h$ 代入式(3-19)，求得钢筋 A_s 的应力 σ_s，再由式(3-15)可求得钢筋截面面积 A_s。

全截面受压时，钢筋数量 A_s 还应满足式(3-21)要求，即

$$A_s \geqslant \frac{\gamma_0 N_d e' - f_{cd} bh\left(h_0' - \dfrac{h}{2}\right)}{f_{sd}'(h_0' - a_s)} \geqslant 0.002bh \tag{3-31}$$

上述两值经比较取其中较大值。

3.2.5.2　截面复核

工况：偏心受压构件截面尺寸 $b \times h$、构件的计算长度 l_0、轴向力组合设计值 N_d、弯矩组合设计值 M_d、纵向钢筋和混凝土强度设计值、钢筋面积 A_s 和 A_s'以及在截面上的布置形式。试分析偏心构件截面是否满足承载力要求。

【应用解析】

偏心受压构件需要进行弯矩作用平面内和垂直于弯矩作用平面的截面承载力复核。

(1)弯矩作用平面内截面承载力复核。

①大、小偏心受压的判别。先假设为大偏心受压构件，钢筋 A_s 的应力 $\sigma_s = f_{sd}$，代入式(3-18)求得受压区高度 x。

$$x = (h_0 - e_s) + \sqrt{(h_0 - e_s)^2 + \frac{2(f_{sd}A_s e_s - f_{sd}'A_s'e_s')}{f_{cd}b}} \tag{3-32}$$

当 $x \leqslant \xi_b h_0$ 时，为大偏心受压；当 $x > \xi_b h_0$ 时，为小偏心受压。

②当 $x \leqslant \xi_b h_0$ 时，按大偏心受压构件进行复核。

若 $2a_s' \leqslant x \leqslant \xi_b h_0$，由式(3-32)计算的 x 即为大偏心受压构件截面受压区高度，然后按式(3-15)进行截面承载力复核。

若 $x < 2a_s'$ 时，由式(3-20)求截面承载力 $N_u = f_{sd}A_s \dfrac{h_0 - a_s'}{e_s'}$。

③当 $x > \xi_b h_0$ 时，按小偏心受压构件进行复核。

截面受压区高度 x 不能由式(3-32)来确定，因为在小偏心受压情况下，离偏心压力较远一侧钢筋 A_s 中的应力往往达不到屈服强度。

经推导得到 x 的近似一元二次方程为 $Ax^2 + Bx + C = 0$，式中各系数计算表达式为

$$A = 0.5 f_{cd} b h_0 \tag{3-33}$$

$$B = f_{cd} b h_0 (e_s - h_0) - \frac{f_{sd} A_s e_s}{\xi_b - \beta} \tag{3-34}$$

$$C = \left(\frac{\beta f_{sd} A_s e_s}{\xi_b - \beta} + f_{sd}' A_s' e_s'\right) h_0 \tag{3-35}$$

当 $\xi_b < \xi < h/h_0$ 时，截面部分受压、部分受拉。将计算的 ξ 值代入式(3-19)，可求得钢筋 A_s 的应力值 σ_s，然后由式(3-15)求得截面承载力 N_u 并复核截面承载力。

当 $\xi \geqslant h/h_0$ 时，截面全部受压。这种情况下，偏心距较小。首先考虑靠近纵向压力作用点一侧的截面边缘混凝土破坏，取 $\xi = h/h_0$ 代入式(3-19)求得钢筋 A_s 中的应力 σ_s，然

后由式(3-15)求得截面承载力 N_{u1}。

因全截面受压，还需考虑距纵向压力作用点远侧截面边缘破坏的可能性，再由式(3-21)求得截面承载力 N_{u2}。

构件承载能力 N_u 应取 N_{u1} 和 N_{u2} 中较小值。

(2)垂直于弯矩作用平面的截面承载力复核。

公路桥规规定，对于偏心受压构件除应计算弯矩作用平面内的承载力外，还应按轴心受压构件复核垂直于弯矩作用平面的承载力。

3.2.5.3 非对称配筋矩形截面偏心受压柱设计

1. 矩形截面大偏心受压柱设计

【基本资料】 某矩形截面偏心受压构件，截面尺寸为 $b \times h = 300\ \text{mm} \times 400\ \text{mm}$，两个方向(弯矩作用方向和垂直于弯矩作用方向)的计算长度 $l_{0x} = l_{0y} = l_0 = 4.0\ \text{m}$；轴向力计算值 $N = \gamma_0 N_d = 473\ \text{kN}$，弯矩计算值 $M = \gamma_0 M_d = 152\ \text{kN} \cdot \text{m}$；混凝土强度等级为C30，纵向钢筋采用HRB335级；一类环境，结构安全等级为二级，试求所需纵向钢筋。

【案例解析】

(1)截面设计。

①计算偏心距增大系数 η。

$$e_0 = \frac{M}{N} = \frac{152 \times 10^6}{473 \times 10^3} = 321\ (\text{mm})$$

弯矩作用平面内的长细比为：

$$\frac{l_{0y}}{h} = \frac{4\ 000}{400} = 10 > 5$$

故应考虑偏心距增大系数的影响。

设 $a_s = a_s' = 45\ \text{mm}, h_0 = h - a_s = 400 - 45 = 355\ (\text{mm})$

$$\zeta_1 = 0.20 + 2.70 \times \frac{e_0}{h_0} = 0.20 + 2.70 \times \frac{321}{355} = 2.64 > 1.0\text{，取 } \zeta_1 = 1.0$$

$$\zeta_2 = 1.15 - 0.01 \times \frac{l_0}{h} = 1.15 - 0.01 \times \frac{4\ 000}{400} = 1.05 > 1.0\text{，取 } \zeta_2 = 1.0$$

则

$$\begin{aligned}\eta &= 1 + \frac{1}{1\ 400\dfrac{e_0}{h_0}}\left(\frac{l_0}{h}\right)^2 \zeta_1 \zeta_2 \\ &= 1 + \frac{1}{1\ 400 \times \dfrac{321}{355}} \times \left(\frac{4\ 000}{400}\right)^2 \times 1.0 \times 1.0 \\ &= 1.08\end{aligned}$$

②初步判定大、小偏心受压。

$$\eta e_0 = 1.08 \times 321 = 347\ (\text{mm}) > 0.3h_0 = 0.3 \times 355 = 106.5\ (\text{mm})$$

故可先按大偏心受压构件计算。

$$e_s = \eta e_0 + \frac{h}{2} - a_s = 347 + \frac{400}{2} - 45 = 502\ (\text{mm})$$

$$e_s' = \eta e_0 - \frac{h}{2} + a_s' = 347 - \frac{400}{2} + 45 = 192\ (\text{mm})$$

③计算所需纵向钢筋截面面积 A_s 和 A_s'。

查表 1-29 可得，$\xi_b = 0.56$，取 $x = \xi_b h_0$ 为补充条件，则

$$A_s' = \frac{\gamma_0 N_d e_s - f_{cd} b h_0^2 \xi_b (1 - 0.5\xi_b)}{f'_{sd}(h_0 - a_s')}$$

$$= \frac{473 \times 10^3 \times 502 - 13.8 \times 300 \times 355^2 \times 0.56 \times (1 - 0.5 \times 0.56)}{280 \times (355 - 45)}$$

$$= 312\ (\text{mm}^2) > \rho'_{min} bh = 0.002bh = 0.002 \times 300 \times 400 = 240\ (\text{mm}^2)$$

由于 $A_s' > 0.002bh$，取 $\sigma_s = f_{sd}$，则

$$A_s = \frac{f_{cd} b h_0 \xi_b + f'_{sd} A_s' - \gamma_0 N_d}{f_{sd}}$$

$$= \frac{13.8 \times 300 \times 355 \times 0.56 + 280 \times 312 - 473 \times 10^3}{280}$$

$$= 1\,562(\text{mm}^2) > \rho_{min} bh = 0.002bh = 240(\text{mm}^2)$$

选取受压钢筋为 3 Φ 12，则 $A_s' = 339\ \text{mm}^2$，$\rho' = \frac{339}{300 \times 400} = 0.28\% > 0.2\%$；

选取受拉钢筋为 5 Φ 20，则 $A_s = 1\,570\ \text{mm}^2$，$\rho = \frac{1\,570}{300 \times 400} = 1.31\% > 0.2\%$；

$\rho' + \rho = 1.59\% > 0.5\%$，满足要求。

纵向钢筋沿截面短边布置成一排，如图 3-21 所示。纵筋最小净距采用 30 mm，设计中取 $a_s = a_s' = 45$ mm，钢筋 A_s 的混凝土保护层厚度为 $45 - 22.7/2 = 33.6$ (mm)，满足规范要求。所需截面最小宽度为 $2 \times 33.6 + 4 \times 30 + 5 \times 22.7 = 300.7(\text{mm}) \approx 300$ mm，满足要求。

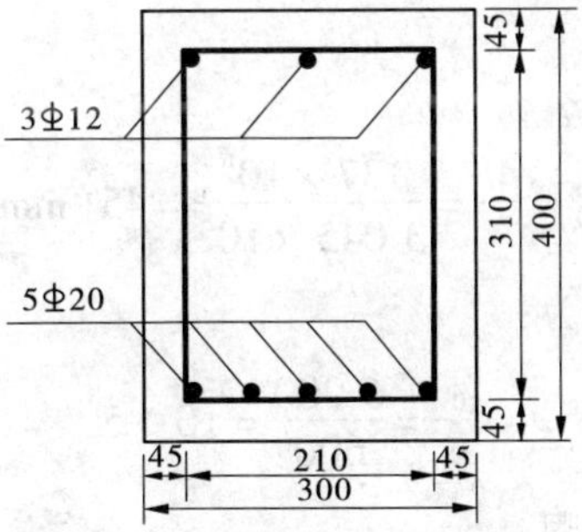

图 3-21　截面配筋图　(单位:mm)

(2)截面复核。

①弯矩作用平面内。

$a_s = a_s' = 45$ mm，$h_0 = h - a_s = 400 - 45 = 355$ mm，计算得：

$$\eta e_0 = 347\ \text{mm},\ e_s = 502\ \text{mm},\ e_s' = 192\ \text{mm}$$

首先假设为大偏心受压构件，则 $\sigma_s = f_{sd}$，代入式(3-18)求得受压区高度 x 为：

$$x = (h_0 - e_s) + \sqrt{(h_0 - e_s)^2 + 2\frac{(f_{sd}A_se_s - f'_{sd}A'_se'_s)}{f_{cd}b}}$$

$$= (355 - 502) + \sqrt{(355 - 502)^2 + 2 \times \frac{(280 \times 1\ 570 \times 502 - 280 \times 339 \times 192)}{13.8 \times 300}}$$

$$= 198.6\ (\text{mm}) < \xi_b h_0 = 0.56 \times 355 = 198.8\ (\text{mm})$$

由于 $x = 198.6\ \text{mm} < \xi_b h_0 = 0.56 \times 355 = 198.8\ \text{mm}$，故为大偏心受压；且 $x > 2a'_s = 90\ \text{mm}$，则

$$N_u = f_{cd}bx + f'_{sd}A'_s - \sigma_s A_s$$

$$= 13.8 \times 300 \times 198.6 + 280 \times 339 - 280 \times 1\ 570$$

$$= 477.5(\text{kN}) > \gamma_0 N_d = 473\ \text{kN}$$

故承载力满足要求。

②垂直于弯矩作用平面内。

垂直于弯矩作用平面内的长细比为 $\frac{l_{0x}}{b} = \frac{4\ 000}{300} = 13.33 > 8$，查表 3-1 可得 $\varphi = 0.93$。

$$N_u = 0.9\varphi(f_{cd}bh + f'_{sd}A'_s + \sigma_s A_s)$$

$$= 0.9 \times 0.93 \times (13.8 \times 300 \times 400 + 280 \times 339 + 280 \times 1\ 570)$$

$$= 1\ 833.5\ \text{kN} > \gamma_0 N_d = 473\ \text{kN}$$

故承载力满足要求。

2. 矩形截面小偏心受压柱设计

【基本资料】 某矩形截面偏心受压构件，截面尺寸为 $b \times h = 400\ \text{mm} \times 600\ \text{mm}$，两个方向（弯矩作用方向和垂直于弯矩作用方向）的计算长度 $l_{0x} = l_{0y} = l_0 = 6.0\ \text{m}$；轴向力计算值 $N = \gamma_0 N_d = 3\ 045\ \text{kN}$，弯矩计算值 $M = \gamma_0 M_d = 137\ \text{kN} \cdot \text{m}$；混凝土强度等级为 C30，纵向钢筋采用 HRB335 级；一类环境，结构安全等级为二级，试求所需纵向钢筋。

【案例解析】

(1)计算偏心距增大系数 η。

$$e_0 = \frac{M}{N} = \frac{137 \times 10^6}{3\ 045 \times 10^3} = 45(\text{mm})$$

弯矩作用平面内的长细比为：

$$\frac{l_{0y}}{h} = \frac{6\ 000}{600} = 10 > 5$$

故应考虑偏心距增大系数的影响。

设 $a_s = a'_s = 50\ \text{mm}$，$h_0 = h - a_s = 600 - 50 = 550(\text{mm})$

$$\zeta_1 = 0.20 + 2.70\frac{e_0}{h_0} = 0.20 + 2.70 \times \frac{45}{550} = 0.42 < 1.0\text{，取 } \zeta_1 = 0.42$$

$$\zeta_2 = 1.15 - 0.01\frac{l_0}{h} = 1.15 - 0.01 \times \frac{4\ 000}{400} = 1.05 > 1.0\text{，取 } \zeta_2 = 1.0$$

则

$$\eta = 1 + \frac{1}{1\,400\,\frac{e_0}{h_0}}\left(\frac{l_0}{h}\right)^2 \zeta_1\zeta_2$$

$$= 1 + \frac{1}{1\,400 \times \frac{45}{550}} \times \left(\frac{6\,000}{600}\right)^2 \times 0.42 \times 1.0$$

$$= 1.37$$

(2)初步判定大、小偏心受压。

$$\eta e_0 = 1.37 \times 45 = 62(\text{mm}) < 0.3h_0 = 0.3 \times 550 = 165(\text{mm})$$

故可先按小偏心受压构件计算。

由于 $\eta e_0 = 1.37 \times 45 = 62(\text{mm}) < \frac{h}{2} - a'_s = 300 - 50 = 250(\text{mm})$，表明纵向力作用在 A_s 合力作用点和 A'_s 合力作用点之间。

$$e_s = \eta e_0 + \frac{h}{2} - a_s = 62 + \frac{600}{2} - 50 = 312(\text{mm})$$

$$e'_s = \eta e_0 - \frac{h}{2} + a'_s = 62 - \frac{600}{2} + 50 = -188(\text{mm})$$

(3)计算所需纵向钢筋截面面积 A_s。

试验表明，对于小偏心受压的一般情况，远离偏心压力一侧的纵向钢筋无论受拉还是受压，其应力一般均未达到屈服强度，显然 A_s 可取等于受压构件截面一侧钢筋的最小配筋量，故 $A_s = \rho_{\min}bh = 0.002bh = 0.002 \times 400 \times 600 = 480(\text{mm}^2)$。

(4)计算受压区高度 x。

经推导可得到关于 x 的近似一元二次方程为

$$Ax^2 + Bx + C = 0$$

方程中各系数为：

$$A = -0.5f_{cd}bh_0 = -0.5 \times 13.8 \times 400 \times 550 = -1\,518\,000$$

$$B = \frac{h_0 - a'_s}{\xi_b - \beta} f_{sd}A_s + f_{cd}bh_0a'_s$$

$$= \frac{550 - 50}{0.56 - 0.8} \times 280 \times 480 + 13.8 \times 400 \times 550 \times 50 = -128\,200\,000$$

$$C = -\beta\frac{h_0 - a'_s}{\xi_b - \beta} f_{sd}A_sh_0 - \gamma_0N_de'_sh_0$$

$$= -0.8 \times \frac{550 - 50}{0.56 - 0.8} \times 280 \times 480 \times 550 - 3\,045 \times 10^3 \times (-188) \times 550$$

$$= 4.38 \times 10^{11}$$

则

$$x = \frac{-B \pm \sqrt{B^2 - 4AC}}{2A} \approx 497(\text{mm})$$

(5)计算所需纵向钢筋截面面积 A'_s。

$$\sigma_{si}=\varepsilon_{cu}E_s\left(\frac{\beta h_{0i}}{x}-1\right)$$
$$=0.003\,3\times2\times10^5\times\left(\frac{0.8\times550}{497}-1\right)$$
$$=-75.7\ (\text{MPa})(\text{压应力})$$

由式(3-15)得：

$$A'_s=\frac{\gamma_0N_d-f_{cd}bx+\sigma_sA_s}{f'_{sd}}$$
$$=\frac{3\,045\times10^3-13.8\times400\times497-75.7\times480}{280}$$
$$=947(\text{mm}^2)>0.002bh=480(\text{mm}^2)$$

选取受压钢筋为4 Φ 18，则 $A'_s=1\,018\ \text{mm}^2$，$\rho'=\dfrac{1\,018}{400\times600}=0.42\%>0.2\%$；

选取受拉钢筋为3 Φ 16，则 $A_s=603\ \text{mm}^2$，$\rho=\dfrac{603}{400\times600}=0.25\%>0.2\%$；且 $\rho'+\rho=0.67\%>0.5\%$，满足要求。

纵向钢筋沿截面短边布置成一排，如图3-22所示。纵筋最小净距采用30 mm，设计中取 $a_s=a'_s=45$ mm，钢筋 A_s 的混凝土保护层厚度为 $45-20.5/2=34.8$(mm)，满足规范要求。所需截面最小宽度为 $2\times34.8+3\times30+4\times20.5=241.6(\text{mm})<400$ mm，满足要求。

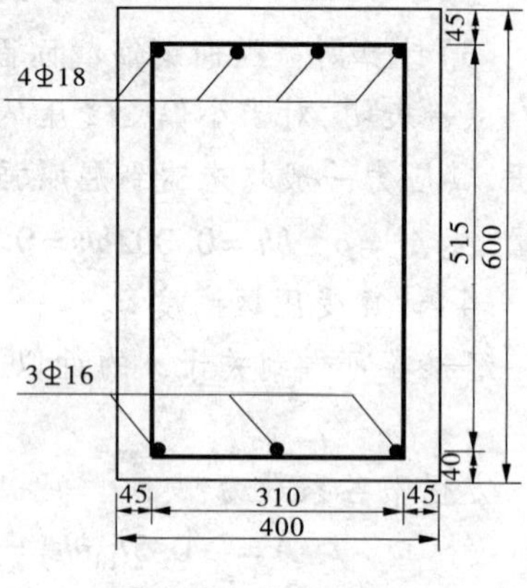

图3-22　截面配筋图

3.2.6　偏心受压构件矩形截面对称配筋

对称配筋是指截面两侧用相同钢筋等级和数量的配筋，即 $A_s=A'_s$，$f_{sd}=f'_{sd}$，$a_s=a'_s$。

矩形截面对称配筋的偏心受压构件计算，仍依据前述式(3-15)～式(3-21)进行计算，也分为截面设计和截面复核两种情况。

3.2.6.1　截面设计

1. 大、小偏心受压构件的判别

首先，假定为大偏心受压，$A_s=A'_s$，$f_{sd}=f'_{sd}$，相当于补充了一个设计条件，由式(3-15)可得到：

$$\gamma_0N_d=f_{cd}bx$$

以 $x=\xi h_0$ 代入上式，整理后可得到

$$\xi=\frac{\gamma_0N_d}{f_{cd}bh_0}\tag{3-36}$$

当 $\xi\leqslant\xi_b$ 时，按大偏心受压构件设计；当 $\xi>\xi_b$ 时，按小偏心受压构件设计。

2. 大偏心受压构件计算

当 $2a'_s \leqslant x \leqslant \xi h_0$ 时，直接利用式(3-16)可得到：

$$A_s = A'_s = \frac{\gamma_0 N_d e_s - f_{cd} b h_0^2 \xi (1 - 0.5\xi)}{f'_{sd}(h_0 - a'_s)} \tag{3-37}$$

式中，$e_s = \eta e_0 + \frac{h}{2} - a_s$。

当 $x < 2a'_s$ 时，按式(3-26)来求得钢筋 A_s。

3. 小偏心受压构件计算

对称配筋的小偏心受压构件，由于 $A_s = A'_s$，即使在全截面受压情况下，也不会出现远离偏心压力作用点一侧混凝土先破坏的情况。

首先应计算截面受压区高度 x。矩形截面对称配筋的小偏心受压构件截面相对受压区高度 ξ 按下式计算：

$$\xi = \frac{\gamma_0 N_d - f_{cd} b h_0 \xi_b}{\dfrac{\gamma_0 N_d e_s - 0.43 f_{cd} b h_0^2}{\beta - \xi_b (h_0 - a'_s)} + f_{cd} b h_0} + \xi_b \tag{3-38}$$

求得 ξ 的值后，由式(3-37)可求得所需的钢筋面积 A_s、A'_s。

3.2.6.2 截面复核

截面复核仍是对偏心受压构件弯矩作用方向和垂直于弯矩作用方向都进行计算，计算方法与截面非对称配筋方法相同。

3.2.6.3 对称配筋矩形截面偏心受压柱设计

【基本资料】 某钢筋混凝土偏心受压构件，截面尺寸 $b \times h = 400\ \text{mm} \times 600\ \text{mm}$，两个方向(弯矩作用方向和垂直于弯矩作用方向)的计算长度 $l_0 = 6.6\ \text{m}$，承受计算轴向力，$N = \gamma_0 N_d = 938\ \text{kN}$，计算弯矩 $M = \gamma_0 M_d = 375.2\ \text{kN} \cdot \text{m}$；混凝土强度等级为C25，纵向钢筋采用HRB335级，对称布筋；一类环境，结构安全等级为二级。试求纵向钢筋所需面积。

【案例解析】

(1)截面设计。

①计算偏心距增大系数 η。

$$e_0 = \frac{M}{N} = \frac{375.2 \times 10^6}{938 \times 10^3} = 400(\text{mm})$$

弯矩作用平面内的长细比为

$$\frac{l_{0y}}{h} = \frac{6\ 600}{600} = 11 > 5$$

故应考虑偏心距增大系数的影响。

设 $a_s = a'_s = 40\ \text{mm}$，$h_0 = h - a_s = 600 - 40 = 560(\text{mm})$

$$\zeta_1 = 0.20 + 2.70\frac{e_0}{h_0} = 0.20 + 2.70 \times \frac{400}{560} = 2.13 > 1.0，取\ \zeta_1 = 1.0$$

$$\zeta_2 = 1.15 - 0.01\frac{l_0}{h} = 1.15 - 0.01 \times \frac{6\ 600}{600} = 1.04 > 1.0，取\ \zeta_2 = 1.0$$

则

$$\eta = 1 + \frac{1}{1\,400\,\frac{e_0}{h_0}}\left(\frac{l_0}{h}\right)^2 \zeta_1\zeta_2 = 1 + \frac{1}{1\,400 \times \frac{400}{560}} \times \left(\frac{6\,600}{600}\right)^2 \times 1.0 \times 1.0$$

$$= 1.121$$

$$e_s = \eta e_0 + \frac{h}{2} - a_s = 1.121 \times 400 + \frac{600}{2} - 40 = 708(\text{mm})$$

②初步判定大、小偏心受压。

$$\xi = \frac{\gamma_0 N_d}{f_{cd} b h_0} = \frac{938 \times 10^3}{11.5 \times 400 \times 560} = 0.36 < \xi_b = 0.56$$

故可按大偏心受压构件进行计算。

③计算所需纵向钢筋截面面积 A_s 和 A'_s。

由于 $2a'_s = 80\ \text{mm} < x = \xi h_0 = 0.36 \times 560 = 202(\text{mm}) < \xi_b h_0 = 313.6\ \text{mm}$

则

$$A_s = A'_s = \frac{\gamma_0 N_d e_s - f_{cd} b h_0^2 \xi(1 - 0.5\xi)}{f'_{sd}(h_0 - a'_s)}$$

$$= \frac{938 \times 10^3 \times 708 - 11.5 \times 400 \times 560^2 \times 0.36 \times (1 - 0.5 \times 0.36)}{280 \times (560 - 40)}$$

$$= 1\,636(\text{mm}^2) > 0.002bh$$

$$= 0.002 \times 400 \times 600 = 480(\text{mm}^2)$$

选取每侧钢筋为 5 Φ 22，则 $A_s = A'_s = 1\,990\ \text{mm}^2$，$\rho = \rho' = \frac{1\,990}{400 \times 600} = 0.83\% > 0.2\%$，且$\rho' + \rho = 1.66\% > 0.5\%$，满足要求。

纵向钢筋沿截面短边布置成一排，如图 3-23 所示。纵筋最小净距采用 30 mm，设计中取 $a_s = a'_s = 45$ mm，钢筋 A_s、A'_s的混凝土保护层厚度为 45 − 25.1/2 = 32.4(mm)，满足规范要求。所需截面最小宽度为 2 × 32.4 + 4 × 30 + 5 × 25.1 = 310.3(mm) < 400 mm，满足要求。

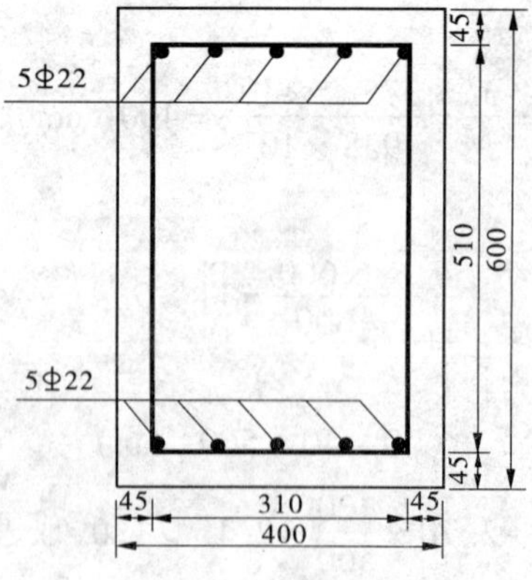

图 3-23　截面配筋图

(2)截面复核。

①弯矩作用平面内。

$a_s = a'_s = 45\ \text{mm}, h_0 = h - a_s = 600 - 45 = 555(\text{mm})$

得

$$\eta e_0 = 448\ \text{mm}$$

$$e_s = 708\ \text{mm}$$

$$e'_s = \eta e_0 - \frac{h}{2} + a'_s = 448 - \frac{600}{2} + 45 = 193(\text{mm})$$

首先假设为大偏心受压构件，则 $\sigma_s = f_{sd}$，代入式(3-32)求得受压区高度 x 为

$$x = (h_0 - e_s) + \sqrt{(h_0 - e_s)^2 + \frac{2(f_{sd}A_s e_s - f'_{sd}A'_s e'_s)}{f_{cd}b}}$$

$$= (555 - 708) + \sqrt{(555 - 708)^2 + 2 \times \frac{280 \times 1\,900 \times 708 - 280 \times 1\,900 \times 193}{11.5 \times 400}}$$

$$= 224.5(\text{mm}) < \xi_b h_0 = 0.56 \times 555 = 310.8(\text{mm})$$

由于 $x = 224.5\ \text{mm} < \xi_b h_0 = 0.56 \times 555 = 310.8(\text{mm})$，则为大偏心受压；且 $x > 2a'_s = 90\ \text{mm}$，则

$$N_u = f_{cd}bx + f'_{sd}A'_s - \sigma_s A_s$$

$$= 11.5 \times 400 \times 224.5 + 280 \times 1\,900 - 280 \times 1\,900$$

$$= 1\,032.7\ (\text{kN}) > \gamma_0 N_d = 938\ \text{kN}$$

故承载力满足要求。

②垂直于弯矩作用平面内。

垂直于弯矩作用平面内的长细比为$\frac{l_{0x}}{b} = \frac{6\,600}{400} = 16.5 > 8$，查表3-1可得 $\varphi = 0.855$。

$$N_u = 0.9\varphi(f_{cd}bh + f'_{sd}A'_s + \sigma_s A_s)$$

$$= 0.9 \times 0.855 \times (11.5 \times 400 \times 600 + 280 \times 1\,900 + 280 \times 1\,900)$$

$$= 2\,942.57\ (\text{kN}) > \gamma_0 N_d = 938\ \text{kN}$$

故承载力满足要求。

学习情境4 圬工柱(墙)结构

能力要求

通过本情境内容的学习,使学生熟悉圬工结构设计的关键要素。通过完成本情境典型工作任务,使学生掌握圬工结构基础知识和构造要求,理解组成圬工结构材料的力学性能,掌握砌体结构强度和变形方面的特性,掌握圬工结构柱(墙)构件受力特性及破坏形态;合理运用圬工结构设计原则,掌握圬工柱(墙)设计内容与设计步骤,完成圬工受压、受弯、直接受剪承载力计算。

知识要求

知识目标	知识要点
掌握圬工结构组成材料的种类及其特点	石材、混凝土、砂浆和小石子混凝土等组成圬工结构材料种类、强度、变形特点
掌握砌体结构种类及其构造要求;理解砌体构件受压、抗拉、抗弯与抗剪受力形态	各类砌体结构种类及其力学特点;砌体构件在受压、抗拉、抗弯与抗剪状态下的破坏过程;影响砌体强度的主要因素;砌体的设计强度取值;砌体结构变形特性及影响因素
了解公路桥涵圬工结构特点;熟悉结构设计的基本要求、设计依据及设计原则	结构设计对承载力、刚度和稳定性的要求;常用公路圬工桥涵设计规范;熟悉结构设计的目的;理解结构设计依据、方法
掌握圬工结构受压、受弯、直接受剪承载力计算	圬工结构构造要求;圬工结构受压、受弯、直接受剪状态下受力分析;圬工结构受压、受弯、直接受剪状态下的承载力计算

素质要求

培养学生以科学的观点分析问题,用严谨的工作态度解决问题;坚持以安全、耐久、适用、环保、经济和美观的基本原则设计工程结构和构件;形成科学、严谨、规范的工作作风。

工作任务单

学习领域	结构设计原理		
学习情境	圬工柱(墙)结构	学时	
学习任务	圬工柱(墙)结构设计	学时	
任务布置			
任务目标	1. 掌握圬工结构组成材料力学性能及其强度等级应用; 2. 掌握圬工结构设计原则及方法; 3. 熟悉圬工结构构造要求; 4. 掌握圬工结构受压、受弯、直接受剪状态下应力状态; 5. 掌握圬工结构变形特点; 6. 熟悉圬工柱(墙)结构设计步骤		
任务描述	设计某圬工桥梁中的柱(墩),工作内容: 1. 依据设计资料,确定设计信息,查阅相关文献; 2. 根据设计信息和规范规定,科学合理地选定构件截面形式,拟定截面尺寸,确定设计材料; 3. 绘制构件计算简图,布置结构荷载,计算控制截面设计内力; 4. 按照受力性能(受压、受弯或直接受剪)进行承载力计算; 5. 运用 CAD 绘制设计图		
基础及课程衔接	1. 基础:常见材料的物理力学性质、制图与识图相关知识; 2. 之前课程:工程力学、道路建筑材料、工程制图与 CAD; 3. 之后课程:桥梁工程、桥涵施工技术、公路工程检测技术		
基本要求	1. 分组讨论设计资料,查阅文献,熟悉构造要求,形成设计方案; 2. 科学合理地选择圬工结构截面形式、尺寸及材料强度等级; 3. 各小组独立完成圬工结构承载力计算; 4. 各小组参与组内自评、组间互评、教师点评,最终确立设计成果		
课程与岗位技能证书对接	是获得施工员岗位技能证书的课程之一		
学习资源	[1]叶见曙. 结构设计原理(第3版). 北京:人民交通出版社,2014; [2]叶见曙. 结构设计原理计算示例. 北京:人民交通出版社,2007; [3]桥梁结构设计图纸; [4]公路桥涵设计通用规范(JTG D60—2015). 北京:人民交通出版社; [5]公路钢筋混凝土及预应力混凝土桥涵设计规范(JTG D62—2012). 北京:人民交通出版社; [6]公路圬工桥涵设计规范(JTG D61—2005). 北京:人民交通出版社		

工作资讯单

学习情境	圬工柱(墙)结构	学时	
学习任务	圬工柱(墙)结构设计	学时	
资讯信息	1. 什么是圬工结构? 2. 圬工构件的特点有哪些? 3. 组成圬工结构所用材料特点有哪些?对圬工材料的选择有何要求? 4. 何为砌体结构? 5. 依据不同块体,砌体结构种类有哪些? 6. 石材是怎么分类的?有哪几类? 7. 什么是砂浆?其在砌体结构中的作用是什么? 8. 什么是小石子混凝土?为什么有时用来代替砂浆? 9. 砌体结构对所用砂浆、石材及混凝土材料有何要求? 10. 为什么砌体结构强度低于所用块体的强度? 11. 影响砌体抗压强度的因素及其原因有哪些? 12. 简述钢筋混凝土矩形截面梁(板)构件设计原则及方法。 13. 简述砌体受拉、受压、受弯及直接受剪的破坏形式		
资讯资源	[1]资讯信息单; [2]叶见曙. 结构设计原理(第3版). 北京:人民交通出版社,2014; [3]叶见曙. 结构设计原理计算示例. 北京:人民交通出版社,2007; [4]桥梁结构设计图纸; [5]公路桥涵设计通用规范(JTG D60—2015). 北京:人民交通出版社; [6]公路钢筋混凝土及预应力混凝土桥涵设计规范(JTG D62—2012). 北京:人民交通出版社; [7]公路圬工桥涵设计规范(JTG D61—2005). 北京:人民交通出版社; [8]授课教材; [9]课程网站		

圬工结构是指以砖、石材作为建筑材料,通过将其与砂浆或小石子混凝土砌筑而成的砌体所建成的结构为“砖石结构”;用砂浆砌筑混凝土预制块、整体浇筑的混凝土或片石混凝土等构成的结构称为“混凝土结构”,通常我们把以上两种结构统称为“圬工结构”。

圬工结构中的石材及混凝土预制块等称为块材。块材的共同特点是抗压强度高而抗拉、抗剪强度很低,因此在实际桥涵工程中圬工结构常作为以承压为主的结构构件,如拱桥的拱圈、桥的重力式墩台及扩大基础、桥涵及重力式挡土墙等。

特别注意的是圬工结构是材料强度不能充分发挥的结构,比如大体积的混凝土,内部混凝土的强度远没得到充分发挥,也就是说材料的实际应力很小,远没达到材料的设计强度。

圬工结构之所以在桥涵结构中能得到广泛应用,是因为它有着下述主要优点:

(1)天然石料、砂等原材料分布广,易于就地取材,价格低廉。

(2)有较强的耐久性、良好的耐火性及稳定性,维修养护费用低。

(3)施工简便,不需要特殊设备,易于掌握。

(4)有较强的抗冲击性能及较大的超载性能。

(5)与钢筋混凝土结构相比,可节约水泥和钢材,砌体砌筑时不需要模板,可以节省木材。

除以上优点外,圬工结构也存在明显的缺点,限制了其应用范围,例如:

(1)自重大。材料抗拉、抗剪强度很低,构件截面尺寸大,材料用量多,故造成结构自重大。

(2)施工周期长,机械化程度低。

(3)抗拉抗弯强度低,抗震能力差。

任务4.1　圬工结构基础知识

4.1.1　材料种类

桥涵圬工结构的材料主要有石材、混凝土、砂浆和小石子混凝土。

4.1.1.1　石材

所谓石材是指无明显风化的天然岩石经过人工开采和加工后的外形规则的建筑材料。它强度高,抗冻性和抗侵蚀性能好等优点,广泛应用于建造桥梁基础、墩台、挡土墙等,桥涵结构所用石材应选择质地坚硬、均匀、无裂纹且不易风化的石料。常用天然石料的种类主要是花岗岩、石灰岩等。石料根据开采方法、形状尺寸及清凿加工程度的不同,可分为下列几类。

1.片石

片石是由爆破或者楔劈法开采的不规则石块,使用时,一般性状不受限制,但是厚度不得小于150 mm,卵形和薄片不得采用。

2.块石

块石一般是按岩石层理放炮或者楔劈而成的石材。形状大致方正,上下面大致平整,厚度为200～300 mm,宽度为厚度的1.0～1.5倍,长度为厚度的1.5～3.0倍。块石一般不修凿，但是应敲去尖角突出部分。

3. *细料石*

细料石是由岩层或者大块石材开劈并且经修凿而成。要求外形方正，成六面体，表面凹陷深度不大于 10 mm，其厚度为 200 ~ 300 mm，宽度为厚度的 1.0 ~ 1.5 倍，长度为厚度的 2.5 ~ 4.0 倍。

4. *半细料石*

表面凹陷深度不大于 15 mm，其他同细料石。

5. *粗料石*

表面凹陷深度不大于 20 mm，其他同细料石。

桥涵结构中所用的石材强度等级有：MU120、MU100、MU80、MU60、MU50、MU40、MU30。其中，符号 MU 表示石材强度等级，后面的数字是边长 70 mm 的含水饱和的立方体试件的抗压强度，以 MPa 为计量单位，其抗压强度应取三块试件的平均值。不同强度等级石料的设计强度见表 4-1。

表 4-1　石材强度设计值　（单位：MPa）

强度类别	强度等级						
	MU120	MU100	MU80	MU60	MU50	MU40	MU30
轴心抗压 f_{cd}	31.78	26.49	21.19	15.89	13.24	10.59	7.95
弯曲抗拉 f_{tmd}	2.18	1.82	1.45	1.09	0.91	0.73	0.55

试件采用规定的其他尺寸时，应乘以表 4-2 规定不同尺寸的石材试件强度等级换算系数。

表 4-2　石材试件强度等级换算系数

立方体试件边长(mm)	200	150	100	70	50
换算系数	1.43	1.28	1.14	1.00	0.86

石材多为就地取材，依上述石材所耗加工量不同，同样强度等级砂浆砌筑的不同石材，其砌体抗压极限强度、砌体表面美观程度和造价也不同，所以石材选择应根据当地情况、施工工期和美观要求综合确定。

4.1.1.2　混凝土

常用于桥梁上的混凝土有混凝土预制块、整体浇筑的混凝土及小石子混凝土。

1. *混凝土预制块*

混凝土预制块是根据结构构造与施工要求（预先设计成一定形状与尺寸，然后进行浇筑而成），其尺寸要求不低于粗料石，且其表面应较为平整。应用混凝土预制块，可节省石料的开采加工工作，加快施工进度。对于形状复杂的块材，难以用石料加工时，更可显示出其优越性。另外，由于混凝土预制块形状、尺寸统一，因而砌体表面整齐美观。

2. *整体浇筑的混凝土*

整体浇筑的混凝土是采用整体浇筑的素混凝土结构，由于收缩应力较大，受力不利，故较少采用。对于大体积混凝土,为了节省水泥,可在其中分层掺入含量不大于总体积20%的片石,这种混凝土称为片石混凝土。片石混凝土等级不低于表4-4规定的石材最低强度等级且不应低于混凝土强度等级,片石混凝土各项强度、弹性模量和剪变模量可按同强度等级的混凝土采用。

3. 小石子混凝土

小石子混凝土是由胶凝材料(水泥)、粗集料(细卵石或碎石,粒径不大于20 mm)、细粒料(砂)加水拌和而成。在砌筑片石、块石砌体时,采用小石子混凝土代替砂浆,建成的小石子混凝土砌体比同强度等级砂浆砌筑的片石和块石砌体的抗压极限强度还高,可以节约水泥和砂,在一定条件下是一种水泥砂浆的代用品。

圬工结构中通常采用的混凝土强度等级:C40、C35、C30、C25、C20、C15。混凝土的强度设计值按表4-3采用。

表4-3　混凝土的强度设计值

强度类别	强度等级					
	C40	C35	C30	C25	C20	C15
轴心抗压f_{cd}	15.64	13.69	11.73	9.78	7.82	5.87
弯曲抗拉f_{tmd}	1.24	1.14	1.04	0.92	0.80	0.66
直接抗剪f_{vd}	2.48	2.28	2.09	1.85	1.59	1.32

4.1.1.3　砂浆

砂浆是由一定比例的胶结料(水泥、石灰等)、细集料(砂)及水配制而成的砌筑材料。

砂浆在砌体结构中的作用是将块材黏结成整体,并在铺砌时抹平块材不平的表面而使块材在砌体受压时能比较均匀地受力。此外,砂浆填满了块材间隙,减少了砌体的透气性,从而提高了砌体的密实性、保温性与抗冻性。

砂浆按其胶结料的不同主要有:

(1)无塑性掺料的(纯)水泥砂浆。由一定比例的水泥和砂加水配制而成的砂浆,强度较高。

(2)有塑性掺料的混合砂浆。由一定比例的水泥、石灰和砂加水配制而成的砂浆,又称水泥石灰砂浆。

(3)石灰(石膏、黏土)砂浆。胶结料为石灰(石膏、黏土)的砂浆,强度较低。

由于石灰砂浆及混合砂浆的强度、使用性能较差,故在桥涵工程中大都采用水泥砂浆。公路桥规规定,仅在缺乏水泥地区、小桥涵及挡土墙中可采用石灰水泥砂浆。

砂浆的物理力学性能指标是指砂浆的强度、和易性和保水性。

1. 砂浆的强度

砂浆的强度等级采用边长70.7 mm的标准立方体试件,标准养护28 d,按统一的标准试验方法测得的抗压强度,以MPa为计量单位,抗压强度取三块试件的平均值。砂浆的强度以M表示,分为M30、M25、M20、M15、M10、M7.5、M5七个等级。

设计时,砂浆强度应与块材强度相配合。块材强度高应配用强度较高的砂浆,块材强度低应配用强度低的砂浆。

2.砂浆的和易性

砂浆的和易性是指砂浆在自重作用下的流动程度,实际反映砂浆的可塑性。和易性是用标准圆锥体沉入砂浆的深度测定的。和易性好,则易铺砌,而且使砌缝均匀、密实,保证砌体质量。

3.砂浆的保水性

砂浆的保水性是指砂浆在运输和使用过程中保持其均匀程度的能力,它直接影响砌体的砌筑质量。保水性好,砂浆在块材上能铺设均匀;若砂浆保水性差,砂浆易发生离析现象,新铺在块材上砂浆的水分很快散失或被块材吸去,使砂浆难以抹平,从而降低砌体的砌筑质量,同时砂浆因失去过多水分而不能进行正常的硬化作用,因而会大大降低砌体的质量。因此,在砌筑砌体前必须对吸水性很大的干燥块材洒水,湿润其砌筑表面。

保水性常用分层度(mm)表示。将搅拌均匀的砂浆,先测其沉入量,然后装入分层度测定仪,静置 30 min 后,取底部 1/3 砂浆再测沉入量,先后两次沉入量的差值称为分层度。

公路桥规规定了各种结构物所用的石材、混凝土材料以及砂浆的最低强度等级,见表 4-4。

表 4-4　圬工材料的最低强度等级

结构物种类	材料最低强度等级	砌筑砂浆最低强度等级
拱圈	MU50 石材 C25 混凝土(现浇) C30 混凝土(预制块)	M10(大、中桥) M7.5(小桥涵)
大、中桥墩台及基础、轻型桥台	MU40 石材 C25 混凝土(现浇) C30 混凝土(预制块)	M7.5
小桥涵墩台、基础	MU30 石材 C20 混凝土(现浇) C25 混凝土(预制块)	M5

总体而言,对所用砂浆的基本要求为:

(1)砂浆应满足砌体强度、耐久性的要求,并与块材间有良好的黏结力。

(2)砂浆的可塑性应保证砂浆在砌筑时能很容易且较均匀地铺开,以提高砌体强度和施工效率。

(3)砂浆应具有足够的保水性。在砌体结构中,砂浆强度低于设计强度等级和强度离散性过大是经常发生的。其原因主要是配料计量不准、砂子含水率变化、掺入的塑性材料质量差、配合比不当以及砂浆试块的制作、养护方法和强度取值等不符合规范的规定。

4.1.2　砌体

圬工结构常以砌体形式出现。砌体是用砂浆将具有一定规格的块材按照要求的砌筑规则砌筑而成,并满足构件既定尺寸和形状要求的受力整体。砌筑规则是要保证砌体的受力尽可能均匀。如果块材排列不合理,使各层块材的竖向砌缝或灰缝重合于几条垂直线上,则这些重合的竖向灰缝将砌体分割成彼此间不相联系和咬合的几个独立部分,因而不能共同整体地承受外力,消弱甚至破坏结构物的整体性。为保证砌体的整体性和受力性能,必须使砌体中的竖向灰缝相互咬合和错缝。

工程中常用的砌体,根据选用块材的不同,可分为以下几类。

1. *细料石砌体*

砌块厚度200~300 mm的石材,宽度为厚度的1.0~1.5倍,长度为厚度的2.5~4.0倍,表面凹陷深度不大于10 mm,外形方正的六面体,错缝砌筑。砌筑缝宽不应大于10 mm。

2. *半细料石砌体*

砌块表面凹陷深度不大于15 mm,缝宽不大于15 mm,其他要求同细料石砌体。

3. *粗料石砌体*

砌块表面凹陷深度不大于20 mm,缝宽不大于20 mm,其他要求同细料石砌体。

4. *块石砌体*

砌块厚度200~300 mm的石材,形状大致方正,宽度为厚度的1.0~1.5倍,长度为厚度的1.5~3.0倍,每层石材高度大致一律,并错缝砌筑。

5. *片石砌体*

砌块厚度不小于150 mm的石材,砌筑时敲去其尖锐凸出部分,平稳放置,可用小石块填塞空隙。

6. *混凝土预制块砌体*

要求砌缝宽度不大于10 mm,其他砌筑要求同粗料石砌体。

在桥涵工程中,砌体种类的选用应根据结构的重要程度、尺寸大小、工程环境、施工条件以及材料供应情况等综合考虑。

在砌筑片石、块石砌体时,若用小石子混凝土代替砂浆,则砌体称为小石子混凝土砌体。小石子混凝土砌体的抗压强度比同标号的砂浆砌体的抗压强度高。

为了节约水泥,对大体积结构如墩身等常可采用片石混凝土结构。该结构是在混凝土中分层加入片石,但要求片石含量控制在砌体的50%~60%,片石标号不低于表4-4中规定的石料标号,且不低于混凝土标号,片石净距宜在4~6 cm以上。

公路桥规规定了各种结构物所用的石材、混凝土材料及其砂浆的砌筑强度等级,如表4-4所示。设计时,砂浆强度应与块材强度相配合。

砌体中的材料,除应符合规定的强度要求外。位于盐碱地区的墩台、基础、挡土墙等不宜采用砖砌体。严寒地区砌体中所用的材料应满足抗冻性要求。累年最冷月平均温度低于或等于-10 ℃的地区所用的石材抗冻性指标应符合表4-5的规定。

石材还应具有耐风化、抗侵蚀性。用于浸水或气候潮湿地区的受力结构的石材的软化系数不宜低于0.8(软化系数是指石材在含水饱和状态下与干燥状态下试块极限抗压强度的比值)。

表 4-5　石材抗冻性指标

结构物部位	大、中桥	小桥及涵洞
镶面或表面石材	50	25

注:1. 抗冻性指标,是指材料在含水饱和状态下经过 -15 ℃的冻结与 20 ℃融化的循环次数。试验后的材料应无明显损伤(裂缝、脱层),其强度不应低于试验前的 75%。
2. 根据以往实践经验证明材料确有足够抗冻性能者,可不做抗冻试验。

4.1.2.1　砌体的抗压强度

1. *砌体的受压破坏特征*

砌体是由单块块材用砂浆黏结而成的,它受压时的工作性能与单一均质的整体结构有很大的差别,砌体受压破坏的重要特征是单块块材先开裂,而且砌体的抗压强度一般低于单块块材的抗压强度。现以砖石砌体为例来研究在荷载的作用下砌体的轴心受压破坏特征。

试验研究表明,砌体从开始受荷载到破坏大致分为三个阶段。

第一阶段:整体工作阶段。

从砌体开始加载到个别单块砖内第一批裂缝出现的阶段,如图 4-1(a)所示。此时,荷载为破坏荷载的 50% ~70%,其特点是如果停止加载,裂缝也不扩展。

第二阶段:带裂缝工作阶段。

砌体随荷载继续增大,单块砖内裂缝不断发展,并逐渐连接起来形成连续的裂缝,如图 4-1(b)所示。此时,荷载达到破坏荷载的 80% ~90%,其特点是如果荷载不再增加,裂缝仍然继续发展。

第三阶段:破坏阶段。

当荷载达到破坏荷载的 90% 以上时,裂缝迅速加长加宽,并连成几条贯通的裂缝,将砌体分成若干小柱,各小柱受力极不均匀,最后由于小柱被压碎或丧失稳定导致砌体的破坏,如图 4-1(c)所示。

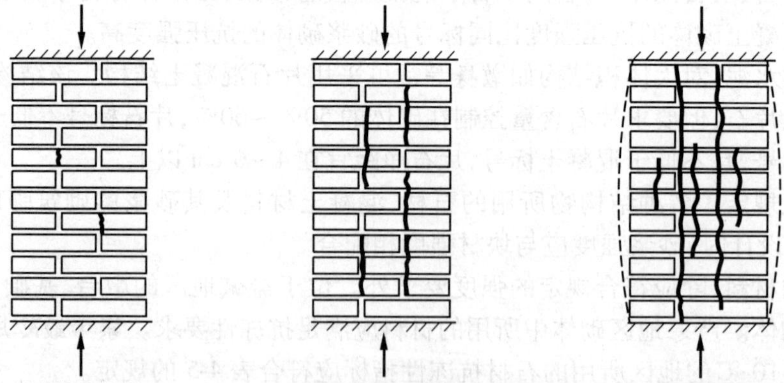

(a)第Ⅰ阶段　(b)第Ⅱ阶段　(c)第Ⅲ阶段

图 4-1　砖砌体受压过程

2.砌体受压应力状态

砌体受压破坏过程表明,一个重要的特征是单块块材先开裂,且砌体的抗压强度总是低于它所用的块材的抗压强度,致使砌体的抗压强度不能充分发挥。

这是由于砌体虽然承受轴向均匀压力,但砌体中块材并不是均匀受压,而是处于复杂应力状态,其原因如下:

(1)砂浆层的非均匀性及块材表面的不平整。由于在砌筑时,砂浆的铺砌不可能很均匀,又由于砂浆拌和不均匀,使砌缝砂浆层各部位成分不均匀,砂子多的部位收缩小,而砂子少的部位收缩大;另外,块材表面的不平整也有一定影响,这些导致了块材与砂浆层并非全面接触。因此,块材在砌体受压时,实际上处于受弯、受剪与局部受压等复杂应力状态,如图4-2所示。

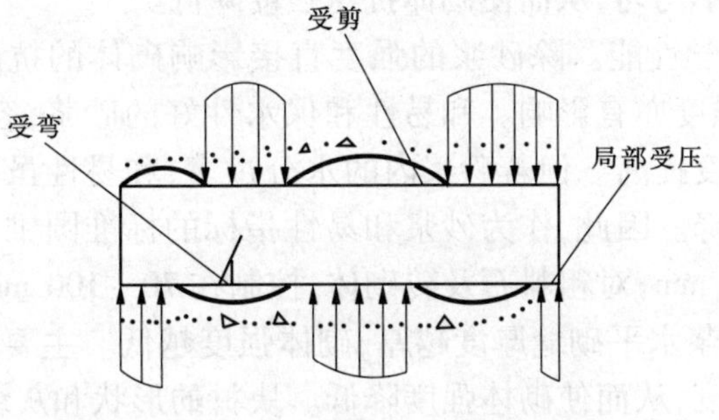

图4-2　轴心受压时砌体中块体的受力状态

(2)砌体横向变形时砖和砂浆的交互作用。砌体受压后,若块材和砂浆的变形为自由变形,一般块材的变形小,而砂浆的变形大,但是由于块材和砂浆间的黏结力和摩阻力约束了它们彼此的横向自由变形,只能有横向约束变形。这样,块材因砂浆的影响而增大了横向变形,砂浆因块材的影响使其横向变形减小,因此块材会受到横向拉力作用,而砂浆则处于三向受压状态(如图4-3所示),其强度将都会提高。

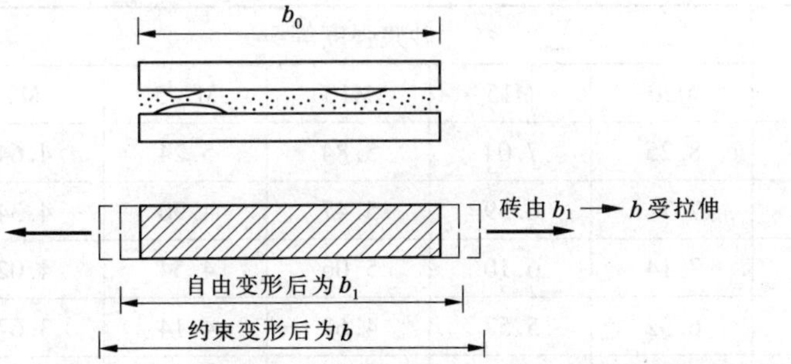

图4-3　砖与砂浆交互作用示意图

综上所述,在均匀压力的作用下,砌体中的块材并不是处于均匀受压状态,而是处于受弯、受剪、局部受压及横向受拉等复杂应力状态。由于块材的抗弯、抗拉及抗剪强度远低于其抗压强度,因此砌体受压时,往往在远小于块材抗压强度时就出现裂缝,导致砌体破坏。所以,砌体的抗压强度总是远低于块材的抗压强度。

3. 影响砌体抗压强度的主要因素

从砌体受压的特点及应力状态分析可以看出,影响砌体抗压强度的主要因素有以下几个方面:

(1)块材的强度、形状及尺寸。块材在砌体中处于复杂受力状态,因此块材的抗压、抗拉、抗剪等强度对砌体的强度起着主要作用。

(2)块材形状规则程度也显著影响着砌体的抗压强度。块材表面不平整、形状不规则,则会造成砌缝厚度不均匀,从而使砌体抗压强度降低。

(3)砂浆的物理力学性能。除砂浆的强度直接影响砌体的抗压强度外,砂浆的和易性和保水性对砌体的强度亦有影响。和易性和保水性好的砂浆,容易铺成厚度和密实性均匀的砌体,使砌体强度提高。但若砂浆内的水分过多,和易性虽好,但砌缝的密实性降低,砌缝的强度反而下降。因此,作为砂浆和易性指标的标准圆锥体沉入度,对片石和块石砌体,控制在50~70 mm;对粗料石及砖砌体,控制在70~100 mm。

(4)砌缝厚度。砂浆水平砌缝厚度越厚,砌体强度越低。主要是因为砌缝越厚,增加了块材的受弯、受剪程度,从而使砌体强度降低。块材的形状和灰缝厚度对砖和小砌块砌体控制在8~12 mm为宜。

(5)砌筑质量。砌筑质量也影响砌体的抗压强度,如砌缝铺砌均匀、饱满,可以改善块材在砌体内的受力性能,因而能提高砌体的抗压强度。

4. 砌体的抗压设计强度

各种砌体的抗压强度设计值见表4-6~表4-10。

(1)混凝土预制块砂浆砌体的轴心抗压强度设计值f_{cd}应按表4-6的规定采用。

表4-6 混凝土预制块砂浆砌体的轴心抗压强度设计值f_{cd} (单位:MPa)

砌块强度等级	砂浆强度等级					砂浆强度
	M20	M15	M10	M7.5	M5	0
C40	8.25	7.04	5.84	5.24	4.64	2.06
C35	7.71	6.59	5.47	4.90	4.34	1.93
C30	7.14	6.10	5.06	4.54	4.02	1.79
C25	6.52	5.57	4.62	4.14	3.67	1.63
C20	5.83	4.98	4.13	3.70	3.28	1.46
C15	5.05	4.31	3.58	3.21	2.84	1.26

(2)块石砂浆砌体的轴心抗压强度设计值f_{cd}应按表4-7的规定采用。

表4-7 块石砂浆砌体的轴心抗压强度设计值f_{cd} (单位:MPa)

砌块强度等级	砂浆强度等级					砂浆强度
	M20	M15	M10	M7.5	M5	0
MU120	8.42	7.19	5.96	5.35	4.73	2.10
MU100	7.68	6.56	5.44	4.88	4.32	1.92
MU80	6.87	5.87	4.87	4.37	3.86	1.72
MU60	5.95	5.08	4.22	3.78	3.35	1.49
MU50	5.43	4.64	3.85	3.45	3.05	1.36
MU40	4.86	4.15	3.44	3.09	2.73	1.21
MU30	4.21	3.59	2.98	2.67	2.37	1.05

注:对各类石砌体,应按表中数值分别乘以以下系数:细料石砌体为1.5;半细料石砌体为1.3;粗料石砌体为1.2;干砌块石砌体可采用砂浆强度为零时的抗压强度设计值。

(3)片石砂浆砌体的轴心抗压强度设计值f_{cd}应按表4-8的规定采用。

表4-8 片石砂浆砌体的轴心抗压强度设计值f_{cd} (单位:MPa)

砌块强度等级	砂浆强度等级					砂浆强度
	M20	M15	M10	M7.5	M5	0
MU120	1.97	1.68	1.39	1.25	1.11	0.33
MU100	1.80	1.54	1.27	1.14	1.01	0.30
MU80	1.61	1.37	1.14	1.02	0.90	0.27
MU60	1.39	1.19	0.99	0.88	0.78	0.23
MU50	1.27	1.09	0.90	0.81	0.71	0.21
MU40	1.14	0.97	0.81	0.72	0.64	0.19
MU30	0.98	0.84	0.70	0.63	0.55	0.16

注:1. 干砌片石砌体可采用砂浆强度为零时的抗压强度设计值。
2. 施工阶段砂浆尚未硬化的新砌砌体强度,可按砂浆强度为零进行验算。

(4)小石子混凝土砌块石、片石砌体的轴心抗压强度设计值f_{cd}应分别按表4-9和表4-10的规定采用。

4.1.2.2 砌体的抗拉、抗弯与抗剪强度

砌体的抗拉、抗弯和抗剪强度远低于其抗压强度,故圬工砌体主要用于承受压力为主的结构中。但在实际工程中砌体受拉、受弯及受剪的情况依然存在,如图4-4(a)所示挡土墙,在墙后土的侧压力作用下,使挡土墙发生沿通缝截面1—1的弯曲受拉;如图4-4(b)所示有扶壁挡土墙,在垂直截面中将发生沿齿缝截面2—2的弯曲受拉;如图4-4(c)所示的拱脚附近,由于水平推力的作用,将发生沿通缝截面3—3的受剪。

表 4-9　小石子混凝土砌块石砌体的轴心抗压强度设计值 f_{cd}　　（单位：MPa）

石材强度等级	小石子混凝土强度等级					
	C40	C35	C30	C25	C20	C15
MU120	13.89	12.69	11.49	10.25	8.95	7.59
MU100	12.65	11.59	10.49	9.35	8.17	6.93
MU80	11.32	10.36	9.38	8.37	7.31	6.19
MU60	9.80	9.98	8.12	7.24	6.33	5.36
MU50	8.95	8.19	7.42	6.61	5.78	4.90
MU40	—	—	6.63	5.92	5.17	4.38
MU30	—	—	—	—	4.48	3.79

注：砌块为粗料石时，轴心抗压强度为表值乘 1.2；砌块为细料石、半细料石时，轴心抗压强度为表值乘 1.4。

表 4-10　小石子混凝土片石砌体的轴心抗压强度设计值 f_{cd}　　（单位：MPa）

石材强度等级	小石子混凝土强度等级			
	C30	C25	C20	C15
MU120	6.94	6.51	5.99	5.36
MU100	5.30	5.00	4.63	4.17
MU80	3.94	3.74	3.49	3.17
MU60	3.23	3.09	2.91	2.67
MU50	2.88	2.77	2.62	2.43
MU40	2.50	2.42	2.31	2.16
MU30	—	—	1.95	1.85

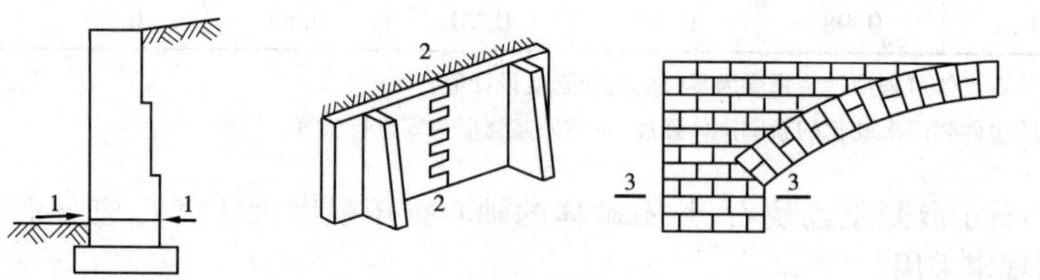

(a)通缝弯曲受拉　　(b)齿缝弯曲受拉　　(c)通缝受剪

图 4-4　砌体弯曲受拉及直接受剪示意图

试验证明，在多数情况下，砌体的受拉、受弯及受剪破坏一般发生于砂浆与块材的连接面上，因此砌体的抗拉、抗弯与抗剪强度取决于砌缝强度，亦即取决于砌缝间块材与砂浆的黏结强度。而只有在砂浆与块材间的黏结强度很大时，才可能产生沿块材本身的破坏。

按照砌体受力方向的不同,砂浆与块材间的黏结强度分为两类:一类为作用力平行于砌缝时的切向黏结强度(见图4-5(a));另一类为作用力垂直于砌缝时的法向黏结强度(见图4-5(b))。在正常情况下,黏结强度与砂浆强度有关。由于法向黏结强度不易保证,所以在实际工程中不容许设计成利用法向黏结强度的轴心受拉构件。

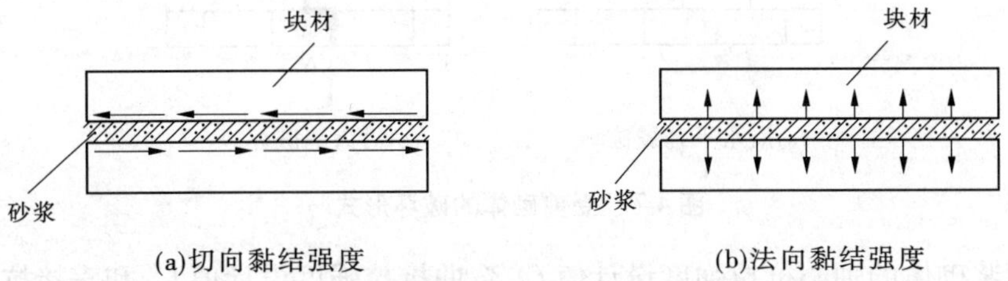

图4-5　黏结强度

1.轴向受拉

在平行于水平砌缝的轴心拉力作用下,砌体的破坏有两种情况:一种是砌体沿齿缝截面发生破坏,破坏面呈齿状,如图4-6(a)所示,其强度取决于砌缝与块材间切向黏结强度;另一种是砌体沿竖向砌缝和块材破坏,如图4-6(b)所示,其强度主要取决于块材的石材强度等级和小石子混凝土强度等级抗拉强度。当拉力作用方向与水平砌缝垂直时,砌体可能沿通缝截面发生破坏,如图4-6(c)所示,其强度主要取决于砌缝与块材间的法向黏结强度。

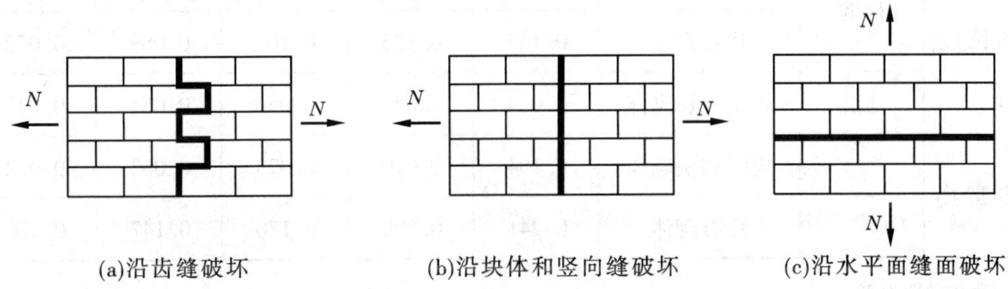

图4-6　轴心受拉砌体的破坏形式

2.弯曲抗拉强度

砌体处于弯曲状态时,可能沿如图4-4(a)所示的通缝截面发生破坏,此时砌体弯曲抗拉强度主要取决于砂浆与块材间的法向黏结强度,也可能沿如图4-4(b)所示的齿缝截面发生破坏,其强度主要取决于砌体中的块材与砂浆间的切向黏结强度。

3.抗剪强度

砌体处于剪切状态时,有可能发生通缝截面受剪破坏,如图4-7(a)所示,其抗剪强度主要取决于块材间砂浆的切向黏结强度。也可能发生齿缝截面破坏,如图4-7(b)所示,其抗剪强度与块材的抗剪强度及砂浆与块材之间的切向黏结强度有关。对规则块材,砌体的齿缝抗剪强度取决于块材的抗剪强度,不计灰缝的抗剪作用。

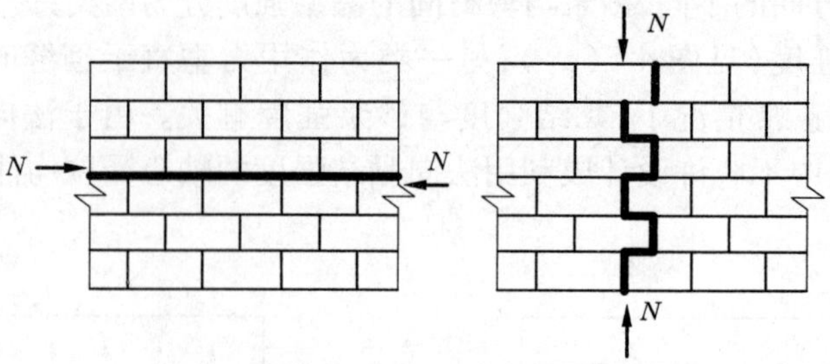

图 4-7　受剪砌体的破坏形式

各类砂浆砌体的轴心抗拉强度设计值f_{td}、弯曲抗拉强度设计值f_{tmd}和直接抗剪强度设计值f_{vd}应按表 4-11 的规定采用。

表 4-11　砂浆砌体的轴心抗拉、弯曲抗拉和直接抗剪强度设计值　(单位:MPa)

强度类别	破坏特征	砌体种类	砂浆强度等级				
			M20	M15	M10	M7.5	M5
轴心抗拉f_{td}	齿缝	规则砌块砌体	0.104	0.090	0.073	0.063	0.052
		片石砌体	0.096	0.083	0.068	0.059	0.048
弯曲抗拉f_{tmd}	齿缝	规则砌块砌体	0.122	0.105	0.086	0.074	0.061
		片石砌体	0.145	0.125	0.102	0.089	0.072
	通缝	规则砌块砌体	0.084	0.073	0.059	0.051	0.042
直接抗剪f_{vd}	—	规则砌块砌体	0.104	0.090	0.073	0.063	0.052
		片石砌体	0.241	0.208	0.170	0.147	0.120

注:1. 砌体龄期为 28 d。
2. 规则砌块砌体包括:块石砌体、粗料石砌体、半细料石砌体、细料石砌体、混凝土预制块砌体。
3. 规则砌块砌体在齿缝方向受剪时,是通过砌块和灰缝剪破的。

小石子混凝土砌块石砌体和片石砌体的轴心抗拉强度设计值f_{td}、弯曲抗拉强度设计值f_{tmd}和直接抗剪强度设计值f_{vd}应按表 4-12 的规定采用。

4.1.2.3　砌体变形

1. 砌体的弹性模量

圬工砌体受压应力—应变关系是砌体结构的基本力学性能之一,如图 4-8 所示。试验证明圬工砌体属于弹塑性材料,当其一开始受压时,应力与应变呈线性变化。随着荷载的增加变形速度加快,应力与应变呈非线性关系,在接近破坏时,荷载即使增加很少,其变形也急剧增加。

混凝土及各类砌体的受压弹性模量应按表 4-13 和表 4-14 的规定采用,混凝土和砌体

的剪切模量 G_c 和 G_m 分别取其受压弹性模量的40%。

表4-12 小石子混凝土砌块石、片石砌体的轴心抗拉、弯曲抗拉和直接抗剪强度设计值

(单位:MPa)

强度类别	破坏特征	砌体种类	小石子混凝土强度等级					
			C40	C35	C30	C25	C20	C15
轴心抗拉 f_{td}	齿缝	块石砌体	0.285	0.267	0.247	0.226	0.202	0.175
		片石砌体	0.425	0.398	0.368	0.336	0.301	0.260
弯曲抗拉 f_{tmd}	齿缝	块石砌体	0.335	0.313	0.290	0.265	0.237	0.205
		片石砌体	0.493	0.461	0.427	0.387	0.349	0.300
	通缝	块石砌体	0.232	0.217	0.201	0.183	0.164	0.142
直接抗剪 f_{vd}	—	块石砌体	0.285	0.267	0.247	0.226	0.202	0.175
		片石砌体	0.425	0.398	0.368	0.336	0.301	0.260

注:对其他规则砌块砌体强度值为表内块石砌体强度设计值乘以下列系数:粗料石砌体为0.7;细料石、半细料石砌体为0.35。

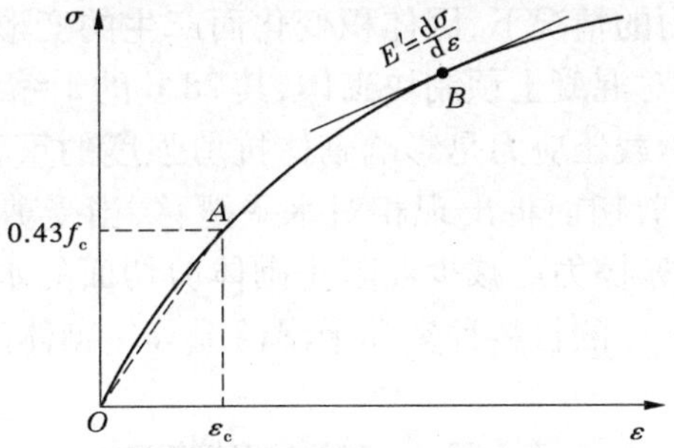

图4-8 圬工砌体受压时的应力—应变关系曲线

表4-13 混凝土的受压弹性模量 E_c (单位:MPa)

混凝土强度等级	C40	C35	C30	C25	C20	C15
弹性模量 E_c	3.25×10^4	3.15×10^4	3.00×10^4	2.80×10^4	2.55×10^4	2.20×10^4

表4-14 各类砌体的受压弹性模量 E_m (单位:MPa)

砌体种类	砂浆强度等级				
	M20	M15	M10	M7.5	M5
混凝土预制块砌体	$1\,700f_{cd}$	$1\,700f_{cd}$	$1\,700f_{cd}$	$1\,600f_{cd}$	$1\,500f_{cd}$
粗料石、块石及片石砌体	7 300	7 300	7 300	5 650	4 000
细料石、半细料石砌体	22 000	22 000	22 000	17 000	12 000
小石子混凝土砌体	$2\,100f_{cd}$				

注:f_{cd} 为砌体轴心抗压强度设计值。

2. 砌体的温度变形

虽然砌体材料对温度变形的敏感性较小，但在计算超静定结构由于温度变化引起的附加内力时，必须考虑。温度变形的大小是随砌筑块材的种类不同而不同的。当温度升高 1 ℃时，单位长度砌体的线性伸长称为该砌体的温度膨胀系数（又称为线膨胀系数）。混凝土和砌体的线膨胀系数按表 4-15 的规定采用。

表 4-15　混凝土和砌体的线膨胀系数

砌体种类	线膨胀系数（10^{-6}/℃）
混凝土	10
混凝土预制块砌体	9
细料石、半细料石、粗料石、块石、片石砌体	8

3. 砌体的收缩变形

砌体浸水时体积膨胀，失水时体积收缩（干缩变形），后者比前者大的多，因此在工程中较为关心的是砌体的干缩变形。因干缩变形常常在结构中产生较严重的裂缝。干缩变形是指砌体在不承受应力的情况下，因体积变化而产生的变形。一般通过砌体收缩试验确定干缩变形的大小，如对混凝土预制块砌体，其 28 d 的干缩变形约为 -0.2 mm/m。

砌体截面上作用的承载压应力是影响砌体抗剪强度的重要因素，由于水平灰缝中砂浆产生较大的剪切变形，剪切面将出现相对水平滑移，当受剪面上还作用有垂直压应力时，垂直压应力所产生的摩擦力可减少或阻止砌体剪切面的水平滑移。砌体摩擦系数的大小取决于接触砌体摩擦面的材料种类和干湿情况等。砌体的摩擦系数 μ_f 按表 4-16 的规定采用。

表 4-16　砌体的摩擦系数 μ_f

材料种类	摩擦面情况	
	干燥	潮湿
砌体沿砌体或混凝土滑动	0.70	0.60
木材沿砌体滑动	0.60	0.50
钢材沿砌体滑动	0.45	0.35
砌体沿砂或卵石滑动	0.60	0.50
砌体沿粉土滑动	0.55	0.40
砌体沿黏性土滑动	0.50	0.30

任务4.2　圬工结构承载力计算

4.2.1　圬工结构设计原则

公路桥规规定,砌体结构采用以概率理论为基础的极限状态设计方法,采用分项系数的设计表达式进行计算。圬工桥涵结构应按承载能力极限状态设计,并满足正常使用极限状态的要求。根据圬工桥涵结构的特点,其正常使用极限状态的要求,一般情况下可由相应的构造措施来保证。

公路圬工桥涵结构按承载能力极限状态设计时,应采用下列表达式:

$$\gamma_0 S \leqslant R(f_d, a_d) \tag{4-1}$$

式中　γ_0——结构重要性系数,对应于表4-17中规定的一级、二级、三级设计安全等级分别取用1.1、1.0、0.9;

S——作用效应组合设计值,按公路桥规的规定计算;

$R(\cdot)$——构件承载力设计值函数;

f_d——材料强度设计值;

a_d——几何参数设计值,可采用几何参数标准值a_k,即设计构件规定值。

表4-17　公路圬工桥涵结构设计安全等级

设计安全等级	桥涵结构
一级	特大桥、重要大桥
二级	大桥、中桥、重要小桥
三级	小桥、涵洞

注:1. 本表所列特大、大、中桥等是指《公路桥涵设计通用规范》(JTG D60—2015)规定的桥梁、涵洞,按其单孔跨径分类确定,对多孔不等跨桥梁,以其中最大跨径为准。

2. 本表冠以“重要”的大桥和小桥,是指高速公路和一级公路上、国防公路上及城市附近交通繁忙公路上的桥梁。

4.2.2　圬工受压构件承载力计算

受压构件是圬工结构中应用最为广泛的构件,如桥梁的重力式墩台、拱桥的拱肋等。受压构件按轴向压力在截面上作用位置的不同,可分为轴心受压、偏心受压;按构件长细比的不同可分为短柱和长柱。

理想的轴心受压构件在荷载作用下截面产生均匀的压应力,但当构件的长细比较大时,由于构件实际轴线的偏位、材料的不均匀性、荷载作用力的实际作用点偏离截面的物理几何重心轴等原因使构件产生侧向变形,会在截面内引起相当大的附加应力,使构件的承载力大大降低。

偏心受压构件截面上同时存在轴压应力和弯曲应力,因而与相同条件的理想轴心受压构件相比,受压承载力将减小,其减小的程度与偏心距e有关。较长偏心受压构件的承载力将同时受到偏心距和长细比的影响。

承受纵向力 N_d 的偏心受压构件，随着纵向力偏心距 e_0 的变化，截面上的应力将不断变化，如图 4-9 所示。当偏心距 e_0 为零时，截面压应力为均匀分布；当 e_0 较小时，为全截面参加工作。随着偏心距继续增大，远离荷载的截面边缘由受压逐渐变为受拉，一旦拉应力超过砌体沿通缝的抗拉强度，将产生水平向裂缝，从而使实际受力截面面积减小，压应力有所增大；随着荷载的不断增加，裂缝不断开展，当剩余截面面积减小到一定程度时，砌体受压边出现竖向裂缝，最后导致构件破坏。

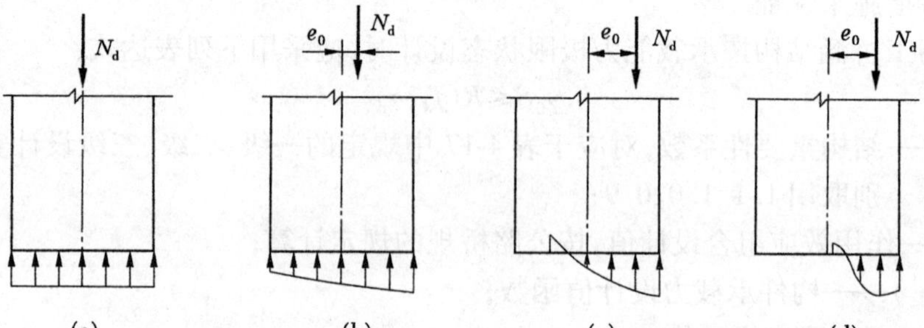

图 4-9　偏心受压时截面应力的变化

试验结果表明，偏心受压构件的承载能力低于同条件下轴心受压构件的承载能力，构件的材料也不能充分利用。为了控制受拉区裂缝的出现和开展，保证截面的稳定性，应对纵向力偏心距（见图 4-10）进行限制，并按表 4-18 中规定的限值采用。

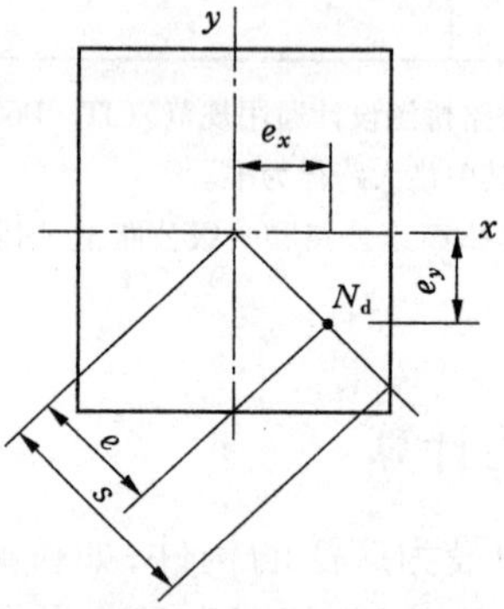

N_d—轴向力；e—偏心距；

s—截面重心至偏心方向截面边缘的距离

图 4-10　偏心受压构件偏心距

4.2.2.1　偏心距限值范围内的受压构件承载力计算

承载力计算中通过引入系数 φ 综合考虑纵向弯曲和轴向力的偏心距对受压构件承载力的影响。

表4-18　偏心受压构件偏心距限值

作用组合	偏心距限制 e
基本组合	$\leqslant 0.6s$
偶然组合	$\leqslant 0.7s$

注:1. 混凝土结构单向偏心的受拉一边或双向偏心的各受拉一边,当设有不小于截面面积0.05%的纵向钢筋时,表内规定值可增加0.1s。

2. 表中s为截面或换算截面重心轴至偏心方向截面边缘的距离,如图4-10所示。

1. 砌体(包括砌体与混凝土组合)偏心受压构件

受压构件承载力计算公式为:

$$\gamma_0 N_d < \varphi A f_{cd} \tag{4-2}$$

式中　N_d——轴向力设计值;

A——构件的截面面积,对于组合截面按强度比换算,即$A = A_0 + \eta_1 A_1 + \eta_2 A_2 + \cdots$为标准层截面面积,$A_1$、$A_2$、…为其他层截面面积,$\eta_1 = \frac{f_{c1d}}{f_{c0d}}$、$\eta_2 = \frac{f_{c2d}}{f_{c0d}}$、…,$f_{c0d}$为标准层的轴心抗压强度设计值,$f_{c1d}$、$f_{c2d}$、…为其他层的轴心抗压强度设计值;

f_{cd}——砌体或混凝土的轴心抗压强度设计值,对于组合截面为标准层轴心抗压强度设计值;

φ——构件轴向力的偏心距e和长细比β对受压构件承载力的影响系数,其值按式(4-3)~式(4-5)计算。

$$\varphi = \frac{1}{\frac{1}{\varphi_x} + \frac{1}{\varphi_y} - 1} \tag{4-3}$$

$$\varphi_x = \frac{1 - \left(\frac{e_x}{x}\right)^m}{1 + \left(\frac{e_x}{i_y}\right)^2} \frac{1}{1 + \alpha\beta_x(\beta_x - 3)\left[1 + 1.33\left(\frac{e_x}{i_y}\right)^2\right]} \tag{4-4}$$

$$\varphi_y = \frac{1 - \left(\frac{e_y}{y}\right)^m}{1 + \left(\frac{e_y}{i_x}\right)^2} \frac{1}{1 + \alpha\beta_y(\beta_y - 3)\left[1 + 1.33\left(\frac{e_y}{i_x}\right)^2\right]} \tag{4-5}$$

式中　x、y——x方向、y方向截面重心至偏心方向的截面边缘的距离,如图4-11所示;

e_x、e_y——轴向力在x方向、y方向的偏心距,$e_x = \frac{M_{yd}}{N_d}$、$e_y = \frac{M_{xd}}{N_d}$,其值不应超过表4-18在x方向、y方向的规定值,其中M_{yd}、M_{xd}分别为绕x轴、y轴的弯矩设计值,N_d为轴向力设计值;

m——截面形状系数,对于圆形截面取2.5;对于T形或U形截面取3.5;对于箱形截面或矩形截面(包括两端设有曲线形或圆弧形的矩形墩身截面)取8.0;

i_x、i_y——弯曲平面内的截面回转半径,$i_x = \sqrt{I_x/A}$、$i_y = \sqrt{I_y/A}$分别为截面绕x轴和绕

y 轴的惯性矩，A 为截面面积；对于组合截面，A、I_x、I_y 应按弹性模量比换算，即 $A=A_0+\psi_1A_1+\psi_2A_2+\cdots$，$I_x=I_{0x}+\psi_1I_{1x}+\psi_2I_{2x}+\cdots$，$I_y=I_{0y}+\psi_1I_{1y}+\psi_2I_{2y}+\cdots$，$A_0$ 为标准层截面面积，A_1、$A_2\cdots$为其他层截面面积，I_{0x}、I_{0y}为绕 x 轴和绕 y 轴的标准层惯性矩，I_{1x}、$I_{2x}\cdots$和 I_{1y}、$I_{2y}\cdots$为绕 x 轴和绕 y 轴的其他层惯性矩，$\psi_1=E_1/E_0$、$\psi_2=E_2/E_0$、$\cdots$，E_0 为标准层弹性模量，E_1、$E_2\cdots$为其他层弹性模量，对于矩形截面，$i_y=b/\sqrt{12}$，$i_x=h/\sqrt{12}$；

α——与砂浆强度等级有关的系数，当砂浆的强度大于或等于 M5 或为组合构件时，α 为 0.002，当砂浆强度为 0 时，α 为 0.013；

β_x、β_y——构件在 x 方向、y 方向的长细比，按式(4-6)计算，当 β_x、β_y 小于 3 时取 3。

计算砌体偏心受压构件承载力的影响系数时，构件长细比按下式计算：

$$\beta_x=\frac{\gamma_\beta l_0}{3.5i_y},\beta_y=\frac{\gamma_\beta l_0}{3.5i_x} \tag{4-6}$$

式中 γ_β——不同砌体材料构件的长细比修正系数，按表 4-19 采用；

l_0——构件计算长度，按表 4-20 的规定采用；

i_x、i_y——弯曲平面内的截面回转半径，对于变截面构件，可取等代截面的回转半径。

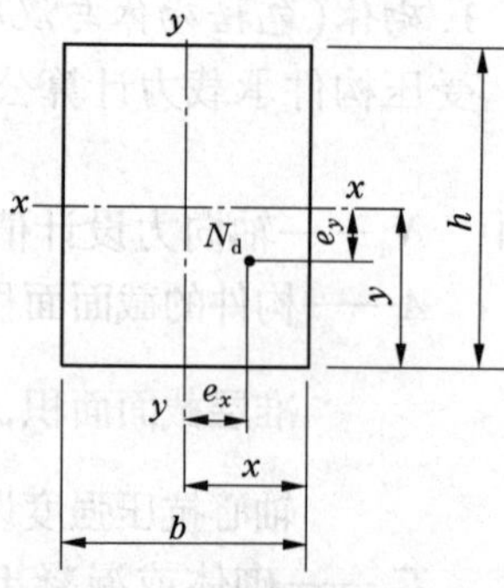

图 4-11 砌体构件偏心受压

表 4-19 长细比修正系数 γ_β

砌体材料类别	γ_β
混凝土预制块砌体或组合构件	1.0
细料石、半细料石砌体	1.1
粗料石、片石、块石砌体	1.3

表 4-20 构件计算长度 l_0

构件及其两端约束情况		计算长度 l_0
直杆	两端固结	$0.5l$
	一端固结，一端为不移动铰	$0.7l$
	两端均为不移动铰	$1.0l$
	一端固定，一端自由	$2.0l$

注：l 为构件支点间的长度。

2. 混凝土偏心受压构件

混凝土偏心受压构件在表 4-18 规定的受压偏心距限值范围内，当计算受压承载力时，假定受压区的法向应力图形为矩形，其应力取混凝土抗压强度设计值，此时取轴向力作用点与受压区法向应力合力作用点相重合的原则确定受压区面积 A_c。

受压承载力应按下式计算：

$$\gamma_0 N_d \leqslant \varphi f_{cd} A_c \tag{4-7}$$

1)单向偏心受压

受压区高度 h_c 应按下列条件确定(见图 4-12(a))：

$$e_c = e \tag{4-8}$$

矩形截面的受压承载力可按下列公式计算：

$$\gamma_0 N_d \leqslant \varphi f_{cd} b(h-2e) \tag{4-9}$$

式中　N_d——轴向力设计值；

φ——弯曲平面内轴心受压构件弯曲系数，按表 4-21 采用；

f_{cd}——混凝土的轴心抗压强度设计值；

A_c——混凝土受压区面积；

e_c——受压区混凝土法向应力合力作用点至截面重心的距离；

e——轴向力的偏心距；

b——矩形截面宽度；

h——矩形截面高度。

当构件弯曲平面外长细比大于弯曲平面内长细比时，应按轴心受压构件验算其承载力。

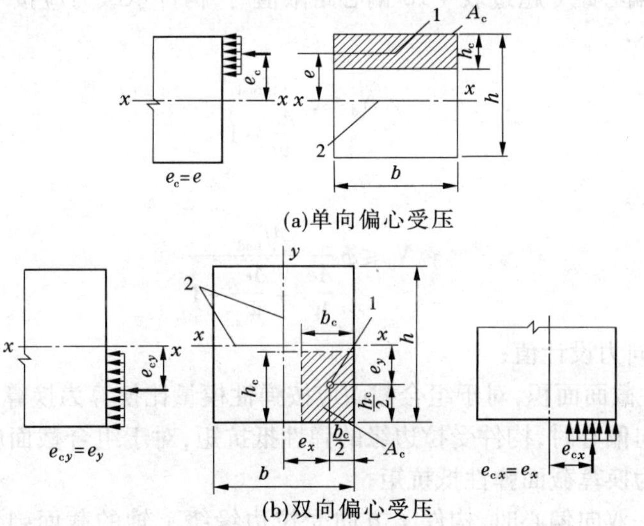

(a)单向偏心受压

(b)双向偏心受压

1—受压区重心(法向压应力合力作用点)；2—截面重心轴；e—单向偏心受压偏心距；e_c—单向偏心受压法向应力合力作用点距重心轴距离；e_x、e_y—双向偏心受压在 x 方向、y 方向的偏心距；e_{cx}、e_{cy}—双向偏心受压法向应力合力作用点在 x、y 方向的偏心距；A_c—受压区面积；h_c、b_c—矩形截面受压区高度、宽度

图 4-12　混凝土构件偏心受压

2)双向偏心受压

受压区高度和宽度应按下列条件确定(见图 4-12(b))：

$$e_{cy}=e_y \tag{4-10}$$

$$e_{cx}=e_x \tag{4-11}$$

矩形截面偏心受压承载力可按下列公式计算：

$$\gamma_0 N_d \leqslant \varphi f_{cd}[(h-2e_y)(b-2e_x)] \tag{4-12}$$

式中 φ——轴心受压构件弯曲系数，按表4-21采用；

e_{cy}——受压区混凝土法向应力合力作用点在 x 轴方向至截面重心的距离；

e_{cx}——受压区混凝土法向应力合力作用点在 y 轴方向至截面重心的距离；

e_x——轴向力在 x 轴方向的偏心距；

e_y——轴向力在 y 轴方向的偏心距。

表4-21　混凝土轴心受压构件弯曲系数

l_0/b	<4	4	6	8	10	12	14	16	18	20	22	24	26	28	30
l_0/i	<14	14	21	28	35	42	49	56	63	70	76	83	90	97	104
φ	1.00	0.98	0.96	0.91	0.86	0.82	0.77	0.72	0.68	0.63	0.59	0.55	0.51	0.47	0.44

注：1. l_0 为计算长度，按表4-20取值。

2. 在计算 l_0/b 或 l_0/i 时，b 或 i 的取值：对于单向偏心受压构件，取弯曲平面内截面高度或回转半径；对于轴心受压构件或双向偏心受压构件，取截面短边尺寸或截面最小回转半径。

4.2.2.2　偏心距超过限值时的受压构件承载力计算

当轴向力的偏心距 e 超过表4-18偏心距限值时，构件承载力应按下列公式计算：

（1）单向偏心：

$$\gamma_0 N_d \leqslant \varphi \frac{Af_{tmd}}{\dfrac{Ae}{W}-1} \tag{4-13}$$

（2）双向偏心：

$$\gamma_0 N_d \leqslant \varphi \frac{Af_{tmd}}{\dfrac{Ae_x}{W_y}+\dfrac{Ae_y}{W_x}-1} \tag{4-14}$$

式中 N_d——轴向力设计值；

A——构件截面面积，对于组合截面应按弹性模量比换算为换算截面面积；

W——单向偏心时，构件受拉边缘的弹性抵抗矩，对于组合截面应按弹性模量比换算为换算截面弹性抵抗矩；

W_x、W_y——双向偏心时，构件 x 方向受拉边缘绕 y 轴的截面弹性抵抗矩和构件 y 方向受拉边缘绕 x 轴的截面弹性抵抗矩，对于组合截面应按弹性模量比换算为换算截面弹性抵抗矩；

f_{tmd}——构件受拉边层的弯曲抗拉强度设计值；

e——单向偏心时，轴向力偏心距；

e_x、e_y——双向偏心时，轴向力 x 轴方向和 y 轴方向的偏心距；

φ——砌体偏心受压构件承载力影响系数或混凝土轴心受压构件弯曲系数。

应用案例 4-1

【基本资料】 某矩形截面偏心受压石砌柱构件，截面尺寸为 $b \times h = 1\ 000\ mm \times 1\ 500\ mm$，计算长度 $l_0 = 5\ m$，承受基本组合纵向力设计值为 $N_d = 2\ 000\ kN$，承受基本组合弯矩设计值为 $M_{xd} = 500\ kN \cdot m$、$M_{yd} = 500\ kN \cdot m$，拟采用 M7.5 水泥砂浆砌筑 MU40 块石砌体，$f_{cd} = 3.09\ MPa$，结构安全等级为二级（$\gamma_0 = 1.0$）。求柱的最大承载力并验算其安全程度。

【案例解析】

构件采用 M7.5 水泥砂浆砌筑 MU40 块石砌体，与砂浆强度等级有关的系数 $\alpha = 0.002$，查表 4-19，构件长细比修正系数 $\gamma_\beta = 1.3$；矩形截面的截面形状系数 $m = 8$，构件计算长度 $l_0 = 5\ m = 5\ 000\ mm$；$x = \dfrac{b}{2} = \dfrac{1\ 000}{2} = 500(mm)$，$y = \dfrac{h}{2} = \dfrac{1\ 500}{2} = 750(mm)$。

(1) 偏心距 e。

$$e_x = \frac{M_{yd}}{N_d} = \frac{500 \times 1\ 000}{2\ 000} = 250(mm)$$

$$e_y = \frac{M_{xd}}{N_d} = \frac{500 \times 1\ 000}{2\ 000} = 250(mm)$$

$$s = \sqrt{\left(\frac{b}{2}\right)^2 + \left(\frac{b}{2}\right)^2} = \sqrt{2} \times \frac{b}{2} = \frac{\sqrt{2} \times 1\ 000}{2} = 707.0(mm)$$

$$e = \sqrt{e_x^2 + e_y^2} = \sqrt{2} \times 250 = 353.6(mm) < 0.6s = 0.6 \times 707.0 = 424.2(mm)$$

故受压偏心距在限值内。

(2) 截面几何特性。

截面积：

$$A = b \times h = 1\ 000 \times 1\ 500 = 1\ 500\ 000\ (mm^2)$$

惯性矩：

$$I_x = \frac{bh^3}{12} = \frac{1\ 000 \times 1\ 500^3}{12} = 28\ 125 \times 10^7 (mm^4)$$

$$I_y = \frac{b^3 h}{12} = \frac{1\ 000^3 \times 1\ 500}{12} = 12\ 500 \times 10^7 (mm^4)$$

回转半径：

$$i_x = \sqrt{I_x / A} = \sqrt{\frac{28\ 125 \times 10^7}{1\ 500\ 000}} = 433.0(mm)$$

$$i_y = \sqrt{I_y / A} = \sqrt{\frac{12\ 500 \times 10^7}{1\ 500\ 000}} = 288.7(mm)$$

(3) 长细比。

$$\beta_x = \frac{\gamma_\beta l_0}{3.5 i_y} = \frac{1.3 \times 5\ 000}{3.5 \times 288.7} = 6.433(mm)$$

$$\beta_y = \frac{\gamma_\beta l_0}{3.5 i_x} = \frac{1.3 \times 5\ 000}{3.5 \times 433.0} = 4.289(mm)$$

(4)影响系数。

$$\varphi_x=\frac{1-\left(\frac{e_x}{x}\right)^m}{1+\left(\frac{e_x}{i_y}\right)^2}\frac{1}{1+\alpha\beta_x(\beta_x-3)\left[1+1.33\left(\frac{e_x}{i_y}\right)^2\right]}$$

$$=\frac{1-\left(\frac{250}{500}\right)^8}{1+\left(\frac{250}{288.7}\right)^2}\frac{1}{1+0.002\times 6.433\times(6.433-3)\times\left[1+1.33\times\left(\frac{250}{288.7}\right)^2\right]}$$

$$=0.523$$

$$\varphi_y=\frac{1-\left(\frac{e_y}{y}\right)^m}{1+\left(\frac{e_y}{i_x}\right)^2}\frac{1}{1+\alpha\beta_y(\beta_y-3)\left[1+1.33\left(\frac{e_y}{i_x}\right)^2\right]}$$

$$=\frac{1-\left(\frac{250}{750}\right)^8}{1+\left(\frac{250}{433.0}\right)^2}\frac{1}{1+0.002\times 4.289\times(4.289-3)\times\left[1+1.33\times\left(\frac{250}{433.0}\right)^2\right]}$$

$$=0.738$$

$$\varphi=\frac{1}{\frac{1}{\varphi_x}+\frac{1}{\varphi_y}-1}=\frac{1}{\frac{1}{0.523}+\frac{1}{0.738}-1}=0.441$$

(5)计算最大轴向力,并验算砌体安全性。

$$N_u=\varphi Af_{cd}=0.441\times 1\ 500\ 000\times 3.09\times 10^{-3}=2\ 044(\text{kN})>\gamma_0N_d=2\ 000\ \text{kN}$$

砌体偏心受压柱构件安全可靠。

4.2.3 圬工受弯、直接受剪构件承载力计算

4.2.3.1 圬工受弯构件承载力计算

受弯构件在弯矩作用下砌体可能沿通缝截面或齿缝截面产生弯曲受拉而破坏。对受弯构件正截面的承载力要求截面的受拉边缘最大计算拉应力必须小于弯曲抗拉强度设计值。

考虑到结构的设计安全等级,计入桥梁结构重要性系数,《公路圬工桥涵设计规范》(JTG D61—2005)规定按下式计算:

$$\gamma_0M_d\leqslant Wf_{tmd}\tag{4-15}$$

式中 M_d——弯矩设计值;

W——截面受拉边缘的弹性抵抗矩,对于组合截面,应按弹性模量比换算为换算截面受拉边缘弹性抵抗矩;

f_{tmd}——构件受拉边缘的弯曲抗拉强度设计值。

4.2.3.2 圬工直接受剪构件承载力计算

在受剪构件中,除水平剪力外,还作用有垂直压力。砌体构件的受剪试验表明,砌体沿水平向缝的抗剪承载能力为砌体沿通缝的抗剪承载能力及作用在截面上的压力所产生

的摩擦力的总和。这是由于随着剪力的增大,砂浆产生很大的剪切变形,一层砌体对另一层砌体开始移动,当有压力时,内摩擦力将抵抗滑移。

因此,《公路圬工桥涵设计规范》(JTG D61—2005)规定砌体构件或混凝土构件直接受剪时,其强度按下式计算:

$$\gamma_0 V_d \leqslant A f_{vd} + \frac{1}{1.4}\mu_f N_k \tag{4-16}$$

式中　V_d——剪力设计值;

A——受剪截面面积;

f_{vd}——砌体或混凝土抗剪强度设计值;

μ_f——摩擦系数,采用 $\mu_f = 0.7$;

N_k——与受剪截面垂直的压力标准值。

应用案例 4-2

【基本资料】　某石砌拱涵,采用 M10 砂浆、MU60 块石,拱圈厚度 0.5 m,安全等级三级,在公路 - Ⅰ级汽车荷载作用下,拱脚作用效应标准值经计算汇总如表 4-22 所示。

试进行拱脚截面直接受剪验算。

表 4-22　拱脚作用效应标准值汇总表

作用效应	结构与土重力	土侧压力	公路 - Ⅰ级荷载
轴向力(kN)	535.497	-18.665	4.303
弯矩(kN·m)	14.858	-15.268	-1.702
剪力(kN)	117.648	—	1.006

注:轴向力压力为正,拉力为负。

【案例解析】

根据公路桥规规定,承载能力极限状态设计基本组合效应组合表达式:

$$\gamma_0 S_d = \gamma_0 \left(\sum_{i=1}^{m} \gamma_{Gik} S_{Gik} + \gamma_{Q1} S_{G1k} + \psi_c \sum_{j=2}^{n} \gamma_{Qj} S_{Gjk} \right)$$

可得:

$$\gamma_0 V_d = 0.9 \times (1.2 \times 117.648 + 1.4 \times 1.006) = 128.327\text{(kN)}$$

$$N_k = 535.497 - 18.665 + 4.303 = 521.135\ \text{(kN)}(N_k \text{ 为标准值})$$

M10 砂浆、MU60 块石,$f_{vd} = 0.73$ MPa,则:

$$A f_{vd} + \frac{\mu_f N_k}{1.4} = 1.0 \times 0.5 \times 0.073 \times 1\,000 + \frac{1}{1.4} \times 0.7 \times 521.135$$

$$= 297.068\text{(kN)}$$

$\gamma_0 V_d < A f_{vd} + \dfrac{\mu_f N_k}{1.4}$,说明拱脚截面抗剪满足要求。

学习情境5 钢桁架结构

能力要求

通过本情境内容的学习，使学生熟悉钢结构梁柱构件设计的关键要素。通过完成本学习情境典型工作任务，使学生掌握钢结构的基本知识和构造要求，了解钢结构常见破坏的形式及其特点，掌握钢结构组成材料的力学特性及其选择原则，熟悉钢结构构件间相互连接的形式，掌握钢结构焊接、螺栓连接特点及计算方法，掌握钢桁架构件设计内容与设计步骤；使学生能够依据设计资料合理选择钢结构组成材料、连接方式，能够完成钢桁架构件在强度、刚度及稳定性方面的计算。

知识要求

知识目标	知识要点
了解钢结构特点；熟悉钢结构主要形式及其破坏形态；掌握钢结构设计的基本要求；掌握钢结构组成材料力学特性及其选择原则；掌握钢结构构件连接形式及其计算方法	钢结构优缺点；钢结构主要结构形式，钢结构常见破坏形态及其特点；钢结构设计要求；钢结构组成钢材在强度、塑性、冲击韧性、冷加工性能、可焊性和耐久性等方面特性，影响钢材力学特性的因素及其选择原则；钢结构常见连接方式及其特点，焊接连接构造要求及其计算方法；普通螺栓连接构造要求及其计算方法，高强度螺栓连接构造要求及其计算方法
熟悉钢桁架基本概念、受力特点及其构造要求；钢桁架构件强度、刚度及稳定性计算方法	钢桁架基本概念，钢桁架构件主要截面形式及其构造要求，钢桁架构件破坏形态，钢桁架轴心受拉构件强度、刚度及稳定性计算，钢桁架轴心受压构件强度、刚度及稳定性计算

素质要求

培养学生以科学的观点分析问题，用严谨的工作态度解决问题；坚持以安全、耐久、适用、环保、经济和美观的基本原则设计工程结构和构件；形成科学、严谨、规范的工作作风。

工作任务单

学习领域	结构设计原理		
学习情境	钢桁架结构	学时	
学习任务	钢桁架构件设计	学时	

任务布置	
任务目标	1. 掌握钢结构主要结构形式及其构造要求； 2. 掌握钢结构常见破坏形态及其特点； 3. 掌握钢结构设计要求； 4. 掌握钢结构组成钢材力学特性及其选择方法； 5. 掌握钢结构构件常见连接方式及其特点； 6. 掌握钢结构焊接连接构造要求及其计算方法； 7. 掌握钢结构螺栓连接构造要求及其计算方法； 8. 掌握高强度螺栓连接构造要求及其计算方法； 9. 掌握钢桁架构造要求及破坏形态； 10. 掌握钢桁架轴心受拉、受压构件强度、刚度及稳定性计算
任务描述	设计钢桁架桥中的构件，工作内容如下： 1. 依据设计资料，确定设计信息，查阅相关文献； 2. 根据设计信息和规范规定，科学合理地选定构件截面形式，拟定截面尺寸，确定材料； 3. 按照强度要求，进行构件强度计算； 4. 按照刚度要求，进行构件刚度计算； 5. 按照稳定性要求，进行构件的整体、局部稳定性计算
基础及课程衔接	1. 基础：常见材料的物理力学性质、制图与识图相关知识； 2. 之前课程：工程力学、道路建筑材料、工程制图与 CAD； 3. 之后课程：桥梁工程、桥涵施工技术、公路工程检测技术
基本要求	1. 分组讨论设计资料，查阅文献，熟悉构造要求，形成连接方案； 2. 科学合理地选择钢结构构件材料、连接方式； 3. 各小组独立完成构件强度、刚度及稳定性计算； 4. 各小组参与组内自评、组间互评、教师点评，最终确立设计成果
课程与岗位技能证书对接	是获得施工员岗位技能证书的课程之一
学习资源	[1]叶见曙. 结构设计原理(第3版). 北京：人民交通出版社，2014； [2]叶见曙. 结构设计原理计算示例. 北京：人民交通出版社，2007； [3]桥梁结构设计图纸； [4]公路桥涵设计通用规范(JTG D60—2015). 北京：人民交通出版社； [5]公路钢筋混凝土及预应力混凝土桥涵设计规范(JTG D62—2012). 北京：人民交通出版社； [6]钢结构设计规范（GB 50017—2014). 北京：人民交通出版社

工作资讯单

学习情境	钢桁架结构	学时	
学习任务	钢桁架构件设计	学时	
资讯信息	1. 何为钢结构？工程实际应用有哪些方面？有哪些优缺点？ 2. 钢结构有哪些种类？其破坏形式有哪些？ 3. 钢结构组成钢材有哪些力学特性？有何指标用以衡量？ 4. 影响钢材机械性能的因素有哪些？其选择的原则是什么？ 5. 钢结构有哪些设计方面的要求？ 6. 钢结构构件有哪些常见连接方式？其有何优缺点？ 7. 钢结构焊接主要有哪些形式？它们各自有何优缺点？它们适合哪些连接部位？ 8. 何为角焊缝的有效厚度与有效截面？角焊缝有哪些构造要求？ 9. 角焊缝有效厚度与直角焊缝较小焊脚尺寸之间有何关系？ 10. 焊缝残余应力和残余应变是怎么产生的？对实际工程构件有何危害？ 11. 在设计和施工中如何防止或减小焊缝残余应力和残余应变？ 12. 螺栓连接种类有哪些？其各自有何特点？ 13. 普通螺栓连接有哪些连接形式？有何连接构造要求？ 14. 普通螺栓与高强度螺栓传力机制有何不同？ 15. 何为钢桁架？其构造要求有哪些？ 16. 钢桁架各构件的受力特性及其计算方法？		
资讯资源	[1]资讯信息单； [2]叶见曙. 结构设计原理(第 3 版). 北京:人民交通出版社,2014； [3]叶见曙. 结构设计原理计算示例. 北京:人民交通出版社,2007； [4]桥梁结构设计图纸； [5]公路桥涵设计通用规范(JTG D60—2015). 北京:人民交通出版社； [6]公路钢筋混凝土及预应力混凝土桥涵设计规范(JTG D62—2012). 北京:人民交通出版社； [7]钢结构设计规范（GB 50017—2014). 北京:人民交通出版社； [8]授课教材； [9]课程网站		

任务5.1 基础知识

随着钢结构桥梁在设计、施工等方面技术的日益进步,钢结构桥梁广泛用于铁路、公路及城市人行天桥等的建设中。

5.1.1 钢结构特点

钢结构是由型钢和钢板采用焊接或螺栓连接方法制作成基本构件,并按照设计构造要求连接组成的承重结构。钢结构与其他材料的结构相比较,具有如下优缺点。

5.1.1.1 钢结构的优点

(1)材料强度高,结构重量轻。

(2)塑性、韧性好。

(3)材性均匀,近于各向同性。

(4)工业化生产程度高,工期短。

(5)有效使用空间大。

(6)运输安装方便。

(7)可拆卸、改造,建筑垃圾少,材料可重复利用。

(8)抗震性好。

5.1.1.2 钢结构的缺点

钢结构的缺点主要体现在耐锈蚀性差和耐火性差两个方面。

(1)耐锈蚀性差,可通过采取防腐蚀方法解决。

(2)耐火性差,可通过消防报警、喷淋、涂敷等办法解决。

5.1.2 钢结构的破坏形式

钢结构可能发生的破坏形式有结构的整体失稳、结构和构件的局部失稳、结构的塑性破坏和脆性断裂、结构的疲劳破坏和结构的累积损伤破坏。

5.1.2.1 结构的整体失稳

结构的整体失稳为结构所承受的外荷载尚未达到按强度计算得到的结构破坏荷载时,结构已不能承担荷载,并产生较大变形,整个结构偏离原来的平衡位置而倒塌。失稳是钢结构的主要破坏形式,不容忽视。

5.1.2.2 结构和构件的局部失稳

结构或构件在保持整体稳定的条件下,结构中的局部构件或构件中的局部板件已不能承受外荷载的作用而失去稳定,这为构件的整体失稳或局部失稳。这些局部构件可能是受压柱或受弯梁,构件中的局部板件可能是受压翼缘或受压腹板。

5.1.2.3 结构的塑性破坏和脆性断裂

结构在不发生整体失稳和局部失稳的条件下,内力将随荷载的增加而增加,当构件截面上的内力达到截面的承载力并使结构形成机构时,结构就丧失了承载力而破坏。这类破坏称为结构的强度破坏。在杆系结构中,结构的强度破坏都由受拉构件或受弯构件的强度破坏所引起。受压构件一般不会发生强度破坏,往往是失稳起控制作用。强度破坏有塑性破坏和脆性断裂之分,钢材在一般情况下有较好的塑性,发生的强度破坏为塑性破坏。

5.1.2.4 结构的疲劳破坏

钢结构或钢构件在连续反复荷载作用下产生的破坏称为疲劳破坏。发生疲劳破坏的荷载值都低于屈服强度,但连续反复次数较多,直至裂纹的扩展和最后断裂。这是一种脆性破坏,破坏前没有明显的变形,没有预兆,主要原因为应力集中。

5.1.3 钢结构的设计要求

随着钢结构应用的增多、实践经验的增加,专业人员积累了一定的经验。但是从根本上讲,钢结构设计仍应满足下列基本要求:

(1)结构必须有足够的强度、刚度和稳定性,整个结构必须安全可靠。

(2)要符合建筑物的使用要求,要有良好的耐久性。

(3)尽可能节约钢材,减轻钢结构重量。

(4)尽可能缩短制造、安装时间,节约劳动工日。

(5)结构要便于运输、便于维护。

(6)可能条件下,尽量注意美观,特别是外露结构,要有一定建筑美学要求。

根据以上各项要求,钢结构设计应该重视、贯彻和研究节约钢材、降低造价等方面的各种措施。做到技术先进、经济合理、安全适用、确保质量。

任务 5.2 钢结构用钢材

钢结构是用钢板和型钢做基本构件,采用焊接、铆接或螺栓连接等方法,按照一定的构造要求连接起来,承受规定荷载的结构物。它和其他材料的结构相比有如下特点:

(1)钢材的强度高、塑性和韧性好。

(2)钢结构适合工厂制造、工地拼装。

(3)钢结构的耐热性能好,但防火性能差。

5.2.1 钢结构对钢材力学性能的要求

钢材的力学性能是反映钢材在各种荷载(作用)下的基本性能。钢材基本性能包括强度、塑性、冲击韧性、冷加工性能、可焊性和耐久性,其中强度、塑性、冲击韧性、冷加工性能为力学性能,其指标均通过力学试验获得。

5.2.1.1 强度

钢材的强度有比例极限f_p(与弹性极限f_e接近)、屈服强度f_y(流限)、抗拉强度f_u(极限强度)。其中,屈服强度是衡量结构的承载能力和确定强度设计值的重要指标,所以钢结构的设计强度以钢材的屈服强度作为依据确定。强屈比 f_u/f_y 可看作是衡量钢材强度储备的一个系数。

钢材在单向均匀受拉时的工作性能(见图5-1)可表现为4个阶段:弹性阶段、屈服阶段、强化阶段和颈缩阶段。

钢材的比例极限、弹性极限和屈服强度很接近,屈服强度就作为其代表。钢材的工作性能可看成理想的弹性—塑性体(见图5-2),即在屈服强度之前为弹性阶段,屈服强度之后为塑性阶段,屈服强度为其承载能力的极限。

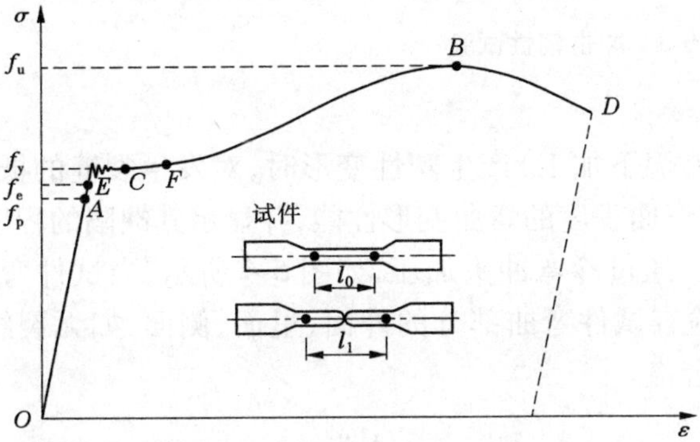

图5-1　Q235钢材单向均匀受拉时的工作性能

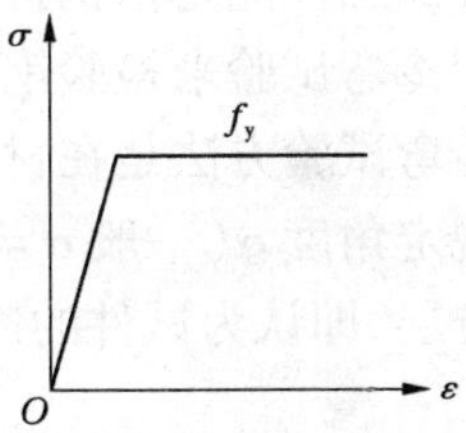

图5-2　Q235钢材理想的弹性—塑性性能

5.2.1.2　塑性

钢材的塑性一般是指当应力超过屈服点 f_y 后,能产生显著的残余变形(塑性变形)而不立即断裂的性质。衡量钢材塑性好坏的主要指标是伸长率 δ(最大应变)和断面收缩率 ψ。

在实际工程中,特别是在动力荷载作用下的构件,钢材的塑性好坏常是决定结构是否安全可靠的主要因素之一,所以钢材的塑性指标比强度指标更为重要。

5.2.1.3　冲击韧性

冲击韧性是指钢材在破坏前吸收能量的能力,也是表示钢材抵抗冲击荷载的能力。韧性指标则由冲击试验获得,是判断钢材在冲击荷载作用下是否出现脆性破坏危险的重要指标之一。

在冲击试验中,一般采用截面为10 mm×10 mm,长度为55 mm,中间开有小槽(缺口)的试件,如图5-3所示。

韧性指标用单位断面面积所能承受的冲击功表示:

$$a_k = \frac{A_k}{A_n} \tag{5-1}$$

式中　a_k——冲击韧性,(N·m)/cm² 或 J/cm²;

A_k——冲击功,(N·m)或J,由冲击试验机刻度盘上读出或计算出;

A_n——试件缺口处的净截面面积,cm²。

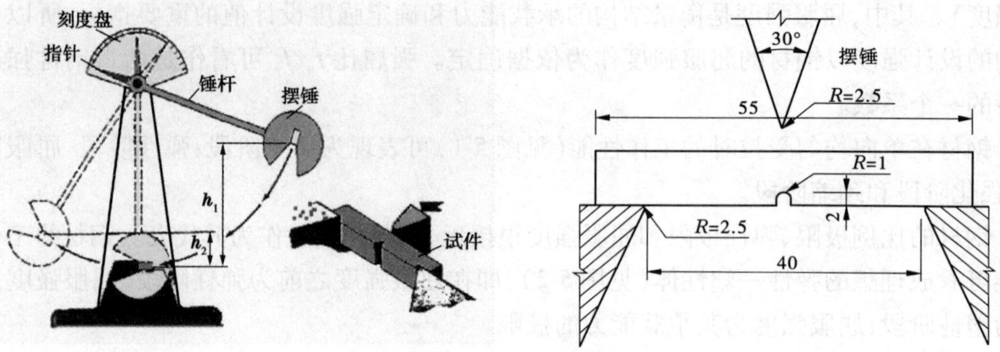

图 5-3　冲击韧性试验

5.2.1.4　冷加工性能(冷弯试验)

冷加工性能是指钢材在冷加工(常温下加工)产生塑性变形时,对发生裂缝的抵抗能力。用冷弯试验来检验钢材承受规定弯曲程度的弯曲变形性能,并显示其缺陷的程度。

冷弯试验方法是在材料试验机上,通过冷弯冲头加压,如图 5-4 所示,当试件弯曲至某一规定角度 α(一般 $\alpha=180°$)时,检查试件弯曲部分的外面、里面、侧面,如无裂纹、裂断或分层,即认为试件的冷加工性能合格。

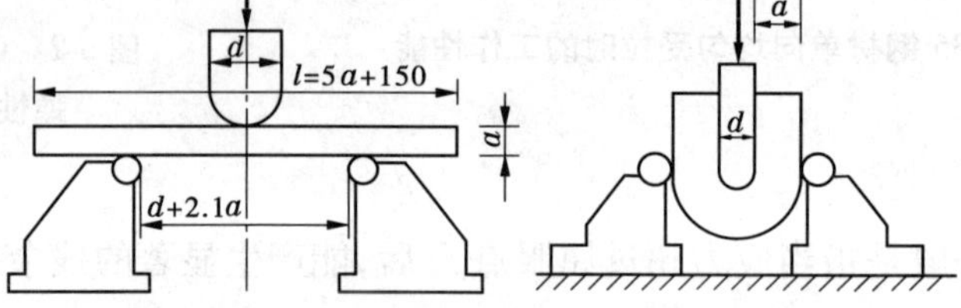

(a)冷弯试件与支座　　(b)弯曲180°

图 5-4　冷弯试验

冷加工性能是衡量钢材力学性能的综合指标。

5.2.1.5　可焊性

钢材的可焊性是指在一定的焊接工艺和结构条件下,钢材经过焊接后能够获得良好的焊接接头的性能。可焊性可分为施工上的可焊性和使用上的可焊性。

施工上的可焊性是指焊缝金属产生裂纹的敏感性,以及由于焊接加热的影响,近缝区钢材硬化和产生裂纹的敏感性。可焊性好,是指在一定的焊接工艺条件下,焊缝金属和近缝区钢材均不产生裂纹。

使用性能上的可焊性是指焊接接头和焊缝的缺口韧性(冲击韧性)和热影响区的延伸性(塑性)。要求焊接构件在施焊后的力学性能(机械性能)不低于母材的力学性能。

5.2.1.6　耐久性

钢结构的耐久性可以理解为:在使用过程中经受外界环境的作用(气候变化、介质侵蚀、磨蚀等)而能够保持其使用功能的能力。影响钢结构耐久性的因素较多,其中腐蚀性(锈蚀)可能是最重要的一个方面。

5.2.2　钢材的品种、规格和选用

5.2.2.1　钢材的品种

在钢结构中采用的钢材主要有两种类型，一是碳素结构钢（或称普通碳素钢），二是低合金结构钢。

1. 碳素结构钢

现行国家标准规定，碳素结构钢分为Q195、Q215、Q235、Q255、Q275等五种牌号，其中Q为屈服强度中“屈”的汉语拼音的首字母，后接的数字表示屈服强度值，单位为“N/mm^2”。数字越大，含碳量越高，强度和硬度越高，塑性越低。其中，Q235在使用、加工和焊接方面的性能都比较好，是钢结构中常用的钢材品种之一。

Q235按质量等级和脱氧方法等表示。

质量等级分为A、B、C和D四级，由A到D表示质量由低到高。不同质量等级对冲击韧性的要求有所区别。

根据脱氧程度不同，钢材分为镇静钢、半镇静钢、沸腾钢和特殊镇静钢，并用汉字拼音首字母分别表示为Z、b、F和TZ。例如：

Q235A——屈服强度为235 N/mm^2，A级镇静钢；

Q235AF——屈服强度为235 N/mm^2，A级沸腾钢；

Q235Bb——屈服强度为235 N/mm^2，B级半镇静钢；

Q235D——屈服强度为235 N/mm^2，D级特殊镇静钢；

Q235C——屈服强度为235 N/mm^2，C级镇静钢。

2. 低合金钢

低合金钢是在普通碳素钢中添加一种或几种少量合金元素，总量低于5%，故称低合金钢。低合金钢分为Q295、Q345、Q390、Q420、Q460等五种，数字表示屈服强度值，单位为“N/mm^2”。其中，Q345、Q390、Q420为钢结构常用的钢种。

Q345、Q390和Q420按质量等级表示为：Q345A、Q345B、Q345C、Q345D、Q345E，Q390A、Q390B、Q390C、Q390D、Q390E，Q420A、Q420B、Q420C、Q420D、Q420E。

质量等级分为A、B、C、D和E五级，由A到E表示质量由低到高。

低合金钢的脱氧方法为镇静钢或特殊镇静钢，应以热轧、冷轧、正火和回火状态交货。现将Q345、Q390和Q420表示法举例如下：

Q345B——屈服强度为345 N/mm^2，B级镇静钢；

Q390D——屈服强度为390 N/mm^2，D级特殊镇静钢；

Q345C——屈服强度为345 N/mm^2，C级特殊镇静钢；

Q390A——屈服强度为390 N/mm^2，A级镇静钢；

Q420E——屈服强度为420 N/mm^2，E级特殊镇静钢。

采用低合金钢的目的是减轻结构质量，节约钢材和延长使用寿命。这类钢材具有较高的屈服强度和抗拉强度，也有良好的塑性和冲击韧性（尤其是低温冲击韧性），并具有耐腐蚀、耐低温等性能。

5.2.2.2 **钢材的规格**

钢结构所用的钢材主要为热轧成型的钢板、型钢和圆钢，以及冷弯成型的薄壁型钢，还有热轧成型钢管和冷弯成型焊接钢管。

1. 钢板

钢板有特厚板、厚钢板、扁钢（或带钢）、薄钢板之分。其规格如下：

（1）特厚板：板厚＞60 mm，宽度600～3 800 mm，长度4～12 m。

（2）厚钢板：厚度4.5～60 mm，宽度600～3 000 mm，长度4～9 m。

（3）扁钢：厚度4～60 mm，宽度12～200 mm，长度3～9 m。

（4）薄钢板：一般用冷轧法轧制，厚度0.35～4 mm，宽度500～1 500 mm，长度0.4～5 m。

厚钢板用作梁、柱、实腹式框架等构件的腹板和翼缘以及桁架中节点板等。特厚板用于高层钢结构箱型柱等。薄钢板主要用来制造冷弯薄壁型钢。扁钢可作为组合梁的翼缘板、各种构件的连接板、桁架的节点板和零件等。

图纸中对钢板规格采用“—宽×厚×长”或“—宽×厚”表示，如—450×8×3 100，—450×8。

2. 角钢

角钢分等边角钢和不等边角钢两种。等边角钢（或等肢角钢）以肢宽和肢厚表示，如∠100×10即为肢宽100 mm、肢厚10 mm的等边角钢。不等边角钢则是以两肢的宽度和厚度表示，如∠100×80×8，即为长肢宽100 mm、短肢宽80 mm、肢厚8 mm的不等边角钢。角钢可用作受力构件或连接零件。

3. 工字钢

普通工字钢用号数表示，例如工20表示工字钢高度为200 mm。18号以上的工字钢，同一号数有两种或三种不同的腹板厚度，分别用 a、b 或 a、b、c 表示，并在号数中注明，例如工32a，即腹板为a的一种。

4. 槽钢

槽钢伸出肢比工字钢大，可用作斜弯曲（双向弯曲）构件。槽钢是以其截面高度的厘米数编号，例如，[32a即截面高度为320 mm；而腹板较薄，槽钢的腹板厚度在[12.6以上也有 a、b 两类或 a、b、c 三类。

5. 钢管和方钢管

钢管分为圆钢管和方钢管。

圆钢管有热轧、热扩无缝钢管和焊接钢管等，焊接钢管又有直缝焊接管和螺旋焊接管。钢管用 ϕ 后面加外径(d)和壁厚(t)来表示，单位为mm，如 ϕ102×5。

方钢管分焊接方钢筋和冷弯方钢管。方钢管用“□”后面加长×宽×厚来表示，单位为mm，如□120×80×4。

6. 薄壁型钢

薄壁型钢是用薄钢板模压或冷弯制成，其截面形式及尺寸可按合理方案设计。用于承重结构的薄壁型钢的钢板一般为Q235、Q345。

5.2.2.3 **钢材的选用**

钢材选用的原则应符合以下要求：

(1)能使结构满足安全可靠的要求,尽最大可能节约钢材和降低造价。

(2)不同的使用条件应当有不同的质量要求。

(3)在一般结构中,不宜轻易地选用优质钢材,而在重要的结构中,更不能盲目选用质量很差的钢材。

公路钢结构桥梁应根据结构形式、受力状态、连接方法及钢桥所处环境条件合理地选用钢材牌号和材质。公路钢桥主体结构的钢材宜选用Q235钢、Q345钢、Q390钢和Q420钢,其质量应分别符合现行国家标准《碳素结构钢》(GB/T 700—2006)和现行国家标准《低合金高强度结构钢》(GB/T 1591—2008)的规定。其中,Q235钢中的沸腾钢不应用于承重的焊接构件和承重的需验算疲劳的非焊接构件。

公路钢桥各种牌号的钢材,其冲击韧性不应低于表5-1的规定。

表5-1　钢材冲击韧性

钢材牌号	Q235		Q345			Q390			Q420		
质量等级	C	D	C	D	E	C	D	E	C	D	E
试验温度(℃)	0	-20	0	-20	-40	0	-20	-40	0	-20	-40
冲击韧性(J)	27	27	34	34	27	34	34	27	34	34	27

选用钢材时应考虑结构的类型和重要性、荷载的性质、连接方法、结构的工作温度、构件的受力性质和结构形式等结构特性。

任务5.3　钢结构的连接

钢结构各构件之间和构件内各钢板与型钢之间,都必须进行连接,以形成整体而共同工作。钢结构构件的连接应满足以下要求:

(1)传力路径直接。

(2)具有足够的节点承载力。

(3)具有适当的节点刚度。

(4)节点构造简单,便于安装和维护。

5.3.1　连接方法及其特点

钢结构的基本连接方法有焊接、铆钉连接和螺栓连接。

5.3.1.1　焊接连接

焊接连接(见图5-5)是在一定的工艺条件下,通过高温(有时伴有高压)使焊接材料与部分钢结构母材熔融并凝固成一体的连接方式。焊接是现代钢结构最主要的连接方式之一。

焊接的优点是:对构件截面无削弱;构造简单,对规则的焊缝能实现自动化操作,生产效率较高;焊接连接节点刚度大,焊接结构整体性好;连续的焊缝能满足结构气密性和水密性的要求等。因此,目前结构工程中焊接占绝对优势。

焊接的缺点是:焊缝质量容易受到材料、施焊环境条件和操作技能水平的影响,存在

(a) 焊接连接示意图

(b) 焊接连接实物图

图 5-5 焊缝连接

焊接缺陷的可能；焊缝附近的焊接残余应力和焊接变形往往对结构产生不利的影响；焊接结构的低温冷脆问题比较突出；焊接对钢材材性和焊工技术要求较高，焊接程序严格，焊缝质量检验工作量大。

5.3.1.2 铆钉连接

铆钉连接（见图 5-6）是一种传统的金属构件连接方式。其操作过程一般为：在需要相互连接的钢构件上预先定位钻孔，构件就位后，在孔洞中穿入铆钉，经过热打（高温加热铆钉后打铆）或冷打（常温下打铆）将钢构件铆合。

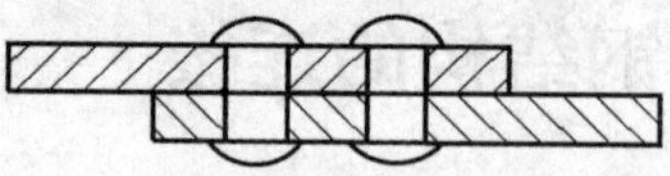

(a) 铆钉连接示意图

(b) 铆钉连接实物图

图 5-6 铆钉连接

铆钉连接的优点是韧性和塑性好，传力可靠，质量易于检查，抗动力性能好，适用于承受直接动力荷载作用的构件连接。缺点是施工工艺复杂，费钢、费工，而且在被连接构件上开孔对构件截面有一定削弱。

在现代建筑钢结构中铆钉连接基本上被高强度螺栓连接所取代，但对经常承受动力荷载作用、荷载较大或跨度较大的结构，有时仍然采用铆钉连接。

5.3.1.3 螺栓连接

螺栓连接（见图 5-7）是在需要相互连接的钢构件上预先定位钻孔，构件就位后，在孔洞中穿入螺栓，通过拧紧螺母来实现传力的连接方式。螺栓连接采用的螺栓有普通螺栓和高强度螺栓之分。

螺栓连接的优点是：装拆施工便利，施工设备简单，因而被广泛应用于构件或结构的现场拼装连接。其缺点是：不论是普通螺栓还是高强度螺栓连接，均需在被连接构件上开设螺栓孔并在拼装时对孔，制造工作量大，且无法避免对构件截面的削弱，被连接的构件需要相互搭接或借助外加的拼接连接件传力，比焊接连接多费钢材。

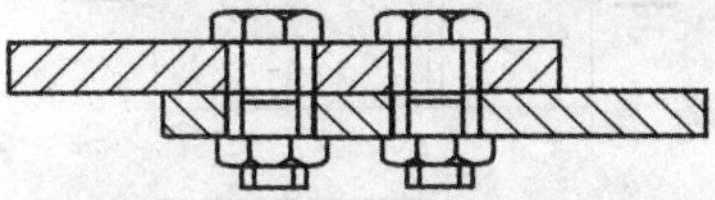

(a) 螺栓连接示意图

(b) 螺栓连接实物图

图 5-7　螺栓连接

5.3.2　焊接连接的特性

5.3.2.1　焊缝连接形式

焊缝连接形式可按焊件的相对位置、焊缝构造、焊缝连续性和施焊位置来划分。

1. 按焊件的相对位置划分

按焊件的相对位置不同，焊缝连接可分成平接、搭接、顶接（T形连接）和角部连接四种，如图5-8所示。

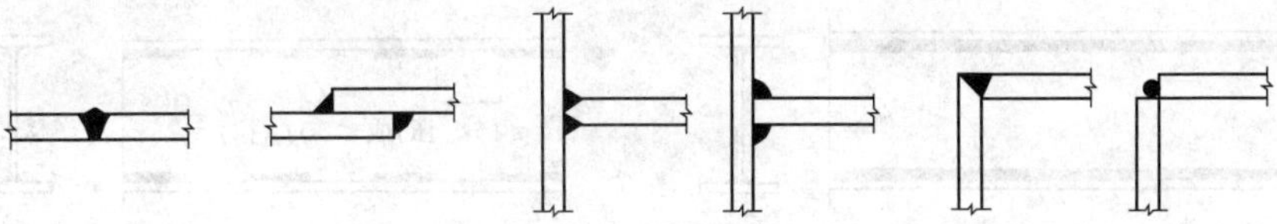

(a)平接　(b)搭接　(c)顶接(T形连接)　(d)角部连接

图 5-8　焊缝连接形式

2. 按焊缝构造划分

根据焊缝构造不同，焊缝可以分成对接焊缝（见图5-9）和角焊缝（见图5-10），有些连接节点可能出现由对接焊缝和角焊缝组合而成的焊缝群。

对接焊缝一般为全熔透焊缝，有时也采用部分焊透的角部对接焊缝（见图5-8(d)）。

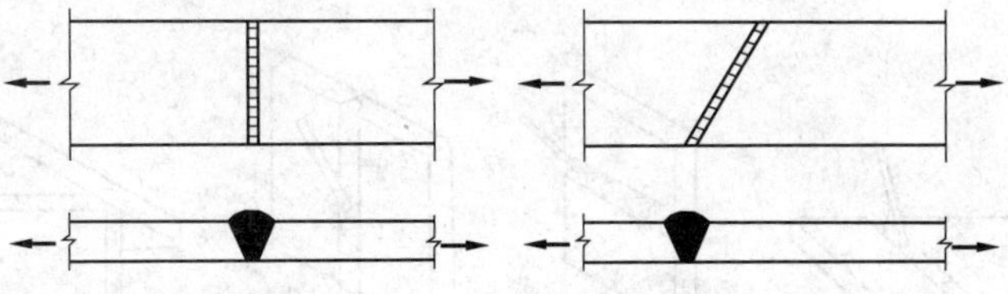

(a)对接直缝　(b)对接斜缝

图 5-9　对接焊缝示意图

按焊缝所受作用力的方向不同，对接焊缝可以分成对接直缝和对接斜缝。角焊缝中焊缝长度方向与作用力方向垂直的称作正面角焊缝，简称端缝，焊缝长度方向与作用力方向平行的称作侧面角焊缝，简称侧缝。

3. 按焊缝连续性划分

按焊缝沿长度方向的连续分布状况，角焊缝可以分成连续角焊缝（见图5-11(a)）和

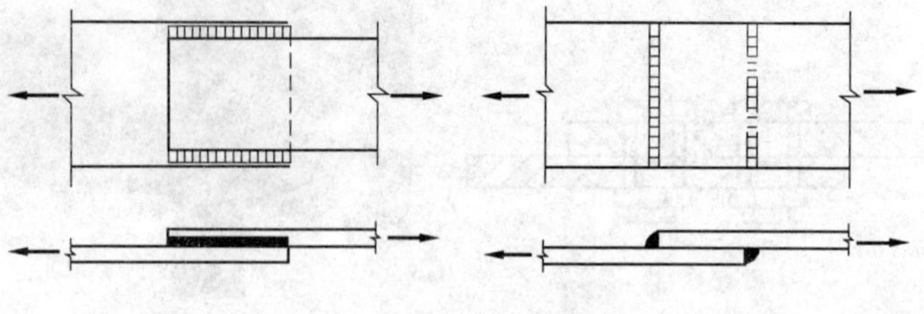

(a)侧面角焊缝(侧缝与力平行)　(b)正面角焊缝(端缝与力垂直)

图 5-10　角焊缝示意图

间断角焊缝（见图 5-11（b）），而对接焊缝在被连接焊件之间应形成连续焊缝。

连续焊缝的受力性能较好，是主要采用的角焊缝形式，连续侧面角焊缝的焊缝长度不宜过长，否则会出现沿焊缝长度方向应力不均匀的情况，但是当作用力是沿焊缝长度方向分布作用时，则不受此限制。间断焊缝的间断距离不宜过长，否则会因距离过大使连接不易紧密，导致潮湿空气侵入而引起锈蚀。一般间断距离在受压构件中不应大于 15t，在受拉构件中不应大于 30t，t 为焊缝处较薄构件的厚度（在图 5-11（b）中即为较薄的腹板厚度 t_w）。间断焊缝容易在起弧和收弧部位引起应力集中，可以用于一些次要构件或次要的焊接连接中，对重要的结构应避免使用。

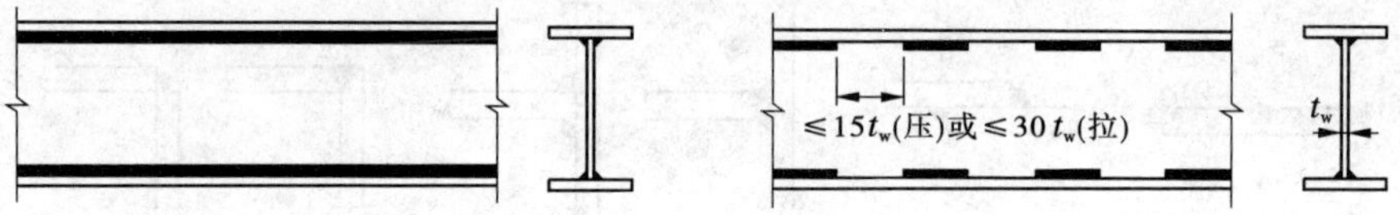

(a)连续角焊缝　(b)间断角焊缝

图 5-11　连续角焊缝与间断角焊缝

4. 按施焊位置划分

根据施焊的位置，焊缝可以分成俯焊（见图 5-12（a））、横焊（见图 5-12（b））、立焊（见图 5-12（c））和仰焊（见图 5-12（d））四种形式。工程中应尽量采用便于俯焊的连接构造，避免出现仰焊焊缝。同时要避免焊缝立体交叉和在一处集中大量焊缝，而且要尽量对称布置焊缝。

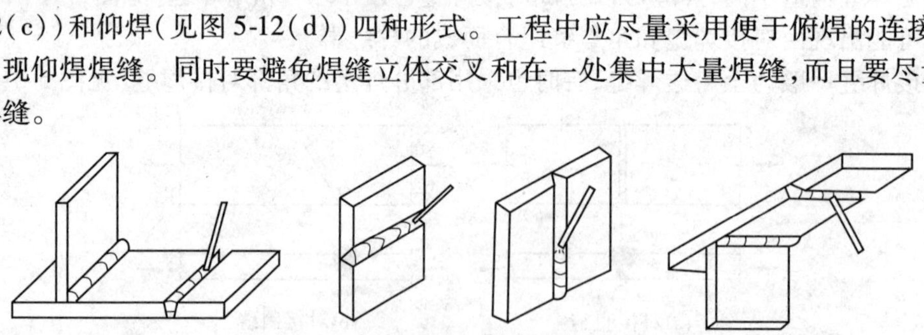

(a)俯焊　(b)横焊　(c)立焊　(d)仰焊

图 5-12　焊缝的施焊位置

5.3.2.2　焊缝缺陷

焊缝缺陷是指在焊接过程中，在焊缝金属及其邻近的热影响区所产生的钢材表面或内部缺陷。危害最大的焊缝缺陷有热裂纹（见图 5-13（a））和冷裂纹（见图 5-13（b））。

热裂纹是在焊接过程中，焊缝或其周围金属仍处于靠近熔点的温度时，由于杂质成分的偏析而出现的裂纹，属于晶粒之间的断裂。

冷裂纹是在低于 200 ℃下产生的裂纹。冷裂纹通常是穿晶的，可能在焊缝金属或周围的热影响区内产生，在钢件中引起冷裂纹的主要原因是氢的存在。

其他常见的焊缝缺陷还有气孔（见图 5-13（c））、烧穿（见图 5-13（d））、根部未焊透（见图 5-13（e））、边缘未熔合（见图 5-13（f））、焊缝层间未熔合（见图 5-13（g））、咬边（见图 5-13（h））、夹渣（见图 5-13（i））和焊瘤（见图 5-13（j））等。这些焊缝缺陷一般都会引起应力集中，削弱焊缝的有效截面，降低焊缝承载力，特别是当结构承受动力荷载作用时，焊接缺陷往往是导致构件或结构破坏的祸根。

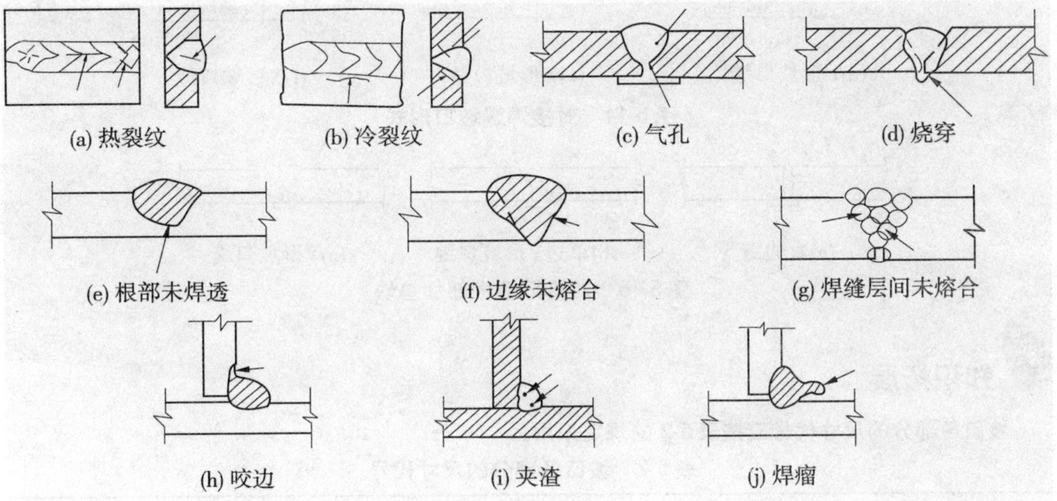

图 5-13　焊缝缺陷

5.3.3　焊缝连接

5.3.3.1　对接焊缝的构造和计算

1. 对接焊缝的构造

1）对接焊缝的形式

采用对接焊缝时，为保证焊缝有足够的熔深和焊接质量，常需在焊件边缘开成适当形式和尺寸的坡口，形成不同坡口形式的对接焊缝，故又叫坡口焊缝。常见对接焊缝形式如图 5-14 所示，有直边缝（I 形缝）、单边 V 形坡口缝、V 形坡口缝、U 形坡口缝、K 形坡口缝和 X 形坡口缝。

坡口形式与焊件的厚度 t 有关。当焊件厚度很小（手工焊 $t \leqslant 10$ mm）时，可用不开坡口的直边缝，只需将对接的板件之间保留 0.5 ~ 2 mm 的间隙。对于一般厚度（10 mm < t < 20 mm）的焊件可采用具有斜坡口的单边 V 形焊缝或双边 V 形焊缝。斜坡口和根部间隙 c 共同组成一个让焊条能够运转的施焊空间，使焊缝易于焊透。对于较厚的焊件（t > 20 mm），则应采用 U 形焊、K 形焊和 X 形焊缝。V 形焊缝和 U 形焊缝为单面施焊，但在焊缝根部还需补焊，没有条件补焊时，要事先在根部加垫块或垫板（见图 5-15）。当焊件可随意翻转施焊时，使用 K 形缝和 X 形缝较好。

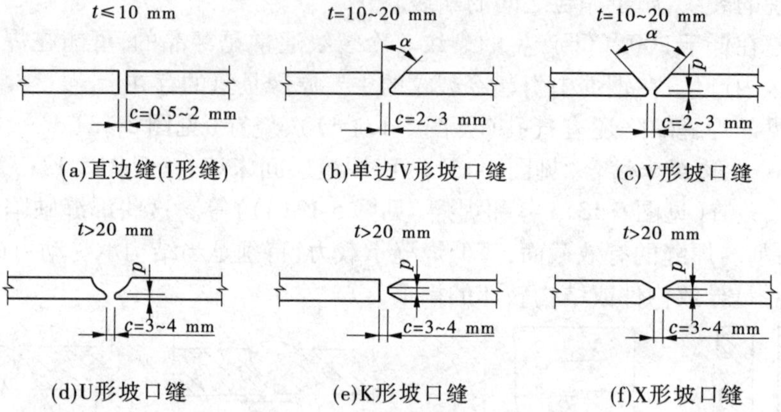

图 5-14　对接焊缝坡口形式

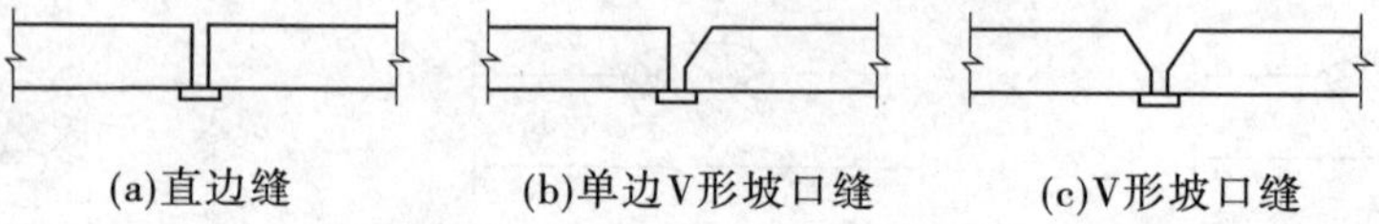

图 5-15　对接焊缝根部加垫块

知识拓展

坡口各部分的尺寸代号应按表 5-2 的规定采用。

表 5-2　坡口各部分的尺寸代号

代号	代表的坡口各部分尺寸	代号	代表的坡口各部分尺寸
t	接缝部位的板厚(mm)	p	坡口钝边(mm)
b	坡口根部间隙或部件间隙(mm)	α	坡口角度(°)
h	坡口深度(mm)		

2)引弧板

在对接焊缝的起弧点(焊缝起点)和灭弧点(焊缝终点),常因温度的急剧变化而出现凹形的焊口(弧坑)或未熔透等焊接缺陷,受力后容易出现裂缝及应力集中。为保证焊缝的安全可靠,焊缝的计算长度 l_w 应由其实际长度减去 $2t$(t 为连接板件的较小厚度)。在实际施焊时也常采用引弧板(见图 5-16)来消除焊缝端部缺陷。施焊时在焊缝一端的引弧板上起弧,并将焊缝的另一端焊至引弧板上,焊接完成后将多余的部分连同引弧板一起割除,并将焊件边缘修磨平整。

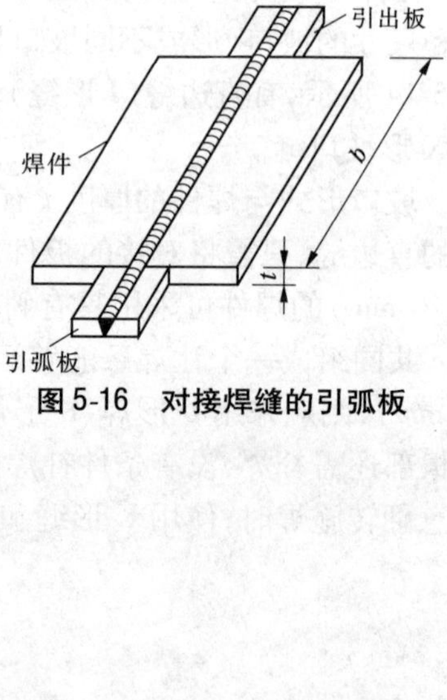

图 5-16　对接焊缝的引弧板

3）不同厚度或不同宽度板件的对接焊缝

当对接焊缝两侧焊件的宽度不同或厚度相差 4 mm 以上时，应将板件宽度或厚度较大的一侧做成坡度不大于 1∶2.5 的斜角（见图 5-17），以使截面过渡和缓，减小应力集中。

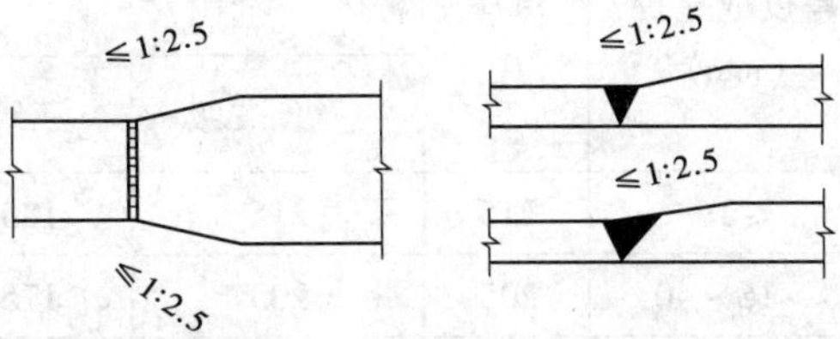

(a)板宽变化　　(b)板厚变化

图 5-17　不同厚度或不同宽度的钢板对接

2. 对接焊缝的强度

对接焊缝的强度与所焊接钢材的牌号、焊条型号及焊缝质量检验等级等因素有关。由于对接焊缝形成了被连接构件截面的一部分，一般希望焊缝的强度不低于母材的强度。

质量检验等级为一、二级的焊缝的抗拉强度可认为与母材强度相等，而质量检验等级为三级的焊缝允许存在的缺陷较多，故其抗拉强度仅为母材强度的 85%。

3. 对接焊缝的计算

对接焊缝计算时，应控制焊缝中最大应力（或折算应力）不能超过焊缝的强度设计值。

1）轴心受力对接焊缝（直缝）的计算

对接焊缝受轴心力是指作用力通过焊件截面形心，且垂直焊缝长度方向，如图 5-18 所示。焊缝强度计算公式为

$$\sigma = \frac{N}{l_w t} \leqslant f_t^w \text{或} f_c^w \tag{5-2}$$

式中　N——轴心拉力或压力，$N = \gamma_0 N_d$；

t——平接接头时为焊件的较小厚度，顶接接头时为腹板厚度；

l_w——焊缝计算长度，无引弧板时，$l_w = L - 2t$，有引弧板时，$l_w = L$；

f_t^w、f_c^w——对接焊缝的抗拉、抗压强度设计值，按表 5-3 的规定采用。

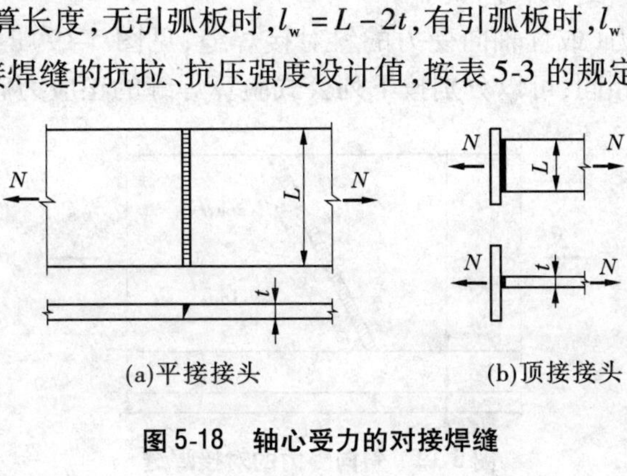

(a)平接接头　　(b)顶接接头

图 5-18　轴心受力的对接焊缝

表 5-3　焊缝强度设计值　　（单位：MPa）

焊接方法和焊条型号	构件钢材		对接焊缝				角焊缝
	牌号	厚度或直径（mm）	抗压 f_c^w	焊缝质量为下列等级时，抗拉 f_t^w 一级、二级	焊缝质量为下列等级时，抗拉 f_t^w 三级	抗剪 f_v^w	抗拉、抗压和抗弯 f_f^w
自动焊、半自动焊和E43型焊条的手工焊	Q235钢	≤16	215	215	185	125	160
		>16~40	205	205	175	120	
		>40~60	200	200	170	115	
		>60~100	190	190	160	110	
自动焊、半自动焊和E50型焊条的手工焊	Q345钢	≤16	310	310	265	180	200
		>16~35	295	295	250	170	
		>35~50	265	265	225	155	
		>50~100	250	250	210	145	
自动焊、半自动焊和E55型焊条的手工焊	Q390钢	≤16	350	350	300	205	220
		>16~35	335	335	285	190	
		>35~50	315	315	270	180	
		>50~100	295	295	250	170	
	Q420钢	≤16	380	380	320	220	220
		>16~35	360	360	305	210	
		>35~50	340	340	290	195	
		>50~100	325	325	275	185	

注：1. 对接焊缝在受压区的抗弯强度设计值取 f_c^w，在受拉区的抗弯强度设计值取 f_t^w。

2. 表中厚度是指计算点的钢材厚度，对轴心受拉和轴心受压构件是指截面中较厚板件的厚度。

2）斜向受力对接焊缝（斜缝）的计算

对接焊缝斜向受力（或称轴向受力的斜对接焊缝，见图 5-19）时，其受力状态与相邻焊缝处母材受力状态相同，可以分别按下列公式验算焊缝的正应力和剪应力。

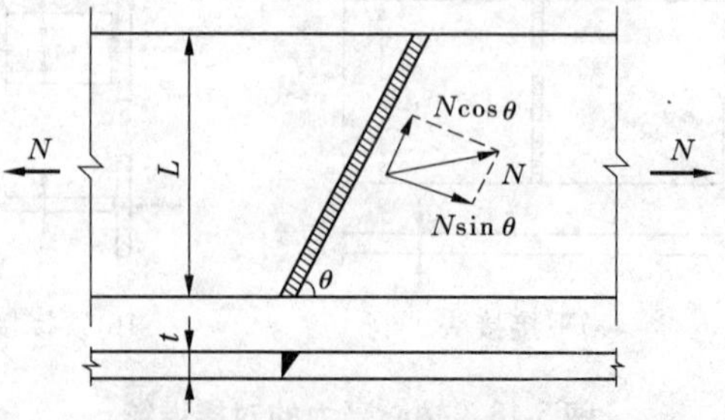

图 5-19　斜向受力的对接焊缝

$$\sigma = \frac{N\sin\theta}{l'_w t} \leqslant f_t^w \text{ 或 } f_c^w \tag{5-3}$$

$$\tau = \frac{N\cos\theta}{l'_w t} \leqslant f_v^w \tag{5-4}$$

式中　θ——焊缝长度方向与作用力方向之间的夹角；

l'_w——斜向焊缝的计算长度，无引弧板时，取斜向焊缝实长减去 $2t$，有引弧板时，取斜向焊缝的实长；

f_v^w——对接焊缝抗剪强度设计值，按表 5-3 的规定采用。

友情提示

上述对斜向受力对接焊缝分别按正应力和剪应力进行的验算是近似验算。斜向受力对接焊缝一般用于焊缝强度设计值低于构件（母材）强度设计值的平接连接中，采用斜焊缝后可以提高焊缝的承载能力，以期充分发挥构件的承载能力。

试验结果表明，当 $\tan\theta \leqslant 1.5$（$\theta \leqslant 56.3°$）时，可不验算焊缝强度。斜向受力对接焊缝还具有抗动力荷载作用性能较好的优点，但构件下料时须进行斜向切割，会增加钢材损耗。

3）弯矩、剪力作用下对接焊缝的计算

受弯构件属于一般材料力学中的平面受弯构件，其特点是受弯构件的跨度远大于其截面高度，符合平截面假定。其中的对接焊缝承受弯矩和剪力的共同作用（见图 5-20（a）），焊缝中的应力分布与焊缝所在位置的母材相同，需分别验算最大正应力（A 点）和最大剪应力（C 点）。

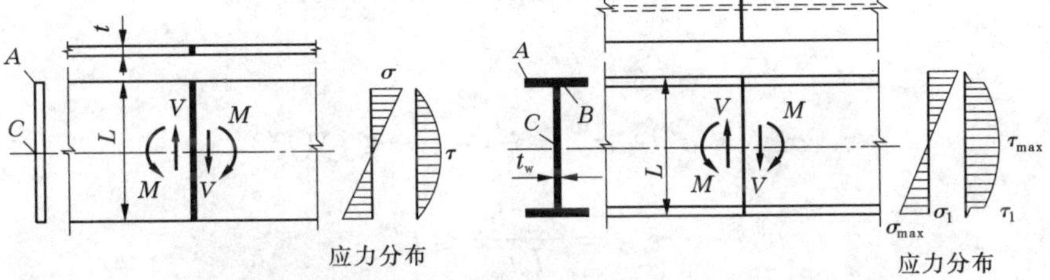

(a)平板梁　　(b)工字形梁

图 5-20　弯矩和剪力共同作用下对接焊缝

$$\sigma_{\max} = \frac{M}{W_w} \leqslant f_t^w (f_c^w) \tag{5-5}$$

$$\tau_{\max} = \frac{VS_w}{I_w t_w} \leqslant f_v^w \tag{5-6}$$

式中　W_w——焊缝计算截面的截面模量；

I_w——焊缝计算截面的惯性矩；

t_w——腹板（或矩形截面梁宽度）焊缝厚度；

S_w——焊缝截面上计算点处以上（或以下）截面对中性轴的面积矩。

特别地,工字形截面对接钢梁(见图5-20(b))腹板和翼缘交界点 B 的正应力、剪应力虽不是最大,但与截面上最大正应力及剪应力比较接近,所以需按下式验算 B 点折算应力,即

$$\sigma_{zs} = \sqrt{\sigma_1^2 + 3\tau_1^2} \leqslant 1.1 f_t^w \tag{5-7}$$

式中 σ_1——腹板与翼缘交界点 B 处的正应力;

τ_1——腹板与翼缘交界点 B 处的剪应力,$\tau_1 = \dfrac{VS_1}{I_w t_w}$;

S_1——B 点以上焊缝截面对中性轴的面积矩。

式(5-7)中焊缝强度设计值乘以系数 1.1 是考虑到最大折算应力只在构件的局部点出现,因而将强度设计值予以适当提高。

4)弯矩、剪力、轴力作用下对接焊缝的计算

图5-21 中,轴力和弯矩作用使对接焊缝产生正应力,剪力作用下产生剪应力,分别按下式验算其强度。

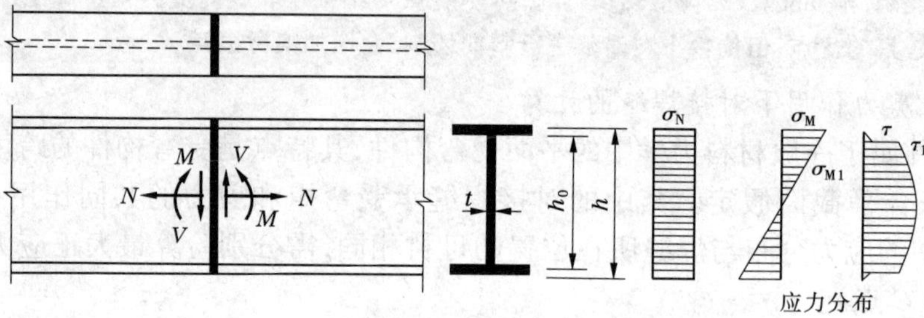

图5-21 弯矩、剪力和轴力共同作用下对接焊缝

$$\sigma_{max} = \sigma^N + \sigma^M = \frac{N}{A_w} + \frac{M}{W_w} \leqslant f_t^w (f_c^w) \tag{5-8}$$

$$\tau_{max} = \frac{V_{max} S_w}{I_w t_w} \leqslant f_v^w \tag{5-9}$$

式中 A_w——对接焊缝计算面积。

特别地,对于工字形、T形和箱形截面,还要按下式验算腹板与翼缘交界处的折算应力。

$$\sigma_{zs} = \sqrt{\sigma_1^2 + 3\tau_1^2} \leqslant 1.1 f_t^w \tag{5-10}$$

式中 σ_1——腹板与翼缘交界点的正应力,$\sigma_1 = \sigma^N + \sigma_1^M = \dfrac{N}{A_w} + \dfrac{M}{W_w}\dfrac{h_0}{h}$;

h——工字形截面钢梁的高度;

h_0——工字形截面钢梁的腹板高度;

τ_1——腹板与翼缘交界点的剪应力,$\tau_1 = \dfrac{VS_1}{I_w t_w}$。

应用案例 5-1

【基本资料】　如图 5-19 所示，图中 $L=540$ mm，$t=22$ mm，轴心力的设计值为 $N=2\ 500$ kN，钢材为 Q235-B，手工焊，焊条为 E43 型，三级检验标准的焊缝，施焊时加引弧板。试验算钢板的对接焊缝的强度。

【案例解析】

首先选择直缝对焊，其计算长度 $l_w=540$ mm，焊缝正应力为

$$\sigma=\frac{N}{l_w t}=\frac{2\ 500\times10^3}{540\times22}=210(\text{N/mm}^2)<f_t^w=175(\text{N/mm}^2)$$

不满足要求，改用斜对接焊缝，取截割斜度 1∶1.5，即 $\theta=56°$，焊缝长度 $l_w=\frac{L}{\sin\theta}=\frac{540}{\sin56°}=650(\text{mm})$。

焊缝的正应力为

$$\sigma=\frac{N\sin\theta}{l_w t}=\frac{2\ 500\times10^3\times\sin56°}{650\times22}=145(\text{N/mm}^2)<f_t^w=175\ \text{N/mm}^2$$

剪应力

$$\tau=\frac{N\cos\theta}{l'_w t}=\frac{2\ 500\times10^3\times\cos56°}{650\times22}=98(\text{N/mm}^2)<f_v^w=120\ \text{N/mm}^2$$

由于 $\tan\theta<1.5$ 时，焊缝强度能够保证，可不必验算。

5.3.3.2　角焊缝的构造和计算

1. 角焊缝的构造

1）角焊缝的截面形式

角焊缝的截面形式有直角角焊缝和斜角角焊缝两大类（如图 5-22 所示），其中直角角焊缝又有普通焊缝、平坡焊缝和深熔焊缝之分（如图 5-23 所示），斜角角焊缝又分成斜锐角焊缝、斜钝角焊缝和斜凹面角焊缝（如图 5-24 所示）。

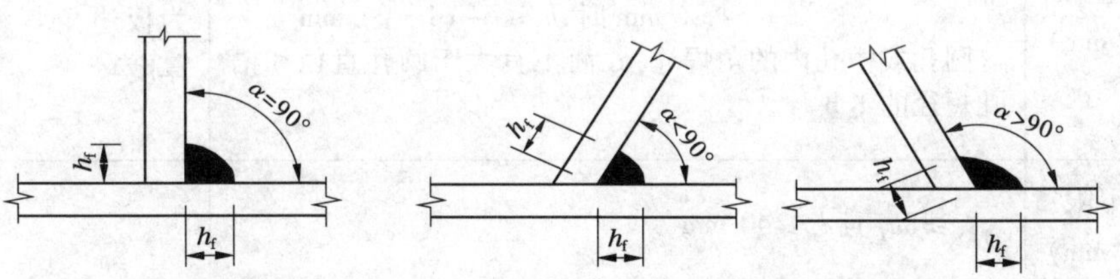

(a)直角角焊缝　(b)斜角角焊缝

图 5-22　角焊缝的截面形式

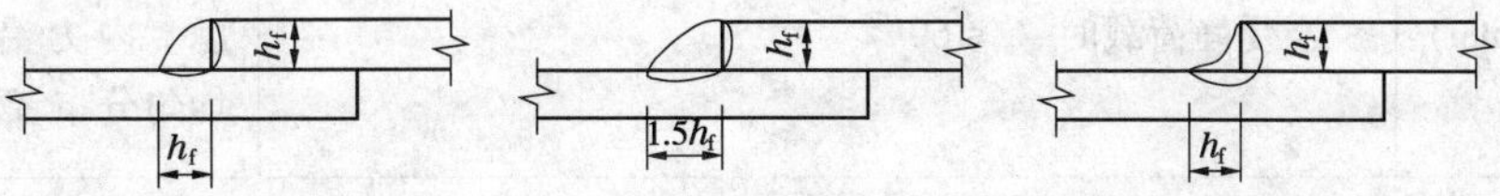

(a)普通焊缝　(b)平坡焊缝　(c)深熔焊缝

图 5-23　直角角焊缝截面形式

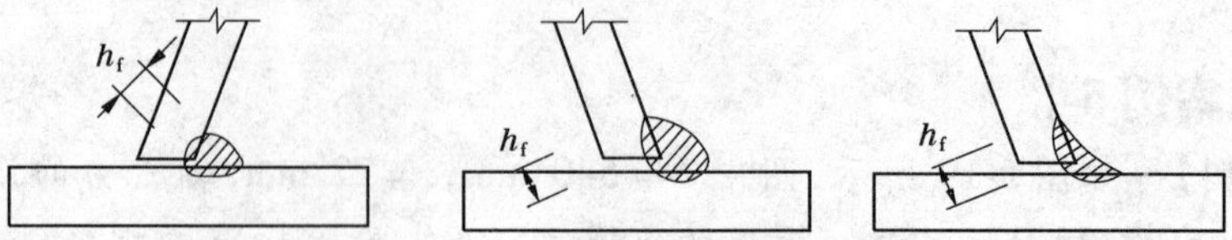

(a)斜锐角焊缝　　(b)斜钝角焊缝　　(c)斜凹面角焊缝

图 5-24　斜角角焊缝截面形式

2)角焊缝的基本构造尺寸

(1)焊脚尺寸 h_f。角焊缝的焊脚尺寸是指焊缝根角至焊缝表面与母材交界处(焊趾)的尺寸,记作 h_f。

角焊缝的焊角尺寸不能过小,以保证焊缝的最小承载能力,并防止由于焊件厚度相对较大,施焊时冷却速度过快而产生裂缝。

角焊缝的焊角尺寸也不宜过大,以避免焊缝收缩时产生较大的焊接残余应力和残余变形。同时焊缝过大时热影响区扩大,容易产生热脆,而且容易烧穿较薄的焊件。

工程设计中,角焊缝焊脚尺寸一般取整毫米数,其具体的构造要求详见表 5-4。

表 5-4　角焊缝构造尺寸要求

部位	项目	构造要求	说　明
焊脚尺寸 h_f	下限(mm)	手工焊:$h_f \geqslant 1.5\sqrt{t_1}$ 自动焊:$h_f \geqslant 1.5\sqrt{t_1}-1$ T 形连续单面焊:$h_f \geqslant 1.5\sqrt{t_1}+1$ 当 $t_2 \leqslant 4$ 时,$h_f = t$	t_1 为较厚焊件厚度(当采用低氢型碱性焊条施焊时,t_1 可采用较薄焊件的厚度)。 t_2 为较薄焊件厚度
	上限(mm)	$h_f \leqslant 1.2t_2$(钢管构件除外); 板件边缘角焊缝:$t \leqslant 6$ mm 时,$h_f \leqslant t$ $t > 6$ mm 时,$h_f \leqslant t-(1\sim2)$ mm 圆孔或槽孔内的角焊缝:h_f 尚不宜大于圆孔直径和槽孔短径的 1/3	t_2 为较薄焊件厚度,t 为板边角焊缝的板件厚度
焊缝长度 l_w	下限(mm)	$l_w \geqslant 8h_f$ 且 $l_w \geqslant 40$ mm	
	上限(mm)	当受动荷载时,$l_w \leqslant 50h_f$ 当受静荷载时,$l_w \leqslant 60h_f$	若超出限值,则超出部分在计算中不予考虑。内力沿侧缝全长均匀分布者不限

续表 5-4

部位	项目	构造要求	说　明
板件端部与节点板仅用两侧面角焊缝连接	长度 l_w	$l_w \geqslant d$	l_w 为每条侧面焊缝的长度，d 为两条侧面焊缝之间的距离
	距离 d	$d \leqslant 16t_2$（$t_2 > 12$ mm 时）； $d \leqslant 190$ mm（$t_2 \leqslant 12$ mm 时）	t_2 为较薄焊件厚度
搭接连接	搭接最小长度	$5t_2$ 且 25 mm	t_2 为较薄焊件厚度

(2)焊缝长度 l_w。角焊缝的长度不宜过小，使焊件的局部加热严重，焊缝起弧、灭弧点所引起的缺陷位置相距太近，致使焊缝不够可靠。侧面角焊缝的计算长度也不宜过大，侧面角焊缝应力在弹性阶段沿长度方向分布不均匀，两端大而中间小，而且焊缝越长，应力集中越明显。

钢结构设计规范规定：当侧面角焊缝的实际长度大于计算长度的构造限值时，超过部分在计算中不予考虑。工程设计中角焊缝的设计长度一般取 5 mm 的整倍数，其具体的构造要求详见表 5-4。

2. 角焊缝的受力特点和强度

1)角焊缝的破坏形式

在荷载作用下，端缝有三种破坏形式，即焊缝剪坏(见图 5-25(a))、焊缝拉坏(见图 5-25(b))和焊缝斜截面断裂(见图 5-25(c))。焊缝破坏时，一般首先在焊缝根部出现裂缝，然后扩及整个焊缝截面。

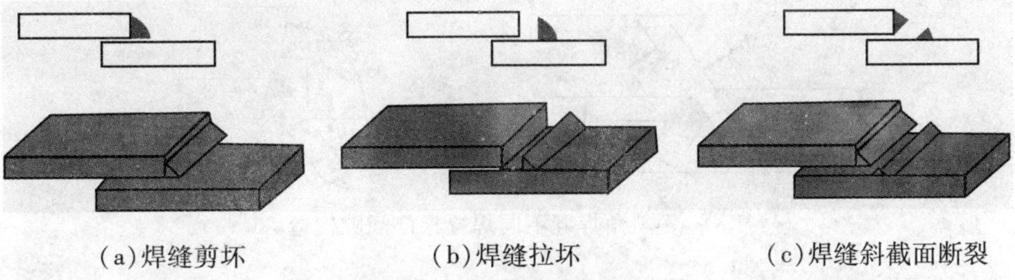

(a)焊缝剪坏　　(b)焊缝拉坏　　(c)焊缝斜截面断裂

图 5-25　端缝的破坏形式

侧缝通常在焊缝的斜截面上发生破坏，其实际破坏面是不规则的曲面(见图 5-26)。焊缝破坏的起点在焊缝的两端，端点出现裂缝后，迅速向焊缝中部发展，直至焊缝断裂。

2)角焊缝的有效截面和有效厚度

为了方便计算，不论端缝或侧缝，对于两焊脚边夹角 $\alpha = 90°$ 的直角角焊缝，均假定角焊缝沿焊脚的角平分面($\alpha/2$ 面)破坏，该破坏面称作焊缝的有效截面或计算截面，有效截

面上焊缝厚度称为有效厚度(或计算厚度)h_e(见图5-27(a)),其值为

$$h_e = h_f \cos\frac{\alpha}{2} \tag{5-11}$$

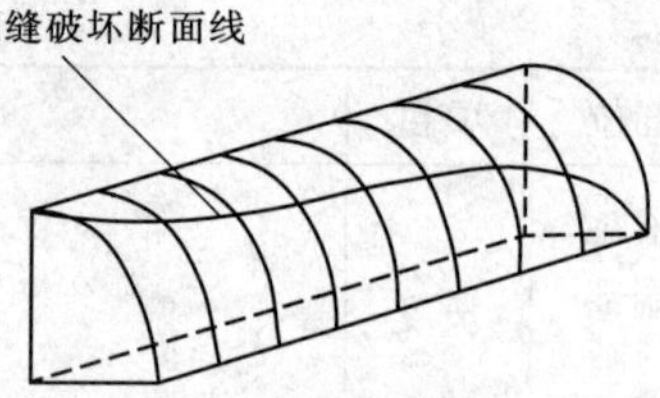

图5-26　侧缝的破坏形式

对于两焊脚边夹角为60°≤α≤135°的T形接头(见图5-27(b)),根据不同焊缝根部间隙构造(见图5-27(c)),其斜角角焊缝的有效厚度

$$\begin{cases} h_e = h_f \cos\dfrac{\alpha}{2} & (b、b_1 \text{或} b_2 \leqslant 1.5\ \text{mm}) \\ h_e = \left[h_f - \dfrac{b(\text{或} b_1、b_2)}{\sin\alpha}\right]\cos\dfrac{\alpha}{2} & (b、b_1 \text{或} b_2 > 1.5\ \text{mm 且} \leqslant 5\ \text{mm时}) \end{cases} \tag{5-12}$$

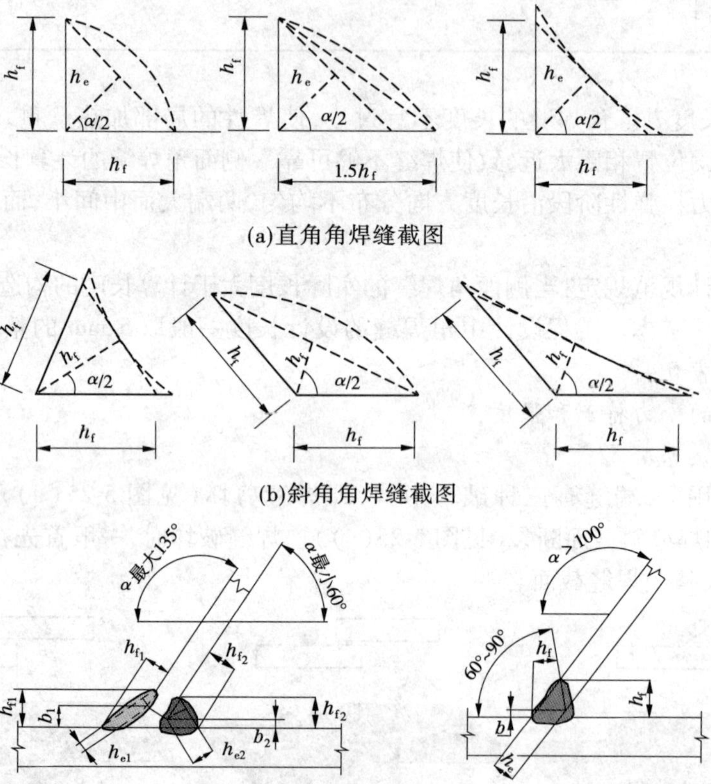

(a)直角角焊缝截图

(b)斜角角焊缝截图

(c)斜角焊缝不同焊缝根部间隙构造

图5-27　角焊缝的有效截面

式中　α——两焊脚边的夹角;

h_f——焊脚尺寸;

$b、b_1、b_2$——T形接头焊缝根部两焊件之间的间隙。

3. 角焊缝的计算

(1)正面角焊缝(端缝),见图5-28。

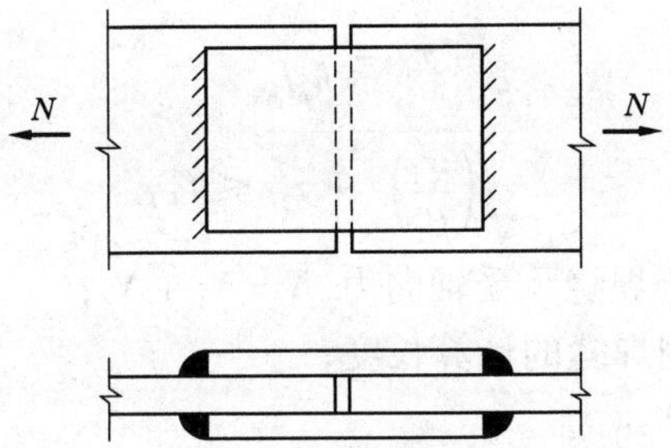

图5-28　正面角焊缝（端缝）受力示意图

正面角焊缝计算公式为

$$\sigma_f = \frac{N}{h_e l_w} \leqslant \beta_f f_f^w \tag{5-13}$$

式中　σ_f——按焊缝有效截面计算所得垂直于焊缝长度方向的应力；

h_e——角焊缝的有效厚度，对直角角焊缝，取 $h_e = 0.7h_f$；对斜角角焊缝，按式(5-12)计算。

l_w——角焊缝的计算长度，对每条角焊缝取实际长度减去焊缝起点和终点各一个 h_f；

f_f^w——角焊缝强度设计值；

β_f——正面角焊缝（端缝）强度设计值增大系数，采用直角角焊缝时：对承受静力荷载或间接动力荷载的结构，取 $\beta_f = 1.22$，对承受直接动力荷载的结构，取 $\beta_f = 1.0$，采用斜角角焊缝时，取 $\beta_f = 1.0$。

（2）侧面角焊缝（侧缝），见图5-29。

侧面角焊缝计算公式为

$$\tau_f = \frac{N}{h_e l_w} \leqslant f_f^w \tag{5-14}$$

式中　τ_f——按焊缝有效截面计算所得沿焊缝长度方向的剪应力。

（3）当角焊缝同时承受平行于焊缝长度方向和垂直于焊缝长度方向的外力作用（见图5-30）时，按下式验算其强度。

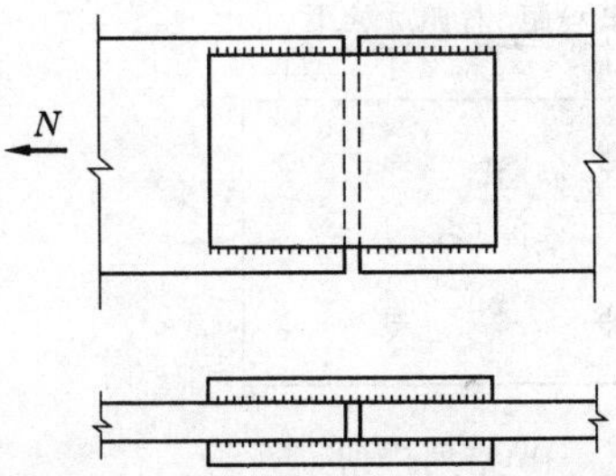

图5-29　侧面角焊缝（侧缝）受力示意图

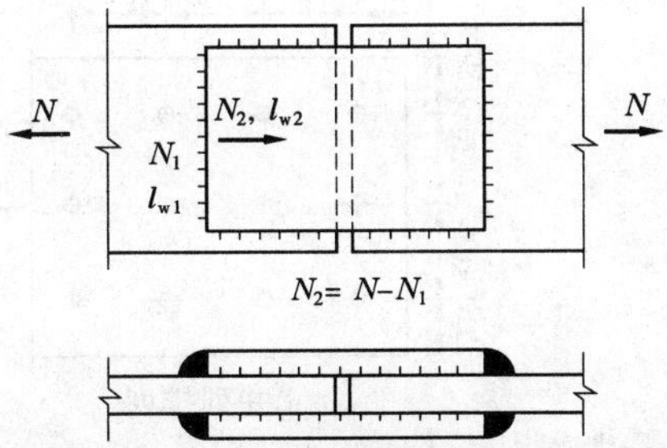

图5-30　角焊缝（四周围焊）受力示意图

端焊缝：

$$\frac{\sigma_f}{\beta_f} = \frac{N_1}{h_e l_{w1}} \tag{5-15}$$

侧焊缝：

$$\tau_f = \frac{N_2}{h_e l_{w2}} \tag{5-16}$$

$$\sqrt{\left(\frac{\sigma_f}{\beta_f}\right)^2 + \tau_f^2} \leqslant f_f^w \tag{5-17}$$

式中 N_1、N_2——端焊缝、侧焊缝承受轴向力，$N = N_1 + N_2$；

l_{w1}、l_{w2}——端焊缝、侧焊缝的计算长度；

β_f 的取值同式(5-13)。

友情提示

四周围焊承受轴向力验算其强度时，应在同时满足：$\frac{\sigma_f}{\beta_f} = \frac{N_1}{h_e l_{w1}} \leqslant f_f^w$ 和 $\tau_f = \frac{N_2}{h_e l_{w2}} \leqslant f_f^w$ 的前提下，再验算式(5-17)是否满足。

5.3.4 普通螺栓连接的构造和计算

5.3.4.1 普通螺栓连接的构造

1. 普通螺栓分类

钢结构采用的普通螺栓形式为大六角头形，其代号用字母 M 与公称直径（也叫名义直径）表示。工程常用 M16、M20、M22、M24、M27 等。一套螺栓一般由带螺栓头的螺杆、螺母和垫片组成，对承受动力荷载作用的螺栓应采用双螺母或其他能够防止螺母松动的有效措施。根据螺栓材料和螺栓及螺孔的加工精度要求不同，普通螺栓分为 A、B 级和 C 级螺栓。

2. 螺栓的排列和构造要求

在构件连接节点的同一部位上应采用同一种类、同一规格的螺栓。螺栓排列通常分为并列（见图 5-31(a)）和错列（见图 5-31(b)）两种形式。并列比较简单整齐，但螺栓孔对其所在构件截面的削弱较大。错列排列较为紧凑，可以减小螺栓孔对截面的削弱，但孔的排列不如并列规则。

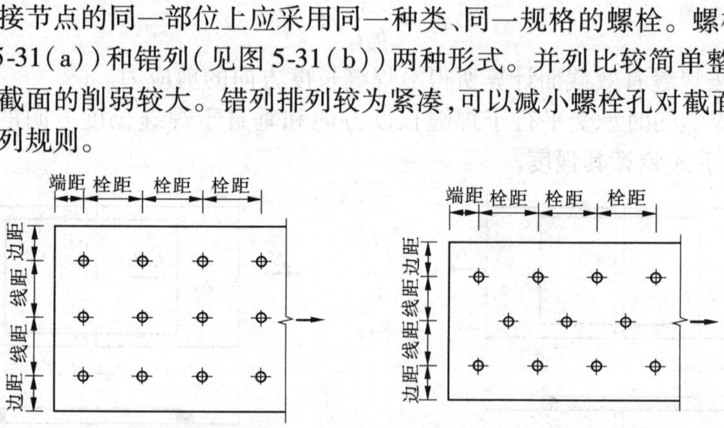

(a)并列排列　　(b)错列排列

图 5-31 钢板上螺栓的排列

构件上排列成行的螺栓孔中心连线称作螺栓线或螺栓规线，沿螺栓线相邻螺栓孔的中心距离称作螺栓距，相邻两条螺栓线的间距称作线距或规距，连接中边缘螺栓孔在受力方向上至构件端部的距离称作端距，螺栓孔中心在垂直于受力方向上至构件边缘的距离称作边距。

在钢板上排列螺栓的最大、最小容许距离的具体要求（对铆钉的排列要求与螺栓类同），见表5-5。

表5-5　螺栓和铆钉最大、最小容许距离

名称	位置和方向			最大容许距离（取二者的较小值）	最小容许距离
中心间距	外排（垂直内力方向或顺内力方向）			$8d_0$ 或 $12t$	$3d_0$
	中间排	垂直内力方向		$16d_0$ 或 $24t$	
		顺内力方向	构件受压力	$12d_0$ 或 $18t$	
			构件受拉力	$16d_0$ 或 $24t$	
	沿对角线方向			—	
中心至构件边缘的距离	顺内力方向			$4d_0$ 或 $8t$	$1.2d_0$
	垂直内力方向	剪切边或手工气割边			$1.5d_0$
		轧制边、自动气割或锯割边	高强度螺栓		
			其他螺栓或铆钉		$8d_0$、$1.2d_0$

注：1. 表中符号 d_0 为螺栓或铆钉的孔径，t 为栓（或铆）或部分外层较薄钢板或型钢厚度。

2. 表中所列"靠边行列"是指沿板边一行的螺栓或铆钉线；对于角钢，距角钢背最近一行的螺栓或铆钉线也作为"靠边行列"。

3. 有角钢镶边的翼肢上交叉排列的螺栓或铆钉，其靠边行列最大中心间距可取 $14d_0$ 或 $32t$ 中的较小者。

4. 由两个角钢或两个槽钢中间夹以垫板（或垫圈）并用螺栓或铆钉连接组成的构件，顺内力方向的螺栓（或铆钉）之间的最大中距，对于受压或受压—拉构件规定为 $40r$，但不应大于 160 mm；对于受拉构件规定为 $80r$，但不应大于 240 mm，其中 r 为一个角钢或槽钢平行于垫板或垫圈所在平面轴线的回转半径。

3. 螺栓和螺栓孔的表示方法

工程图纸中螺栓和螺栓孔的表示方法见表5-6。

表5-6　工程图纸中螺栓和螺栓孔的表示方法

序号	名称	图例	说明
1	永久螺栓	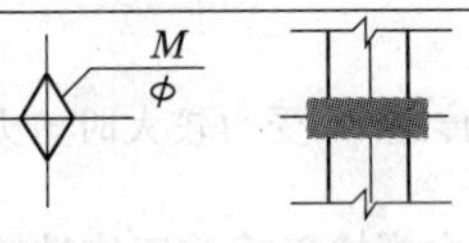	1. 细"+"线表示定位线； 2. M 表示螺栓规格； 3. φ表示螺栓孔径； 4. 采用引出线表示螺栓时，横线上方标注螺栓规格，横线下方标注螺栓孔径
2	高强度螺栓	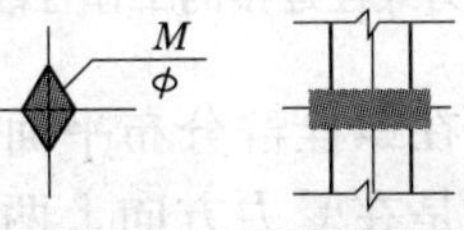	
3	安装螺栓	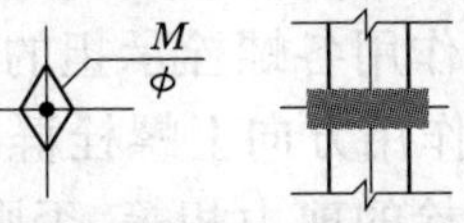	
4	圆形螺栓孔	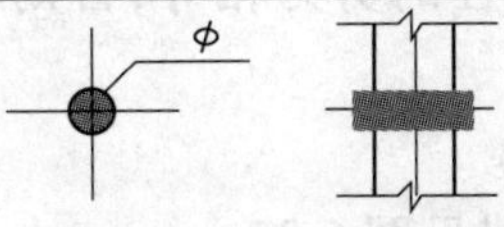	
5	长圆形螺栓孔	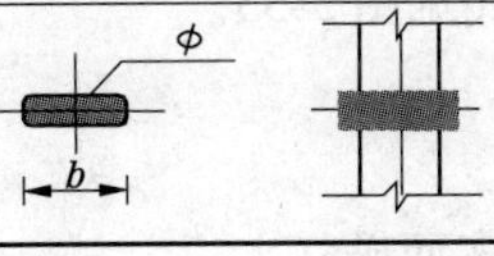	

5.3.4.2 普通螺栓的工作性能和承载力

工程图纸中螺栓和螺栓孔的表示方法按受力状况，普通螺栓可分为剪力螺栓（外力垂直于螺杆）和拉力螺栓（外力平行于螺杆），如图 5-32 所示。剪力螺栓靠孔壁承压、螺杆抗剪传力，拉力螺栓靠螺栓受拉传力。

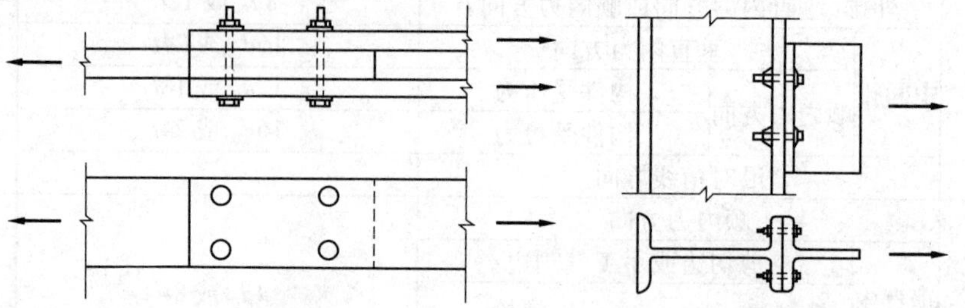

(a)剪力螺栓　　(b)拉力螺栓

图 5-32　剪力螺栓与拉力螺栓

1. 剪力螺栓工作性能

1）剪力螺栓的受力状态

剪力螺栓受力后，当外力不大时，剪力由板件间接触面上的静摩擦力来传递（见图 5-33（a））。当外力增大超过极限摩擦力后，板件间的接触面产生相对滑移，螺杆开始接触构件的孔壁而受剪，孔壁则受压（见图 5-33（b））。应当注意的是，普通螺栓的摩擦传力机制并不十分可靠，计算时不予考虑。

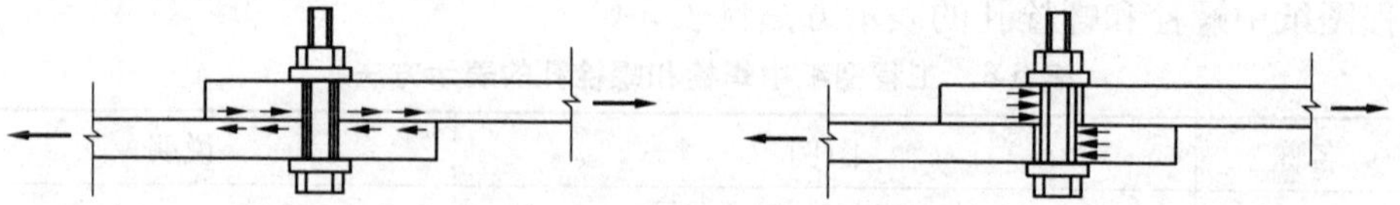

(a)受力较小时剪力由板件间的静摩擦力来传递 (b)受力较大时剪力由孔壁承压和螺杆受剪来传递

图 5-33　剪力螺栓连接的工作性能

当外力较小时，连接处于弹性阶段，在螺栓群分布平面内，承受经过螺栓群形心的剪力作用时，各螺栓受力一般并不相等，而是在受力方向上两端大、中间小。当外力继续增大，达到塑性阶段时，由于内力重分布的作用各螺栓承担的荷载逐渐接近，最后趋于相等直到破坏（见图 5-34）。因此，当顺外力作用方向上螺栓群的分布范围较小时，可以认为由相同规格组成的同一组螺栓群中各螺栓的剪力相等，否则应考虑各个螺栓所受剪力的不均匀性。

2）剪力螺栓的破坏形式

对于剪力螺栓，可能出现的破坏模式见图 5-35。

（1）螺杆剪切破坏。

（2）钢板孔壁挤压破坏。

（3）构件本身由于截面开孔削弱过多而破坏。

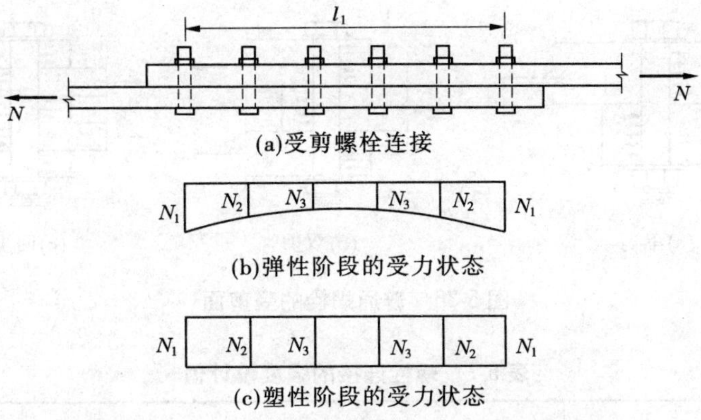

图5-34 沿外力方向螺栓群的不均匀受剪状态

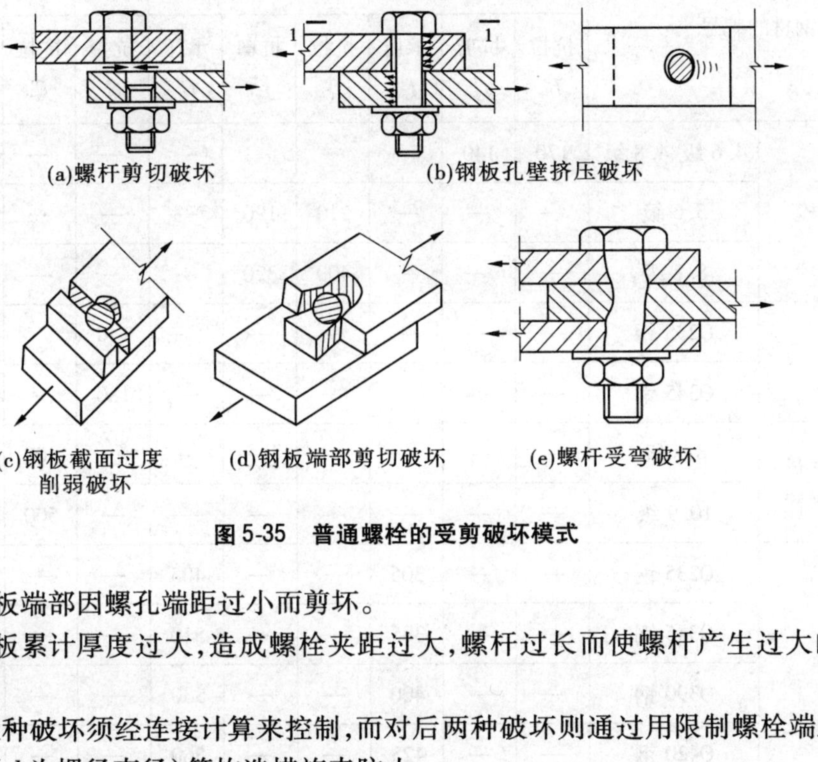

图5-35 普通螺栓的受剪破坏模式

(4)钢板端部因螺孔端距过小而剪坏。

(5)钢板累计厚度过大,造成螺栓夹距过大,螺杆过长而使螺杆产生过大的弯曲变形。

对前三种破坏须经连接计算来控制,而对后两种破坏则通过用限制螺栓端距和螺杆长度 $l \leqslant 5d$(d 为螺径直径)等构造措施来防止。

3)单个剪力螺栓的承载力设计值$[N]_v^b$

假定螺栓受剪面上的剪应力为均布,单个普通螺栓的抗剪承载力设计值为

$$N_v^b = n_v \frac{\pi d^2}{4} f_v^b \tag{5-18}$$

式中 n_v——螺栓受剪面数目(见图5-36),单剪 $n_v = 1$,双剪 $n_v = 2$,四剪 $n_v = 4$;

d——螺杆直径;

f_v^b——普通螺栓抗剪强度设计值,查表5-7。

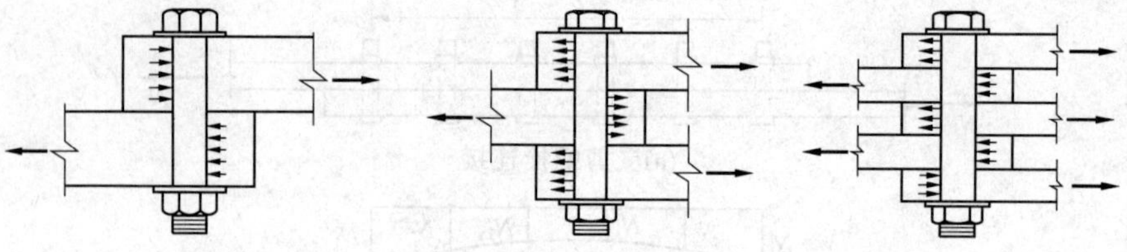

(a)单剪　　(b)双剪　　(c)四剪

图 5-36　普通螺栓的受剪面

表 5-7　螺栓连接的强度设计值　　（单位:N/mm²）

螺栓的性能等级、锚栓和构件钢材的牌号		普通螺栓 C 级螺栓 抗拉 f_t^b	普通螺栓 C 级螺栓 抗剪 f_v^b	普通螺栓 C 级螺栓 承压 f_c^b	普通螺栓 A 级、B 级螺栓 抗拉 f_t^b	普通螺栓 A 级、B 级螺栓 抗剪 f_v^b	普通螺栓 A 级、B 级螺栓 承压 f_c^b	锚栓 抗拉 f_t^a	承压型连接高强度螺栓 抗拉 f_t^b	承压型连接高强度螺栓 抗剪 f_v^b	承压型连接高强度螺栓 承压 f_c^b
普通螺栓	4.6 级、4.8 级	170	140	—	—	—	—	—	—	—	—
	5.6 级	—	—	—	210	190	—	—	—	—	—
	8.8 级	—	—	—	400	320	—	—	—	—	—
锚栓	Q235 钢	—	—	—	—	—	—	140	—	—	—
	Q345 钢	—	—	—	—	—	—	180	—	—	—
承压型连接高强度螺栓	8.8 级	—	—	—	—	—	—	—	400	250	—
	10.9 级	—	—	—	—	—	—	—	500	310	—
构件	Q235 钢	—	—	305	—	—	405	—	—	—	470
	Q345 钢	—	—	385	—	—	510	—	—	—	590
	Q390 钢	—	—	400	—	—	530	—	—	—	615
	Q420 钢	—	—	425	—	—	560	—	—	—	655

注:1. A 级螺栓用于 $d \leqslant 24$ mm 和 $l \leqslant 10d$ 或 $l \leqslant 150$ mm(按较小值)的螺栓;B 级螺栓用于 $d > 24$ mm 或 $l > 10d$ 或 $l > 150$ mm(按较小值)的螺栓。d 为公称直径,l 为螺杆公称长度。

2. A、B 级螺栓孔的精度和孔壁表面粗糙度,C 级螺栓孔的允许偏差和孔壁表面粗糙度,均应符合现行国家标准《钢结构工程质量验收规范》(GB 50205—2001)的要求。

螺栓孔壁的实际承压应力分布不均匀,为方便计算,通常假定承压应力沿螺杆直径的投影面均匀分布。单个普通螺栓的承压承载力设计值为

$$N_c^b = d(\sum t)f_c^b \tag{5-19}$$

式中　$\sum t$——同一受力方向承压构件的较小总厚度；

f_c^b——普通螺栓承压强度设计值，查表5-7。

单个剪力螺栓的承载力设计值 N_c^b 应取其螺杆受剪承载力设计值 N_v^b 和承压承载力设计值 N_c^b 中的较小值，即

$$[N]_v^b = \min\{N_v^b, N_c^b\} \tag{5-20}$$

2. 拉力螺栓工作性能

1）拉力螺栓的受力状态

在受拉螺栓连接中，外力使被连接构件的接触面互相脱开而使螺栓沿螺杆方向受拉，其破坏形式一般表现为螺杆拉断，须验算螺栓的抗拉承载力。

工程中常用T形连接件或由双角钢组成的T形连接件（见图5-37）来实现抗拉螺栓连接的传力。节点所受拉力由板件 A 经剪力螺栓传至角钢 B，再经拉力螺栓传至板件 C。由于角钢肢的平面外抗弯刚度较小，受力后会发生弯曲变形，使螺杆承受轴心拉力的同时承受由于杠杆作用所产生的压力 V（称作撬力）。撬力实际上在一定区域内的非均匀分布的作用力，而且角钢肢（或板状连接件）的刚度越小，V 就越大。图5-37（a）中所示拉力螺栓实际拉力为 $P_f = \dfrac{N}{2} + V$。

由于工程设计中 V 值较难确定，故目前采用的设计原则是将拉力螺栓的抗拉强度适当降低，同时在构造上采取一定的措施加强连接板件的刚度，如在角钢上设加劲肋（见图5-37（b）），从而在一定程度上减小或消除 V 的影响，即螺栓的拉力按 $P_f = \dfrac{N}{2}$ 计算。

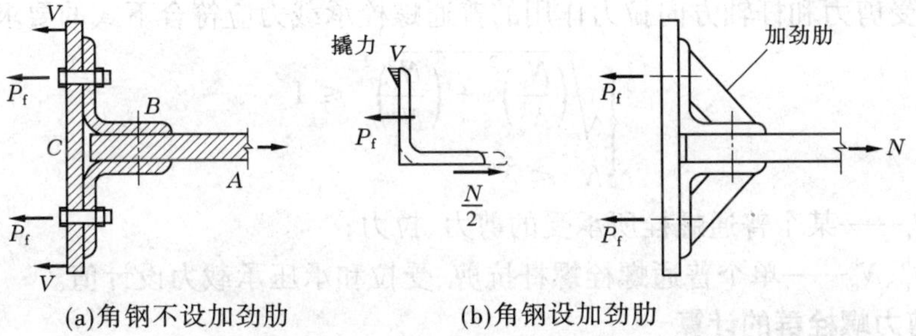

图5-37　普通受拉螺栓的受力状态

2）单个普通拉力螺栓的承载力设计值 N_t^b

单个普通拉力螺栓的受拉承载力设计值为

$$N_t^b = \frac{\pi d_e^2}{4} f_t^b \tag{5-21}$$

式中　d_e——螺栓在螺纹处有效直径，按表5-8取值；

f_t^b——螺栓抗拉强度设计值，查表5-7。

表 5-8　螺栓的有效直径和有效面积

螺栓直径 d(mm)	螺距 p(mm)	螺栓有效直径 d_e(mm)	螺栓有效面积 A_e(mm^2)	螺栓直径 d(mm)	螺距 p(mm)	螺栓有效直径 d_e(mm)	螺栓有效面积 A_e(mm^2)
16	2	14. 123 6	156. 7	52	5	47. 309 0	1 758
18	2. 5	15. 654 5	192. 5	56	5. 5	50. 839 9	2 030
20	2. 5	17. 654 5	244. 8	60	5. 5	54. 839 9	2 362
22	2. 5	19. 654 5	303. 4	64	6	58. 370 8	2 676
24	3	21. 185 4	352. 5	68	6	62. 370 8	3 055
27	3	24. 185 4	459. 4	72	6	66. 370 8	3 460
30	3. 5	26. 716 3	560. 6	76	6	70. 370 8	3 889
33	3. 5	29. 716 3	693. 6	80	6	74. 370 8	4 344
36	4	32. 247 2	816. 7	85	6	79. 370 8	4 948
39	4	35. 247 2	975. 8	90	6	84. 370 8	5 591
42	4. 5	37. 778 1	1 121	95	6	89. 370 8	6 273
45	4. 5	40. 778 1	1 306	100	6	94. 370 8	6 995
48	5	43. 309 0	1 473				

注：表中的有效面积 A_e 值是按下式计算所得：$A_e=\frac{\pi}{4}\left(d-\frac{13}{24}\sqrt{3}p\right)^2$。

3. 剪拉螺栓的承载力

同时承受剪力和杆轴方向拉力作用的普通螺栓承载力应符合下式的要求：

$$\begin{cases}\sqrt{\left(\dfrac{N_v}{N_v^b}\right)^2+\left(\dfrac{N_t}{N_t^b}\right)^2}\leqslant 1\\ N_v\leqslant N_c^b\end{cases}\tag{5-22}$$

式中　N_v、N_t——某个普通螺栓所承受的剪力、拉力；

N_v^b、N_t^b、N_c^b——单个普通螺栓螺杆抗剪、受拉和承压承载力设计值。

5.3.4.3　剪力螺栓群的计算

1. 在作用于螺栓群形心的剪力作用下的计算

1）螺栓数目的确定

在螺栓群分布平面内，承受经过螺栓群形心的剪力 N 作用，假设所有螺栓均匀受力，所需螺栓数目为

$$n\geqslant\frac{N}{\eta[N]_v^b}\tag{5-23}$$

式中　$[N]_v^b$——单个螺栓螺杆抗剪承载力设计值 N_v^b 和 N_c^b 孔壁承压承载力设计值中的较小值；

η——折减系数，用以反映各螺栓实际承受剪力的不均匀程度，其取值与拼接接头处沿受力方向螺栓群的分布长度 l_1 有关，应按下列规定取值：当 $l_1/d_0\leqslant 15$

时，$\eta=1.0$；当$15<l_1/d_0\leqslant 60$时，$\eta=1.1-\dfrac{l_1}{150d_0}$；当$l_1/d_0>60$时，$\eta=0.7$；

d_0——螺栓孔径。

2)连接板件净截面强度的验算

由于螺栓孔削弱了构件的截面，因此在确定了连接螺栓的数目和排列方式后，还需验算构件的净截面强度为

$$\sigma=\frac{N}{A_n}\leqslant f \tag{5-24}$$

式中　f——连接板材料强度设计值，查表5-9；

A_n——节点板验算截面的净截面面积。

表5-9　钢材的强度设计值　（单位：MPa）

钢材 牌号	钢材 厚度或直径(mm)	抗拉、抗压和抗弯 f	抗剪 f_v	端面承压（刨平顶紧）f_{ce}
Q235钢	≤16	215	125	325
	>16~40	205	120	
	>40~60	200	115	
	>60~100	190	110	
Q345钢	≤16	310	180	400
	>16~35	295	170	
	>35~50	265	155	
	>50~100	250	145	
Q390钢	≤16	350	205	415
	>16~35	335	190	
	>35~50	315	180	
	>50~100	295	170	
Q420钢	≤16	380	220	440
	>16~35	360	210	
	>35~50	340	195	
	>50~100	325	185	

注：表中厚度是指计算点的钢材厚度，对轴心受拉和轴心受压构件是指截面中较厚板件的厚度。

当螺栓并列布置时，构件可能沿Ⅰ—Ⅰ直线截面破坏（见图5-38(a)）。

当螺栓错列布置时，构件可能沿Ⅰ—Ⅰ直线截面或Ⅱ—Ⅱ折线截面破坏（见图5-38(b)）。Ⅰ—Ⅰ截面和Ⅱ—Ⅱ截面的净截面面积可近似地取为

$$A_n=A-\eta_{\mathrm{I}}d_0t \tag{5-25}$$

$$A_n=\left[2e_{\mathrm{I}}+(n_{\mathrm{II}}-1)\sqrt{a^2+e^2}-\eta_{\mathrm{II}}d_0\right]t \tag{5-26}$$

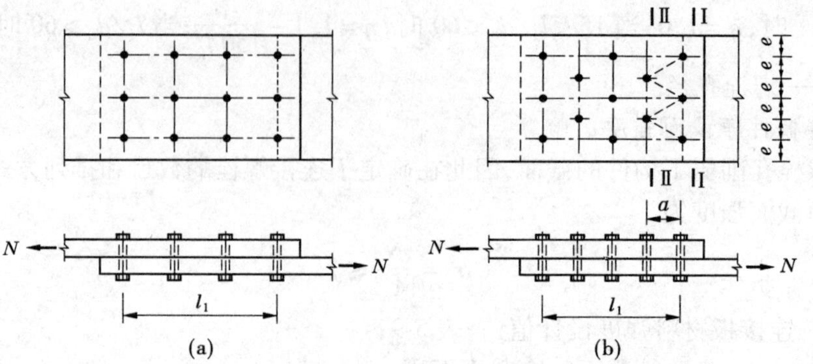

图 5-38　螺栓群受剪时的连接板件净截面验算

计算时取Ⅰ—Ⅰ、Ⅱ—Ⅱ净截面面积的较小者来验算钢板净截面强度。n_{I} 和 n_{II} 分别为Ⅰ—Ⅰ截面和Ⅱ—Ⅱ截面上的螺栓数。

2. *在力矩、剪力和轴力(双向正交剪力)共同作用下的计算*

受剪连接螺栓群在螺栓群分布平面内力矩(扭矩)M、剪力 V 和轴力 N 共同作用下的连接计算模型见图 5-39。

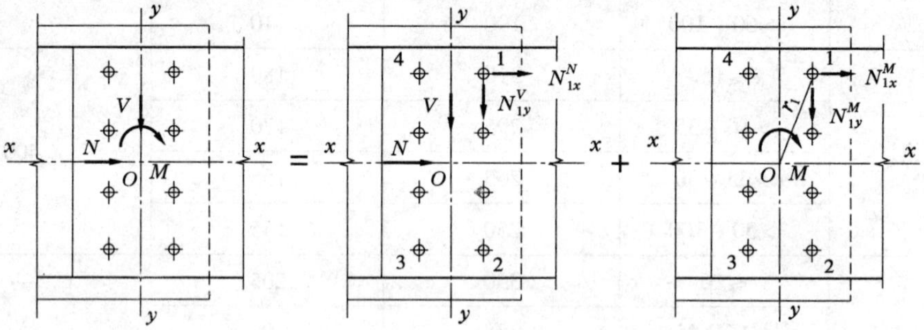

图 5-39　螺栓群受力矩、剪力和轴力共同作用

计算时，应首先分别计算各种内力对螺栓所产生的剪力值，然后按矢量叠加求出所有螺栓在所有内力作用下最大的合剪力，并使其不超过螺栓的容许抗剪承载力 $[N]_{\mathrm{v}}^{\mathrm{b}}$。

5.3.4.4　拉力螺栓群计算

1. *在轴向拉力作用下的计算*

当沿螺杆方向作用的外力 N 通过螺栓群形心时，假设所有的拉力螺栓承受等值拉力，所需的螺栓数目为

$$n \geqslant \frac{N}{N_{\mathrm{t}}^{\mathrm{b}}} \tag{5-27}$$

式中　$N_{\mathrm{t}}^{\mathrm{b}}$——单个螺栓抗拉承载力设计值。

2. *在弯矩和轴向拉力共同作用下的计算*

在弯矩 M 和轴力 N 共同作用下的螺栓群，相对于螺栓而言，连接件可以视作是绝对刚性的，螺栓则是弹性的，节点可能存在两种受力状态(见图 5-40)。

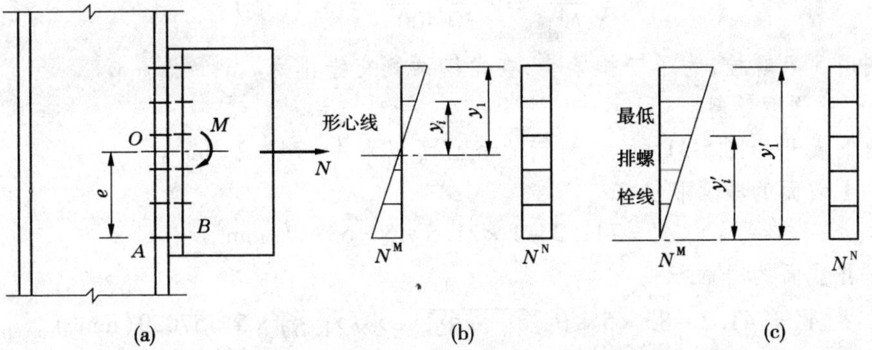

图5-40　在弯矩和轴力共同作用下拉力螺栓群的受力状况

在 M 作用下，顶排螺栓所受拉力最大，在 N 作用下，每个螺栓均匀受力。依据叠加原理，求出顶排螺栓所受的最大合拉力，使其不超过螺栓的容许抗拉承载力 $[N]_t^b$

应用案例5-2

【基本资料】　两角钢拼接采用4.8级C级普通螺栓连接，如图5-41所示。角钢截面为 ∟75×5，材料为Q235钢，轴向拉力设计值为 $N_d = 100$ kN，拼接角钢采用与构件相同的截面，安全等级为二级。螺栓直径 $d = 20$ mm，孔径 $d_0 = 21.5$ mm。试对该连接进行设计。

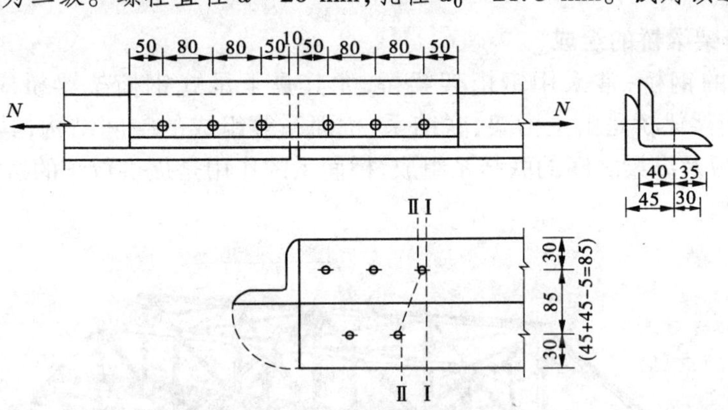

图5-41　两角钢拼接图

【案例解析】

查表5-7和表5-9，得 $f_v^b = 140$ N/mm²，$f_c^b = 305$ N/mm²，$f = 215$ N/mm²。

(1) 螺栓的连接计算。

单只螺栓的抗剪承载力为

$$N_v^b = n_v \frac{\pi d^2}{4} f_v^b = 1 \times \frac{\pi \times 20^2}{4} \times 140 = 43\,960\ (\text{N})$$

单只螺栓的承压承载力为

$$N_c^b = d(\sum t) f_c^b = 20 \times 5 \times 304 = 30\,400 (\text{N})$$

取 N_v^b 和 N_c^b 的较小值 $N_{min}^b = 30\,400$ N。

构件一侧所需要的螺栓数目为

$$n=\frac{N}{N_{\min}^{\mathrm{b}}}=\frac{100\times10^3}{30\ 400}=3.3(个)$$

每侧用5只螺栓，为了安排紧凑，在角钢两侧交错排列。

(2)构件强度验算。

将角钢展开如图5-41所示，角钢的截面面积为$A=741.2\ \mathrm{mm}^2$。

Ⅰ—Ⅰ截面的净面积：

$$A'=741.2-1\times21.5\times5=633.7(\mathrm{mm}^2)$$

Ⅱ—Ⅱ截面的净面积：

$$A''=741.2-85\times5+(\sqrt{40^2+85^2}-2\times21.5)\times5=570.9(\mathrm{mm}^2)$$

取Ⅱ—Ⅱ截面为破坏截面，则

$$\sigma=\frac{N}{A''}=\frac{100\times10^3}{570.9}=175.2(\mathrm{MPa})<f=215\ \mathrm{MPa}$$

满足要求。

任务5.4　钢桁架

5.4.1　钢桁架构造

5.4.1.1　钢桁架梁桥的组成

较大跨径的钢桥，常采用钢桁架梁桥，尤其是下承式钢桁架梁桥应用较广泛（见图5-42）。钢桁架梁桥是由主桁架、联结系、桥面系等组成的空间结构，其中桥面系由纵梁、横梁、桥面板及纵梁之间的联结系组成，桥面系的作用是提供行车的桥面，并将桥面荷载传递给主桁架。

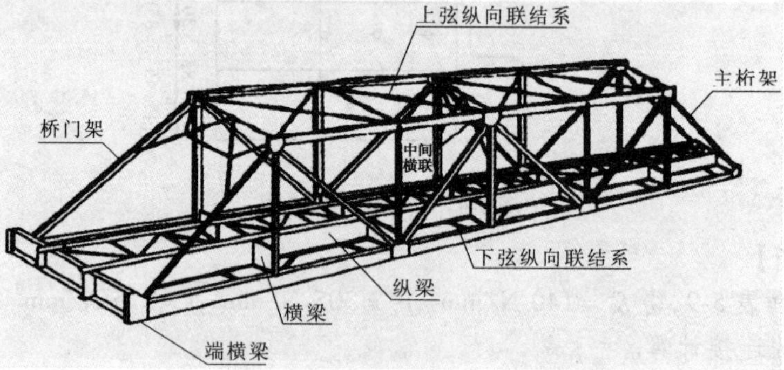

图5-42　钢桁架梁桥的组成

主桁架是钢桁架梁桥的主要承重结构，它是由上弦杆、下弦杆和腹杆组成的平面桁架结构，各杆件交汇处为节点，用节点板连接。

为了使钢桁架梁桥形成空间几何不变结构，并能承受各种横向荷载，必须在主桁架上弦或下弦平面内设置水平桁架，将主桁架连成空间受力结构，这种设在主桁架上弦或下弦平面内的水平桁架称为上弦或下弦纵向联结系。

上弦或下弦纵向联结系的作用，主要是承受作用于钢桁架梁桥的横向水平荷载，包括作用于主桁架、桥面系和车辆上的横向风力、车辆的摇摆力和曲线梁桥上的离心力。纵向联结系的另一种作用是在横向支撑弦杆，减小弦杆在主桁架平面外的计算长度，因此可以防止受压弦杆在主桁架平面外的失稳。

纵向联结系由主桁架的弦杆及弦杆之间的水平腹杆组成（见图5-43），常见的结构形式有三角形体系（见图5-43(a)）、菱形体系（见图5-43(b)）、交叉式体系（见图5-43(c)）及K形体系（见图5-43(d)）等。

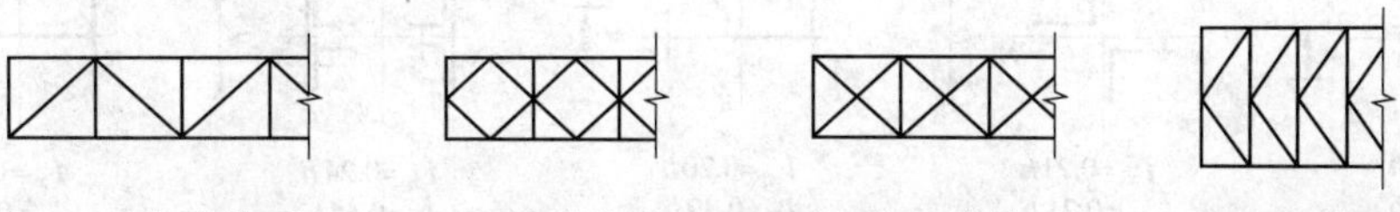

(a)三角形体系　(b)菱形体系　(c)交叉式体系　(d)K形体系

图5-43　纵向联结系

为了增加钢桁架梁桥的抗扭刚度，使各片主桁架共同受力，在与主桁架平面垂直的主桁架竖杆平面内应设置横向联结系。位于钢桁架梁桥中部的横向联结系简称为中间横联，位于钢桁架梁桥端部的横向联结系简称为端横联，上弦或下弦纵向联结系和横向联结系将各片主桁架联结起来，共同组成稳定的空间结构。

横向联结系可做成交叉式、三角形和菱形等体系。图5-44为上承式钢桁架梁桥的横向联结系，其斜杆的角度一般在30°~50°。对于下承式钢桁架梁桥，为了保证行车净空的要求，横向联结系应设置在行车净空以上（见图5-45），因此下承式钢桁架梁桥的横向联结系又称为桥门架。

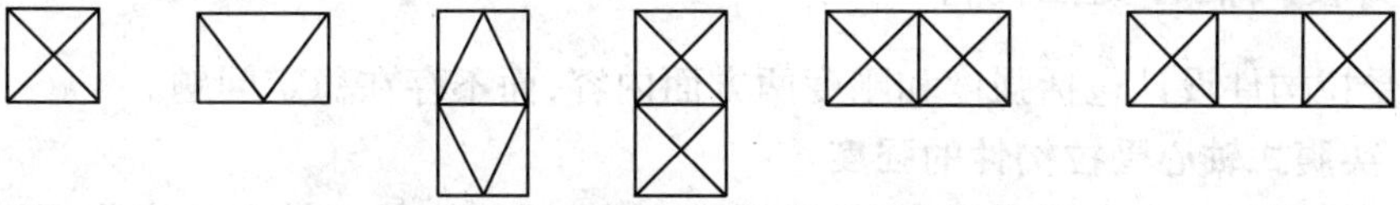

(a)　(b)　(c)　(d)　(e)　(f)

图5-44　上承式钢桁架梁桥的横向联结系

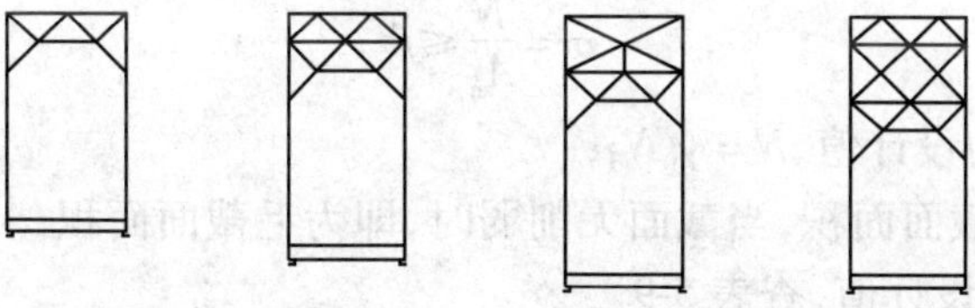

(a)　(b)　(c)　(d)

图5-45　下承式钢桁架梁桥的横向联结系

5.4.1.2　主桁架杆件的截面形式

钢桁架梁桥的主桁架构件主要是轴心受力构件和拉弯构件、压弯构件。轴心受力构件是指承受通过构件截面形心轴线的轴向力作用的构件，包括轴心受拉构件和轴心受压构件。若构件在轴心受拉或受压的同时，还承受横向力产生的弯矩或端弯矩作用，则称为拉弯构件或压弯构件。

主桁架杆件的截面分为单壁式和双壁式两种。其中，单壁式截面一般由角钢组合而成，这种杆件在两角钢之间夹以垫板并用螺栓或焊缝连接成整体，一般用于次要杆件或内力较小的轻型桁架杆件（见图5-46（a）、（b））。当荷载较大、主桁架采用重型桁架时，杆件截面较大，故一般采用双肢截面，即双壁式截面，该截面主要包括H形截面和箱形截面（见图5-46（c）~（j））。双壁式截面的截面面积主要集中于两个平行的竖肢上，节点处采用双节点板可以布置较多的连接螺栓，而且在垂直于桁架平面方向有较大的刚度。

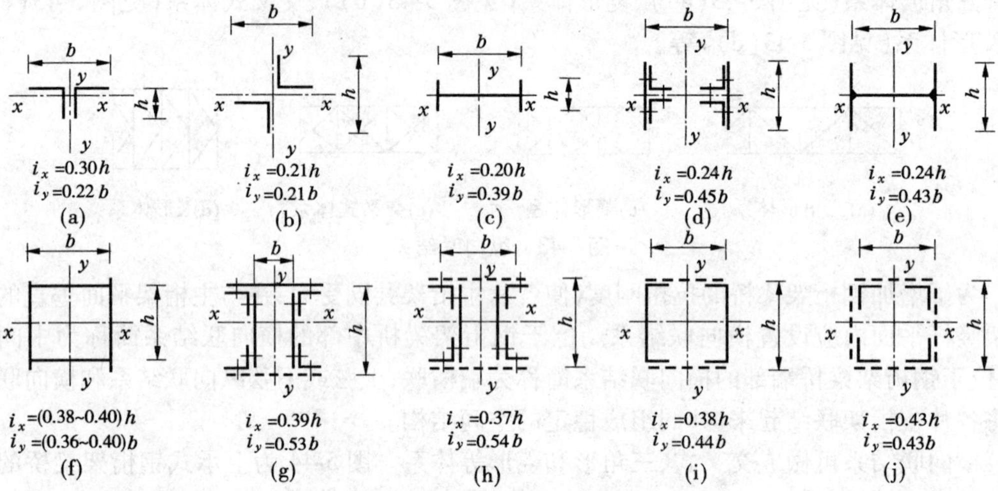

图5-46　构件的截面形式及回转半径近似值

5.4.2　实腹式轴心受拉构件

轴心受拉构件设计包括强度和刚度两方面内容，而不存在稳定问题。

5.4.2.1　实腹式轴心受拉构件的强度

强度问题属于承载力极限状态，是以屈服点为极限，构件在轴向拉力作用下，截面上的拉应力不得超过钢材的屈服点。轴心受拉构件的强度，应按下式计算：

$$\sigma=\frac{N}{A_n}\leqslant f \tag{5-28}$$

式中　N——轴向拉力设计值，$N=\gamma_0 N_d$；

A_n——构件净截面面积，当截面无削弱时，即为毛截面面积；

f——钢材强度设计值，查表5-9。

5.4.2.2　实腹式轴心受拉构件的刚度

钢结构中刚度包括两个方面：长细比和挠度。轴拉构件或轴压构件的刚度是通过长细比加以控制的，受弯构件的刚度是通过挠度来控制的，对于拉弯构件或压弯构件，当弯矩较小时仅通过长细比加以控制，当弯矩较大时除控制长细比外，还须对挠度加以控制。

长细比过大会使构件在使用过程中容易由于自重发生挠曲，在动力荷载作用下容易产生振动，在运输和安装过程中容易产生弯曲。因此，设计时应使构件长细比不超过规定的容许长细比[λ]，即

$$\lambda_{max}\leqslant[\lambda] \tag{5-29}$$

式中　λ_{max}——拉杆的最大长细比，$\lambda_{max}=\max\left\{\frac{l_{0x}}{i_x},\frac{l_{0y}}{i_y}\right\}$；

l_{0x}、l_{0y}——计算拉杆长细比时 x、y 向的计算长度，构件计算长度 $l_0(l_{0x},l_{0y})$ 取决于其两端支承情况，按表 5-10 规定采用；

i_x、i_y——截面 x、y 向的回转半径；

$[\lambda]$——受拉构件容许长细比，按表 5-11 规定的采用。

表 5-10　杆件的计算长度

<table>
<tr><th colspan="3" rowspan="2">杆　件</th><th colspan="2">弯曲</th><th rowspan="2">说明</th></tr>
<tr><th>平面内</th><th>平面外</th></tr>
<tr><td rowspan="6">主桁</td><td colspan="2">弦杆</td><td>l_0</td><td>l_0</td><td rowspan="9">l_0——主桁各杆件的几何长度（杆端节点中距），如杆件全长被横向结构分割，则为其较长段长度；
l_1——从相交点至杆端节点中较长段长度；
l_2——纵向（横向）联结系杆件轴线与节点板连在主桁杆件的固着线交点之间的距离</td></tr>
<tr><td colspan="2">端斜杆、端立杆、连续梁中间支点处立柱或斜杆作为桥门架时</td><td>$0.9l_0$</td><td>l_0</td></tr>
<tr><td rowspan="4">桁架的腹杆</td><td>无相交和无交叉</td><td>$0.8l_0$</td><td>l_0</td></tr>
<tr><td rowspan="2">与杆件相交或相交叉（不包括与拉杆相交叉）</td><td>l_1</td><td>l_0</td></tr>
<tr><td>l_1</td><td>$0.7l_0$</td></tr>
<tr><td>与拉杆相交叉</td><td>l_2</td><td>l_2</td></tr>
<tr><td rowspan="3">纵向及横向联结系</td><td colspan="2">无交叉</td><td>l_1</td><td>$0.7l_2$</td></tr>
<tr><td colspan="2">与拉杆相交叉</td><td rowspan="2">l_1</td><td rowspan="2">l_2</td></tr>
<tr><td colspan="2">与杆件相交或相交叉（不包括与拉杆相交叉）</td></tr>
</table>

表 5-11　构件容许长细比

<table>
<tr><th>类别</th><th>杆件</th><th>长细比</th></tr>
<tr><td rowspan="3">主桁架</td><td>受压弦杆，受压腹杆或受压—拉腹杆</td><td>100</td></tr>
<tr><td>仅受拉力的弦杆</td><td>130</td></tr>
<tr><td>仅受拉力的腹杆</td><td>180</td></tr>
<tr><td rowspan="3">联结系构件</td><td>纵向联结系，支点处横向联结系和制动联结系的受压构件或受压—拉构件</td><td>130</td></tr>
<tr><td>中间横向联结系的受压构件或受压—拉构件</td><td>150</td></tr>
<tr><td>各种联结系的受拉构件</td><td>200</td></tr>
</table>

5.4.3　实腹式轴心受压构件

对于轴心受压构件而言，除考虑强度和刚度外，还须考虑稳定问题，而构件稳定又包括整体稳定和局部稳定两方面内容，应围绕强度、刚度、整体稳定和局部稳定等方面进行计算与分析，才能达到既安全又经济的要求。

5.4.3.1　**轴心受压构件的强度**

截面无削弱时一般不会发生强度破坏，因为整体失稳或局部失稳总发生在强度破坏之前，故截面无削弱时可不进行强度验算。

若需要验算强度，则按照式(5-28)计算。

5.4.3.2　**轴心受压构件的刚度**

为了避免构件在制造、运输、拼装和使用过程中发生弯曲，必须有足够的刚度。同时，压杆弯曲变形的影响远较拉杆的影响大，对压杆的刚度要求较拉杆更高。

轴心受压构件的刚度按式(5-29)验算。

5.4.3.3　**轴心受压构件的整体稳定**

由于钢结构强度比较高，在工程上强度一般不起控制作用，整体失稳是轴心受压构件的主要破坏形式。

所谓理想轴心压杆，满足以下基本假定：

(1)钢材为理想弹塑性体。

(2)杆件为等截面，两端铰接。

(3)杆件变形前是绝对直杆，变形后成正弦半波曲线。

(4)压力作用线与形心纵轴重合，无荷载偏心，无初始应力。

(5)变形很小，可忽略。

(6)忽略剪力对变形的影响。

5.4.3.4　**轴心受压构件的局部稳定**

当压力达到某一数值(小于临界力)时，板件不能继续维持平面平衡状态而产生鼓曲现象，也就是构件在发生整体失稳之前其组成板件已发生失稳，这种现象称为板件的局部失稳现象，如图5-47所示。构件的局部失稳属于承载力极限状态，虽无整体失稳危险，但由于某个板件失稳而退出工作后，将使截面有效承载部分减小，同时使截面不对称，将会促使构件发生整体失稳，在轴心受压构件设计中一般不应使板件发生局部屈曲。

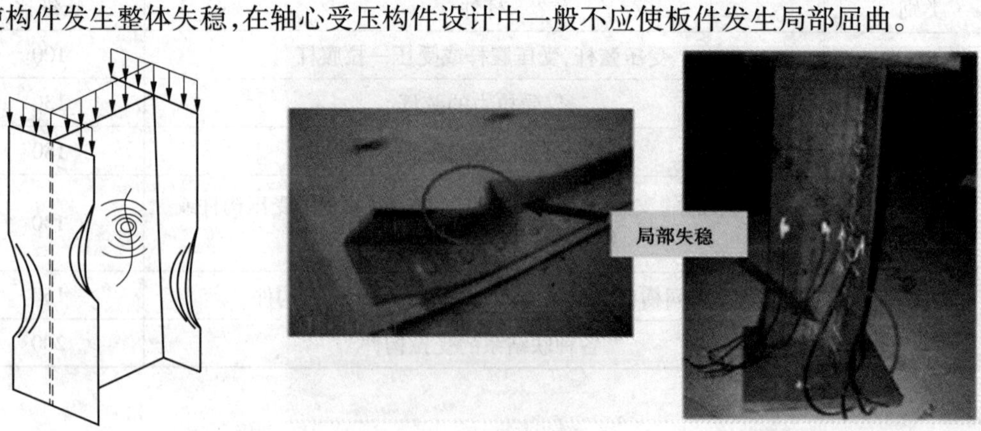

图5-47　局部失稳现象

试验研究证明，轴心受压构件最终通过控制其宽厚比和高厚比来保证压杆的局部稳定，在轴心受压构件中，翼缘板自由外伸宽度 b 与其厚度 t 之比，应符合下列要求：

$$\frac{b}{t} \leqslant (10 + 0.1\lambda)\sqrt{\frac{235}{f_y}} \tag{5-30}$$

式中 λ——构件两方向长细比的较大值，即 $\lambda = \max\{\lambda_x, \lambda_y\}$，$30 \leqslant \lambda \leqslant 100$，当 $\lambda < 30$ 时，取 $\lambda = 30$；当 $\lambda > 100$ 时，取 $\lambda = 100$；

b——翼缘板自由外伸宽度，其取值为：对焊接构件（如图5-48(a)所示），取腹板边至翼缘板（肢）边缘的距离；对轧制构件（如图5-48(b)所示），取内圆弧起点至翼缘板（肢）边缘的距离；

t——翼缘板自由外伸厚度。

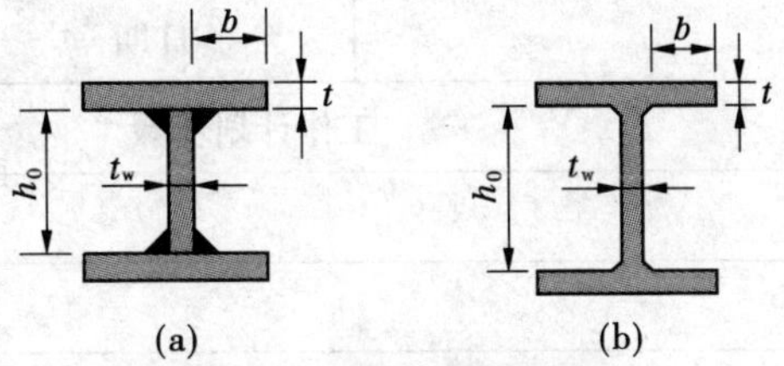

图5-48 翼缘板截面图

在工字形及H形截面的受压构件中，腹板计算高度 h_0 与其厚度 t_w 之比，应符合下列要求

$$\frac{h_0}{t_w} \leqslant (25 + 0.5\lambda)\sqrt{\frac{235}{f_y}} \tag{5-31}$$

式中，腹板高度 h_0 的取值与翼缘板自由外伸宽度 b 的取值方法相同。

附　录

工作计划单

学习领域	结构设计原理				
学习情境				学时	
学习任务				学时	
计划要求	工作组研究讨论、分工协作、共同拟订工作计划				
班级		工作组号		组长	
指导教师			日期		
序号	工作计划步骤				
1					
2					
3					
4					
5					
6					
7					
8					
9					
10					
工作计划拟订说明					
计划评价	小组自评				
	教师评语				

工作决策单

<table>
<tr><td>学习领域</td><td colspan="5">结构设计原理</td></tr>
<tr><td>学习情境</td><td colspan="3"></td><td>学时</td><td></td></tr>
<tr><td>学习任务</td><td colspan="3"></td><td>学时</td><td></td></tr>
<tr><td>决策要求</td><td colspan="5">各组间相互对比分析、教师点评、方案优化</td></tr>
<tr><td>班级</td><td></td><td>工作组号</td><td></td><td>组长</td><td></td></tr>
<tr><td>指导教师</td><td colspan="2"></td><td>日期</td><td colspan="2"></td></tr>
<tr><td>方案对比分析</td><td colspan="5"></td></tr>
<tr><td rowspan="2">决策评价</td><td>小组自评</td><td colspan="4"></td></tr>
<tr><td>教师评语</td><td colspan="4"></td></tr>
</table>

工作检查单

<table>
<tr><td>学习领域</td><td colspan="5">结构设计原理</td></tr>
<tr><td>学习情境</td><td colspan="3"></td><td>学时</td><td></td></tr>
<tr><td>学习任务</td><td colspan="3"></td><td>学时</td><td></td></tr>
<tr><td>检查要求</td><td colspan="5">工作组间互检、统一标准、公平公正、相互促进</td></tr>
<tr><td>班级</td><td></td><td>工作组号</td><td></td><td>组长</td><td></td></tr>
<tr><td>指导教师</td><td colspan="2"></td><td>日期</td><td colspan="2"></td></tr>
<tr><td>序号</td><td colspan="2">检查内容</td><td colspan="3">检查标准</td></tr>
<tr><td>1</td><td colspan="2"></td><td colspan="3"></td></tr>
<tr><td>2</td><td colspan="2"></td><td colspan="3"></td></tr>
<tr><td>3</td><td colspan="2"></td><td colspan="3"></td></tr>
<tr><td>4</td><td colspan="2"></td><td colspan="3"></td></tr>
<tr><td>5</td><td colspan="2"></td><td colspan="3"></td></tr>
<tr><td>6</td><td colspan="2"></td><td colspan="3"></td></tr>
<tr><td>7</td><td colspan="2"></td><td colspan="3"></td></tr>
<tr><td>8</td><td colspan="2"></td><td colspan="3"></td></tr>
<tr><td>9</td><td colspan="2"></td><td colspan="3"></td></tr>
<tr><td>10</td><td colspan="2"></td><td colspan="3"></td></tr>
<tr><td>工作检查说明</td><td colspan="5"></td></tr>
<tr><td rowspan="2">检查评价</td><td>小组自评</td><td colspan="4"></td></tr>
<tr><td>教师评语</td><td colspan="4"></td></tr>
</table>

工作评价单

学习领域	结构设计原理				
学习情境				学时	
学习任务				学时	
评价要求	科学合理、认真负责、客观公正				
班级		工作组号		姓名	
指导教师		组长		日期	
评价项目	项目名称	子项目	个人自评	组内互评	教师评价
专业能力	资讯(10%)				
	计划(10%)				
	实施(10%)				
	检查(10%)				
	过程(10%)				
	成果(10%)				
社会能力	刻苦学习(5%)				
	团队协作(5%)				
	诚实守信(5%)				
	科学严谨(5%)				
方法能力	查阅规范(5%)				
	分析问题(5%)				
	解决问题(5%)				
	独立学习(5%)				
评价说明					
评价评语	小组自评				
	教师评语				

教学信息反馈单

学习领域	结构设计原理					
学习情境					学时	
学习任务					学时	
反馈要求	科学合理、认真负责、客观公正					
班级		姓名			学号	
工作组号		组长			日期	

序号	反馈内容	教学信息反馈			
		很好	好	一般	不好
1	项目化教学授课方式对培养个人技能情况				
2	你适应项目化教学的情况				
3	针对本工作任务，按照计划要求个人执行情况				
4	针对本工作任务，按照决策要求个人执行情况				
5	针对本工作任务，按照实施要求个人执行情况				
6	针对本工作任务，按照检查要求个人执行情况				
7	针对本工作任务，按照评价要求个人执行情况				
8	通过本工作任务学习，按照专业能力要求个人达标情况				
9	通过本工作任务学习，按照社会能力要求个人达标情况				
10	通过本工作任务学习，按照方法能力要求个人达标情况				

你对改进教学，提高教学质量的建议和意见

参考文献

[1] 中国建筑科学研究院. GB 50153—2008 工程结构可靠性设计统一标准[S]. 北京:中国建筑工业出版社,2009.

[2] 交通部公路规划设计院. GB/T 50283—1999 公路工程结构可靠度设计统一标准[S]. 北京:中国计划出版社,1999.

[3] 中国建筑科学研究院. GB 50010—2010 混凝土结构设计规范[S]. 北京:中国计划出版社,2010.

[4] 中华人民共和国交通运输部. JTG D60—2015 公路桥涵设计通用规范[S]. 北京:人民交通出版社,2015.

[5] 中交公路规划设计院. JTG D62—2012 公路钢筋混凝土及预应力混凝土桥涵设计规范[S]. 北京:人民交通出版社,2012.

[6] 中华人民共和国交通运输部. JTG B01—2014 公路工程技术标准[S]. 北京:人民交通出版社,2015.

[7] 中交公路规划设计院. JTG D61—2005 公路圬工桥涵设计规范(附条文说明)[S]. 北京:人民交通出版社,2005.

[8] 中华人民共和国国家标准. GB/T 20065—2006 预应力混凝土用螺纹钢筋[S]. 北京:人民交通出版社,2006.

[9] 中华人民共和国国家标准. GB/T 5223—2002 预应力混凝土用钢丝[S]. 北京:人民交通出版社,2003.

[10] 中华人民共和国行业推荐性标准. JTG/T B07 - 01—2006 公路工程混凝土结构防腐蚀技术规范[S]. 北京:人民交通出版社,2006.

[11] 中华人民共和国行业标准. JTG/T F50—2011 公路桥涵施工技术规范[S]. 北京:人民交通出版社,2011.

[12] 中华人民共和国国家标准. GB/T 50083—97 建筑结构设计基本术语和通用符号[S]. 北京:中国计划出版社,1998.

[13] 中华人民共和国国家标准. GB/T 50476—2008 混凝土结构耐久性设计规范[S]. 北京:中国建筑工业出版社,2008.

[14] 中华人民共和国行业标准. GB 50017—2003 钢结构设计规范[S]. 北京:中国计划出版社,2003.

[15] 中华人民共和国行业标准. JTJ 025—86 公路桥涵钢结构及木结构设计规范[S]. 北京:人民交通出版社,1987.

[16] 叶见曙. 结构设计原理[M]. 3 版. 北京:人民交通出版社,2014.

[17] 叶见曙. 结构设计原理计算示例[M]. 北京:人民交通出版社,2007.

[18] 许淑芳,熊仲明. 砌体结构[M]. 北京:科学出版社,2004.

[19] 施楚贤. 砌体结构[M]. 3 版. 北京:中国建筑工业出版社,2012.

[20] 李国平. 预应力钢筋混凝土结构设计原理[M]. 2 版. 北京:人民交通出版社,2009.

[21] 张树仁,黄侨. 结构设计原理[M]. 北京:人民交通出版社,2010.

[22] 张庆芳,张志国. 公路桥梁混凝土结构设计原理[M]. 天津:天津大学出版社,2010.

[23] 金伟良,赵羽习. 混凝土结构耐久性[M]. 北京:科学出版社,2002.

[24] 张耀春.钢结构设计原理[M].北京:高等教育出版社,2004.
[25] 沈祖炎,陈扬骥,陈以一.钢结构基本原理[M].2版.北京:中国建筑工业出版社,2005.
[26] 罗向荣.结构设计原理[M].北京:高等教育出版社,2012.
[27] 胡兴福.结构设计原理[M].北京:机械工业出版社,2005.
[28] 马利耕.桥梁结构设计[M].北京:中国铁道出版社,2005.
[29] 袁伦一,鲍卫刚. 公路钢筋混凝土及预应力钢筋混凝土桥涵设计规范条文应用算例[M].北京:中国铁道出版社,2005.
[30] 熊峰,李章政,李碧雄,等.结构设计原理[M].北京:中国建筑工业出版社,2013.